Silvia Höfer | Nora Szász

HEBAMMEN Gesundheitswissen

Für Schwangerschaft, Geburt und die Zeit danach

Ein Wort zuvor

Dies ist ein Buch über Freude, über Wunder, die Weisheit der Natur und den Glauben an die Zukunft. Es ist aber vor allem ein Buch, das Sie als werdende Mutter und Eltern auf dem Weg durch Schwangerschaft, Geburt, Wochenbett und die erste Zeit mit Ihrem Baby begleiten möchte.

Was Sie in diesem Buch nicht finden werden, sind verbindliche Ratschläge, die für alle Schwangeren und Mütter als die einzig richtigen gelten. Es ist aus unserer Sicht wunderbar, dass Sie in unserem Teil der Welt die Möglichkeit haben, Ihr Baby zu Hause mit der begleitenden Unterstützung Ihrer Familie und einer Hebamme zur Welt zu bringen. Genauso wunderbar ist es, dass Ihnen große Kliniken zur Verfügung stehen, die darauf eingerichtet und vorbereitet sind, Ihnen und Ihrem Baby bei fast allen medizinischen Problemen rasch zu helfen.

Um dieses Buch zu schreiben, haben wir aus unserer langjährigen Erfahrung als Hebamme und Ärztin im In- und Ausland geschöpft. Zusätzlich haben wir wissenschaftliche Publikationen, Fachzeitschriften und Datenbanken im deutschen und englischen Sprachraum gesichtet, um Ihnen die möglichst aktuellen Ergebnisse zu präsentieren.

Auch wenn die medizinischen Aspekte wichtig sind, haben wir uns nicht nur auf diese konzentriert. Schließlich sind Sie schwanger und nicht krank! Sie sind eine Frau, die durch einen natürlichen Lebensprozess geht: Sie werden Mutter. Das bedeutet neben den körperlichen Veränderungen auch, dass sich Ihre Einstellung und das soziale Gefüge, in dem Sie leben, wandeln werden. Im Lauf der Zeit werden Sie vor vielen Fragen und Entscheidungen stehen. Wir möchten mit unserem Buch dazu beitragen, dass Sie Antworten auf Ihre Fragen bekommen, dass Sie Ihre Entscheidungen informiert und möglichst frei treffen können.

Unser Zeitalter romantisiert die Geburt und lässt sie oft als das wichtigste Ereignis im Leben von Frauen und Paaren erscheinen. Was dabei vergessen wird, ist, dass Ihr Körper diese Arbeit (meistens) allein bewältigen kann. Natürlich ist eine gute Schwangerenvorsorge, eine Vorbereitung durch Kurse und Bücher sowie eine gute Begleitung bei der Geburt wertvoll. Aber die größten Veränderungen im Leben beginnen erst, wenn Ihr Baby geboren ist! Ihr Leben als Eltern wird Ihnen während der Schwangerschaft möglicherweise noch wie auf einem fremden Planeten vorkommen. Wenn Sie dort aber angekommen sind, treffen Sie auf diesem Planeten viele Mütter und Väter, die wie Sie selbst alles gut und richtig machen wollen. Sie werden neue Freunde finden. Sie werden mit und durch Ihr Kind großes Glück erleben. Sie werden nicht mehr allein sein.

Wir würden uns freuen, Sie mit einigen unserer Informationen und Tipps durch die etwas beschwerlicheren Momente zu begleiten, damit Ihnen noch Raum bleibt, die schönen ausgiebig zu genießen.

Silvia Höfer und Nora Szász

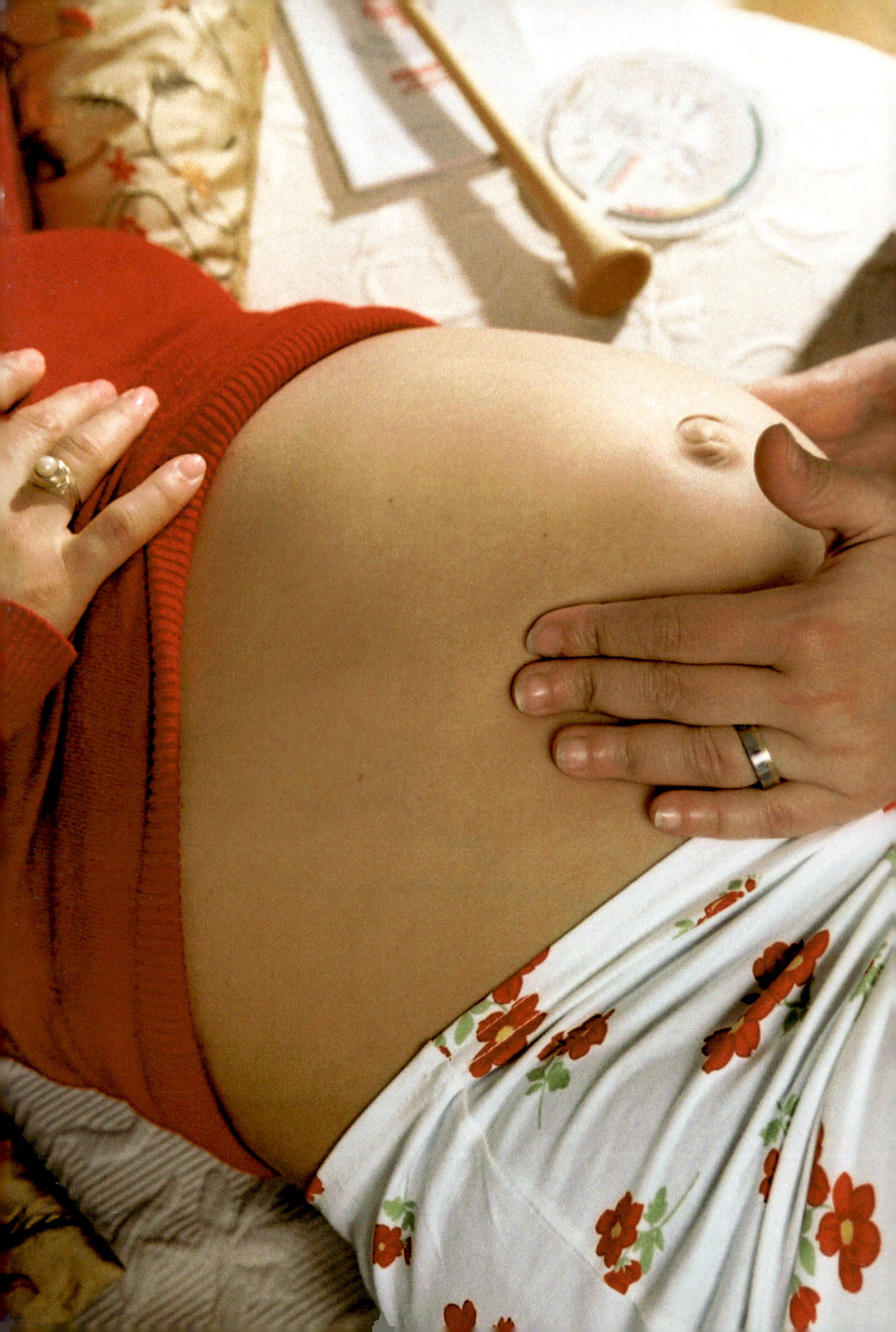

Zum Gebrauch

Wir erwarten nicht, dass Sie das Buch von vorn bis hinten lesen. Vielleicht interessiert Sie etwas Bestimmtes zu Ihrer aktuellen Schwangerschaftswoche oder Sie haben Beschwerden und schlagen unter dem entsprechenden Kapitel nach. Wenn Sie sich in Musestunden schon mal darüber Gedanken machen, wo Ihr Kind zur Welt kommen soll oder wie eine Geburt eigentlich abläuft, können Sie sich auch darüber informieren. Ja, und dann gibt es noch unseren „Giftschrank". Das ist die Rubrik „Erkrankungen und Komplikationen", die Sie in jedem Kapitel finden werden. Hüten Sie sich vor dem allzu bekannten „Medizinstudenten-syndrom"! Vor allem, wenn Sie unseren Giftschrank zufällig oder aus reinem Interesse öffnen. Sonst geht es Ihnen wie den Studenten, die sämtliche Symptome an sich selbst entdecken, wenn sie bestimmte Krankheitsbilder lernen müssen. Auf diesen Seiten beschreiben wir die häufigsten schwangerschafts-, geburts- oder wochenbettspezifischen Komplikationen. Aber glauben Sie uns, Sie werden nicht alle durchmachen müssen. Einige davon würden höchstens eine Hand voll Leserinnen betreffen, wenn tatsächlich alle Schwangeren in Deutschland, Österreich und der Schweiz unser Buch lesen würden. Wir wollten diese Themen nur nicht weglassen, um auch diesen wenigen Frauen die für sie notwendigen Informationen zu geben. Schließen Sie ruhig unseren „Giftschrank" wieder, wenn er Sie nicht betrifft, und denken Sie daran, dass in unserer Region die meisten Frauen eine gesunde Schwangerschaft und Geburt erleben und danach ein wundervolles, energiegeladenes Baby im Arm halten.

Im Kapitel „Schwangerschaft" finden Sie eine ausführliche Übersicht, die Sie Woche für Woche bei den Veränderungen in Ihrem Körper begleitet. Die Kapitel „Wochenbett und Stillen" und „Baby" sind zum Lesen in der Schwangerschaft (und natürlich auch danach!) gedacht, um eine optimale Vorbereitung auf diese Zeit zu ermöglichen. Die Hinweise zu Anschaffungen und zur Babygrundausstattung sind daher in diesen Kapiteln und nicht vorher zu finden. Das Leben mit Babys und Kindern ist ein so umfangreiches Thema, dass es ein ganzes weiteres Buch füllen würde. Wir haben uns daher auf die ersten Lebenswochen beschränkt. Also auf den Zeitraum, den wir Hebammen auch betreuen.

Am Ende jeden Kapitels finden Sie ein A–Z, in dem die wichtigsten Fachbegriffe erläutert werden.

In unserem Anhang haben wir neben Literaturempfehlungen großen Wert auf die im Internet verfügbaren Adressen gelegt. So können Sie Themen vertiefen oder einfach nur frühzeitig die Adressen oder Telefonnummern der in Ihrer Gegend tätigen Hebammen heraussuchen.

Inhalt

Einführung

Die Schwangerschaft

Die Geburt

Wochenbett & Stillen

Das Baby

Zum Nachschlagen

KAPITEL 1

Die Schwangerschaft

Herzlichen Glückwunsch – Sie bekommen ein Baby! Gibt es eine schönere Nachricht? Die nächsten Monate werden recht aufregend für Sie. Genießen Sie diese Zeit von Herzen, denn jede Woche bringt Sie näher zu Ihrem Kind.

Bereit sein für die Schwangerschaft

Der Wunsch, ein Kind zu bekommen, bietet eine wunderbare Motivation, sich körperlich und seelisch in Bestform zu bringen. Wenn Sie gesund und fit sind, erfüllen Sie die wichtigste Voraussetzung für eine glückliche Schwangerschaft.

Wenn Sie Ihre Schwangerschaft planen, können Sie bereits im Vorfeld für sich und Ihr Baby optimale Bedingungen schaffen:

- Sorgen Sie für eine gute Ernährung
- Beginnen Sie bereits jetzt mit der Einnahme von Folsäure
- Überprüfen Sie, ob Sie ausreichend gegen Röteln geschützt sind
- Besprechen Sie mit Ihrem Arzt den Umgang mit bestehenden Erkrankungen
- Beginnen Sie damit, Ihr Leben mit Kind zu planen und zu organisieren
- Hören Sie mit dem Rauchen auf
- Verzichten Sie möglichst ganz auf Alkohol
- Nehmen Sie keine Drogen

All diese Dinge tun Ihnen natürlich auch gut, wenn Sie bereits schwanger sind!

Für gute Ernährung sorgen

Eine ausgewogene Ernährung hilft Ihnen nicht nur dabei, Ihren Kinderwunsch zu erfüllen. Während der Schwangerschaft sichert sie Ihnen und Ihrem Kind eine optimale Versorgung mit Mineralstoffen und Vitaminen. Bevor Sie sich dazu entscheiden, Ihren Speiseplan mit Vitamin- und Aufbaupräparaten anzureichern, betrachten Sie erst einmal konsequent Ihre Essgewohnheiten. Denn nicht nur für Sie selbst ist es von enormer Bedeutung, welche Nahrungsmittel Sie täglich zu sich nehmen. Eine ausgewogene Ernährung ist auch für die gesunde Entwicklung Ihres Babys eine wichtige Voraussetzung. In einem besonderen Kapitel (Seite 64) geben wir Ihnen hierzu ausführliche Hinweise.

Folsäure einnehmen

Folsäure ist ein wasserlösliches Vitamin der B-Gruppe. Es sorgt für gesunde Zellteilung, trägt zur Blutbildung bei und fördert die Entwicklung des Gehirns, ist für Mutter und Kind während der Schwangerschaft also unentbehrlich. Eine ausreichende Versorgung mit Folsäure senkt nachweislich das Risiko für so genannte Neuralrohrdefekte („offener Rücken", Spina bifida) bei Ihrem Kind. Da sich das Neuralrohr bereits in den ersten 20 Tagen der Schwangerschaft bildet und sich in der vierten Woche schließt, ist es sinnvoll, mit der Einnahme von Folsäure bereits vor einer geplanten Schwangerschaft zu beginnen und mindestens während der ersten zwölf Wochen fortzusetzen. Empfohlen wird eine Dosis von 0,4 Milligramm täglich. Darüber hinaus ist eine folsäurereiche Ernährung (Gemüse, Früchte, Vollkornprodukte) wichtig.

Prüfen, ob eine ausreichende Rötelnimmunität vorliegt

In der Regel ist Röteln keine gefährliche Erkrankung. In den ersten zwölf Wochen einer Schwangerschaft kann sie aber bei Ihrem Kind schwere Organfehler sowie körperliche und geistige Entwicklungsstörungen hervorrufen. Deshalb ist es wichtig, zu klären, ob eine Immunität vorliegt. Gegebenenfalls können Vorsichtsmaßnahmen ergriffen werden, wenn Sie nicht ausreichend geschützt sind.

Machen Sie sich aber keine unnötigen Sorgen: Viele Frauen haben diese Infektionskrankheit ohnehin als Kind durchgemacht oder sind bereits im Kindes- oder Teenageralter dagegen geimpft worden. Da eine Impfung jedoch nicht zwangsläufig zu einer lebenslangen Immunität führt, sollten Sie vor einer geplanten Schwangerschaft unbedingt einen Bluttest (Rötelnimmunstatus) vornehmen lassen. Dabei wird festgestellt, ob Ihr Blut genügend Abwehrstoffe gegen eine neuerliche Rötelninfektion enthält. Der Wert sollte 1:32 und höher sein. Wenn Ihre Immunität nicht ausreicht, können Sie sich vor einer Schwangerschaft impfen lassen. In den drei darauf folgenden Monaten sollten Sie dann allerdings nicht schwanger werden.

Erkrankungen ansprechen

Bei vielen chronischen Erkrankungen ist es möglich, ein gesundes Kind zu bekommen. Wenn Sie von Krankheiten wie Diabetes, Bluthochdruck, Herzerkrankungen oder Immunerkrankungen betroffen sind, sollten Sie sich am besten schon vor der Schwangerschaft darüber informieren, wie Sie und Ihr Baby gesund durch diese Zeit kommen.

Wenn Sie Medikamente einnehmen müssen, sprechen Sie mit Ihren behandelnden Ärzten über Ihren Kinderwunsch und lassen Sie sich mit solchen Medikamenten einstellen, die die Entwicklung Ihres Kindes möglichst wenig beeinträchtigen. Die moderne Medizin bietet Ihnen in den meisten Fällen Perspektiven für eine gesunde Schwangerschaft. Lassen Sie sich an erfahrene Spezialisten überweisen, wenn Ihre Ärzte vor Ort Bedenken haben.

Die Organisation Ihres Lebens mit dem Kind in Angriff nehmen

Wenn Sie das Gefühl haben, Ihren Körper gesundheitlich gut vorbereitet zu haben, können Sie sich auch psychisch und organisatorisch auf die Veränderung in Ihrem Leben einstimmen. Die meisten Frauen stellen sich dabei folgende grundsätzlichen Fragen:

- Kann ich Arbeit, Karriere, Beziehung und Baby miteinander verbinden?
- Bin ich bereit, mein Leben auf neue Werte einzustellen?
- Wer wird mich unterstützen?
- Schätzt mein Partner die Veränderungen im Zusammenleben ähnlich ein wie ich?

Besprechen Sie diese Fragen gemeinsam mit Ihrem Partner und klären Sie, ob Antworten und Perspektiven von Ihnen beiden geteilt werden. Denken Sie gemeinsam über die möglichen Veränderungen in Ihrem Zusammenleben nach. So werden Sie bereit für die Schwangerschaft und positiv gestimmt in der Schwangerschaft.

Mit dem Rauchen aufhören

Rauchen stellt für Sie selbst und Ihr ungeborenes Kind ein schwerwiegendes Risiko dar. Mittlerweile haben viele Studien belegt, dass Rauchen während der Schwangerschaft der Entwicklung des Kindes erheblichen Schaden zufügen kann und das Risiko für Fehl-, Früh- und sogar Totgeburten deutlich erhöht. Mit jeder Zigarette gelangen über Plazenta und Nabelschnur unzählige Schadstoffe direkt zu Ihrem Baby und behindern sein gesundes Wachstum. Das Beste, was Sie für Ihr Kind (und sich selbst) also tun können, ist so schnell wie möglich damit aufzuhören.

Bitten Sie Ihren Partner und Freunde, in Ihrer Gegenwart nicht zu rauchen. Auch Ihr Arbeitsplatz sollte nicht verqualmt sein. Laut Mutterschutzgesetz ist Ihr Arbeitgeber sogar dazu verpflichtet, Ihnen eine rauchfreie Umgebung zur Verfügung zu stellen.

Auf Alkohol verzichten

Häufig wird unterschätzt, welches Risiko der Genuss von Alkohol in der Schwangerschaft wirklich bedeutet. Tatsächlich wird davon ausgegangen, dass in Deutschland jährlich etwa 10 000 Kinder durch Alkohol geschädigt

In der Schwangerschaft bitte auf keinen Fall rauchen!

Wenn es Ihnen sehr schwer fällt, von dieser Abhängigkeit loszulassen, probieren Sie doch einmal Folgendes:

- Wählen Sie einen bestimmten Tag aus, an dem Sie aufhören. Sorgen Sie für Ablenkung und verwöhnen Sie sich mit einem Stadtbummel oder gehen Sie ins Kino.
- Werden Sie sich klar über Ihr Rauchverhalten: Wann war die Zigarette für Sie bislang am wichtigsten? Finden Sie dafür gute Alternativen. Statt beispielsweise alles auf einmal erledigen zu wollen und dabei gestresst zu rauchen, entscheiden Sie vorher, was wichtig ist.
- Gönnen Sie sich während der Arbeit bewusst mehr Ruhepausen, in denen Sie kurz entspannen, frische Luft schnappen und neue Energie tanken.
- Stellen Sie einen Obstteller an die Stelle der Zigarettenschachtel und ersetzen Sie den automatischen Griff zur Zigarette durch einen Apfel oder eine Banane.
- Wenn Sie es allein nicht schaffen, fragen Sie Ihre Krankenkasse oder andere sozialmedizinische Einrichtungen nach Kursen oder Therapien in Ihrer Umgebung.
- Informationen bekommen Sie über die Bundeszentrale für gesundheitliche Aufklärung, die eine eigene Telefonberatung zur Rauchentwöhnung in der Schwangerschaft anbietet. Erreichbar unter 08105-313131.

werden. Verantwortlich dafür ist nicht nur intensiver Alkoholkonsum. Auch geringere Alkoholmengen oder vereinzelte Trinkexzesse können die Gesundheit Ihres Babys bereits erheblich beeinträchtigen. Eine Grenze, unterhalb derer Alkohol in der Schwangerschaft unbedenklich ist, gibt es nicht.

Regelmäßiger Genuss von Alkohol kann die Fruchtbarkeit von Männern und Frauen deutlich senken und bereits in einem sehr frühen Stadium zu Fehlgeburten führen. Wenn Sie zusätzlich zum Alkoholkonsum rauchen oder weitere Drogen nehmen, sinken Ihre Chancen, Eltern zu werden, weiter. Wie das Rauchen senkt auch Alkohol den Folsäurespiegel.

Nehmen Sie Ihre Trinkgewohnheiten also am besten zusammen mit Ihrem Partner kritisch unter die Lupe. Unser Rat: Verzichten Sie während der Schwangerschaft möglichst ganz auf Alkohol und suchen Sie sich schmackhafte Trinkalternativen – wie Tees und Säfte.

Keine Drogen

Selbstverständlich sollten Sie während der Schwangerschaft neben Alkohol und Nikotin auch auf den Konsum von illegalen Drogen verzichten. Drogenkonsum wirkt sich negativ auf die Schwangerschaft aus und beeinträchtigt die gesunde Entwicklung Ihres ungeborenen Kindes. Es ist daher ungeheuer wichtig, dass Sie sofort damit aufhören, wenn Sie ein Kind erwarten. Wenn Sie davon betroffen sind, sollten Sie umgehend mit einer Arztin Ihres Vertrauens sprechen. Sie wird gemeinsam mit Ihnen nach Unterstützungs- und Hilfsmöglichkeiten suchen, damit Sie einen erfolgreichen Ausstieg finden. Drogen wie Marihuana, LSD und Kokain sollten in der Schwangerschaft unter allen Umständen vermieden werden. Bei Heroinabhängigkeit ist ein akuter Entzug während der Schwangerschaft allerdings eher zu vermeiden. Hier ist eine Umstellung auf Methadon zu empfehlen.

Die Geschichte Ihrer Schwangerschaft

SO BEGINNT DAS LEBEN

Na klar, Sie haben das alles schon in der Schule gehört. Trotzdem: Jetzt sollten Sie noch einmal darüber nachdenken, was passiert, wenn tatsächlich Leben entsteht. Schließlich handelt es sich nun nicht länger um graue Theorie. Die rasanten Vorgänge auf kleinster zellulärer Ebene werden Ihr Leben schon bald gewaltig auf den Kopf stellen. Halten Sie also einen Moment inne, um zu begreifen, dass in Ihrem Bauch ein neuer Mensch heranwächst.

Wenn die Spermien eines Mannes um Ihren Eisprung herum zu Ihrer Eizelle gelangen, kann eine Befruchtung stattfinden. Dies kann entweder nach dem Liebesspiel in Ihrem Eileiter geschehen oder, etwas weniger romantisch, in einer Schale im Labor.

Entscheidend ist, dass eine Samenzelle durch die Wand der Eizelle gelangt. Ihre Eizelle legt nach diesem Vorgang so schnell wie möglich eine chemische Sperre an. Das verhindert den Eintritt von weiteren Spermien.

Damit haben Sie jetzt eine Zelle mit zwei Zellkernen, die die Erbinformationen von Ihnen und Ihrem Partner enthalten. Aus der Verschmelzung der Zellkerne entsteht die Zygote. Auf dem Weg durch den letzten Abschnitt des Eileiters teilt die Zygote sich in mehrere Zellen und erreicht nach ungefähr vier Tagen die Gebärmutter (Uterus). Sie besteht jetzt aus 64 Zellen und heißt von nun an Keimblase oder Blastozyt. Aus dieser kleinen Zellansammlung entwickeln sich Ihr Baby, die Plazenta und die Fruchthöhle. Zwillinge entstehen entweder dadurch, daß sich die Zygote in ihrer Teilungsphase in zwei gleiche Fruchtanlagen spaltet (eineiig) oder aber ihr Körper in einem Zyklus gleich zwei Eizellen freigegeben hat, die von zwei verschiedenen Spermien befruchtet wurden (zweieiig).

Ungefähr neun Tage nach der Befruchtung nistet sich die Keimblase in der inneren Auskleidung der Gebärmutter (im Endometrium) ein. Dieser Vorgang kann manchmal von einer leichten Blutung begleitet werden. Ihr Ausfluss sieht dann rosa oder bräunlich aus, und Sie haben möglicherweise leichte Bauchkrämpfe. Zwölf Tage nach der Befruchtung entwickeln sich Fruchthöhle und Plazenta. Die Fruchthöhle ist von zwei Membranhäuten (Amnion und Chorion) umgeben, die Ihr Kind vor negativen Einflüssen schützen. Die Plazenta bildet die Verbindungsstelle zwischen Ihnen und Ihrem Kind, zwischen Ihrem Stoffwechsel und dem des Babys. Über die Plazenta und die Nabelschnur wird Ihr Baby mit allem, was es braucht, versorgt. Auch der Rückfluss unbenötigter Stoffe findet über die Plazenta statt. Sie spielt damit eine zentrale Rolle dabei, das Leben Ihres Babys zu erhalten. Sobald Ihr Baby sich in der Gebärmutter eingenistet hat und die Plazenta wächst, verändert sich auch der Hormonhaushalt. Die ersten Schwangerschaftsanzeichen werden spürbar (Seite 16).

SCHWANGERSCHAFT NACH KINDERWUNSCHBEHANDLUNG

Nicht alle Paare haben das Glück, dass sich ihr Kinderwunsch auf natürliche Weise erfüllt. Glauben wir den veröffentlichten Zahlen, leben in Deutschland etwa 1,5 Millionen Paare, die ungewollt kinderlos sind. Für viele dieser Paare ist eine Kinderwunschbehandlung mit medizinisch-technischen Methoden die letzte Hoffnung. Wir haben die Erfahrung gemacht, dass Frauen nach einer künstlichen Befruchtung den Beginn der Schwangerschaft ganz anders erleben als Frauen, die auf natürlichem Weg schwanger geworden sind. Oft sind gerade die ersten Wochen der Schwangerschaft von diffusen Ängsten überschattet, wenn noch nicht klar ist, ob das Kind sich sicher in der Gebärmutter eingenistet hat. Vielleicht beruhigt es Sie zu wissen, dass sich durch eine Kinderwunschbehandlung weder das Risiko einer Fehlgeburt noch die Gefahr einer chromosomalen Veränderung erhöhen.

Insbesondere die früh angebotenen Ultraschalluntersuchungen sind immer wieder ein Anlass für Kummer und Sorgen. Leider ist es häufig der Fall, dass eine bei diesen frühen Untersuchungen bestimmte Anzahl an Kindern später noch einmal korrigiert werden muss. Die Freude über Zwillinge wird dann von der traurigen Mitteilung abgelöst, dass nur noch ein Kind zu finden ist. Die bereits vorhandenen Ängste bekommen zusätzliche Nahrung – obwohl bekannt ist, dass sich bei einer von fünf Zwillingsschwangerschaften nur eines der Kinder weiterentwickelt.

In unserer Sprechstunde hören wir nach Kinderwunschbehandlungen oft, dass die Paare die Zeit bis zur Geburt als besonders lang empfinden. Das ist nicht weiter verwunderlich: Diese Eltern wissen viel früher als andere über die bestehende Schwangerschaft Bescheid, und die vorgeburtlichen Untersuchungen werden als besonders sorgenvolle Zeiten erlebt. Behalten Sie immer im Hinterkopf: Wenn sich Ihr Baby einmal in der Gebärmutter eingenistet hat, gibt es keinen Grund, warum Ihre Schwangerschaft nicht ebenso glücklich und gesund verlaufen sollte wie jede andere Schwangerschaft auch.

Selektive Reduktion

› Häufig werden bei Kinderwunschbehandlungen mehrere befruchtete Eizellen übertragen. Die Anzahl der Mehrlingsschwangerschaften liegt dadurch deutlich über dem Durchschnitt. Kritisch wird die Situation, wenn sich Drillinge oder gar Vierlinge einnisten, da sich dann das Risiko für Beschwerden und Komplikationen drastisch erhöht. Auch die Neigung zu Fehl- und Frühgeburten nimmt zu. Das heißt, die Wahrscheinlichkeit, die Schwangerschaft bis zur Lebensfähigkeit der Kinder auszutragen, sinkt. In einer solchen Situation kann es sein, dass Sie und Ihr Partner vor die schwierige Entscheidung gestellt werden, die Schwangerschaft von einem der Zwillinge oder Drillinge abzubrechen. Selbst wenn Sie und Ihr Partner von der Richtigkeit Ihrer Entscheidung überzeugt sind, stellt sie die meisten Paare vor eine extrem schwierige Situation und eine Zeit der Trauer. Einfacher zu bewältigen ist dies, wenn Paare sich bereits vorher ausführlich informiert haben und schnell professionellen Rat bekommen.

WAS SCHON BEI DER ZEUGUNG ENTSCHIEDEN IST

Wenige, aber dafür entscheidende Merkmale Ihres Kindes werden bereits bei der Befruchtung bestimmt. Zum Beispiel steht das Geschlecht Ihres Babys von Anfang an fest. Da die weiblichen Eizellen immer ein X-Chromosom enthalten, hängt das Geschlecht Ihres Babys davon ab, ob die männliche Samenzelle ein X- oder ein Y-Chromosom in sich birgt. Aus einer

XX-Kombination entwickelt sich ein Mädchen. Wenn ein X- und ein Y-Chromosom zusammenkommen, entsteht ein Junge. Die meisten übrigen körperlichen Merkmale Ihres Kindes werden erst etwas später festgelegt, wenn die Erbinformationen zusammengehen, da sich nur wenige Merkmale in jedem Fall durchsetzen.

Können Sie Ihre Neugier zügeln und abwarten? Oder geht es Ihnen wie manchen Eltern, denen es wichtig ist, wenigstens das Geschlecht ihres Babys so früh wie möglich zu erfahren? Meist ist das bei der zweiten Ultraschalluntersuchung um die 20. Woche möglich. Falls Sie erst bei der Geburt wissen möchten, ob Sie ein Mädchen oder einen Jungen bekommen, sagen Sie das Ihrer betreuenden Ärztin bitte vor der Ultraschalluntersuchung. Leider kommt es viel zu oft vor, dass das Geschlecht des Kindes ungefragt verraten wird. Falls Sie sich für pränatale Untersuchungen entscheiden (Seite 102) wird unter anderem auch das Geschlecht Ihres Kindes bestimmt. Nach der 14. Woche können Sie das Ergebnis erfahren.

DIE ERSTEN ANZEICHEN

Wenn Sie Ihren Körper aufmerksam beobachten, können Sie schon nach kurzer Zeit erste Anzeichen der Schwangerschaft bemerken. Es

Der Geburtstermin: Wann kommt mein Baby zur Welt?

➤ **Januar**	**1**	**2**	**3**	**4**	**5**	**6**	**7**	**8**	**9**	**10**	**11**	**12**	**13**	**14**	**15**	**16**	**17**	**18**	**19**	**20**	**21**	**22**	**23**	**24**	**25**	**26**	**27**	**28**	**29**	**30**	**31**
Okt./Nov.	8	9	10	11	12	13	14	15	16	17	18	19	20	21	22	23	24	25	26	27	28	29	30	31	1	2	3	4	5	6	7
➤ **Februar**	**1**	**2**	**3**	**4**	**5**	**6**	**7**	**8**	**9**	**10**	**11**	**12**	**13**	**14**	**15**	**16**	**17**	**18**	**19**	**20**	**21**	**22**	**23**	**24**	**25**	**26**	**27**	**28**	**29**		
Nov./Dez.	8	9	10	11	12	13	14	15	16	17	18	19	20	21	22	23	24	25	26	27	28	29	30	1	2	3	4	5			
➤ **März**	**1**	**2**	**3**	**4**	**5**	**6**	**7**	**8**	**9**	**10**	**11**	**12**	**13**	**14**	**15**	**16**	**17**	**18**	**19**	**20**	**21**	**22**	**23**	**24**	**25**	**26**	**27**	**28**	**29**	**30**	**31**
Dez./Jan.	6	7	8	9	10	11	12	13	14	15	16	17	18	19	20	21	22	23	24	25	26	27	28	29	30	31	1	2	3	4	5
➤ **April**	**1**	**2**	**3**	**4**	**5**	**6**	**7**	**8**	**9**	**10**	**11**	**12**	**13**	**14**	**15**	**16**	**17**	**18**	**19**	**20**	**21**	**22**	**23**	**24**	**25**	**26**	**27**	**28**	**29**	**30**	
Jan./Febr.	6	7	8	9	10	11	12	13	14	15	16	17	18	19	20	21	22	23	24	25	26	27	28	29	30	31	1	2	3	4	
➤ **Mai**	**1**	**2**	**3**	**4**	**5**	**6**	**7**	**8**	**9**	**10**	**11**	**12**	**13**	**14**	**15**	**16**	**17**	**18**	**19**	**20**	**21**	**22**	**23**	**24**	**25**	**26**	**27**	**28**	**29**	**30**	**31**
Febr./März	5	6	7	8	9	10	11	12	13	14	15	16	17	18	19	20	21	22	23	24	25	26	27	28	1	2	3	4	5	6	7
➤ **Juni**	**1**	**2**	**3**	**4**	**5**	**6**	**7**	**8**	**9**	**10**	**11**	**12**	**13**	**14**	**15**	**16**	**17**	**18**	**19**	**20**	**21**	**22**	**23**	**24**	**25**	**26**	**27**	**28**	**29**	**30**	
März/April	8	9	10	11	12	13	14	15	16	17	18	19	20	21	22	23	24	25	26	27	28	29	30	31	1	2	3	4	5	6	
➤ **Juli**	**1**	**2**	**3**	**4**	**5**	**6**	**7**	**8**	**9**	**10**	**11**	**12**	**13**	**14**	**15**	**16**	**17**	**18**	**19**	**20**	**21**	**22**	**23**	**24**	**25**	**26**	**27**	**28**	**29**	**30**	**31**
April/Mai	7	8	9	10	11	12	13	14	15	16	17	18	19	20	21	22	23	24	25	26	27	28	29	30	1	2	3	4	5	6	7
➤ **August**	**1**	**2**	**3**	**4**	**5**	**6**	**7**	**8**	**9**	**10**	**11**	**12**	**13**	**14**	**15**	**16**	**17**	**18**	**19**	**20**	**21**	**22**	**23**	**24**	**25**	**26**	**27**	**28**	**29**	**30**	**31**
Mai/Juni	8	9	10	11	12	13	14	15	16	17	18	19	20	21	22	23	24	25	26	27	28	29	30	31	1	2	3	4	5	6	7
➤ **September**	**1**	**2**	**3**	**4**	**5**	**6**	**7**	**8**	**9**	**10**	**11**	**12**	**13**	**14**	**15**	**16**	**17**	**18**	**19**	**20**	**21**	**22**	**23**	**24**	**25**	**26**	**27**	**28**	**29**	**30**	
Juni/Juli	8	9	10	11	12	13	14	15	16	17	18	19	20	21	22	23	24	25	26	27	28	29	30	1	2	3	4	5	6	7	
➤ **Oktober**	**1**	**2**	**3**	**4**	**5**	**6**	**7**	**8**	**9**	**10**	**11**	**12**	**13**	**14**	**15**	**16**	**17**	**18**	**19**	**20**	**21**	**22**	**23**	**24**	**25**	**26**	**27**	**28**	**29**	**30**	**31**
Juli/Aug.	8	9	10	11	12	13	14	15	16	17	18	19	20	21	22	23	24	25	26	27	28	29	30	31	1	2	3	4	5	6	7
➤ **November**	**1**	**2**	**3**	**4**	**5**	**6**	**7**	**8**	**9**	**10**	**11**	**12**	**13**	**14**	**15**	**16**	**17**	**18**	**19**	**20**	**21**	**22**	**23**	**24**	**25**	**26**	**27**	**28**	**29**	**30**	
Aug./Sept.	8	9	10	11	12	13	14	15	16	17	18	19	20	21	22	23	24	25	26	27	28	29	30	31	1	2	3	4	5	6	
➤ **Dezember**	**1**	**2**	**3**	**4**	**5**	**6**	**7**	**8**	**9**	**10**	**11**	**12**	**13**	**14**	**15**	**16**	**17**	**18**	**19**	**20**	**21**	**22**	**23**	**24**	**25**	**26**	**27**	**28**	**29**	**30**	**31**
Sept./Okt.	7	8	9	10	11	12	13	14	15	16	17	18	19	20	21	22	23	24	25	26	27	28	29	30	1	2	3	4	5	6	7

Zeile oben – erster Tag der letzten Regel, Zeile unten – errechneter Termin.

ist nicht nur die viel zitierte Übelkeit, die Ihren Zustand verrät, sondern auch Zeichen wie:

- Ausbleiben der Regelblutung
- Spannen der Brüste
- Übelkeit und Brechreiz
- Aversionen gegen Nahrung oder Gerüche, die Sie früher mochten
- Häufiges Wasserlassen
- Müdigkeit und Kreislaufbeschwerden

Die wirkliche Bestätigung ergibt nach Vermutungen und diesen ersten Anzeichen meistens ein Urin- oder Bluttest, der das bei einer Schwangerschaft gebildete Hormon Humanes Choriongonadotropin (HCG) nachweist.

Ab wann ist ein Schwangerschaftstest zuverlässig?

Schon wenige Tage nach Ausbleiben der Regelblutung können Sie Ihren Verdacht mithilfe unterschiedlicher Methoden überprüfen:

- Der Bluttest zum Nachweis von HCG bietet in der Regel bereits zwei Tage vor der zu erwartenden Menstruation ein zuverlässiges Ergebnis. Er wird in ärztlichen Praxen und von Hebammen durchgeführt.
- Zwei Tage nach Ausbleiben der Regel können Sie mit einem Urintest feststellen, ob Sie schwanger sind. Sie können sich diesen Test in jeder Apotheke besorgen und zu Hause selbst durchführen – am besten morgens mit dem ersten Urin. Das Ergebnis ist schnell abzulesen und zu 97 Prozent verlässlich.
- Fruhestens zehn bis zwolf Tage nach Ausbleiben der Regel können Sie bei einer Ultraschalluntersuchung den winzigen Embryo auf dem Monitor erkennen.

DER ENTBINDUNGSTERMIN

Durchschnittlich benötigt ein Baby von der Befruchtung bis zur Geburt 266 Tage zum Wachsen. Weil der Tag der Zeugung aber nur selten genau ermittelt werden kann, ist es üblich, den Entbindungstermin ausgehend vom ersten Tag der letzten Regel zu berechnen und für die Entwicklung des Kindes 280 Tage anzusetzen. Der auf diese Weise festgelegte Termin wird im Mutterpass vermerkt und ist ausschlaggebend für die Festlegung der Mutterschutzfristen. Darüber hinaus hat er aber wenig Aussagekraft. Tatsächlich werden nur drei bis vier Prozent der Kinder am errechneten Datum geboren (Seite 101).

Wann kommt das Baby zur Welt?

Sie können Ihren Entbindungstermin auch selbst berechnen. Bei einem 28-tägigen Zyklus sieht das so aus:

- Ihr letzter Eisprung war am 19.6.2006
  19.6.2006 plus ein Jahr ergibt den 19.6.2007
  minus drei Monate ergibt den 19.3.2007
  plus sieben Tage ergibt den 26.3.2007
  Ihr errechneter Entbindungstermin ist also der 26.3.2007
- Wenn Ihr üblicher Zyklus kürzer ist, ziehen Sie diese „fehlenden“ Tage einfach vom Ergebnis ab. Das sind bei einem 25-tägigen Zyklus drei Tage. Wenn der Abstand zwischen Ihrer Regel länger ist (etwa 32 Tage), addieren Sie die entsprechende Anzahl von Tagen (bei 32 Tagen macht das vier Tage). Und wenn Sie genau wissen, an welchem Tag Ihr Baby gezeugt wurde, spielt die Zykluslänge bei der Berechnung überhaupt keine Rolle. In diesem Fall ziehen Sie die sieben Tage ab, anstatt sie dazuzurechnen.

Neun Monate Woche für Woche

Das erste Trimester: 1. bis 13. Woche

In diesem ersten Trimester entwickelt sich Ihr Baby von einer winzigen, nur unter dem Mikroskop sichtbaren Zellansammlung zu einem kleinen Wesen mit menschlicher Gestalt und der Anlage aller wichtigen Organe. In der 13. Schwangerschaftswoche misst Ihr Baby vom Scheitel bis zum Steiß 65 bis 78 Millimeter und wiegt zwischen 13 und 20 Gramm.

Wenn Sie noch nicht allen Menschen in Ihrer Umgebung von Ihrer Schwangerschaft berichten wollen, ist das nicht immer einfach. Schließlich ist die Schwangerschaft nun das bestimmende Thema in Ihrem Leben, und viele Gedanken und Gefühle kreisen darum. Und auch physisch macht die neue Erfahrung sich bemerkbar: Viele Frauen kämpfen jetzt mit Übelkeit und Erschöpfung – beides häufige Begleiterscheinungen der ersten Wochen. Nach dem dritten Monat können Sie jedoch aufatmen: Das Risiko für eine Fehlgeburt sinkt drastisch, und auch die Beschwerden lassen deutlich nach. Jetzt können Sie endlich Ihre große Neuigkeit bekannt geben und sich zusammen mit Familie und Freunden auf das Baby freuen.

Das zweite Trimester: 14. bis 27. Woche

Im zweiten Trimester kommen bei vielen Frauen Kraft und Energie zurück. Die anfänglichen Beschwerden lassen nach, und der Bauch wird langsam rund. Die aufregendste Erfahrung in diesem Zeitraum ist sicherlich die erste Bewegung Ihres Babys. Wenn Sie zum ersten Mal Mutter werden, spüren Sie Ihr Kind wahrscheinlich ab der 20. bis 22. Woche. Mehrfache Mütter können das Kleine schon ab der 16. Woche wahrnehmen. Nach einer vorangegangenen Schwangerschaft und Geburt ist die Gebärmuttermuskulatur weicher geworden, und Sie wissen schon genauer, woran Sie die Tritte und Purzelbäume Ihres Babys erkennen. Sie werden in diesem Trimester ungefähr fünf bis sechs Kilo zunehmen, und Ihr Baby wird vom Scheitel bis zum Steiß 24 bis 25 Zentimeter messen. Am Ende der 27. Schwangerschaftswoche wiegt es bereits etwa ein Kilo.

Schwangerschaftsgymnastik, Yoga oder Schwimmen sind jetzt angenehm. Wissen Sie schon, wo Sie Ihr Baby zur Welt bringen werden? Lassen Sie sich von Hebammen oder Ärzten zu den Möglichkeiten in Ihrer Umgebung beraten. Melden Sie sich rechtzeitig zum Geburtsvorbereitungskurs an! Der Kurs sollte zwischen der 28. bis 30. Schwangerschaftswoche beginnen.

Das dritte Trimester: 28. bis 40. Woche

Dieses letzte Trimester ist die Zeit, in der Ihr Baby noch einmal kräftig wächst und zunimmt. Bei der Geburt wird es etwa 50 Zentimeter lang sein und 3,5 Kilo wiegen. Das heißt, dass es in den letzten drei Monaten sein Gewicht noch einmal mehr als verdoppeln wird. Bis zur Geburt wächst es 10 bis 15 Zentimeter. Natürlich wissen wir nicht genau, wie schwer Ihr Kind bei der Geburt sein wird (Seite 76). Unsere Erfahrung hat uns aber gelehrt, dass Jungen im Durchschnitt etwas mehr wiegen als Mädchen und zweite oder weitere Babys schwerer sind als das erste. Sie selber nehmen in dieser Zeit ungefähr 4,5 bis 6 Kilo zu.

Nutzen Sie die letzten Wochen, um in Ruhe die Erstausstattung für Ihr Baby (Seite 258) zu besorgen und ein möglichst entspanntes Wochenbett vorzubereiten. Vergessen Sie auch nicht, ab der 28. Woche einen Geburtsvorbereitungskurs – mit Partner? – zu besuchen.

	Die Veränderungen in Ihrem Körper Woche für Woche
1. Woche	Ihre Schwangerschaft wird ausgehend vom ersten Tag der letzten Regel berechnet. Sie dauert im Durchschnitt 280 Tage oder 40 Wochen.
2. Woche	Eine oder mehrere Eizellen reifen im Eierstock und werden normalerweise zwischen dem 12. und 16. Tag nach der letzten Menstruation in den Eileiter entlassen. Diesen Eisprung spüren manche Frauen als kurzen stechenden oder dumpfen Schmerz auf einer Seite im Unterbauch. Um den Eisprung herum kommt es vermehrt zu klarem, flüssigem Ausfluss. › *Schon wenn Sie eine Schwangerschaft planen, ist die Einnahme von Folsäure sinnvoll.*
3. Woche	Ihr Baby entsteht durch die Verschmelzung von Ei- und Samenzelle.
4. Woche	Die befruchtete Eizelle nistet sich in die Gebärmutterschleimhaut ein, die schon deutlich höher aufgebaut ist. Manchmal tritt zu diesem Zeitpunkt eine leichte, rosa bis bräunliche Blutung auf. Meist wissen Sie noch nichts von der freudigen Nachricht. Ausgenommen natürlich, Ihr Kinderwunsch hat sich im Rahmen einer künstlichen Befruchtung erfüllt. Die ersten körperlichen Anzeichen (Seite 16) werden noch einige Wochen auf sich warten lassen. 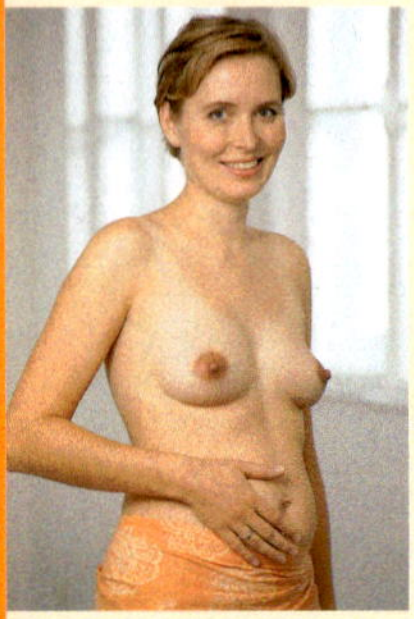 In den ersten Wochen ist von außen nichts zu erkennen. Aber in Ihrem Inneren vollziehen sich rasante Entwicklungen. Innerhalb kürzester Zeit entwickelt sich aus einer einzigen Zelle ein Embryo, der bereits mit allen Attributen des Mensch-Seins ausgestattet ist. Und all das passiert von außen völlig unbemerkt!

Die Entwicklung Ihres Babys Woche für Woche

1. Woche und 2. Woche	Die Zeugung Ihres Kindes findet ungefähr zwei Wochen nach dem Beginn der letzten Regel statt. Da die meisten Frauen den genauen Zeitpunkt nicht wissen, wird die Schwangerschaft immer vom ersten Tag der letzten Regel berechnet. Danach ist auch in dieser Übersicht die Einteilung vorgenommen. Wenn der Beginn der letzten Regel also vor acht Wochen war, sind Sie nun in der achten Woche schwanger, und Ihr Baby ist sechs Wochen alt. Babys, die vor der abgeschlossenen 37. Schwangerschaftswoche zur Welt kommen, bezeichnet man als Frühgeborene, während nach der 42. Schwangerschaftswoche geborene Babys als „übertragen“ gelten.
3. Woche und 4. Woche	Am Ende der dritten Schwangerschaftswoche ist Ihr Baby als eine mit Flüssigkeit gefüllte Kugel erkennbar. Diese aus mehreren hundert Zellen bestehende Kugel heißt Blastozyt und teilt sich in zwei Teile. Der an der Gebärmutter haftende Teil entwickelt sich zu Plazenta, Nabelschnur, Dottersack sowie zu Amnion und Chorion, den schützenden Eihüllen. Aus dem anderen Teil entsteht Ihr Baby. Dieser Teil besteht aus drei Zelllagen. Die innere Zelllage bildet Schilddrüse, Leber, Bauchspeicheldrüse, Harnblase und Verdauungstrakt, die mittlere Knochen, Muskeln, Blutgefäße und Nieren und die äußere Nervensystem, Gehirn, Haut und Haare. › *Wenn Sie von Ihrer Schwangerschaft wissen, ist die Einnahme von Folsäure mindestens bis zur zwölften Woche sinnvoll.*

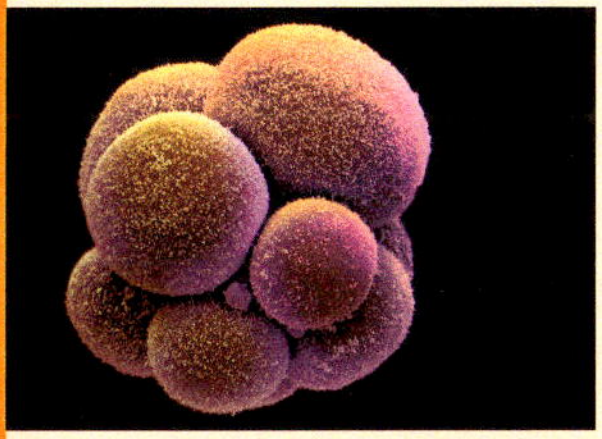

Dritter Tag nach der Zeugung: Die Zygote, die befruchtete Eizelle, beginnt durch Zellteilung zu wachsen. Noch handelt es sich „nur“ um einen Zellhaufen. Aber schon bald werden sich ein Gesicht, ein kleiner Körper und Arme und Beine unterscheiden lassen.

Die Veränderungen in Ihrem Körper Woche für Woche	
5. Woche	Ihre Periode ist ausgeblieben, und ein Schwangerschaftstest bestätigt, dass Sie schwanger sind. Die Bänder in Ihrem Körper werden weicher, und der Geruchssinn kann sich verändern. Vielleicht wird Ihnen manchmal übel. Beschwerden wie absonderliche Gelüste, Aversionen gegen bestimmte Nahrungsmittel und metallischer Geschmack im Mund mit starker Speichelbildung sind möglich. › *Stimmungsschwankungen sind am Anfang normal. Verwöhnen Sie sich mit einer romantischen Wochenendreise oder Massageterminen bei professionellen Therapeuten.*
6. Woche	Bedingt durch die hormonelle Stimulation der Milchdrüsen werden Ihre Brüste größer und empfindlicher. Auch der Warzenhof verändert sein Aussehen. Er wird dunkler, und auf den Brüsten sind bei vielen Schwangeren die Adern unter der Haut deutlicher zu sehen. Wenn Ihnen übel ist, können Sie etwas an Gewicht verlieren. Ihre Gebärmutter kann jetzt auch von außen getastet werden.
7. Woche	Spätestens jetzt entwickeln Sie die ersten Beschwerden. Es sei denn, Sie gehören zu der verschwindenden Minderheit von 15 Prozent, denen diese erspart bleiben. Morgendliche Übelkeit, Erbrechen und extreme Müdigkeit sind die üblichen Begleiter. Ihr Stoffwechsel nimmt um 25 Prozent, zu und Ihre Herzfrequenz beschleunigt sich um fünf bis zehn Schläge pro Minute. › *Planen Sie den ersten Termin zur Schwangerenvorsorge. Wie soll Ihr Wunschbetreuungsteam aussehen? Frauenarzt, Hebamme oder beide gemeinsam? Reden Sie mit anderen über deren Erfahrungen.*
8. Woche	Die Gebärmutter hat nun die Größe einer kleinen Orange und drückt auf Ihre Blase. Sie müssen häufig Wasser lassen. Das begleitet Sie bis zwei Wochen nach der Geburt. Die Dehnung der so genannten Mutterbänder, die die Gebärmutter an ihrem Platz halten, kann leichte Schmerzen im Unterbauch verursachen. Auch in dieser Woche werden Sie sich müde und erschöpft fühlen. Versuchen Sie, alles etwas langsamer angehen zu lassen.
9. Woche	Bei vielen Schwangeren lässt die Erschöpfung etwas nach. Sie sehen zwar noch nicht schwanger aus, aber der Bauchumfang kann sich schon leicht verändern. Denken Sie an die guten alten Einmachgummis. Die können in dieser Zeit als Erweiterungsstücke für Hosen- und Rockbund dienen. Auch Ihr BH braucht nun eine neue Größe. Die Größe Ihrer Gebärmutter hat sich seit der Zeugung verdoppelt. › *Bei Ihrem ersten Termin zur Vorsorge werden alle Routineblutuntersuchungen durchgeführt. Frühstücken Sie auf jeden Fall vor dem Termin und nehmen Sie ein Getränk mit.*

	Die Entwicklung Ihres Babys Woche für Woche
5. Woche	Das Baby ist noch winzig klein und misst vom Scheitel bis zum Steiß 1,25 Millimeter. In dieser Woche entwickeln sich Gehirn und Wirbelsäule sowie die Anfänge des Magen-Darm-Traktes. Augen und Ohren werden angelegt. Muskeln und weiche Knochen entstehen. Die Wände des Herzens beginnen zu wachsen. Es bilden sich Blutzellen und Blutgefäße. › *Vorsicht mit Alkohol und Medikamenten! Gerade in den ersten Wochen ist Ihr Baby sehr empfindlich und kann durch negative Einflüsse leicht Schaden nehmen.*
6. Woche	Ab jetzt wird Ihr Baby auch durch den sich entwickelnden Mutterkuchen versorgt. Das Blut Ihres Babys fließt durch zwei Arterien in der Nabelschnur in die Plazenta und nimmt Sauerstoff und Nahrung auf. Ihr Baby ist zwei bis vier Millimeter groß und sein kleines Herz beginnt zu schlagen. Wichtige Organe bilden sich weiter aus. Das Neuralrohr schließt sich und bildet Gehirn und Wirbelsäule.
7. Woche	Nun sieht Ihr Baby fast schon aus wie ein kleiner Mensch. Der Kopf ist zwar noch verhältnismäßig groß, aber durch das Pigmentieren der Netzhäute, das Entstehen von zwei Nasenlöchern, Lippen und Zunge ist schon ein kleines Gesicht erkennbar. Arme und Beine werden länger. Hand- und Fußknospen bilden sich aus. Das Herz verfügt über zwei Kammern und schlägt mit etwa 150 Schlägen pro Minute. Das Gehirn teilt sich in die rechte und linke Hemisphäre. Die Ausbildung von Leber, Lungen, Nieren, Darm und inneren Sexualorganen ist fast abgeschlossen. Nerven und Muskeln verbinden sich.
8. Woche	Ihr Baby ist nun so groß wie eine kleine Bohne (14 bis 20 Millimeter). In dieser Woche bildet sich die Nasenspitze. Augenlider, Augen und Innenohr, wichtig fürs Hören und den Gleichgewichtssinn, entwickeln sich weiter. Unter der dünnen Haut sind feine rote Blutgefäße erkennbar. Arme und Beine wachsen und werden stabiler. Es bilden sich Gelenke. Ihr Baby beginnt sich zu bewegen. Das können Sie aber erst in etwa zehn bis zwölf Wochen spüren.
9. Woche	Der Körper Ihres Babys streckt sich in dieser Woche. Der Nacken entsteht, und Ihr Baby wirkt noch „menschlicher“. Die Augenlider bedecken nahezu die Augen. Eine erste Nervenverbindung zwischen Augen und Gehirn entsteht. Die Hände sind im Handgelenk gebeugt, Finger und Zehen wachsen, und die Ellbogen sind zu sehen. Auch das Zwerchfell bildet sich nun. In dieser Woche misst Ihr Baby vom Scheitel bis zum Steiß 22 bis 30 Millimeter.

Die Veränderungen in Ihrem Körper Woche für Woche	
10. Woche	Viele Schwangere spüren jetzt die Auswirkungen der Hormonveränderungen und der seelischen Arbeit. Die Sorge um den glücklichen Verlauf der Schwangerschaft und das Nachdenken darüber, wie sich das Leben mit dem Baby gestalten wird, stehen nun im Mittelpunkt. Dinge, die Sie normalerweise nie stören würden, können jetzt unvermittelt zu Gefühlsausbrüchen führen. › *Bemühen Sie sich um Informationen zu Sinn und Methoden weiterer vorgeburtlicher Untersuchungen (Seite 102). Wenn Sie 35 Jahre oder älter sind, werden Sie unter Umständen massiv dazu gedrängt. Bilden Sie sich eine eigene Meinung und haben Sie den Mut Angebote abzulehnen.*
11. Woche	Durchschnittlich nehmen Sie während des ersten Trimesters ein bis drei Kilo zu. Wenn Ihnen jedoch oft übel ist, kann es auch sein, dass Sie etwas Gewicht verlieren. Sie haben wahrscheinlich häufiger Durst, das Blutvolumen steigt, und als nette „Nebenwirkung" Ihres beschleunigten Kreislaufs fühlen Sie sich wärmer, vor allen Dingen an Händen und Füßen. › *Wenn Sie sich noch nicht so wohl in Ihrer Haut fühlen, kann der Beginn von Kursen nur für Schwangere Spaß machen. Dazu gehören Yoga, Gymnastik im Wasser oder an Land. Suchen Sie jetzt spätestens „Ihre" Hebamme, wenn Sie bisher nur ärztlich betreut wurden. So bekommen Sie eine weitere Gesprächspartnerin.*
12. Woche	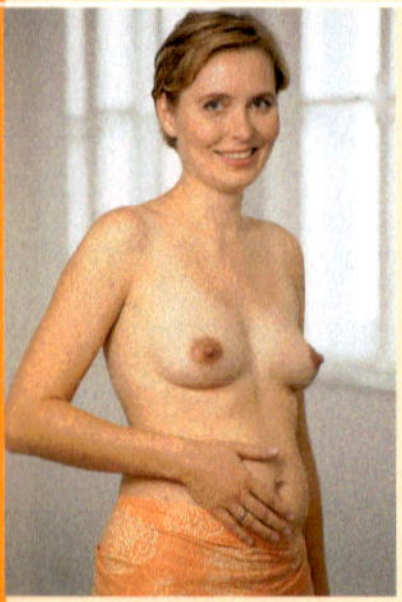 Die Übelkeit lässt bei den meisten von Ihnen deutlich nach. Die Gebärmutter ist schon so groß, dass sie direkt über dem Schambein von außen gefühlt werden kann. Wenn Sie schon ein Kind geboren haben, rundet sich Ihr Bauch, und Sie brauchen lockere Kleidung. Bei einem ersten Baby wird dies noch etwas dauern. In dieser Woche findet oft die zweite Vorsorge statt. **Info:** Falls Sie sich für Untersuchungen im Rahmen der vorgeburtlichen Diagnostik entschieden haben, wird eine Nackenfaltenmessung oder auch eine Chorionzottenentnahme durchgeführt. › *Gehen Sie nicht in diese Untersuchungen, ohne sich vorher ausreichend Gedanken zu machen, mit welchen Konsequenzen Sie möglicherweise konfrontiert werden.*
13. Woche	Das Ende des ersten Trimesters ist erreicht. Die Wahrscheinlichkeit für eine Fehlgeburt reduziert sich um 65 Prozent. Sie können aufatmen, wenn Sie sich Sorgen gemacht haben, dass Sie Ihr Baby verlieren könnten. › *Nun spätestens die Welt von dem zu erwartenden freudigen Ereignis informieren! Dazu gehört auch der Arbeitgeber. Ihre Hebamme oder Ihre Ärztin kann eine „offizielle" Bescheinigung über Ihre Schwangerschaft ausstellen, die Sie an den Arbeitgeber weiterleiten können.*

Die Entwicklung Ihres Babys Woche für Woche	
10. Woche	Ihr Baby wird in dieser Woche vom Embryo zum Fetus. Mit dem Beginn der fetalen Zeit ist der sehr kritische Zeitraum abgeschlossen. Von nun an werden sich die Organe weiter ausbilden, und Ihr Baby wird wachsen, wachsen und weiter wachsen. Momentan ist es 31 bis 42 Millimeter lang.
11. Woche	Am Ende dieser Woche wird Ihr Baby seine Länge auf 44 bis 60 Millimeter verdoppelt haben, und der Kopf wird die Hälfte davon ausmachen. Die Augenlider sind so weit gewachsen, dass die Augen geschlossen werden können, was sie dann bis zur 27. Woche bleiben. Das Herz pumpt Blut zu allen wichtigen Organen, die langsam ihre Funktionen aufnehmen. Die Plazenta wächst, um alle Versorgungsanforderungen Ihres Babys erfüllen zu können.
12. Woche	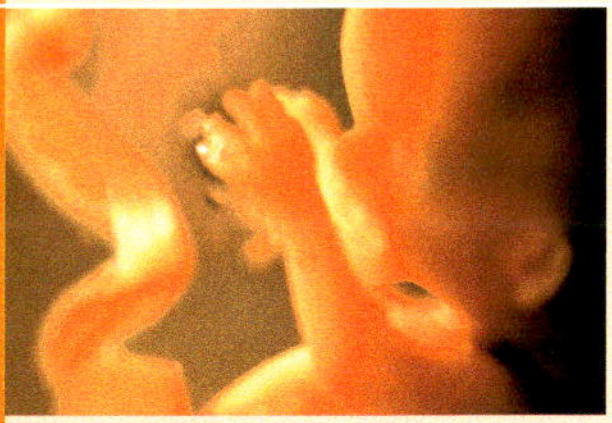 Ihr Baby kann am Finger saugen, lächeln und die Stirn runzeln. Alles ist an seinem Platz. 20 Zahnwurzeln bilden sich, die Knochen werden härter, und die Haare beginnen zu wachsen. Die Nägel an Fingern und Zehen werden sichtbar. Ihr Baby bewegt sich viel, und das Verdauungssystem kann Zucker ins Blut aufnehmen. Das kleine Herz schlägt 120- bis 160-mal pro Minute. Ihr Baby ist nun bereits rund fünf Zentimeter groß.
13. Woche	Der Kopf wächst nicht mehr so rasch wie der Rest, und die Proportionen beginnen sich zurecht zu rücken. Teile des Darms haben sich in den letzten Wochen in einer Ausbuchtung der Nabelschnur entwickelt und wandern nun in den Körper, die Leber beginnt mit der Sekretion, und die Bauchspeicheldrüse fängt mit der Insulinproduktion an. Die äußeren Geschlechtsorgane wachsen, und das Baby kann die Hände zu Fäustchen formen. Es wiegt 14 bis 19 Gramm und ist 64 bis 77 Millimeter lang.

Die Veränderungen in Ihrem Körper Woche für Woche	
14. Woche	Wenn Sie nackt vor dem Spiegel stehen, können Sie bereits erkennen, wie die Schwangerschaft Ihren Körper verändert. Die Gebärmutter wächst weiter nach oben in den Bauchraum. Durch den Progesteronanstieg verändert sich der Hormonhaushalt. Verstopfung kann eine unangenehme Begleiterscheinung davon sein. Trinken Sie vor allem viel Wasser und essen Sie Obst und Gemüse. › *Wenn Sie nur noch Süßes im Sinn haben, ist es eine gute Idee, immer Trockenobst und Nüsse einzustecken. Die Süßigkeiten im Supermarkt sind sonst vor Ihnen nicht sicher. Und wenn wir schon beim Thema sind: Machen Sie jetzt einen Termin bei Ihrem Zahnarzt. Falls Sie oder Ihr Partner kariöse Zähne haben, sollten diese behandelt werden. Die Bakterien könnten sonst später auf Ihr Baby übertragen werden. Zusätzlich steigt bei unbehandelten Zahnfleischentzündungen das Risiko für eine Frühgeburt!*
15. Woche	Die Gebärmutter ist schon bis auf ein paar Zentimeter unter den Nabel gewachsen. Die Haut verändert sich. Sie ist stärker pigmentiert, und Sie werden schneller braun. Manchmal sind an den Beinen Besenreiser zu entdecken. Falls Sie eine Amniozentese (Seite 105) planen, die zwischen der 15. bis 18. Woche durchgeführt wird, sollten Sie jetzt einen Termin dafür vereinbaren.
16. Woche	Schwanger macht schön: Die erhöhte Blutzirkulation lässt Sie frischer und gesünder aussehen. Auch das Haar ist bei den meisten Frauen dicker als zuvor. Gebärmutter und Plazenta wachsen weiter und produzieren ungefähr 250 Milliliter Fruchtwasser als Polster für Ihr Baby. Um die 16. Woche ist der dritte Vorsorgetermin fällig.
17. Woche	Mit dem weiteren Wachstum der Gebärmutter können die großen Haltebänder, die sie an ihrem Platz halten, unter Spannung geraten. Das ist als leichter Zugschmerz an beiden Seiten des Nabels bis in die Leisten und auch im Rücken in Richtung Kreuzbein zu spüren und völlig normal. Sie müssen nicht mehr so häufig Wasser lassen. Bei einem zweiten Baby können Sie vielleicht schon die ersten Bewegungen wahrnehmen. › *Wie wäre es mit einem spontanen Trip mit Ihrem Liebsten? Für Reisen ist bis zum Beginn des dritten Trimesters die beste Zeit. Vergessen Sie aber nicht, vorher eine Reiserücktrittsversicherung abzuschließen.* *Wenn Sie eine neue Wohnung brauchen, können Sie sich jetzt gut darum kümmern.*

Die Entwicklung Ihres Babys Woche für Woche	
14. Woche	Junge oder Mädchen? Die äußeren Geschlechtsorgane sind ab jetzt unterscheidbar. Bei der zweiten vorgesehenen Ultraschalluntersuchung um die 20. Schwangerschaftswoche können Sie Ihren Arzt fragen, ob Sie einen Sohn oder eine Tochter bekommen – wenn Sie Ihre Neugier nicht mehr zügeln können. Wenn Sie aber Überraschungen mögen, müssen Sie sich das Geschlecht Ihres Kindes noch nicht verraten lassen. Auch der Nacken Ihres Babys entfaltet sich nun, und der Kopf liegt nicht länger auf der Brust. Bereits jetzt beginnt es damit, das Atmen zu trainieren. Die Zunge entwickelt Geschmacksknospen, und die Augenbrauen wachsen. Ihr Baby wiegt 25 Gramm und ist 81 bis 93 Millimeter lang.
15. Woche	Die Haut ist sehr durchsichtig und die Blutgefäße darunter sind gut sichtbar. Für das weitere Hartwerden der Knochen wird viel Kalzium benötigt, halten Sie sich bei Milch und Milchprodukten also nicht zurück! Jetzt bildet sich auch die feine, farblose Lanugobehaarung (Lanugo ist lateinisch für Wolle). Ihr Baby beginnt mit der Nabelschnur zu hantieren. Es wiegt 50 Gramm und ist 105 bis 115 Millimeter groß.
16. Woche	Alle Gliedmaßen und Gelenke sind da, wo sie hingehören. Die Beine sind nun länger als die Arme. Das Nervensystem arbeitet, stimuliert durch das Gehirn, mit den Muskeln zusammen. Ihr Baby übt Purzelbäume und bewegt sich sehr viel. Es trinkt das Fruchtwasser – ob das wohl schmeckt? – und bekommt manchmal Schluckauf. In ein paar Wochen werden Sie das auch spüren können. Es ist 80 Gramm schwer und 107 bis 115 Millimeter lang.
17. Woche	In dieser Woche entwickeln sich die Lungen weiter, und Ihr Baby „atmet" Fruchtwasser ein und aus. Unter der Haut bildet sich Fettgewebe, um es später vor Kälte zu schützen. Es kann Geräusche von außen wahrnehmen, und manche Babys hüpfen sogar, wenn sie erschrecken.

Die Veränderungen in Ihrem Körper Woche für Woche

18. Woche

Die Gebärmutter hat nun die Größe einer Melone und wächst weiter Richtung Nabel. Rückenschmerzen können häufiger auftreten. Die Linea negra, eine dunkle Linie vom Nabel bis zum Schambein, entsteht. Das Energieniveau normalisiert sich. Durch die Erhöhung des Östrogenspiegels, die unter anderem eine stärkere Durchblutung des Beckenbodens zur Folge hat, bekommen viele Frauen wieder Lust auf Sex.

19. Woche

Nun hat die Gebärmutter die Höhe des Nabels fast erreicht, und der kleine Bauch ist im Profil gut erkennbar. Die Fingernägel werden in Folge der stärkeren Durchblutung fester. Manche Schwangeren entdecken dunkle Flecken im Gesicht, die nach der Geburt aber meist schnell wieder verschwinden.

› *In der nächsten Woche wird wahrscheinlich die nächste Vorsorge stattfinden. Bitten Sie Ihren Partner Sie zum Ultraschall zu begleiten.*

20. Woche

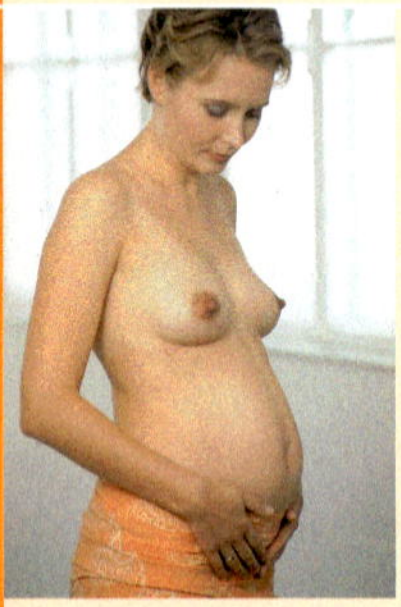

Wer tritt denn da? Wenn Sie Ihr erstes Baby erwarten, können Sie ab jetzt die Bewegungen Ihres Babys spüren. Die Gebärmutter hat die Höhe des Nabels erreicht. Ab jetzt wird der oberste Punkt der Gebärmutter, Fundus genannt, bei jeder Untersuchung ertastet. Der Fundus sollte bis zur 36. Woche kontinuierlich nach oben wachsen und wird in Zentimetern gemessen. Das aktuelle Maß spielt keine große Rolle, nur ein Stagnieren deutet auf Probleme und zieht weitere Untersuchungen nach sich.

21. Woche

Halbzeit! Wenn Sie die Bewegungen Ihres Kindes spüren, wird die Vorstellung, bald ein Baby im Arm zu halten, schon sehr konkret. Der Fortschritt Ihrer Schwangerschaft macht sich auch in Beschwerden wie verstärktem Schwitzen, Rückenschmerzen oder vermehrtem Ausfluss bemerkbar. Falls dieser nicht mit Juckreiz oder Verfärbung in den gelb- oder grünlichen Bereich verbunden ist und sich auch der Geruch nicht verändert, handelt es sich um eine völlig normale Nebenerscheinung. Im Zweifelsfall sollten Sie jedoch immer eine Ärztin oder Ihre Hebamme konsultieren.

› *Melden Sie sich jetzt zu einem Geburtsvorbereitungskurs an.*

22. Woche

Ihre Brüste beginnen die erste Nahrung des Babys, das Kolostrum, zu bilden. Die kleinen Drüsen um die Brustwarze herum sondern verstärkt Feuchtigkeit ab, um die Warzen für die Stillzeit schützen zu können. Da auch die Schleimhäute stärker durchblutet sind, kommt es leichter zu Nasen- und Zahnfleischbluten.

Die Entwicklung Ihres Babys Woche für Woche	
18. Woche	Ihr Baby entwickelt in dieser Woche seine individuellen Fingerkuppenmuster. Es ist sehr aktiv und trainiert Muskeln und Bewegungen. Die Lungen bilden die Lungenbläschen für die spätere Sauerstoffversorgung, und das Mekonium bildet sich. Das ist der erste Stuhlgang Ihres Babys, der unter anderem aus abgestorbenen Zellen besteht. Es wiegt 150 Gramm und ist 12,5 bis 14 Zentimeter lang.
19. Woche	Am liebsten turnt Ihr Baby den ganzen Tag herum. Vielleicht spüren Sie es schon? Von nun an geht es vor allem darum, Gewicht zuzulegen und Fettreserven aufzubauen. Die äußeren Geschlechtsmerkmale sind an ihrem richtigen Platz. Die Hautdrüsen produzieren eine wasserabweisende weiße Fettschicht, die Vernix oder Käseschmiere genannt wird. Sie schützt die Haut Ihres Babys. Es wiegt 200 Gramm und ist 13 bis 15 Zentimeter lang.
20. Woche	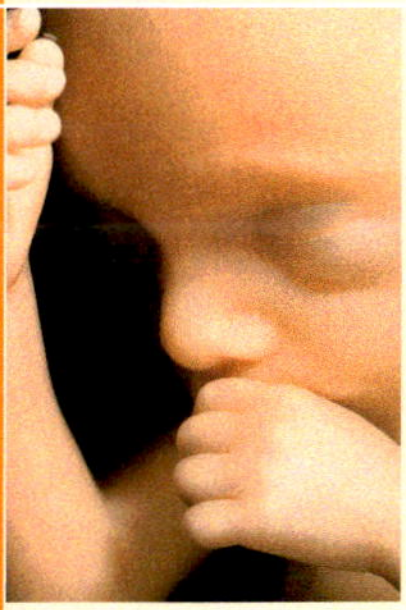 Die Nerven im Gehirn, die notwendig sind, um unsere Sinne zu kontrollieren, bilden sich aus. Das bedeutet, dass Ihr Baby ab jetzt die Fähigkeit hat, zu hören, zu schmecken, zu riechen, zu tasten und zu sehen. Ein Mädchen trägt zu diesem Zeitpunkt zwei Millionen Eizellen im Eierstock. Diese Zahl reduziert sich bis zur Geburt um die Hälfte. Ihr Baby wiegt 250 Gramm und ist 14 bis 16 Zentimeter lang.
21. Woche	Die Fruchtwasserproduktion wird ab dieser Woche von den kindlichen Nieren übernommen. Vorher war das die Aufgabe der Plazenta. Am errechneten Termin kann Ihr Baby 500 Milliliter Fruchtwasser am Tag trinken und über die Nieren wieder ausscheiden. Die wenigen Abfallprodukte in den Ausscheidungen Ihres Babys werden durch die Plazenta in Ihr Blutsystem transportiert und über Ihre Nieren ausgeschieden. Ihr Baby ist 300 Gramm schwer und 16 Zentimeter lang.
22. Woche	Mithilfe eines Stethoskops können Sie nun den Herzschlag Ihres Babys hören. Ihr Partner kann direkt nach Ihrem Baby lauschen, indem er sein Ohr auf den Bauch legt. Vielleicht reagiert Ihr Baby sogar mit vermehrter Aktivität auf Ihre Stimmen. Die Haut ist nun weniger durchsichtig. Es wiegt 350 Gramm und ist 19 Zentimeter lang. › *Sprechen Sie viel mit Ihrem Baby und spielen Sie ihm Musik vor, die Sie lieben und die Sie entspannt. Die vertrauten Klänge werden Ihrem Baby nach der Geburt helfen, sich zu beruhigen.*

Die Veränderungen in Ihrem Körper Woche für Woche	
23. Woche	Ihre Schwangerschaft ist nun nicht mehr zu übersehen. Vielleicht vergleichen Sie sich nun mit anderen Schwangeren und stellen fest, dass kein Bauch wie der andere ist. Frauen tragen ihre Bäuche sehr unterschiedlich, und die individuellen Polster und Gewichtszunahmen variieren stark. Zu den üblichen Beschwerden dieser Zeit gehören Sodbrennen und vermehrte Wassereinlagerungen (Ödeme). › *Besichtigen Sie jetzt potenzielle Geburtsorte für Ihr Kind und bereiten Sie sich darauf vor (Seite 92). Diese Veranstaltungen haben natürlich oft einen Werbecharakter, aber Ihr Gefühl wird Ihnen neben rationalen Überlegungen den richtigen Weg zeigen.*
24. Woche	Die nächste Vorsorgeuntersuchung steht an. Das Fruchtwasser nimmt an Volumen stark zu, in dieser Woche bis auf 500 Milliliter. Das durchschnittliche Maximum liegt bei 1,2 Litern in der 36. Woche. Bis zum Termin reduziert sich die Menge dann wieder auf 800 bis 1000 Milliliter. Manchmal kann im BH schon etwas Vormilch als feuchter Fleck zu entdecken sein.
25. Woche	Der Fundus steht zwischen Nabel und Rippenbogen und schiebt alle Organe etwas höher. Das führt neben Sodbrennen auch zu Kurzatmigkeit. Eine gute Haltung und viel Ruhe können dabei helfen, sich wieder besser zu fühlen. › *Die Zeit des Nestbaus beginnt, und es ist eine gute Idee, Ihre Umbaupläne von anderen durchführen zu lassen. Vor allem, wenn es sich um Renovierungen und Arbeiten mit Lacken und neuen Teppichböden handelt. Familie und Freunde unterstützen Sie sicher gern. Verreisen Sie so lange, bis alle neuen Gerüche verzogen sind.*
26. Woche	Die Haut an Bauch und Brüsten muss sich nun immer stärker dehnen, um der wachsenden Gebärmutter Platz zu machen. Das kann neben Juckreiz auch zu Schwangerschaftsstreifen führen. Nach der Geburt werden sie aber langsam verblassen und kaum noch zu sehen sein. Auch Hautunreinheiten können vermehrt auftreten. Wadenkrämpfe und Kopfschmerzen scheinen diese Woche ebenfalls zu lieben.
27. Woche	Das Ende des zweiten Trimesters ist erreicht. Das Zentrum Ihrer Schwerkraft verändert sich. Manche Frauen fühlen sich unsicher in ihren Bewegungen und haben vor allem im Winter Angst zu fallen. Falls Sie davon betroffen sind, können Kurse zur Körperarbeit wie Yoga und Gymnastik für Schwangere helfen. › *Wenn Sie sich langsam über Babykleidung Gedanken machen, ist es gut, mit erfahrenen Eltern zu sprechen. Bei dieser Gelegenheit könnte ihnen ja auch noch einfallen, dass sie ihre alten Sachen in der nächsten Zeit nicht brauchen.*

Die Entwicklung Ihres Babys Woche für Woche	
23. Woche	Ihr Baby hat nun schon das Aussehen eines winzigen Neugeborenen. Auch wenn es noch recht fragil wirkt mit seiner Haut, die Organe und Knochen durchscheinen lässt. Das Innenohr entwickelt sich immer weiter. Mittlerweile kann es neben den recht lauten Geräuschen Ihres Körpers, wie dem Herzschlag und dem Grummeln von Magen und Darm, auch Außengeräusche wahrnehmen. Es wiegt ungefähr 450 Gramm und ist 22 Zentimeter lang.
24. Woche	Ihr Baby wird in dieser Woche zwar nicht größer, dafür nimmt es mit etwa 100 Gramm aber kräftig zu. Wenn es jetzt zur Welt käme, hätte Ihr Baby eine Chance von 20 bis 25 Prozent zu überleben. Allerdings ist es ein langer Weg bis zu einer Klinikentlassung, und nicht wenige Babys werden Entwicklungsprobleme im weiteren Leben haben. Also bitte weiterbrüten! Der Körper Ihres Babys beginnt mit der Produktion von weißen Blutkörperchen, die für die Ausbildung des Immunsystems benötigt werden.
25. Woche	Ihr Baby tritt nun schon recht kräftig, so dass Sie es auf jeden Fall bemerken. Wenn Ihr Partner seine Hand auf den Bauch legt, kann er die Bewegungen des Babys fühlen. Die Nerven um Mund- und Lippenbereich werden sensibler, wahrscheinlich als Vorbereitung auf die existenzielle Aufgabe, Ihre Brustwarze zu finden. Es misst immer noch 22 Zentimeter vom Scheitel bis zum Steiß und wiegt nun 700 Gramm.
26. Woche	Die Wirbelsäule wird kräftiger, um das zusätzliche Gewicht später halten zu können. Die Lungen reifen, und Ihr Baby kann nun ein- und ausatmen, allerdings noch nicht sicher außerhalb des Bauches. Es spürt Berührungen durch die Bauchdecke und kann darauf reagieren. Wenn es mag, bewegt es sich zum Rhythmus einer Musik. Ihr Baby wiegt 910 Gramm und hat eine Länge von 23 Zentimetern.
27. Woche	In dieser Woche öffnen sich die Augen Ihres Babys. Inzwischen sind auch die Wimpern gewachsen, die die Augen nach der Geburt schützen. Seine Lieblingsbeschäftigung sind Daumenlutschen und Turnen, auch wenn der Platz dafür deutlich geringer wird. Es wiegt ungefähr ein Kilo und ist 24 Zentimeter lang.

	Die Veränderungen in Ihrem Körper Woche für Woche
28. Woche	Die Gebärmutter verändert sich in ihrem Inneren. Der untere zur Vagina führende Teil zieht sich etwas und bekommt dünnere Wände, während der obere Teil dickere Wände entwickelt. Das hilft Ihrem Baby dabei, die richtige Startposition zu finden. Gleichzeitig werden Gebärmutterhals und Muttermund auf das spätere Weicherwerden und Öffnen vorbereitet. Der Bauch wird ziemlich rund, und Ihre Füße sind in den nächsten Wochen stehend nicht recht zu sehen. In dieser Woche ist wahrscheinlich die nächste Vorsorge, und ein Termin für die letzte der drei in der Schwangerschaft angebotenen Ultraschalluntersuchungen kann vereinbart werden. › *Spätestens jetzt sollten Sie sich um eine Nachsorgehebamme bemühen. In einem Gespräch kann sie Ihnen nützliche Tipps zur Vorbereitung des Wochenbetts geben.*
29. Woche	Haben Sie schon mit einem Geburtsvorbereitungskurs begonnen? Es wird nun Zeit, da die Kurse oft über sieben bis acht Wochen gehen und manche Babys ja auch vorwitzig sein können. Der Druck der schweren Gebärmutter kann zu Krampfadern führen. Legen Sie Ihre Beine öfter hoch und tragen Sie Stützstrumpfhosen. › *Wenn in Ihrer Familie eine Neigung zu Krampfadern besteht, ist es sinnvoll, mit dem Tragen von Stützstrümpfen schon in der frühen Schwangerschaft zu beginnen.*
30. Woche	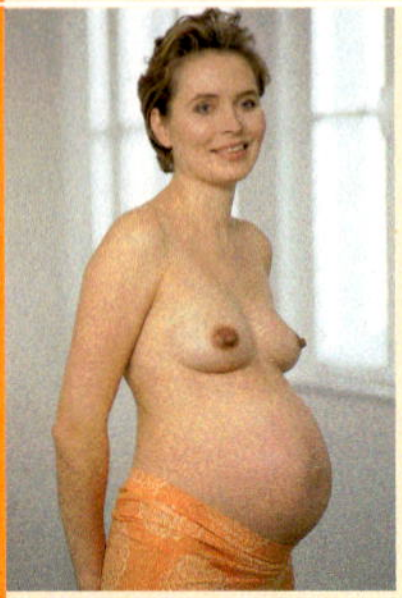 Die typische Woche für Rückenschmerzen und erste Übungswehen (Braxton-Hicks-Kontraktionen). Falls Sie diese Kontraktionen spüren sollten, können Sie ja schon einmal die neu gelernten Atem- und Entspannungsübungen ausprobieren. Falls die Kontraktionen aber nach unten drücken, schmerzhaft sind und regelmäßig auftreten, müssen Sie sich sofort untersuchen lassen. › *Packen Sie Ihre Tasche zur Geburt, damit keine Panik auftritt, wenn es schneller geht als erwartet, und Sie womöglich noch die größeren Kinder unterbringen müssen.*
31. Woche	Wundern Sie sich bitte nicht, wenn Sie jetzt vieles vergessen. Ihr Baby braucht sehr viel Aufmerksamkeit, und so geht Ihre Konzentration nach innen. Dieser Zustand hält bei sehr vielen Frauen bis zum Ende der Stillzeit an. Übrigens, in der nächsten Woche ist wahrscheinlich Ihr nächster Vorsorge-Termin. › *Lassen Sie sich von Ihrer Hebamme oder Ärztin ein Attest über den mutmaßlichen Entbindungstermin ausstellen. Falls Sie angestellt sind, braucht Ihre Krankenkasse so eine Bescheinigung für die Berechnung des Mutterschaftsgeldes.*

Die Entwicklung Ihres Babys Woche für Woche

28. Woche	Ihr Baby rundet sich und entwickelt wichtige äußere Strukturen im Gehirn. Die Furchen und Windungen sind zu erkennen, und es bekommt deutlich mehr Gehirnmasse. Es wiegt jetzt schon 1,1 Kilo und misst vom Scheitel bis zum Steiß 25 Zentimeter. › *Vielleicht haben Sie oder Ihr Partner Lust, für Ihr Baby zu singen. Nach der Geburt wird es sein Gute-Nacht-Lied bereits kennen und lieben.*
29. Woche	In dieser Woche kann Ihr Baby durch die weitere Gehirnentwicklung seine Temperatur und auch seine Atemübungen kontrollieren. Es kann sich zu helleren Bereichen der Gebärmutter hinbewegen und tut das auch gern. Das Spielen mit der Nabelschnur wird perfektioniert, indem sie bewegt und geschoben wird. Es wiegt 1,25 Kilo und ist 26 Zentimeter lang.
30. Woche	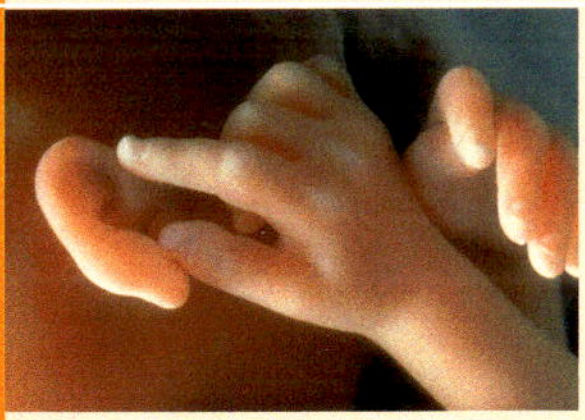 Die Lanugobehaarung verschwindet in dieser Woche. Das Haar wird dicker und die Knochen fester. Viele Babys suchen sich jetzt schon die Startposition für die so viel spätere Geburt. Es ist 27 Zentimeter lang und wiegt 1,35 Kilo.
31. Woche	Was gibt's denn da zu sehen? Die Augen bereiten sich auf das Leben draußen vor. Es bildet sich eine vorläufige Augenfarbe, die sich aber bis neun Monate nach der Geburt noch ändern kann. Ihr Baby schließt die Augen, wenn es schläft, und öffnet sie, wenn es wach ist. Gegen Ende der Woche bremst das Längenwachstum etwas. Ihr Baby misst vom Scheitel bis zum Steiß 28 Zentimeter. Dafür nimmt es aber kräftig zu und wiegt nun 1,6 Kilo.

Die Veränderungen in Ihrem Körper Woche für Woche	
32. Woche	Ihre Brüste können jetzt noch etwas größer werden und sich inzwischen durch die vielen Veränderungen fast fremd anfühlen. Ein gut sitzender BH hilft Ihnen vielleicht. Die Gebärmutter ist bis ungefähr zwölf Zentimeter über den Nabel gewachsen und dehnt die Haut am Bauchnabel. Manche Schwangere haben jetzt einen flächigen, roten Ausschlag, der nach der Geburt aber wieder verschwindet. Vergessen Sie die Vorsorgeuntersuchung nicht! Die Intervalle für die weiteren Untersuchungen verkürzen sich bis zum Termin auf alle zwei Wochen.
33. Woche	Falls Sie Ihr erstes Baby erwarten, entscheiden sich jetzt die meisten dazu, den Kopf in Richtung Becken zu bewegen. Weitere Kinder lassen sich dabei etwas mehr Zeit. Wenn die Kinder diese Position eingenommen haben, fällt das Atmen endlich leichter. › *Falls Sie geburtsvorbereitende Akupunktur wünschen, können Sie in der 36. Woche damit beginnen.*
34. Woche	Der Bauch ist so rund, dass große Mahlzeiten schwer fallen. Nehmen Sie lieber häufiger am Tag kleine Snacks zu sich. Der Knorpel, der die beiden Äste des Schambeins verbindet, wird durch die Ausschüttung des Hormons Relaxin etwas lockerer. Das kann vor allem morgens beim Aufstehen leichte Schmerzen im Becken verursachen. Ruhen Sie mehr, damit Ihr Nervenkostüm nicht überstrapaziert wird. Die nächste Vorsorge steht an. › *Wenn Sie angestellt sind, beginnt ab Ende dieser Woche die gesetzliche Mutterschutzfrist. Nutzen Sie diese Zeit, um Reserven für Geburt und Wochenbett zu sammeln. Sie werden sie brauchen!*
35. Woche	Ihr Blutvolumen hat bis zu dieser Schwangerschaftswoche um die Hälfte zugenommen. Von nun an bleibt es bis zur Geburt konstant. Was nicht konstant bleibt, ist das Wachstum Ihrer Gebärmutter, die inzwischen alle inneren Organe verschoben und nach oben und zur Seite gedrängt hat. Wenn man sich das vorstellt, sind die Beschwerden doch eigentlich harmlos, finden Sie nicht?
36. Woche	Erste Babys schieben jetzt in den meisten Fällen ihr Köpfchen tiefer ins Becken und sorgen dafür, dass der Kopf richtig abdichtet. Dies ist wichtig für den Fall, dass Ihre Fruchtblase platzt. Wenn das Köpfchen richtig sitzt, kann die Nabelschnur nicht mit dem Fruchtwasser vor das Köpfchen gespült werden und so die Sauerstoffversorgung unterbrechen. Fragen Sie bei der Vorsorge, ob das Köpfchen schon fest im Becken ist. › *Beginnen Sie jetzt mit der Damm-Massage (Seite 98).*

Die Entwicklung Ihres Babys Woche für Woche	
32. Woche	Ihrem Baby stehen nun alle fünf Sinne zur Verfügung. Es erlernt neue Fähigkeiten, wie zum Beispiel den Kopf hin und her zu drehen. Die Lungen werden weiter mit Atemübungen geschult. Die Lungenbläschen reifen langsam aus, damit sie nach dem Ausatmen nicht einfach wieder zusammenklappen. Ihr Baby schläft die meiste Zeit des Tages. Dabei können aber schon REM-(rapid-eye-movement-)Phasen unterschieden werden, die mit Traumphasen in Verbindung gebracht werden. Was mag es wohl träumen? Ihr Baby wiegt 1,8 Kilo und ist 29 Zentimeter lang.
33. Woche	Es ist nicht mehr viel Platz in der Gebärmutterhöhle, und dadurch verändern sich die Bewegungen Ihres Babys. Es ist mehr ein langsames Strecken und Dehnen als ein Strampeln und Turnen. Ihr Baby wird jetzt bei einigen Ihrer Aktionen mehr Bewegung zeigen und andere eher als schlaffördernd empfinden. Babys lieben zum Beispiel eigene Turnstunden, wenn sich ihre Mütter gerade ins Bett begeben haben. Ihr Baby wiegt nun 2 Kilo und ist 30 Zentimeter lang.
34. Woche	Das Köpfchen passt jetzt besser ins Becken, und die meisten Babys wissen das. Nur drei Prozent der Babys entscheiden sich dafür, mit dem Po voran ins Becken zu rutschen oder sich gar „quer“ zu legen! Es nimmt weiterhin gut zu und wird Ende der Woche etwa 2,3 Kilo wiegen und 32 Zentimeter lang sein. Das Immunsystem reift weiter aus. Ihr Baby schläft die meiste Zeit.
35. Woche	Wenn Ihr Baby sich nun auf den Weg machen würde, hätte es eine Chance von 99 Prozent, ohne größere Probleme zu überleben. Verdauungssystem, Lungen und zentrales Nervensystem sind nahezu ausgereift. Es wiegt 2,5 Kilo und ist 33 Zentimeter lang.
36. Woche	Die Bewegungen verändern sich wieder, weil noch weniger Platz und auch etwas weniger Fruchtwasser zur Verfügung stehen. Von außen können Sie einzelne Körperteile wie kleine Füße, Hände oder Ellbogen jetzt gut erkennen und fühlen. Ihr Baby wiegt 2,75 Kilo und ist 34 Zentimeter lang.

Die Veränderungen in Ihrem Körper Woche für Woche

37. Woche

Der letzte Monat der Schwangerschaft hat begonnen, und das große Warten bricht an. Einige von Ihnen werden sich sehr müde fühlen, und auch die Übelkeit kann zurückkommen. Die Harnblase hat kaum noch Platz sich zu füllen, und so werden Sie immer nach Toiletten Ausschau halten, egal wo Sie sind.

› *Falls Sie noch Fragen zum Geburtsablauf haben, wie etwa zu Möglichkeiten der Schmerzerleichterung, wenden Sie sich an Ihre Hebammen oder nehmen Sie ruhig Kontakt mit dem Kreißsaal auf. Vielleicht gibt es ja auch Informationsblätter, die Sie besser jetzt in Ruhe lesen als dann während der Wehenarbeit.*

38. Woche

Die nächste Vorsorge steht an. Fragen Sie wieder, ob Sie nach einem Blasensprung aufstehen dürfen oder liegend an den Entbindungsort gebracht werden müssen, wenn Ihr Baby bei dem letzten Besuch noch nicht fest im Becken war. Auch wenn Ihr Nestbautrieb noch so groß ist, lassen Sie die Fenster ruhig von jemand anderem putzen!

› *Haben Sie den „Ämterkram" geregelt? Zum Beispiel die Vaterschaftsanerkennung, wenn Sie nicht verheiratet sind, oder das Besorgen der Antragsformulare für Erziehungs- und Kindergeld. Diese können Sie in vielen Gegenden Deutschlands schon als PDF-Dateien herunterladen, wenn Sie über einen Internetzugang verfügen.*

39. Woche

In dieser Woche fühlen sich viele Schwangere nicht mehr so wohl. Die Gebärmutter füllt den ganzen Bauchraum aus, das Baby drückt manchmal schon so arg nach unten, dass Laufen und Sitzen unangenehm ist. Und zu allem Überfluss ist das Durchschlafen nicht mehr möglich, weil Sie keine bequeme Position finden und mehrmals in der Nacht auf die Toilette müssen.

› *Einige Tage vor der Geburt kann sich der Schleimpfropf lösen, der während der Schwangerschaft als Barriere im Gebärmutterhals saß. Das ist ein Zeichen dafür, dass sich der Gebärmutterhals verkürzt und der Muttermund öffnet. Er hat eine bräunliche oder rosa Farbe.*

40. Woche

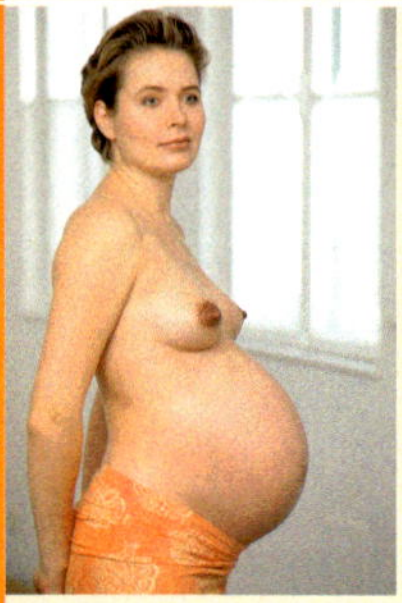

Auch wenn der Termin naht, kann es sein, dass Ihr Baby ein Datum zehn Tage später viel besser findet. Versuchen Sie viel zu ruhen und zwischendurch schöne Spaziergänge zu unternehmen. Das drückt gut auf den Muttermund und hilft so bei der Vorbereitung auf die Geburt.

Die Entwicklung Ihres Babys Woche für Woche

37. Woche	Ihr Baby schläft, träumt, ist wach und bewegt sich, lutscht am Daumen und schläft wieder. Es spürt, dass sich der Raum um es herum manchmal etwas zusammenzieht und es in eine Richtung geschoben wird. So lernt es schon mit den Übungswehen kennen worauf es sich bei der Geburt einstellen muss. Seine volle Länge beträgt nun ungefähr 47 Zentimeter. Es ist rund 3 Kilo schwer.
38. Woche	Ab jetzt ist Ihr Baby reif für die Geburt. Alle Körpersysteme sind entwickelt und arbeiten zusammen. Es bewegt sich weniger, dafür sind Schluckauf und leicht drehende Bewegungen gut wahrnehmbar. Die Plazenta beginnt zu „altern" und arbeitet nicht mehr so optimal. Ihr Baby ist 48 bis 49 Zentimeter lang und 3,1 Kilo schwer.
39. Woche	Die Käseschmiere löst sich vom Körper, und die Fruchtwassermenge nimmt weiter ab. Manche Babys haben jetzt schon kleine Nuckelblasen an den Lippen, wenn sie geboren werden. Wir wissen also, womit sie sich beschäftigt haben. Ihr Baby ist 49 bis 51 Zentimeter lang und 3,25 Kilo schwer.
40. Woche	 Ihr Baby ist nun mit 70 verschiedenen Reflexen ausgestattet, die ihm den Start ins Leben erleichtern. Seine Augen können auf eine Distanz von 35 Zentimetern gut fokussieren, und so können Sie sich anschauen. Von Kopf bis Fuß misst es ungefähr 50 bis 52 Zentimeter und ist 3,3 bis 3,5 Kilo schwer. In spätestens 14 Tagen halten Sie Ihr Baby im Arm!

Seelische und körperliche Veränderungen

GEFÜHLE ZUR SCHWANGERSCHAFT

Wenn Sie herausgefunden haben, dass Sie schwanger sind, lassen Sie sich einen Moment Zeit und spüren Sie, wie es Ihnen damit geht. Manche Frauen, die sich ein Kind sehr wünschen, sind überglücklich und stolz und fühlen sich mit dem Vater des Kindes sehr verbunden. Wenn Ihre Gefühlswelt aber ganz anders gelagert ist und Sie eher sorgenvoll und ängstlich in die Zukunft blicken, stellen Sie auch keine seltene Ausnahme dar. Es gibt viele Gründe, warum Schwangere nicht nur euphorisch gestimmt sind. Vielleicht ist Ihre Beziehung ja noch ganz frisch oder gerade nicht so glücklich; vielleicht ist der Zeitpunkt gerade ungünstig, weil Sie eine neue Herausforderung im Beruf annehmen wollen oder gerade erst ein Kind geboren haben, oder Sie fühlen sich von der Schwangerschaft schlicht überrumpelt, weil Sie sie nicht geplant und auch nicht damit gerechnet haben. Viele Schwangere stellen sich auch die ganz grundsätzliche Frage: Bin ich überhaupt bereit dazu, Mutter zu werden? Wie werden Schwangerschaft und Geburt für mich sein? Werde ich beziehungsweise werden wir das alles schaffen, wenn die Familie noch größer wird? Wird das Kind gesund sein?

Durch die Schwangerschaft sind manche Frauen sehr gefühlsbetont. Sie lachen oder weinen ohne Grund. Oder sie weinen vielleicht sogar dann, wenn sie glücklich sind. Vielleicht fühlen Sie sich auch plötzlich wütend, depressiv oder leicht reizbar. Seien Sie beruhigt: Es ist völlig normal, wenn durch die Schwangerschaft starke Gefühle ausgelöst werden. Auch wenn sie schnell wieder vergehen, sollten sie keinesfalls von anderen heruntergespielt werden („Das ist wegen der Hormone"), denn diese Gefühle sind immer noch echt.

Einige Frauen machen sich vor allem um die Gesundheit des Babys große Sorgen, manche haben Angst vor der Geburt, vielleicht aber auch noch vor ganz anderen Dingen. Diese Ängste sind ganz gewöhnliche Begleiterscheinungen dieser besonderen Zeit und keine dubiosen Vorahnungen! Ebenso verhält es sich mit merkwürdigen Träumen und Albträumen: Sie gehören dazu. Viele Schwangere träumen sehr intensiv und lebendig. Lassen Sie sich davon also nicht ins Bockshorn jagen.

Schwangere, die sich viele Sorgen machen, brauchen besondere emotionale Unterstützung und vielleicht auch Hilfe bei der Lösung von ganz realen Problemen. Einige Frauen möchten mit Beginn der Schwangerschaft (zunächst) keinen Sex mehr mit ihrem Partner haben. Manche fühlen sich im Gegenteil sogar lustvoller. Beide Gefühle sind normal.

Von außen betrachtet verändern sich manche Frauen sehr. Sie sind viel entspannter als sonst und wenden sich eher nach innen, um eine zusätzliche, schützende Hülle um ihr Kind zu bauen – andere sind sehr labil und leicht verletzbar oder gereizt. Wie auch immer, die extremen Hoch- und Tiefphasen werden nach der 12. bis 14. Schwangerschaftswoche in den meisten Fällen abflauen.

PSYCHISCHE ANPASSUNGEN

Sich auf Schwangerschaft und Mutterschaft einzustellen ist kein statisches Entweder-oder,

sondern vollzieht sich in einem kontinuierlichen Prozess. Phasen äußerster Belastung und Momente eines tiefen Glücksgefühls können dicht aufeinander folgen. Der Körper signalisiert durch Beschwerden wie Übelkeit, Erschöpfung und Heißhunger, dass ein anderer körperlicher Zustand eingetreten ist.
Mit den ersten kaum wahrnehmbaren Bewegungen verändert sich meist die innere Einstellung zum Kind. Oft stellt auch die erste Ultraschalluntersuchung einen tieferen Kontakt her. Die körperlichen Veränderungen während der Schwangerschaft können eine weitere Brücke sein, um sich leichter auf die Mutterschaft einzulassen.

Erstes Schwangerschaftsdrittel

Die ersten drei Monate der Schwangerschaft sind in erster Linie eine Zeit der Umstellung. Bis Sie die Bewegungen Ihres Kindes spüren können, werden Sie wahrscheinlich häufiger unter Stimmungsschwankungen leiden. Viele Frauen erleben insbesondere die Frühschwangerschaft, also die ersten zwölf Wochen, als eine Zeit der Verunsicherung.
Einer der Konflikte in der Frühschwangerschaft resultiert aus der Unvereinbarkeit der bis dahin gewohnten Selbstbestimmung und Einflussnahme auf die täglichen Dinge des Lebens und der nun erforderlichen Anpassung an die neue Situation des Sichfügens in die noch ungewohnte Mutterrolle. Die Vorstellung, sich zu einem Teil für diese neuen Aufgaben aufgeben zu müssen, kann bei manchen Frauen zu inneren Spannungen führen. Je mehr Sie sich solch ambivalente Gefühle eingestehen und sich damit auseinander setzen, desto eher haben Sie die Chance, diese auf eine für Sie positive Weise zu bewältigen.

Zweites Schwangerschaftsdrittel

Von der 20. bis zur 32. Schwangerschaftswoche verändern sich Ihre äußeren Körperformen

Bitte keine Selbstbehandlung bei seelischen Beschwerden!

- „Für jede Krankheit ist ein Kraut gewachsen." Diese Aussage trifft natürlich auch auf Beschwerden in der Schwangerschaft zu. Allerdings gilt dies nicht unbedingt für Veränderungen der seelischen Befindlichkeit. Die beschriebenen Prozesse, die in der Schwangerschaft und nach der Geburt zur Verarbeitung der großen Veränderungen beitragen, sind gesunde und normale Stimmungsschwankungen. Sie gehören einfach als Vorbereitung auf die neue Rolle dazu.

- Es ist uns wichtig zu vermitteln, dass Sie nicht anders sein müssen, als Sie sich gerade fühlen. Keine Kräuter, Homöopathika oder Tabletten nehmen Ihnen die Arbeit und Gefühle ab, die zu dieser Veränderung in Ihrem Leben notwendig sind. Und gerade wenn Sie die Wirkung von alternativen Heilmitteln schätzen, ist ein auf Ihre individuelle Situation zugeschnittener Behandlungsplan entscheidend. Auch wenn diese Medikamente als in der Regel unschädlich für Schwangere und Babys eingestuft werden, halten wir jegliches „Ausprobieren" für bedenklich.

- Ein geeigneter Weg kann darin bestehen, Ihre Sorgen und Ängste mit Ihrem Partner, Freundinnen oder Ihren medizinischen Betreuern zu teilen. Wenn Sie so nicht weiterkommen, können Sie sich in die Behandlung von Therapeuten begeben oder sich an erfahrene Behandler der komplementärmedizinischen Methoden wenden.

deutlich. Während es physiologisch zu einer Stabilisierung der Entwicklung kommt, werden Sie vielleicht bemerken, dass Sie sich zunehmend nach innen wenden. Diese oft als Selbstversunkenheit beschriebene Entwicklung ist wichtig, damit Sie zu Ihrer neuen Identität als Mutter finden und eine Verbindung zu Ihrem Kind aufbauen können. Im Idealfall schirmt der Mann die nach innen gekehrte Frau nach außen ab und findet so seine Rolle in der neuen Familie. Eine Familie aus drei Einheiten entsteht: Vater, Mutter und Kind(er).

Die Akzeptanz der eigenen Weiblichkeit und die verstärkte Durchblutung der Geschlechtsorgane in dieser Phase kann Ihr sexuelles Erleben beeinflussen. Vielleicht verspüren Sie nun mehr Lust, und Ihr Verlangen nimmt zu. Auch das Gegenteil ist normal, wenn Sie sich stark nach innen zu Ihrem Kind wenden.

Mit der Wahrnehmung der ersten Kindsbewegungen wird die Verschmelzung mit dem Neuen in Ihrem Körper erheblich gestört. Sie müssen sich der nächsten Herausforderung stellen: Das heranwachsende Kind ist einerseits ein Teil von Ihnen, andererseits aber ein eigenständiger Mensch. Damit bereitet sich die Trennung bei der Geburt vor. Durch die ersten spürbaren Bewegungen nehmen Sie eine persönliche Beziehung zu Ihrem Kind auf und beginnen zu begreifen, welche Verpflichtung Sie mit der Geburt dieses Kindes übernehmen. Sie bekommen nun vielleicht Lust, erste Vorbereitungen für die Ankunft des Babys zu treffen. Die Belebung der eigenen Mütterlichkeit ruft auch die Erinnerung und den Vergleich mit der eigenen Mutter wach.

Letztes Schwangerschaftsdrittel

In den letzten Wochen vor der Geburt bereitet sich Ihr Körper auf die Geburt vor. In dieser Phase regt sich oft der Nestbautrieb, und Dinge wie die Einrichtung des Kinderzimmers, die Renovierung der Wohnung oder der Einkauf von Babykleidung werden in Angriff genommen. Viele Frauen empfinden diese Zeit als sehr anstrengend und sehnen daher die Geburt herbei. Psychologisch betrachtet sind es vor allem die Beschwerden am Ende der Schwangerschaft, die die Trennung der verschmolzenen Bindung mit dem Kind erleichtern. Nun kommt es darauf an, die Geburt nicht als Verlust sondern als Bereicherung zu erleben. Für viele Frauen sind daher das erste und das letzte Drittel der Schwangerschaft besonders konfliktreich und von ambivalenten Gefühlen geprägt.

GEWICHTSVERÄNDERUNG

Wie viel Gewicht wann zugenommen werden darf, ist ein Thema, das viele Frauen bewegt. Dabei wäre es das Beste, dem nicht zu viel Bedeutung beizumessen. Rein wissenschaftlich orientieren sich die Empfehlungen zur Gewichtszunahme in der Schwangerschaft am so genannten Body-Mass-Index (BMI). Sie können Ihren BMI selbst berechnen, wenn Sie Ihr Körpergewicht und Ihre Größe wissen. Setzen Sie die Körpergröße ins Quadrat und teilen Sie das Gewicht durch diesen Wert. Also zum Beispiel: 68 Kilo bei einer Körpergröße von 1,70 Metern macht 68 geteilt durch 2,89 (1,70 x 1,70). Das ergibt 23,5.

Anhand dieser Zahl werden Sie als unter-, normal- oder übergewichtig eingestuft. An dieser Einteilung orientiert sich die empfohlene Gewichtszunahme während der Schwangerschaft (siehe Tabelle Seite 41 oben).

Diese Angaben gelten für Schwangerschaften mit einem Baby bis zum Geburtstermin. Bei Zwillingen liegt die durchschnittliche Gewichtszunahme selbstverständlich höher, bei 15,5 bis 20,5 Kilogramm, und bei Drillingen sogar bei 20,5 bis 23 Kilogramm. Die Tabellenwerte sind nicht mehr als Richtlinien. Eine langsame

und stetige Gewichtszunahme in den obigen Grenzen während der gesamten Schwangerschaft ist ein sehr gutes Zeichen. Aber auch ein schubweiser Verlauf kann unserer Erfahrung nach normal sein und ist gar nicht selten.
Manchmal kommt es anfangs bedingt durch Übelkeit und Appetitlosigkeit zu einer Gewichtsabnahme. Aber auch stärkere Gewichtszunahmen in den ersten 20 Schwangerschaftswochen, die später durch geringere Zunahmen ausgeglichen werden, sind nicht selten. Obwohl viele Ärzte und Hebammen Bereichswerte aus Tabellen zur richtigen Gewichtszunahme zugrunde legen, gibt es hierzu keine gesicherten wissenschaftlichen Erkenntnisse. Lassen Sie sich also nicht sagen, wann Sie am meisten in der Schwangerschaft zunehmen sollten. Auch Frauen, die deutlich außerhalb dieser Empfehlungen waren, haben gesunde Babys geboren.

Zunehmen erlaubt! Bis zur Geburt werden Sie rund 13 Kilo schwerer sein.

Body Mass Index	**Empfohlene Gewichtszunahme**
Unter 19: untergewichtig	12,5 bis 18 kg
19 bis 26: normalgewichtig	11,5 bis 16 kg
27 bis 30: übergewichtig	7 bis 11.5 kg
30 und mehr: Fettleibig	7 kg oder weniger

Was allerdings von Ihnen wirklich ernst genommen werden sollte, ist ein plötzlicher starker Gewichtsanstieg, insbesondere im letzten Schwangerschaftsdrittel. Dies kann ein Hinweis auf eine Flüssigkeitseinlagerung im Gewebe (verstecktes Ödem) oder einen beginnenden Schwangerschaftsdiabetes (Seite 116) sein. Lassen Sie sich dann untersuchen.
Natürlich legen nicht nur Sie an Gewicht zu. Das Kind in Ihnen wächst und braucht mit zunehmender Größe auch mehr Versorgung. Die zusätzlichen Kilos setzen sich folgendermaßen zusammen:

- etwa 3,5 Kilo Baby
- etwa 1,0 Kilo Gebärmutter
- etwa 0,6 Kilo Plazenta
- etwa 1,0 Kilo Fruchtwasser
- etwa. 1,5 Kilo Zunahme des Blutvolumens
- etwa 2,0 Kilo Wassereinlagerungen
- etwa 1,0 Kilo Brüste
- etwa 2,0 Kilo Fetteinlagerungen als Polster für die Stillzeit
- = etwa 12,6 Kilo

Bei den Angaben handelt es sich um Durchschnittswerte. Es kann individuell natürlich erhebliche Schwankungen geben.
Es ist wichtig, dass Sie während der Schwangerschaft keine selbst verordnete Diät beginnen und sich beispielsweise fettarm ernähren. Lassen Sie sich beraten, wenn Ihnen Ihre Gewichtszunahme nicht gefällt oder Schwierigkeiten bereitet. Die Schwangerschaft ist keine Zeit für gezielte Gewichtsabnahmen.

Häufige Schwangerschaftsbeschwerden

ERGÄNZENDE HEILMETHODEN

Die großen Veränderungen, die Ihr Körper und Ihre Seele in der Schwangerschaft erfahren, können zu Beschwerden und manchmal unangenehmen Begleiterscheinungen führen. Nur sehr wenige Frauen erleben die Monate der Erwartung völlig beschwerdefrei. Aber auch wenn es hin und wieder zwickt, können viele Beschwerden mithilfe natürlicher Heilmethoden deutlich gelindert werden. Selbst wenn klassische medizinische Therapien vorher nicht helfen konnten.

Zur Verfügung stehen:

› Akupunktur
› Akupressur
› Phytotherapie (Pflanzenheilkunde)
› Physikalische Therapie
› Homöopathie
› antroposophische Medizin
› Massagen
› Osteopathie
› Chirotherapie
› tiefenpsychologische Therapie.

Auch wenn diese Therapien von ihren Befürwortern als ungefährlich für Mutter und Kind bezeichnet werden, erscheint es uns wichtig, dass Sie auf jeden Fall kompetente Behandler aufsuchen, die Erfahrung mit Schwangeren besitzen. Erkundigen Sie sich bei den entsprechenden Berufsverbänden.

Ein Wirksamkeitsnachweis in der Schwangerschaft ist für viele dieser Methoden noch nicht wissenschaftlich erbracht. Meist bestehen lediglich Erfahrungen und Beobachtungen. Das liegt aber dennoch nicht an den Methoden selbst, sondern ergibt sich aus den Kosten, die solche Untersuchungen verursachen. Zudem entziehen sich einige auf das behandelte Individuum bezogene und stark von der Erfahrung des Anwenders abhängige Verfahren statistischen Betrachtungen. Durch Studien nachgewiesen ist die Wirksamkeit von Akupunktursitzungen bei der Behandlung von starkem Schwangerschaftserbrechen und zur Geburtsvorbereitung sowie die der tiefenpsychologischen Therapien bei Depressionen.

Wir selbst haben gute Erfahrungen mit Massagen, Osteopathie, Akupunktur und vor allem mit Homöopathie gemacht. Wobei besonders bei der zuletzt genannten Methode eine gezielt auf die Konstitution der Schwangeren bezogene Behandlung die größten Erfolge zeigte. Wir können eine homöopathische Therapie, die mal dieses oder ein anderes Kügelchen ausprobiert, nicht unterstützen. Daher geben wir keine Empfehlungen zur Selbstbehandlung mit homöopathischen Medikamenten.

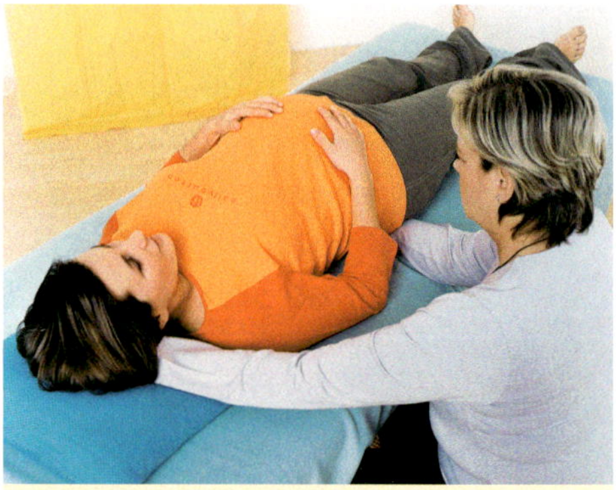

Alternative Heilmethoden lindern viele Schwangerschaftsbeschwerden. Ihr großes Plus: keine Nebenwirkungen.

HÄUFIGE BESCHWERDEN

Bänderschmerzen

Zwischen der 18. und 24. Schwangerschaftswoche können die Mutterbänder unter Zug geraten und Schmerzen verursachen. Sie äußern sich als gelegentlich stechender oder auch dumpfer Schmerz an beiden Seiten des Unterbauches, der in die Leistengegend und manchmal auch in Richtung Kreuzbein ausstrahlen kann. Dieser Schmerz tritt auf, wenn die Gebärmutter nach oben in den Bauchraum wächst und die sie haltenden Bändern, sich mitstrecken müssen. Obwohl diese Beschwerden ziemlich unangenehm sein können, handelt es sich um ganz normale Wachstumsbegleiterscheinungen, die oft nach der 24. Schwangerschaftswoche wieder verschwinden.

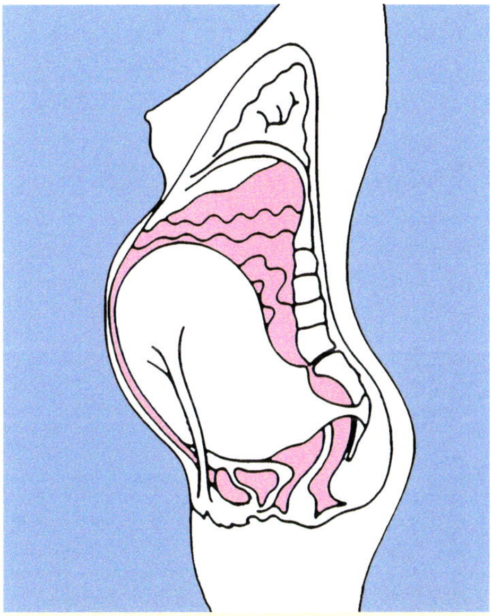

Wenn das Baby größer wird, können die Mutterbänder, die die Gebärmutter halten, Schmerzen verursachen.

HEBAMMENTIPP

- Lagern Sie bei **Bänderschmerzen** im Sitzen die Beine hoch und gönnen Sie sich häufige Pausen.
- Tragen Sie bevorzugt flache Schuhe.
- Probieren Sie, ob Ihnen die Übung „Beckenschaukel" (Seite 233) hilft.

Erzählen Sie aber Ihrer Ärztin von diesen Schmerzen, damit Sie sicher sein können, dass mit Ihnen und Ihrem Baby alles in Ordnung ist.

Erschöpfung

Die Frauen in unserer Sprechstunde sind immer wieder erstaunt darüber, wie müde und erschöpft sie sich in den ersten und letzten Wochen der Schwangerschaft fühlen. Anfangs resultieren die Beschwerden überwiegend aus der hormonellen Umstellung, während sie gegen Ende vor allem durch die höhere körperliche Belastung verursacht werden. Die vermehrte Müdigkeit ist also ganz normal – und vielleicht auch eine Aufforderung, sich mehr zu schonen. Geben Sie sich dem Schlaf daher hemmungslos hin, sooft Sie können.
Meistens lässt die Erschöpfung zwischen der 12. und 14. Schwangerschaftswoche nach, und Sie fühlen sich bis gegen Ende des achten Monats wieder energiegeladener und fitter.
Wenn Sie schon Kinder haben, werden Sie wahrscheinlich öfter müde und erschöpft sein, weil zusätzlich noch andere kleine Menschen viel von Ihrer Kraft fordern. Versuchen Sie, alles ein bisschen ruhiger anzugehen, und holen Sie sich viel Unterstützung von Familie und Freunden.

HEBAMMENTIPP

- Ruhen Sie sich häufiger aus, wenn Sie **erschöpft** sind. Legen Sie die Beine hoch und gehen Sie früher ins Bett.
- Versuchen Sie, sich gut zu ernähren. Wenn eine Mahlzeit zu reichhaltig ist, werden Sie sich anschließend nur noch müder fühlen. Die Verdauung beansprucht Ihre ganze Energie.
- Haben Sie Ihren Kaffee- oder Schwarzteekonsum seit Beginn der Schwangerschaft drastisch reduziert? Dann ist die Müdigkeit möglicherweise schlicht ein Entzugssymptom, das allmählich abklingen wird.
- Gehen Sie viel an der frischen Luft spazieren. Das bringt den Kreislauf auf Trab.
- Lassen Sie sich vom Partner und Freunden helfen und unterstützen, vor allem, wenn schon kleine Kinder da sind. Sie kommen sonst ja nie zum Verschnaufen.
- Ruhige Yogaübungen und Körperarbeit können Ihnen helfen, zu entspannen.
- Gehen Sie realistisch mit sich um und lassen Sie auch mal Dinge liegen.

Hämorrhoiden

Hämorrhoiden sind blutgefüllte Schwellkörper, die in der Schleimhaut des ringförmigen Afterschließmuskels liegen. Sie bereiten erst Probleme, wenn sich das Blut in ihnen staut und sie sich dadurch erweitern. Die Haut um den Anus juckt oder tut weh. Stuhlgang verursacht Ihnen Schmerzen, und Sie entdecken eventuell Blut auf dem Toilettenpapier. Die vergrößerten Hämorrhoiden können im Enddarm liegen, beziehungsweise beim Pressen oder auch dauerhaft heraustreten.

HEBAMMENTIPP

- Sie können die **Hämorrhoiden** für 15 Minuten mit einem mit Wasser gefüllten Kondom oder einem kleinen Plastikbeutel kühlen. Ebenso lindernd wirkt eine kühle Hamamelis-Auflage (Seite 194).
- Machen Sie aus einem halben Teelöffel kalt geschleudertem, festem Bienenhonig eine Kompresse und legen Sie diese für zwei bis drei Stunden auf.
- Nehmen Sie täglich ein Sitzbad mit Eichenrinde oder Kamille. Kochen Sie drei Esslöffel Eichenrinde für 15 Minuten in einem halben Liter Wasser. Den abgesiebten Sud fügen Sie dem Sitzbad hinzu. Oder Sie bereiten aus 50 Gramm Kamillenblüten und einem Liter Wasser einen Teeaufguss. Gießen Sie ihn durch ein Sieb in das vorbereitete Sitzbad. Sie können auch synthetischen Gerbstoff (Tannolact®-Pulver) in Beutelform verwenden.
- Oder Sie versuchen es mit einer 20-minütigen Kartoffelauflage: Schneiden Sie eine Scheibe frische Kartoffel ab und legen Sie diese auf die Hämorrhoide.
- Achten Sie auf regelmäßigen, weichen Stuhlgang. Bei starken Beschwerden können Sie Salben oder Zäpfchen verwenden (Seite 193).

• Hautveränderungen

Es ist ganz normal, wenn Ihre Haut sich während der Schwangerschaft verändert. Die erhöhte Produktion von Melanin verstärkt die Hautpigmentierung der Brustwarzen, des Genital- und Analbereichs und der Achselhöhlen. Eventuell vorhandene Muttermale werden dunkler. Auch die Bildung der so genannten Linea nigra, einer dunklen Linie zwischen Bauchnabel und Schambein, ist darauf zurückzuführen. Im Gesicht können „Mutterflecken" auftreten. Sie sind oft schmetterlingsförmig über das Gesicht ausgebreitet. Durch direkte Sonnenbestrahlung können sie sich verstärken. Verwenden Sie Sonnenschutzcreme, um den Effekt abzumildern.

All diese Erscheinungen bilden sich innerhalb weniger Wochen nach der Geburt vollständig wieder zurück. Anders ist es mit den Schwangerschaftsstreifen, die an Bauch, Oberschenkeln und Brüsten auftreten können. Die kleinen Risse in der Bauchdecke sind zunächst rosa-weiß und bleiben in der Regel als helle eingezogene Streifen bestehen. Auch Haare und Nägel können sich verändern. Diese wachsen in der Schwangerschaft oft sehr viel schneller als sonst.

Neben diesen Hautveränderungen können zum Teil auch lästige behandlungsbedürftige Hautbeschwerden oder gar Erkrankungen auftreten. Etwa 18 Prozent aller schwangeren Frauen leiden an mehr oder minder starkem Hautjucken. Dies kann unterschiedliche Ursachen haben. Wenn Sie schon vor der Schwangerschaft eine besonders trockene Haut hatten, neigen Sie wahrscheinlich eher zu dieser schwangerschaftsspezifischen Erscheinung.

Häufig juckt die Haut über den Schwangerschaftsstreifen und am Bauch. Aber wenn keine anderen Symptome wie Fieber oder Ausschlag dazukommen, können Sie davon ausgehen, dass es sich um ein einfaches Spannungsjucken handelt, das nicht behandlungsbedürftig ist.

HEBAMMENTIPP

› Zur Vorbeugung von **Schwangerschaftsstreifen** werden zahlreiche Lotionen, Cremes und Öle angeboten. Durch die intensive Pflege wird die Haut weich und zart. Das ist natürlich sehr angenehm. Ob sich die Streifen dadurch tatsächlich verhindern lassen, ist bislang allerdings nicht erhärtet. Eine Abmilderung ist vielleicht durch langsame Gewichtszunahme, viel Gymnastik und hohe Flüssigkeitszufuhr zu erreichen.

› Wenn Sie zu **trockener Haut** neigen, cremen Sie sich nach dem Baden oder Duschen am besten mit einer rückfettenden Lotion ein. Nehmen Sie sich dafür täglich Zeit. In sehr hartnäckigen Fällen kann eine harnstoffhaltige (Urea-)Emulsion oder Creme verwendet werden – meistens hilft das.

› Trockene Haut kann eventuell auch zu **juckenden Brustwarzen** führen. Benutzen Sie pH-neutrale parfumfreie Waschlotionen und verwenden Sie milde rückfettende Cremes für die Brustwarzen.

› Bei **Jucken am Körper** tragen Sie am besten leichte, lockere Baumwollkleidung und benutzen Sie auch hier nur pH-neutrale und parfumfreie Waschlotionen.

› Nach dem Duschen oder Baden können Sie die betroffenen Stellen auch mit einem in Apfelessig getränkten Waschlappen abreiben. Auch das Abtupfen der juckenden Hautpartien mit kaltem Schwarztee hat sich bewährt.

Sprechen Sie auf alle Fälle mit Ihrer Frauenärztin oder Ihrer Hebamme über das Hautjucken. Falls es hartnäckig anhält und von einem Ausschlag begleitet wird, können weitere Untersuchungen notwendig werden. Es sollte zum Beispiel ausgeschlossen werden, dass Sie zu den wenigen Schwangeren gehören (in unseren Breiten liegt das Risiko bei 0,2 Prozent), die eine schwangerschaftsbedingte Lebererkrankung entwickeln. Möglicherweise haben Juckreiz und Hautausschlag aber auch gar nicht direkt mit der Schwangerschaft zu tun; dann sollten Sie einen Hautarzt aufzusuchen, der vielleicht weiterhelfen kann.
Aufgrund der stärkeren Hormonproduktion können Hautunreinheiten auftreten. Reinigen Sie Ihre Haut mit einem milden klärenden Gesichtswasser, und benutzen Sie eine Ihrem Hauttyp entsprechende Creme (leicht oder eher rückfettend). Meist handelt es sich nur um eine kurzfristige Erscheinung, nach der Sie sich wieder über Ihren rosigen, frischen Teint freuen können, den Sie der stärkeren Durchblutung zu verdanken haben.

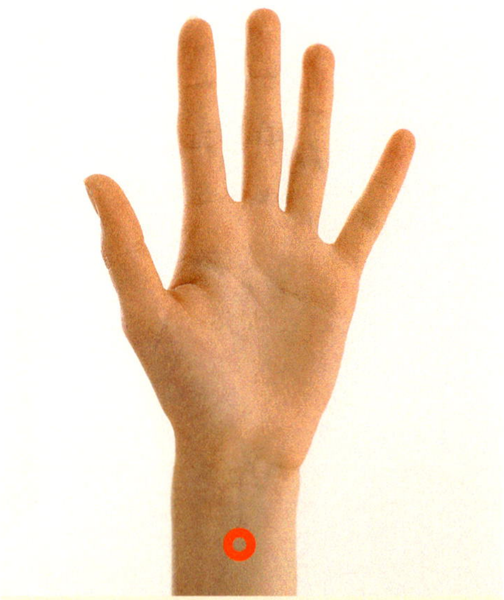
Wenn Sie an einem Karpaltunnelsyndrom leiden, kann das Halten des Punktes Pe 6 die Beschwerden lindern.

HEBAMMENTIPP

- Lagern Sie bei einem **Karpaltunnelsyndrom** Hand und Unterarm in erhöhter Position. Lassen Sie sich dazu eine speziell angepasste Lagerungsschiene verordnen.
- Vermeiden Sie eine übermäßige Belastung der Hände, wie beim Fahrradfahren.
- Helfen können kalte oder lauwarme Wassergüsse. Beginnen Sie bei den Händen und wandern Sie dann die Arme hoch.
- Halten Sie Ihre Handgelenke beweglich. Zum Beispiel durch Kreisen, Schütteln und Massagen.
- Vielleicht kann Akupressur Ihre Beschwerden lindern. Pressen Sie dazu den Punkt Pe 6 (siehe Abbildung).

Karpaltunnelsyndrom

Starke Wassereinlagerungen in Händen, Fingern und Unterarmen können zu einem Karpaltunnelsyndrom führen. Dabei schwillt der am Handgelenk liegende Karpaltunnel an und drückt auf den Nerv. Schmerzen, die in Hand und Unterarm ausstrahlen, sind die Folge. Die Beschwerden werden in der Nacht deutlich schlimmer und nehmen am Tag nach Bewegung ab. In der Regel verschwindet dieses

HEBAMMENTIPP

- Bei **Krampfadern** sollten Sie tagsüber nicht zu lange stehen. Machen Sie immer wieder Pausen und bewegen Sie sich zwischendurch.
- Gönnen Sie sich täglich mehrere Ruhepausen. Lagern Sie Ihre Beine dabei für 10 bis 15 Minuten hoch.
- Wenn Sie überwiegend sitzen, hilft Fußgymnastik (Seite 231).
- Vermeiden Sie Socken und Strümpfe mit engen Bündchen, Teile des Beines können dadurch eingeschnürt werden. Das Gleiche gilt für enge Hosen und zu hohe Absätze.
- Tragen Sie konsequent Stützstrümpfe. Ziehen Sie sie gleich morgens noch im Bett an und nicht erst, wenn die Beine bereits beginnen anzuschwellen. Wenn Sie gleichzeitig an Krampfadern im Schamlippenbereich leiden, können sich diese durch Stützstrümpfe allerdings erheblich verschlechtern.
- Reiben Sie Ihre Beine täglich vorsichtig (!) mit einem Venenmittel (Salbe oder Tonikum) ein. Massieren Sie Ihre Beine dabei von unten nach oben. Viele dieser Cremes enthalten Heparin, aber auch andere Wirkstoffe wie Arnica oder Hamamelis. Die Wirksamkeit ist dennoch insgesamt nicht belegt, und wahrscheinlich ist der positive Effekt eher auf die leichte Massage der Beine als auf die Inhalts-stoffe zurückzuführen.

Problem aber ein bis zwei Wochen nach der Geburt Ihres Kindes.

• Krampfadern

Krampfadern sind sichtbar unter der Haut liegende, blau geschlängelte Venen, die meistens an den Beinen, manchmal aber auch an den Schamlippen auftreten. Wenn sie länger bestehen, können sie wulstartig hervortreten. Krampfadern treten oft familiär gehäuft auf, werden aber auch durch Übergewicht verursacht oder betreffen Frauen, die vor allem sitzende und stehende Tätigkeiten ausüben.

In der Regel schmerzen Krampfadern nicht und sind durch den Druck lediglich leicht unangenehm. In ganz seltenen Fällen kann sich in einer Vene ein Blutklumpen (Koagel) bilden und diese verstopfen. Wenn die Vene an der Oberfläche liegt, entsteht eine geschwollene, gedehnte rote Stelle – oft verbunden mit erhöhter Körpertemperatur, Schmerzen und Schwellung im Bein. Sie müssen dann sofort ärztliche Hilfe in Anspruch nehmen!

Krampfadern – übrigens ebenso wie Hämorrhoiden (Seite 44) – verschwinden in der Regel bis zum Ende des Wochenbetts. Vorausgesetzt, Sie hatten bislang noch keine Anzeichen dafür. Sollten aber schon vorher bestimmte Risikofaktoren wie eine Bindegewebsschwäche oder Übergewicht bestehen, kann die Schwangerschaft leider auch der Beginn einer ständigen Venenerkrankung sein.

• Schmerzen an Rücken und Schambein, Ischiasbeschwerden

Die Hälfte aller Frauen leidet während der Schwangerschaft unter Rückenschmerzen, Ischiasbeschwerden und Schmerzen am Schambein. Das wachsende Kind und der veränderte Hormonspiegel lockern die Bänder und den Knorpel zwischen den Ästen des Schambeins. Dadurch verlagert sich der Körperschwerpunkt. Das kann Schmerzen verursachen.

„Schwanzwedeln" gegen Rückenbeschwerden

Tragen Sie Ihr Baby im Becken und nicht mit den Bändern drumherum! Gehen Sie in den Vierfüßlerstand. Die Knie sind hüftbreit auseinander, Arme und Hände bilden eine Linie mit den Schultern. Nun stellen Sie sich vor, dass Sie in der Höhe des Steißbeins einen Schwanz haben, den Sie zwischen Ihren Beinen einfangen wollen. Dabei schieben Sie Ihr Gesäß nach vorn und in die Höhe. Sie können dabei spüren, wie die Hüftknochen leicht nach vorn kippen. Mit dieser Übung bewegen Sie Ihr Baby in Richtung Becken, und Ihre Bänder sind nicht mehr so stark belastet. Wiederholen Sie diese Übung bei Rückenschmerzen mehrmals – im Vierfüßlerstand oder im Stehen. Auch langsames Krabbeln hilft dabei, den Rücken zu entlasten.

Diese Beschwerden können zwar recht belastend sein, sind aber in der Regel harmlos. Sollten die nebenstehenden Tipps nicht helfen, könnte jedoch auch ein schwerwiegenderes Problem dahinterstecken, wie etwa vorzeitige Wehen oder ein Nierenstau, der sich durch einseitige anhaltende Rückenschmerzen bemerkbar macht. Dann sollten Sie unbedingt mit Ihrer Hebamme oder Ihrer Frauenärztin darüber sprechen. Bei einem plötzlichen scharfen Schmerz, der seitlich ins Bein strahlt, kann es sich um Ischiasbeschwerden handeln. Dabei wird durch die starken Verschiebungen im Becken beim Wachsen des Babys ein Nerv gequetscht. Fragen Sie Ihre Hebamme nach entlastenden Übungen. Ein warmes Bad und eine nicht zu weiche Matratze können helfen.

Leichtes Yoga oder Schwangerschaftsgymnastik enthalten rückenstärkende Übungen. Ein großer Gymnastikball, auf dem Sie zu Hause sitzen und Ihr Becken kreisen lassen können, wird Ihnen in der Schwangerschaft gute Dienste tun und ist für viele Frauen auch während der Geburt angenehm.

Bei Schmerzen im Schambein helfen allerdings nur zwei Dinge: Schonen Sie sich und vermeiden Sie schmerzhafte Bewegungen. Sollte es zu einer Beckenring- oder Symphysenlockerung (Seite 240) kommen, wird eine besondere Behandlung notwendig.

Schlafstörungen

Gegen Ende der Schwangerschaft klagen viele Frauen über Schlafstörungen. Der Bauch ist nun so groß, dass es fast unmöglich ist, noch eine bequeme Einschlafposition zu finden. Und wenn Sie doch ein bisschen Schlaf gefunden haben, weckt der häufige Harndrang Sie unweigerlich wieder auf. Manchen Frauen rauben auch Sorgen und Zukunftsängste die erholsame Nachtruhe. Betrachten Sie diese Beschwerden als Trainingszeit für das Leben mit Ihrem Baby! Babys brauchen auch nachts die Brust oder eine Flasche und manchmal auch eine neue Windel und ein bisschen Herumgetragenwerden.

Schwindel und Ohnmacht

Leichter Schwindel kann besonders im ersten Schwangerschaftsdrittel häufiger vorkommen. Ursache dafür ist die natürliche Anpassung des Körpers an die Schwangerschaft. Er muss nun mit massiven Veränderungen in Wasserhaus-

HEBAMMENTIPP

- Wenn Sie **Rückenschmerzen** plagen, achten Sie beim Sitzen auf Stühle mit guter Rückenlehne.
- Schlafen Sie auf einer etwas festeren Matratze auf der Seite und verteilen Sie Kissen unter dem Bauch und zwischen den Beinen, um den Rücken zu entlasten.
- Wenn Sie etwas tragen müssen, verteilen Sie das Gewicht gleichmäßig auf beide Seiten. Benutzen Sie Tüten oder einen Rucksack. Schweres Tragen sollten Sie allerdings sowieso vermeiden.
- Wenn Sie etwas aufheben wollen, achten Sie darauf, immer zuerst in die Knie zu gehen. Das entlastet den Rücken.
- Bevorzugen Sie flache Schuhe.
- Ermuntern Sie Ihren Partner, Sie an den schmerzenden Stellen zu massieren. Zum Beispiel mit Arnica-Massageöl oder japanischem Heilpflanzenöl. Das tut nicht nur gut, sondern hilft auch wirklich.
- Wahrscheinlich werden Sie warme Kleidung, eine Wärmflasche oder ein Kirschkernkissen als wohltuend empfinden.
- Rückenbeschwerden lassen sich durch Körperübungen gut lindern. Wenn Sie schon vor der Schwangerschaft darunter leiden, belegen Sie am besten vorbeugend einen fortlaufenden Yoga-Kurs, der Sie die ganze Schwangerschaft begleitet (falls dieses Angebot vor Ort besteht).

HEBAMMENTIPP

- Nehmen Sie bei **Schlafstörungen** ein Entspannungsbad (zum Beispiel mit Lavendel) und trinken Sie danach eine warme Milch (aber nur ein Glas, sonst müssen Sie in der Nacht oft Wasser lassen).
- Verzichten Sie abends auf Schwarztee, Kaffee oder sonstige koffeinhaltige Getränke wie Cola. Achten Sie darauf, keine zu schweren Mahlzeiten zu sich zu nehmen, die Ihnen nachts nur im Magen liegen.
- Gönnen Sie sich tagsüber ausreichend Bewegung. Treiben Sie Gymnastik oder machen Sie regelmäßig Yoga-Übungen.
- Sorgen Sie im Schlafzimmer für frische Luft (Stoßlüften vor dem Schlafengehen).
- Versuchen Sie mithilfe von mehreren Kissen oder einer Stillwurst eine bequeme Seitenlage zu finden, die Ihnen das Einschlafen erlaubt.
- Bitten Sie Ihren Partner, Ihnen Rücken, Füße und Schultern zu massieren.

halt, Stoffwechsel und Herz-Kreislauf-System fertig werden. Ihr Herz schlägt jetzt zum Beispiel bis zu 20 Schläge pro Minute schneller als vor der Schwangerschaft. Zusätzlich sinkt anfangs häufig der Blutdruck.

Auch Überhitzung und Flüssigkeitsmangel (Vorsicht: Sonne, Sauna, Sport ohne Trinken), niedriger Blutzuckerspiegel, Anämie (Blutarmut) und plötzliches Aufstehen (das Blut sackt in die Beine) können zu Schwindel führen. Dazu kommt, dass sich die Atmung in der Schwangerschaft ganz natürlich verändert und insgesamt an Volumen zunimmt. Dadurch kann es bei Aufregung oder Anstrengung zu einer so genannten Hyperventilation kommen. Das ist eine übermäßig gesteigerte Atmung, die sich unter anderem mit Kribbeln in den Händen oder Übelkeit ankündigt und bis hin zur Ohnmacht führen kann.

Im letzten Schwangerschaftsdrittel stehen Schwindel und Ohnmacht oft im Zusammenhang mit dem so genannten Vena-Cava-Syndrom. Es tritt insbesondere auf, wenn Sie auf dem Rücken liegen. Dabei drückt die schwere Gebärmutter auf die großen Gefäße und behindert den Rückfluss des Blutes zum Herzen. Das kann dazu führen, dass der Blutdruck abfällt. Übelkeit und manchmal sogar Ohnmacht sind die Folge. Auch die Sauerstoffversorgung des Kindes kann kurzfristig davon betroffen sein. Legen Sie sich bei diesen Symptomen sofort auf die Seite, das beseitigt schlagartig die Beschwerden. Viele Frauen meiden aus Erfahrung die Rückenlage von allein.

• Sodbrennen

Im zweiten und dritten Trimester sind viele Frauen von Sodbrennen betroffen. Diese unangenehme Erscheinung wird durch saures Aufstoßen verursacht. Dabei fließen geringe Mengen Magenbrei in die Speiseröhre zurück und reizen diese stark. Auslöser sind Liegen, Bücken, Pressen und reichliches Essen. Sodbrennen kann sich als beißendes, brennendes Gefühl hinter dem Brustbein bis hoch zum Hals äußern und Minuten bis Stunden andauern. Oft bessert das Sodbrennen sich durch eine aufrechte Körperhaltung.

Wenn alles nichts hilft, können Sie bei starken

HEBAMMENTIPP

- Wenn Ihnen **schwindlig** ist und Sie sitzen, beugen Sie sich mit gespreizten Beinen nach vorn und legen Sie Ihren Kopf zwischen die Beine. Oder Sie legen sich mit hochgelagerten Beinen auf den Rücken. Beides hilft, den Blutfluss zum Gehirn zu verbessern.
- Stehen Sie aus sitzender oder liegender Position immer langsam auf und bewegen Sie vor dem Aufstehen Hände und Füße, damit Ihr Blut etwas Zeit hat, zum Kopf zu fließen.
- Legen Sie sich zum Schlafen oder Ausruhen auf die Seite. Wenn Sie auf die Rückenlage nicht verzichten können, sollten Sie Ihren Oberkörper mit einem Kissen gut abstützen.
- Schwindel kann ein Zeichen von Austrocknen sein. Trinken Sie also viel und verzichten Sie nicht auf Salz.
- Essen Sie häufiger kleine eiweißhaltige Mahlzeiten. Das hält den Blutzuckerspiegel konstant. Wenn Sie unterwegs sind, helfen Obst und Studentenfutter, den Blutzuckerspiegel schnell wieder anzuheben.

HEBAMMENTIPP

- Nehmen Sie häufig kleinere Mahlzeiten zu sich, wenn Sie unter **Sodbrennen** leiden. Vermeiden Sie möglichst alle fetten und scharf gewürzten Speisen.
- Verzichten Sie während des Essens auf Getränke. Trinken Sie dafür zwischen den Mahlzeiten viel.
- Vielleicht hilft Ihnen langsames Kauen von Haselnüssen, Mandeln oder Haferflocken.
- Trinken Sie zwischendurch ein Glas Milch oder ein Glas Wasser, mit einem Esslöffel Heilerde vermischt.
- Verzichten Sie vorübergehend auf saure Speisen und Getränke – Ihr Magen könnte dadurch zusätzlich gereizt werden.
- Lutschen Sie Emser Pastillen.
- Meiden Sie Kaffee, Zigaretten und Alkohol – aber das gilt ja sowieso.
- Kurz vor dem Zubettgehen sollten Sie nicht mehr zu reichhaltig essen, weil das Sodbrennen gern genau dann auftritt, wenn Sie sich hinlegen.
- Wenn Sie vor allem nachts geplagt werden, kann es helfen, den Oberkörper etwas erhöht zu lagern.
- Probieren Sie, ob Akupressur Ihre Beschwerden lindert. Halten Sie den Magenpunkt (siehe Abbildung).

Beschwerden die Einnahme von Medikamenten erwägen. Bewährt haben sich säurebindende Wirkstoffe (Antazida) in Beutelform (Maaloxan®, Riopan®), die Sie jeweils eine Stunde nach den Mahlzeiten oder beim Auftreten von Beschwerden einnehmen. Bitte nicht vergessen: keine langfristige Einnahme!

Starke Speichelproduktion

Gelegentlich kann in der ersten Hälfte der Schwangerschaft ein verstärkter Speichelfluss auftreten, der oft in Zusammenhang mit Übelkeit und Erbrechen steht. Medizinisch ist diese Erscheinung zwar unbedenklich. Für Sie selbst kann sie aber sehr unangenehm sein. Besonders wenn Geschmacksirritationen (bitterer oder metallischer Geschmack) dazukommen oder Zunge und Mundschleimhaut sich geschwollen anfühlen.

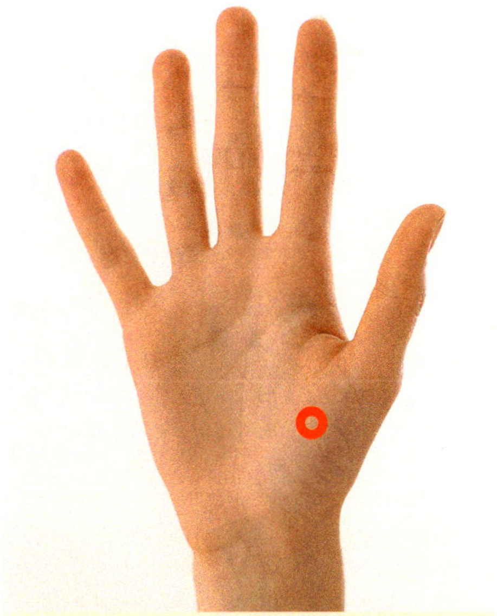

Gegen Sodbrennen hilft auch Akupressur. Halten Sie dazu den Magenpunkt in der Mitte des Daumenballens.

HEBAMMENTIPP

- Um die **Speichelmenge** zu reduzieren empfehlen wir, stärkehaltige Lebensmittel und Milchprodukte vorübergehend seltener zu essen – ansonsten aber auf eine ausgewogene Ernährung zu achten.
- Die Symptome können sich verbessern, wenn Sie viel frisches Obst zu sich nehmen.
- Manchen Frauen hilft das Kauen von Kaugummi, trockenem Cracker oder Minzbonbons.
- Gurgeln Sie mit Salzwasser oder fertigem Pulver aus der Apotheke (zum Beispiel Emsersalz).
- Trinken Sie Zitronenwasser oder lutschen Sie an einem Stück Zitrone.
- Legen Sie nachts ein Handtuch auf Ihr Kissen.

Übelkeit und Erbrechen

Wenn Ihnen in den ersten Wochen schon morgens so schlecht ist, dass Sie gar nicht erst aufstehen wollen, sind Sie damit nicht allein: Vier von fünf Frauen kämpfen zu Beginn ihrer Schwangerschaft mit Übelkeit und Erbrechen. Und das zu jeder Tageszeit. Die Ursachen dafür sind unklar. Es scheinen sowohl hormonelle, immunologische als auch psychosoziale Faktoren eine Rolle zu spielen. Vielleicht handelt es sich auch um einen natürlichen Schutzmechanismus, der den Körper dazu veranlasst, möglicherweise schädigende Nahrungsmittel zu meiden.

Nichtsdestotrotz machen sich viele Frauen bei anhaltenden Beschwerden Sorgen um ihr Baby. In den allermeisten Fällen besteht dazu aber keinerlei Anlass. Wirklich behandlungsbedürftig ist erst die so genannte Hyperemesis, die nur ein bis zwei Prozent aller Schwangeren entwickeln. Dabei handelt es sich um die anhaltende Unfähigkeit Nahrung und Flüssigkeit bei sich zu behalten, verbunden mit einem Gewichtsverlust von mehr als fünf Prozent. In diesem Fall sollten Sie sich an Ihren Arzt wenden, damit er gemeinsam mit Ihnen eine passende Behandlung überlegen kann. Um einen unter Umständen bedrohlichen Flüssigkeits- und Elektrolytmangel vorzubeugen, ist es manchmal besser, sich für einige Tage in stationäre Behandlung zu begeben.
Für alle anderen Schwangeren gilt: Ab und an Übelkeit und Erbrechen sind harmlos für Sie und Ihr Baby. Machen Sie sich also keine unnötigen Gedanken! Selbst leichte Gewichtsabnahmen in der Frühschwangerschaft sind nicht selten. Ab dem vierten Monat lassen diese lästigen Beschwerden bei den meisten Frauen deutlich nach, und sie können wieder aufatmen. Bedenken Sie aber bitte, dass das Auftreten von Übelkeit vor allem im letzten Schwangerschaftsdrittel nicht ignoriert werden darf, da es ein Vorbote für zahlreiche andere Erkrankungen sein kann.
Wenn Sie sehr unter der Übelkeit leiden, können Sie versuchen, die Beschwerden durch sanfte Medizin zu lindern.

Ingwer

Einige Studien zeigen, dass Ingwer bereits vielen Frauen geholfen hat. Untersucht wurde das Befinden der Schwangeren bei Einnahme von einem Gramm standardisierten Extrakts am Tag. Dies entspricht:

- einem Teelöffel frisch ausgepresstem Ingwer
- zwei Milliliter flüssigem Extrakt oder 10 Milliliter Sirup aus Apotheke oder Reformhaus

HEBAMMENTIPP

- Wenn Sie vor allem von morgendlicher **Übelkeit** geplagt werden, kann es helfen, bereits vor dem Aufstehen eine Kleinigkeit zu essen. Das kann ein Stück Keks oder Zwieback mit etwas Wasser sein.
- Beginnen Sie den Tag etwas langsamer. Vielleicht gehen Sie einfach ein bisschen später zur Arbeit? Lassen Sie Ihren Mann oder Freunde die größeren Kinder in Schule oder Kindergarten transportieren.
- Falls die Übelkeit zunimmt, wenn Sie erschöpft oder müde sind, brauchen Sie mehr Ruhepausen. Können Sie in der Arbeit kurz die Beine hochlegen? Besprechen Sie eventuell mit Ihren Arbeitskolleginnen den vorübergehenden Tausch von Aufgaben, die Ihre Übelkeit verstärken. Falls das alles nicht hilft, können Sie Ihre Ärztin bitten, Sie ein paar Tage krankzuschreiben.
- Wenn Sie bereits kleine Kinder haben, legen Sie sich auf jeden Fall hin, wenn Ihr Kind einen Mittagsschlaf macht, und führen Sie bei größeren Kindern die Mittagsruhe ein. Dabei können Sie vielleicht gemeinsam ein Buch anschauen oder einer Geschichte zuhören (Kassette oder CD). Das ist auch eine gute Vorbereitung auf das Wochenbett, damit Sie auch tagsüber etwas Erholung bekommen.
- Falls Gerüche von Essen oder anderen Dingen die Übelkeit verschlimmern, bitten Sie Partner oder Freunde für Sie einzukaufen, zu kochen oder zu putzen.
- Achten Sie darauf, möglichst nicht zu unterzuckern. Essen Sie häufiger (vielleicht sechs kleinere Mahlzeiten) und vermeiden Sie einen leeren Magen. Wenn Sie unterwegs sind, haben Sie deshalb eine Kleinigkeit, wie etwa einen Müsli-Riegel, dabei.
- Essen Sie, worauf Sie Appetit haben und wovon Ihnen nicht noch schlechter wird. Für diese kurze Zeit kann die ausgewogene Ernährung warten.
- Falls gar keine feste Nahrung Ihre Lust zu essen anregt, konzentrieren Sie sich auf Flüssigkeit: Kräutertees, Wasser, Fruchtsäfte (vielen Frauen hilft Grapefruitsaft!), klare Suppen und Getreidekaffee. Wenn Kaltes gut tut, probieren Sie Eis oder Sorbets.
- Wenn verstärkter Speichelfluss die Ursache Ihrer Übelkeit ist, helfen manchmal Zitronendrops.
- Beim Zähneputzen tritt häufig Würgen und Übelkeit auf – probieren Sie eine andere Zahnpasta oder benutzen Sie Zahnseide und dann Ihre Zahnbürste ohne Zahnpasta.
- Falls Sie schon Eisentabletten verordnet bekommen haben, besprechen Sie mit Ihrem Arzt, ob die Einnahme kurzfristig abgebrochen werden kann, da Übelkeit, Appetitlosigkeit und Magenbeschwerden davon verschlimmert oder sogar ausgelöst werden können.

- vier Tassen Ingwertee, zubereitet aus je einem halben Teelöffel frisch geraspeltem Ingwer (zugedeckt fünf bis zehn Minuten ziehen lassen)
- Ingwerlimonade aus dem Reformhaus
- Kapseln (250 Milligramm) aus Ingwerwurzel (zum Beispiel Zintona®) aus der Apotheke

Vitamin B6

Vitamin B6 wurde schon vor zirca 65 Jahren gegen Schwangerschaftsübelkeit eingesetzt, hilft aber nach heutigem Stand der Forschung nur einem Teil der betroffenen Frauen. Vitamin B6 kann dreimal am Tag in Dosen von 10 bis 25 Milligramm eingenommen werden. In unserer Nahrung findet man dieses Vitamin in Vollkorngetreide, Nüssen, Bananen, Geflügel, Fisch, Avocados und Reis.

Homöopathie

Für einige Frauen bietet auch die Homöopathie die richtige Unterstützung. Auf diesem Gebiet liegen keine Studien vor, aber die Einnahme der üblicherweise eingesetzten Homöopathika wird als unschädlich eingestuft.
Entscheidend für den Erfolg der Behandlung ist natürlich die Beratung durch eine speziell in Homöopathie ausgebildete Hebamme, Ärztin oder Heilpraktikerin. In unserer Praxis berichteten Frauen, dass bei manchen Nux vomica D6, bei anderen Ipecacuanha D6 und wieder anderen Pulsatilla D6 geholfen habe.

Akupunktur

Bei starkem Schwangerschaftserbrechen ist in einigen Studien Akupunktur als wirkungsvolle Therapiemethode nachgewiesen worden. Die besten Erfolge erzielen dabei erfahrene Behandler, die mit tiefer Verumakupunktur arbeiten. Diese Form der Akupunktur hat auch vielen Schwangeren, die in unserer Praxis betreut wurden, geholfen.

Akupressur

Unsere Frauen haben bei Übelkeit auch gute Erfahrungen mit Akupessur gemacht. Dazu wird zwei- bis dreimal täglich für fünf Minuten ein leichter Druck auf einen Akupresspunkt (Nei-Kuan-Punkt) an der Innenseite des Unterarms ausgeübt. Dieser Punkt ist schon lange als Akupressurpunkt zur Vorbeugung bei Reisekrankheiten bekannt. Im Handel (Apotheken) erhältliche Reisearmbänder, die unterhalb des Handgelenkes befestigt werden und mithilfe eines Kunststoffknopfes Druck auf den Nei-Kuan-Punkt ausüben, sind vor allem in England und den USA bei Schwangeren bekannt und beliebt.

Medikamente

Auch wenn Sie sonst im ersten Drittel der Schwangerschaft keine Medikamente einneh-

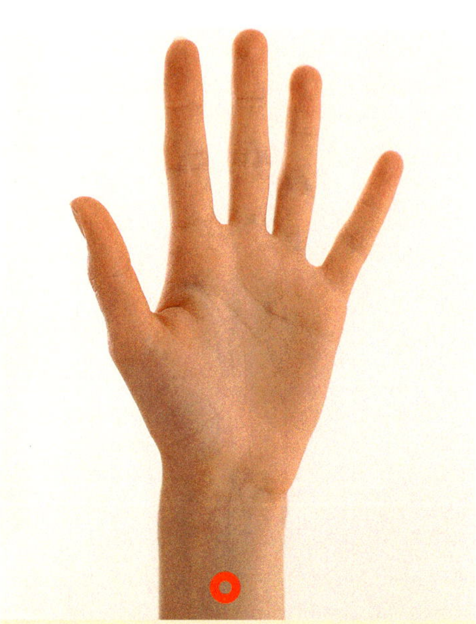

Hilft gegen Übelkeit und Erbrechen: Halten Sie den Nei-Kuan-Punkt zwischen den Beugesehnen des Handgelenks.

men wollen, wenn Übelkeit und Erbrechen hartnäckig anhalten, kann es unter Umständen notwendig sein, sich kurzfristig doch ein Medikament verordnen zu lassen. Insbesondere dann, wenn keine der oben genannten Maßnahmen wirksam ist.

Empfehlenswert sind alle Mittel auf der Basis von Wirkstoffen wie Dimenhydrinat (zum Beispiel Vomex A®) oder Meclozin (Postadoxin®). Diese wirken zentral und dämpfen das Brechzentrum im Gehirn. Eine schädigende Wirkung in der Schwangerschaft ist von ihnen nicht zu erwarten. In 24 verschiedenen Studien mit insgesamt 20 000 Schwangeren, die während ihrer Schwangerschaft Medikamente gegen Übelkeit eingenommen hatten, konnten keine erhöhten Risiken für die Babys festgestellt werden.

• Verstopfung

Zu den Übeln, die die Frauen in unserer Sprechstunde häufig ansprechen, gehört auch Verstopfung. Die Ursache dafür wird unter anderem in der veränderten Hormonlage (vor allem Progesteron) gesehen, die für eine Entspannung im Darm sorgt. Der Darminhalt wird dadurch langsamer vorangeschoben. Es bleibt mehr Zeit, Wasser aus dem Stuhl zu resorbieren. Die Folge ist ein harter und trockener Stuhlgang, der nur schwer ausgeschieden werden kann.

Zusätzlich benötigt die wachsende Gebärmutter immer mehr Platz und verdrängt den Darm. Die Einnahme von Eisenpräparaten kann die Situation noch verschlimmern.

Wenn Sie Ihren Beschwerden so nicht beikommen, können Sie Folgendes versuchen:

› Trinken Sie täglich eine Tasse Löwenzahntee oder ein Glas Pflaumensaft.
› Nehmen Sie ein bis drei Teelöffel (maximal!) Flohsamen pur, mit Flüssigkeit oder mit Joghurt vermischt. Auch als Flohsamenschalen-Pulver (etwa Mucofalk®) erhältlich.
› Helfen kann auch Milchzucker (Lactulose) als Sirup. Vergessen Sie nicht, dazu viel zu trinken.
› Meiden Sie in jedem Fall die üblichen Abführmittel! Einige von ihnen enthalten Wirkstoffe, die die Darmperistaltik anregen und dadurch Wehen auslösen könnten.
› Versuchen Sie es mit einer sanften Bauchmassage im Uhrzeigersinn.
› Mischen Sie geschroteten Leinsamen mit Joghurt und Obst und trinken Sie dazu möglichst viel.

HEBAMMENTIPP

› Nehmen Sie viele Ballaststoffe zu sich, wenn Sie zu **Verstopfung** neigen. Zum Beispiel in Form von Obst, Gemüse, Vollkornbrot, Müsli und Fruchtsäften. Auch Haferflocken, brauner Reis, Bohnen, Feigen, Pflaumen und getrocknete Aprikosen sowie Salate helfen Ihrer Verdauung auf die Sprünge.

› Trinken Sie ausreichend. Täglich mindestens acht bis zehn große Gläser Wasser.

› Vermeiden Sie Nahrungsmittel aus Weißmehl und reduzieren Sie den Genuss von Kaffee, Fleisch und Soft Drinks.

› Machen Sie täglich einen flotten Spaziergang. Alle zwei Tage 30 Minuten Walking, Fahrradfahren oder Schwimmen hilft, den Darm anzuregen.

› Nehmen Sie sich morgens genügend Zeit, um auf die Toilette zu gehen.

• Wadenkrämpfe

Wadenkrämpfe treten vor allem nachts auf und werden mit wachsendem Baby und fortschreitender Schwangerschaft häufiger. Dabei kommt es zu einer schmerzhaften Verhärtung im Bereich der Wadenmuskulatur. Einzelne Muskelgruppen ziehen sich zusammen, ohne sich wieder zu entspannen, und lösen einen stechenden, zum Teil starken Schmerz aus. Falls Ihre Mutter während der Schwangerschaft dieses Problem schon kennen gelernt hat, ist die Wahrscheinlichkeit hoch, dass auch Ihnen diese Erfahrung nicht erspart bleibt.

Traditionell werden diese Beschwerden auf einen Mangel an bestimmten Mineralstoffen, wie Magnesium, Kalzium und Natrium, zurückgeführt. Während der Schwangerschaft wird daher häufig eine zusätzliche Gabe von Magnesium empfohlen. Auch wenn Sie der Meinung sind, dass Ihre Beschwerden sich lindern, haben wissenschaftliche Studien bislang keinen Zusammenhang zwischen der Einnahme von Magnesium und der Häufigkeit von Wadenkrämpfen nachgewiesen.

HEBAMMENTIPP

› Wenn der **Krampf** sich ankündigt, strecken Sie sofort den Muskel. Dazu machen Sie vorsichtig das schmerzende Bein lang, ziehen die Zehen zum Körper und streichen vorsichtig den betroffenen Muskel entlang.

› Vor dem Einschlafen können eine Massage (mit Franzbranntwein) und Wärme (Wärmflasche oder warme Dusche) helfen, manchmal tut aber auch ein kühlendes Fußbad gut.

Um die Krämpfe zu verhindern, können Sie mehrmals am Tag folgende Übungen durchführen:

› Stehend auf Zehenspitzen und Fersen hin und her wippen.

› Die Füße aus dem Fußgelenk heraus nach rechts und links kreisen lassen.

› Vor dem Schlafengehen die Wadenmuskulatur mehrmals strecken (wie oben beschrieben)

• Wassereinlagerungen

Drei Viertel aller Schwangeren werden gegen Ende der Schwangerschaft von Wassereinlagerungen im Gewebe, so genannten Ödemen, geplagt. Ödeme sind zurückzuführen auf das normale und gesunde Ansteigen und Sammeln von Flüssigkeit im Körper und äußern sich hauptsächlich in geschwollenen Füßen, Fußgelenken, Händen und Fingern. Wenn Ihnen also Ihre Ringe nicht mehr passen, brauchen Sie sich deswegen keine Sorgen zu machen.

An sehr heißen Tagen oder wenn Sie lange stehen müssen, können die Beschwerden deutlich zunehmen. Manche Frauen spüren ein Kribbeln und später ein Taubheitsgefühl in ihren Fingern. In einigen Fällen kommen dazu noch Schmerzen in den Unterarmen. Auch diese Symptome sind auf normale Wassereinlagerungen zurückzuführen, und für sich genommen kein Alarmsignal. Ödeme, die sich bei heißem Wetter oder im Laufe des Tages bilden, sind nicht behandlungsbedürftig. Wenn Sie allerdings schon mit geschwollenen Füßen oder gar Händen aufwachen, kann dies ein Hinweis auf eine ernstere Erkrankung (wie etwa eine Präeklampsie) sein. Auf jeden Fall sollten Sie weiter untersucht werden, wenn Bluthochdruck und Eiweißausscheidungen im Urin festgestellt werden (Seite 115).

HEBAMMENTIPP

- Bei **Ödemen** gilt: Trinken Sie reichlich, essen Sie abwechslungsreich und salzen Sie so, wie es Ihnen schmeckt.
- Legen Sie häufig Ihre Füße hoch, das entlastet die geschwollenen Beine.
- Legen Sie Ringe und anderen Schmuck ab, bevor er so einschneidet, dass Sie ihn nicht mehr abbekommen.
- Sorgen Sie für regelmäßige Bewegung. Empfehlenswert sind Schwimmen, Spazierengehen, Radfahren.
- Tragen Sie Stützstrumpfhosen, die Sie am besten noch im Liegen anziehen, bevor Sie aufstehen. Dadurch sackt weniger Blut in die Beine.
- Einer Studie zufolge sollen dreißig Minuten in der warmen Wanne helfen, den Blutdruck zu senken und die Urinproduktion anzuregen. Dies wirkt sich lindernd auf Wassereinlagerungen aus.

Zugeschwollene Nase und Nasenbluten

Der starke Anstieg der Hormone Progesteron und Östrogen führt zu einer Erhöhung der Blutzirkulation und hat unter anderem ein Anschwellen der Nasenschleimhäute zur Folge. Dies kann sich beispielsweise in einer vermehrten Neigung zu Nasenbluten äußern und bei manchen Frauen auch das Gefühl auslösen, permanent eine verstopfte Nase zu haben. Das kann zwar recht lästig und unangenehm sein, ist aber nicht behandlungsbedürftig. Und glücklicherweise auch kein dauerhafter Zustand. Nach der Geburt Ihres Kindes wird auch diese Beschwerde wie die meisten Schwangerschafts-Begleiterscheinungen einfach wieder verschwinden.

HEBAMMENTIPP

- Gegen **Nasenbluten** achten Sie auf Vitamin-C-reiche Nahrung. Das hilft, die kleinen Blutgefäße in der Nase zu schließen.
- Versuchen Sie mehr Flüssigkeit zu sich zu nehmen. Mindestens zwei Liter täglich.
- Bei **geschwollenen Nasenschleimhäuten** sind Luftbefeuchter (im Winter Wassergefäße auf der Heizung, im Sommer feuchte Wäsche) besonders im Schlafzimmer angenehm.
- Lagern Sie Ihren Oberkörper beim Schlafen etwas höher.
- Vielleicht hilft Ihnen ein Dampfbad mit Meersalz oder ein Meersalz-Nasenspray? Vermeiden Sie aber möglichst abschwellende Nasentropfen und -sprays, da sie die Nasenschleimhaut zusätzlich austrocknen und die Symptome verschlimmern.
- Verwenden Sie eine Nasensalbe mit heilenden Substanzen (zum Beispiel Dexpanthenol®): Zwei- bis dreimal täglich vorsichtig in die Nasenschleimhaut einstreichen.
- Schnäuzen Sie vorsichtig, damit Sie kein Nasenbluten bekommen.

Leben mit der Schwangerschaft

AM ARBEITSPLATZ

Wenn Sie eine komplikationslose Schwangerschaft erleben, können Sie ohne Bedenken bis zum Beginn der Mutterschutzfrist sechs Wochen vor dem errechneten Entbindungstermin weiter zur Arbeit gehen. Möglicherweise bietet Ihnen dies sogar eine willkommene Ablenkung von den manchmal recht lästigen Beschwerden.

Teilen Sie Ihrem Arbeitgeber möglichst früh mit, dass Sie schwanger sind. Meist verringert sich dadurch der Leistungsdruck. Möglicherweise werden Ihnen sogar Unterstützungsangebote gemacht. Sobald Sie Ihren Arbeitgeber informiert haben, treten die Regelungen des Mutterschutzgesetzes in Kraft, die den Kündigungsschutz, die Beschäftigung und das Mutterschaftsgeld betreffen. Schwangere Frauen dürfen nicht im Nachtdienst arbeiten, keinen infektiösen Materialien, keiner gefährlichen Strahlung und keinen für sie schädlichen Chemikalien ausgesetzt werden. Schwangere dürfen auch keine schwere körperliche Arbeit verrichten.

Aber auch wenn Ihre Arbeitsumgebung für Sie und Ihr Baby ganz und gar ungefährlich ist, sollten Sie Ihre persönlichen Grenzen respektieren. Versuchen Sie, starken Stress möglichst zu vermeiden, öfter kleine Pausen einzulegen und Ihre häufigeren, kleinen Mahlzeiten in Ruhe einzunehmen. Für Ihre Verabredungen zu Vorsorgeuntersuchungen müssen Sie von der Arbeit freigestellt werden.

Sorgen Sie für eine gesunde Arbeitsumgebung

- Wenn Sie eine sitzende Tätigkeit ausüben, sollten Sie auf einen höhenverstellbaren Stuhl mit Armlehnen achten.
- Legen Sie regelmäßige Pausen ein, um sich die Beine etwas zu vertreten, wenn Sie viel vor dem Bildschirm arbeiten.
- Deponieren Sie Getränke (Wasser, Fruchtsaft) und gesunde Snacks wie Nüsse, Trockenobst und Müsli-Riegel an Ihrem Arbeitsplatz.
- Wenn Sie in einer Küche, Kantine oder Dampfreinigung arbeiten, sollten Sie jede Überhitzung Ihres Körpers vermeiden.
- Falls in Ihrem Unternehmen noch kein generelles Rauchverbot besteht, meiden Sie verqualmte Umgebungen und bitten Sie um einen rauchfreien Raum.

IM HAUSHALT

Während der Schwangerschaft ist eine möglichst gesunde Umgebung mit geringer Schadstoff- und Umweltgiftbelastung besonders wichtig. Gerade im Haushalt ist beim Saubermachen und Putzen der Umgang mit schädlichen Stoffen oft selbstverständlich. Und kaum eine Haushaltschemikalie ist bezüglich ihrer Wirkungen auf Schwangere und Babys im Bauch untersucht.

Bitte bei der Hausarbeit beachten!

- Nehmen Sie bei Ihren Hauhaltsreinigern die weniger giftigen Varianten. Sie können sie daran erkennen, dass sie keine orangefarbenen Kennzeichnungen mit Warnsymbolen aufweisen.
- Bitten Sie jemand anderen, das Reinigen Ihres Backrohres zu übernehmen.
- Lüften Sie die Räume bei und nach jeder großen Putzaktion.
- Verwenden Sie möglichst Handschuhe, auch beim Geschirrspülen.
- Besprühen Sie während Ihrer Schwangerschaft keine kleinen ungebetenen Mitbewohner wie Ameisen mit Insektiziden oder Bioziden. Uns wollte bisher kein Hersteller versichern, dass ihre Produkte für Schwangere unbedenklich sind.

AUF REISEN

Viele Frauen, die ihr erstes Kind erwarten, wollen in der Schwangerschaft gern noch ein letztes Mal allein verreisen. Wenn Ihre Schwangerschaft bis jetzt problemlos verlaufen ist, können Sie getrost die Koffer packen.
Die günstigste Zeit liegt zwischen der 18. und 24. Schwangerschaftswoche, wenn das Risiko für eine Fehl- oder Frühgeburt relativ gering ist. Lassen Sie sich vor Ihrer Abreise aber noch einmal gründlich untersuchen und schließen Sie bei der Reisebuchung auf jeden Fall eine Reiserücktrittsversicherung ab, falls sich an Ihrer Reiselust etwas ändern sollte.

Egal wohin Sie fahren, erkundigen Sie sich vorher nach Ärzten und Krankenhäusern an Ihrem Urlaubsort. Eine kleine Reiseapotheke im Gepäck, die Sie vorher mit Ihrer Hebamme oder Ärztin abgesprochen haben, kann Ihnen ein beruhigendes Gefühl geben.
Wenn Ihr Reiseziel in den Tropen liegt, suchen Sie sich besser kein Land aus, in dem zur Malariaprophylaxe geraten wird. Erkundigen Sie sich bei Reisemedizinern nach eventuell empfohlenen Impfungen und vergessen Sie nicht, Ihre Schwangerschaft zu erwähnen!
Da für diese Ziele ja immer eine längere Flugreise notwendig ist, lassen Sie sich von Ihrem Gynäkologen im Mutterpass bestätigen, dass Sie ohne Bedenken fliegen dürfen. Die meisten Fluggesellschaften verlangen eine solche Bescheinigung und befördern Sie nur bis zur 36. Schwangerschaftswoche. Obwohl jeder

Schwanger auf Reisen? Kein Problem! Lassen Sie sich vorher aber noch einmal durchchecken.

Flugbegleiter irgendwann einmal eine Kurzausbildung in Geburtshilfe absolviert haben sollte, wird sich niemand darum reißen, im Flieger bei einer Geburt zu assistieren. Und auch Sie haben sich vermutlich einen anderen Geburtstort für Ihr Baby ausgesucht.

Während des Fluges sollten Sie auf ausreichend Bewegung achten. Buchen Sie einen Platz am Gang, stehen Sie häufiger auf und laufen Sie etwas herum. Vorschläge zur Gymnastik im Flugzeug finden Sie im Flugmagazin fast jeder Airline. Nehmen Sie eine große Flasche Wasser mit in die Kabine. Die Luftfeuchtigkeit an Bord ist so niedrig, dass der Flüssigkeitsverlust ausgeglichen werden muss.

An Ihrem Ziel angekommen, achten Sie auf Ihre Ernährung: Essen Sie nur vollständig Durchgegartes und trinken Sie nur in Flaschen abgefüllte Getränke. Verzichten Sie auf Eiswürfel, da sie meistens nicht europäischen Hygienestandards entsprechen! Auch das Wasser zum Zähneputzen sollte besser aus Wasserflaschen stammen.

Wenn Sie sich Ihrem Urlaubsziel mit dem Auto nähern, ist es gut, häufige kurze Pausen einzuplanen und dann etwas spazieren zu gehen. So kommen Sie entspannter ans Ziel und spüren weniger Stauungen in Beinen und Füßen. Längere Aufenthalte in Höhen über 2500 Metern sind ohne langsame Anpassung nicht empfehlenswert. Tauchen Sie auch nicht tiefer als drei Meter. Und vermeiden Sie bei sportlichen Aktivitäten im Urlaub möglichst alles, was mit einer Absturzgefahr verbunden ist.

BEIM RENOVIEREN

Bei unseren Hausbesuchen in der Schwangerschaft steigen wir bei jeder zweiten Familie über Umzugskisten. Ohne Frage braucht eine größere Familie auch mehr Platz. Trotzdem sollten Sie es sich gut überlegen, bevor Sie umfangreiche Renovierungsarbeiten in Angriff nehmen. Sie sind dabei oft erheblichen Schadstoffbelastungen ausgesetzt. Frisch renovierte Räume müssen auf jeden Fall so lange gelüftet werden, bis kein Geruch von Lösungsmitteln aus Anstrichen, Spanholzprodukten oder Teppichbodenklebern mehr wahrzunehmen ist!

In den ersten Lebensjahren möglichst nicht renovieren!

Eine Studie des Leipziger Umweltforschungszentrums belegt, dass Renovierungsarbeiten während der Schwangerschaft und in den ersten Lebensjahren das Risiko für Kleinkinder bis vier Jahren erhöht, an Bronchitis zu erkranken.

- In der Schwangerschaft und den ersten Lebensjahren sollten Sie auf Renovierungsarbeiten verzichten.
- Fall trotzdem renoviert werden muss, sollten Sie anstelle von Lacken möglichst lösungsmittelarme Farben verwenden.
- Viele flüchtige organische Chemikalien wie Styrol aus Teppichklebern, Terpene aus biologisch gewachsten Massivholzmöbeln und Alkane aus Lacken sind für Sie und Ihr Baby nicht unbedenklich und sollten daher vermieden werden.
- Möglichst nicht im frisch renovierten Zimmer schlafen. Wenn es nicht anders geht, muss auf jeden Fall gut gelüftet werden.
- Während des Tages hilft Stoßlüften: Fenster mehrmals am Tag für zehn Minuten zum Luftaustausch weit öffnen.

SCHADSTOFFE IN DER SCHWANGERSCHAFT

Koffein

Koffein ist nicht nur in Kaffee, schwarzem und grünem Tee, Kakao und Soft Drinks wie Cola enthalten, sondern auch Bestandteil von vielen Schmerzmitteln und Antiallergika. Eine Portion koffeinhaltiger Getränke kann 10 bis 120 Milligramm Koffein enthalten. Koffein wirkt anregend auf das Zentralnervensystem sowie auf Herz, Kreislauf und Atmung.

Über den Mutterkuchen gelangt dieser Wirkstoff auch zum Kind und kann einen Anstieg der Herzschlagfrequenz und vermehrte kindliche Aktivität auslösen. Darüber hinaus wurden bei moderatem Konsum bisher jedoch keine negativen Auswirkungen auf die Entwicklung des Kindes oder den Verlauf der Schwangerschaft nachgewiesen. Die in der Presse oft zitierte Verringerung des Geburtsgewichtes ist erst bei einer täglichen Kaffeedosis von acht Tassen und mehr zu erwarten und damit im Normalfall wenig relevant. Sie können sich Ihre morgendliche Tasse Kaffee also mit ruhigem Gewissen gönnen und genießen.

Alkohol

Der schädigende Einfluss von Alkohol auf die Entwicklung des Kindes ist seit langem bekannt. Alkohol gelangt über Plazenta und Nabelschnur zum Ungeborenen und erreicht dort die gleiche Konzentration wie bei der Mutter. Da Ihr Baby den Alkohol allerdings wesentlich langsamer abbaut, steht es länger als Sie selbst unter dem schädlichen Einfluss. Vor allem bei größeren Alkoholmengen wird die negative Wirkung dadurch noch gesteigert.

Während der Schwangerschaft zeigen sich schon nach regelmäßigem Konsum von 15 Gramm Alkohol (das entspricht zum Beispiel einem Glas Wein) die ersten statistisch erfassbaren Entwicklungsstörungen. Die so genannten Alkoholeffekte zeigen sich in Wachstumsstörungen und Beeinträchtigungen der mentalen Entwicklung. Vorgeburtliche Schädigungen beruhen nicht auf einer mütterlichen Leberfunktionsstörung, sondern sind direkte Auswirkungen des Alkoholkonsums.

Das Risiko von Schädigungen ist zwar in den drei Phasen der Schwangerschaften unterschiedlich hoch, aber immer vorhanden. Bei ausgeprägtem Alkoholkonsum in der Schwangerschaft entsteht beim Kind das so genannte „fetale Alkoholsyndrom“, das sich in vermindertem Geburtsgewicht, Längenwachstum und Kopfumfang sowie in charakteristischen Abweichungen im Kopf- und Gesichtsbereich und Auffälligkeiten im Bereich der Extremitätenentwicklung äußert.

Nach der Geburt ist bei alkoholgeschädigten Kindern eine Hemmung der intellektuellen und motorischen Entwicklung mit bleibender Entwicklungsverzögerung zu beobachten. Ein Verleugnen oder Übersehen einer Alkoholproblematik in der Schwangerschaft hat lebenslange Konsequenzen für das Kind. Selbst von alkoholischen Zubereitungen von Medikamenten wird inzwischen abgeraten.

Wünschen Sie über Ihre Schwangerschaftsbetreuung hinaus noch weitere Beratung zum Alkoholgenuss in der Schwangerschaft, können Sie täglich ab zehn Uhr das Beratungstelefon der Bundeszentrale für gesundheitliche Aufklärung unter 0221-892031 anrufen und sich auch anonym beraten lassen.

Rauchen

Zigarettenrauch ist ein chemischer Cocktail aus mehreren Tausend Substanzen, von denen zahlreiche giftig sind oder nachweislich Krebs auslösen. Über die Plazenta und die Nabelschnur erreichen die Giftstoffe auch das ungeborene Kind. Das Risiko für Fehlgeburten, Plazentalösungen, tiefliegende Plazenten und

Frühgeburten steigt dadurch drastisch an. Zusätzlich häufen sich Totgeburten, untergewichtige Kinder und plötzlicher Kindstod. Das Risiko für Kinder, an Asthma zu erkranken verdoppelt sich, wenn ihre Mütter in der Schwangerschaft rauchten. Das gleiche gilt in abgeschwächtem Maß für Passivrauchen. All dies ist seit Jahrzehnten bekannt und inzwischen zum Allgemeinwissen geworden. Die oft geäußerte Empfehlung, sich auf maximal fünf Zigaretten pro Tag zu beschränken, ist wissenschaftlich nicht zu begründen und allenfalls eine Art Kompromiss für ehemals starke Raucherinnen. Wenn Sie damit aufhören wollen, können Sie gute und hilfreiche Unterstützungsangebote in Anspruch nehmen. Rufen Sie bei Ihrer Krankenkasse an und fragen Sie nach Kursen und Beratungsstellen in Ihrer Umgebung zur Raucherentwöhnung für Schwangere (Seite 12).

Drogen

Während der Schwangerschaft sollte neben Alkohol und Nikotin selbstverständlich auch auf den Konsum illegaler Drogen wie Marihuana, Cannabis, Haschisch oder Kokain verzichtet werden. Die giftigen Substanzen gelangen über die Plazenta zum Kind und schaden seiner gesunden Entwicklung. Zwar liegen bis jetzt erst wenige fundierte Untersuchungen über die negativen Auswirkungen eines regelmäßigen Genusses von Marihuana, Cannabis oder Haschisch vor. Es bestehen jedoch Hinweise darauf, dass sie Sprach- und Gedächtnisleistungen beeinträchtigen.

Noch gefährlicher ist der Konsum von Kokain oder Crack, der eine Verengung der Blutgefäße auslöst und damit die Durchblutung der Plazenta und der kindlichen Organe stört. Häufige Folge davon sind neben einer vorzeitigen Plazentalösung (Seite 113) Früh- und Totgeburten, Wachstumsverzögerungen insbesondere im Bereich der Lunge und des Gehirns sowie Fehlbildungen. Das Neugeborene kann dann unter anderem Symptome wie Trinkschwäche, Zittern, Schlafstörungen und schrilles Schreien zeigen. Außerdem konnten Studien bei Kindern kokainkonsumierender Mütter Entwicklungsverzögerungen und Einschränkungen der Lernfähigkeit nachweisen.

Medikamente

Neun von zehn Frauen nehmen während der Schwangerschaft Arzneimittel ein. Häufig um damit schwangerschaftsbedingte Beschwerden zu bekämpfen. Etwa 70 Prozent dieser Medikamente werden von den schwangeren Frauen oder ihren Angehörigen quasi selbst verordnet und zum Teil, wie etwa Vitaminpräparate, gar nicht als Medikamente erkannt.

Seien Sie daher immer vorsichtig, auch wenn Sie scheinbar „harmlose“ Präparate einnehmen! Auch bei freiverkäuflichen Arzneimitteln ist es wichtig, sich bei Ärztin, Hebamme oder Apotheker zu versichern, dass das jeweilige Präparat sinnvoll und unbedenklich ist. Es ist auf jeden Fall eine gute Idee, dieses Thema bei einer Vorsorgeuntersuchung anzusprechen. Es gibt viele Medikamente, die auch für Ihr Baby sicher sind und Ihnen im Krankheitsfall helfen können (bei bestehenden Erkrankungen lesen Sie Seite 15 und 81).

KRANKHEITEN

Auch wenn Sie schwanger sind, können Sie krank werden. Leider. In den meisten Fällen besteht aber keine Gefahr für Sie und Ihr Baby. Sie sollten aber möglichst darauf verzichten, Medikamente einzunehmen. Zumindest nicht, ohne mit Ihrem Arzt gesprochen zu haben. Lassen Sie sich auf jeden Fall frühzeitig untersuchen. Wenn Sie in Kontakt mit typischen Kinderkrankheiten kommen, sollten Sie Ihren Gynäkologen darüber informieren (Seite 120).

HEBAMMENTIPP

- Bei Schnupfen können Sie über einer Schüssel (nicht zu heiß!) mit Lindenblüten oder ätherischen Ölen wie zum Beispiel Teebaumöl inhalieren.
- Auch ein fünfminütiges Dampfbad mit warmem Wasser und einem Esslöffel Meersalz oder Zitronensaft kann sehr wohltuend sein und die Beschwerden lindern.
- Mit feuchter Wäsche oder Luftbefeuchtern können Sie in Ihrem Schlafzimmer ein angenehmeres Raumklima schaffen.
- Wenn Sie zusätzlich von Halsweh geplagt werden, hilft Gurgeln mit Salbeitee beziehungsweise mit einer fertigen Salbeilösung.
- Sie können sich auch ein Getränk aus Orangensaft mit etwas Honig oder eine „heiße Zitrone" zubereiten.

Harmlosere Krankheiten können Sie mit Hausmitteln gut überstehen.

Magen- und Darminfekte

Magen- und Darminfekte treten plötzlich auf und verschwinden normalerweise nach ein bis zwei Tagen. In der Regel stellen diese Infekte keine Gefahr für Ihr Baby dar. Trinken Sie viel und ruhen Sie sich aus, das hilft am besten. Da Essen anfangs zu weiteren heftigen Reaktionen Ihres Körpers führen kann, sollten Sie mit leicht verdaulichen Nahrungsmitteln wie Salzstangen gegen den Salzverlust, geriebenen Äpfeln und Bananen beginnen.

Als krankhaft gelten Magen- und Darmbeschwerden erst, wenn sie sich nach zwei bis drei Tagen nicht deutlich bessern und Fieber, Erbrechen, Kopf- und Gliederschmerzen und eventuell Schüttelfrost dazukommen. Dann könnte eine Lebensmittelvergiftung oder eine schwerere Infektion dahinter stecken, die auf jeden Fall ärztlich behandelt werden muss. Bei anhaltendem Durchfall müssen vor allem Wasser und Salze, die der Körper verliert, rasch ersetzt werden. Auch bei Blut im Stuhl, bei hohem Fieber, bei starken Oberbauchschmerzen oder Austrocknung sollten Sie dringend medizinische Hilfe in Anspruch nehmen.

Erkältung und Fieber

Wenn Sie eine einfache Erkältung mit Husten, Schnupfen, Heiserkeit haben, brauchen Sie sich um Ihr Baby keine Sorgen zu machen. Am besten hilft Ihnen dann viel Ruhe und eine hohe Flüssigkeitszufuhr in Form von Säften, Tee und Wasser.

Vorsicht bei den vielfach angebotenen Erkältungsmedikamenten. Dabei handelt es sich oft um Kombinationspräparate. Diese können Wirkstoffe (zum Beispiel Alkohol oder bestimmte Schmerzmittel) enthalten, die für die Schwangerschaft nicht geeignet sind. Wenn zu Ihren Erkältungsbeschwerden Fieber kommt, versuchen Sie vor allem in der Anfangszeit der Schwangerschaft, das Fieber zu senken.

Altbewährte Waden- oder Halswickel, Baden in lauwarmem Wasser, kalte Getränke und leichte, atmungsaktive Kleidung können helfen. Bei Temperaturen ab 38,9 Grad empfehlen wir, 500 Milligramm Paracetamol einzunehmen und einen Arzt zu konsultieren. In der Nacht oder am Wochenende wenden Sie sich bei hohem Fieber besser an eine Geburtsklinik in der Nähe, vor allem wenn keine rasche Besserung eintritt. Jede anhaltende oder schwerere Infektion während der Schwangerschaft kann Wehen, Fehl- oder Frühgeburten auslösen.

Gesundes Essen für Mutter und Kind

Die Ernährung beeinflusst die Gesundheit. Nicht nur während der Schwangerschaft können viele Beschwerden und Erkrankungen auf jahrelange ungesunde Kost zurückgeführt werden. Gesunde Ernährung ist daher ein Thema, dass uns bei der Beratung in der frühen Schwangerschaft besonders am Herzen liegt. Mit einem ausgewogenen Speiseplan können Sie sich und Ihrem Kind nur Gutes tun. Und auch die übrigen Familienmitglieder werden von der Ernährungsumstellung profitieren.

Aber keine Bange, Sie müssen kein Experte sein, um sich und Ihr Kind während der Schwangerschaft richtig und gesund zu ernähren. Verlassen Sie sich einfach auf Ihr Gefühl, denn oft genug signalisiert der Körper selbst, was er gerade am dringendsten braucht. In der Schwangerschaft stellt sich der Hormonhaushalt und damit der Stoffwechsel Ihres Körpers um. Die Zusammensetzung von Blut und Gewebe ändert sich. Bei einer abwechslungsreichen Ernährung und angemessenen Flüssigkeitszufuhr sorgt Ihr Körper selbst dafür, dass alle wichtigen Inhaltsstoffe in ausreichender Menge aufgenommen werden. Der Mehrbedarf ist relativ gering, und eine gewisse Gewichtszunahme tritt zwangsläufig auf (Seite 41). Sie ist wirklich notwendig. Schlankheitskuren passen nicht in die Zeiten der Schwangerschaft und des Stillens!

Eine vielseitige gemischte Kost ist in der Regel die Basis für eine gute Ernährung. Sie dürfen sich an Ihrem Geschmack orientieren und auch Gelüsten nachgeben. In unserer Praxis treffen wir immer wieder auf Frauen, die von Heißhungerattacken auf absonderliche Dinge geplagt werden. Oft widersprechen diese Anwandlungen vollkommen ihren persönlichen Ernährungsvorstellungen. Solche Gelüste treten vor allem zu Beginn der Schwangerschaft auf. Manche Frauen wollen nur Süßes, andere vor allem Saures. Denken Sie positiv! Sie werden auch später immer wieder erleben, dass Ihr Kind Dinge essen mag, die Ihnen nicht ins Konzept passen. Solange diese Anfälle nicht werbungsgesteuert sind, zeigen sie Ihnen, was Ihr Körper gerade am meisten braucht.

Nicht nur in der Schwangerschaft ein wichtiger Fitmacher: Gesunde Ernährung.

WO VORSICHT GEBOTEN IST

Im Grunde brauchen Sie als Schwangere also keine „besondere“ Kost, sondern können weiterhin essen, was Ihnen schmeckt und Ihrem Körper gut tut. Um Infektionen durch Salmonellen, Listerien und Toxoplasma gondii zu verhindern, sollten Sie aber einige Lebensmittel trotzdem meiden.

Jedes nicht durchgegarte Fleisch kann Erreger enthalten, die Erkrankungen hervorrufen können. Unter normalen Umständen sind diese mikrobiologischen Attacken gut abzuwehren. In der Schwangerschaft hingegen können sie die gesunde Entwicklung Ihres Kindes gefährden. Meiden Sie daher alle Lebensmittel aus rohem Fleisch, ebenso wie Wurstwaren und Pasteten. Essen Sie auch keine rohen oder nicht durchgekochten Eier.

In vielen Ernährungsberatungsbroschüren werden unter Hinweis auf die darin enthaltenen Omega-3-Fettsäuren ein bis zwei Fischmahlzeiten pro Woche empfohlen. Viele Erreger im Fisch können kurze Garzeiten bei der Zubereitung aber überleben. Daher ist es besser, auf den Genuss roher Meeresfrüchte, wie Sushi oder Austern, und auf geräucherte Fische in der Schwangerschaft zu verzichten.

Ebenso können tiefgefrorene Fertiggerichte mit Eierprodukten, Geflügel oder Meeresfrüchten Erreger enthalten. Wenn sie nicht gründlich gegart werden, können die Erreger überleben. Erwärmen Sie Tiefkühlkost daher niemals in der Mikrowelle. Denken Sie daran, Gemüse und Obst zu waschen, Küchenwerkzeuge und Arbeitsflächen gründlich zu reinigen und sich vor und nach der Zubereitung die Hände zu waschen. Dies gilt insbesondere, wenn Sie mit rohem Fleisch oder Fisch zu tun haben.

Wir empfehlen grundsätzlich, auf nicht pasteurisierte Milchprodukte zu verzichten, da sie Listerien enthalten können. Weichkäse, Feta, Ricotta, Harzer und Schimmelkäse sind klassische Beispiele hierfür. Aus Rohmilch hergestellte Produkte sind nicht immer sicher zu erkennen, da eine vollständige Kennzeichnungspflicht fehlt. Bei Milchprodukten hängt es vom Herstellungsverfahren und damit auch dem Herstellungsland ab, ob die Milch pasteurisiert wird. In Deutschland von großen Molkereien hergestellte Käseprodukte werden, so wurden wir informiert, fast ausschließlich aus pasteurisierter Milch erzeugt und gesondert gekennzeichnet, wenn es sich um Rohmilchprodukte handelt. Ausländische Hersteller, kleine Molkereien und Direkterzeuger (Hofkäsereien) in Deutschland müssen ihre Produkte dagegen nicht kennzeichnen.

EIN GESUNDER SPEISEPLAN

Wenn Sie in Bezug auf Ihre Ernährung unsicher sind, können Sie an mehreren Tagen hintereinander notieren, was Sie zu sich nehmen. Die Beratung durch Ihre Hebamme oder Frauenärztin hat damit eine Grundlage, Unsicherheiten können abgebaut und grundsätzliche Ernährungsfehler beseitigt werden.

Prinzipell gilt für die Ernährung in der Schwangerschaft: Qualität geht vor Quantität. Denn der tatsächliche Mehrbedarf an Kalorien ist während der Schwangerschaft gering. Der Bedarf an Vitaminen, Mineralien und Nährstoffen steigt dagegen sprunghaft an. Deshalb sollten Sie jetzt besonders auf hochwertige und gesunde Lebensmittel achten. Dies gilt insbesondere bei der Zufuhr von Fetten, Kohlenhydraten und Eiweißen.

Fette

Fette sind zwar wichtig für den Aufbau des kindlichen Körpers, bieten bei ihrer Verstoffwechselung aber sehr viel Energie. Bereits bei normaler Ernährung liefern Fette ein Drittel der zugeführten Kalorien. Sie können während der Schwangerschaft auf Fett also nicht verzichten, sollten es aber auch nicht übertreiben, wenn Sie verhindern wollen, dass es sich an Po und Hüften ansetzt. Entscheidend ist vor allem die Qualität: Sie sollten darauf achten, Ihren Bedarf vor allem mit ungesättigten Fettsäuren zu stillen, wie sie vor allem in kaltgepressten pflanzlichen Ölen (beispielsweise Oliven-, Sonnenblumen-, Distel- und Sojaöl) enthalten sind. Fette auf Basis gesättigter Fettsäuren, wie dies bei Fleisch, Butter,

Torten, Schokolade und Chips der Fall ist, sollten nur gelegentlich auf dem Speisezettel stehen. Kohlenhydrate sind wichtige Energielieferanten und stellen die chemischen Grundstoffe für den Aufbau des Körpers bereit. Sie sind verfügbar in Zucker und Stärke. Zucker versorgt den Körper zwar schnell mit Energie, hält dafür aber nur kurz vor und macht rasch wieder Appetit auf Süßes. Vom ernährungsphysiologischen Standpunkt betrachtet sind stärkehaltige Lebensmittel wie Kartoffeln, Getreide, Gemüse und Vollkornprodukte die besseren Kohlen-

Ein ausgewogener Speiseplan

Besonders in der Schwangerschaft ist es wichtig, dass Sie Ihren täglichen Bedarf an Vitaminen und Mineralstoffen ausreichend decken. Wenn Sie sich an folgenden Speiseplan halten, sind Sie und Ihr Baby bestens versorgt mit allem, was Sie brauchen:

	Was	Wie oft	Wie viel
Wasser		Täglich	1,5 bis 2,5 Liter
Obst	auch reine Fruchtsäfte	Täglich	250 bis 500 Gramm
Milchprodukte	wie Milch, Joghurt, Quark Aufschnitt: Käse	Täglich Täglich	0,3 bis 0,5 Liter (Kilogramm) 30 bis 60 Gramm
Kohlenhydrate	Getreide, wie Brot, Müsli Reis, Nudeln, Kartoffeln	Täglich Täglich	200 bis 250 Gramm 150 bis 300 Gramm
Pflanzliche Produkte	Gemüse Salat	Täglich Täglich	350 bis 450 Gramm 80 bis 120 Gramm
Fleisch- und Fischprodukte	Fleisch Aufschnitt: Wurst und gekochter Schinken	Ein- bis zweimal wöchentlich Zwei- bis dreimal wöchentlich	100 bis 150 Gramm 1 bis 2 Scheiben
	Fisch	Ein- bis zweimal wöchentlich	100 bis 150 Gramm
Fett und Zucker	Margarine, Butter, Pflanzenöle Süßigkeiten, Süßspeisen	Täglich Täglich	In Maßen Geringe Mengen

Bei rein vegetarischer Ernährung müssen die tierischen Produkte gezielt durch pflanzliche ersetzt werden. Meist werden dann Kalzium, Vitamin D und B_2 zusätzlich gebraucht.

hydrate, da sie über einen längeren Zeitraum Energie bereitstellen und daher lange sättigen.

Eiweiß

Die im Eiweiß enthaltenen Aminosäuren sind die Grundbausteine des Körpers und wichtige Energielieferanten. Da aber die essenziellen Aminosäuren vom Körper nicht selbst hergestellt werden können, müssen sie über die Nahrung aufgenommen werden. Eiweiß ist in allen tierischen und vielen pflanzlichen Produkten (zum Beispiel Getreide, Nüsse, Soja, Hülsenfrüchte) enthalten. Eine Grundversorgung ist daher in der Regel gesichert.

Mineralstoffe und Vitamine

Im Verlauf der Schwangerschaft erhöht sich der Bedarf an einigen Vitaminen und Mineralstoffen stärker als der Energiebedarf. Es werden daher Produkte wichtiger, die wenig Energie, dafür aber reichlich Vitamine und Mineralstoffe enthalten.

Das sind vor allem pflanzliche, in Maßen aber auch tierische Lebensmittel (fettarme Milchprodukte, Fisch, mageres Fleisch). Entgegen früherer Lehrmeinung weiß man heute, dass Kalium- und Natriumsalze (Kochsalz, Meersalz) wichtige Elektrolyte sind, die in der Schwangerschaft keineswegs eingeschränkt werden dürfen. Inzwischen ist unstrittig, dass die vermehrte Blutmenge eine ausreichende Zufuhr verlangt und salzarme Ernährung keineswegs Bluthochdruck und Ödeme verhindert. Das Gegenteil scheint sogar der Fall zu sein. Wir raten Frauen, die sich in der Schwangerschaft oft übergeben müssen, den dadurch auftretenden Salzverlust durch Elektrolyte im Essen oder in Getränken auszugleichen.

Getränke

Während der Schwangerschaft ist es wichtig, täglich etwa zweieinhalb Liter zu trinken. Aus ernährungsphysiologischer Sicht sollten Sie dabei Wasser, ungesüßten Tee und reine Fruchtsäfte bevorzugen. Leitungswasser ist aufgrund der ständigen Überwachung und der hohen Hygienestandards in fast allen Gegenden Deutschlands gut geeignet. Einschränkungen können sich durch erhöhte Nitratgehalte ergeben. Im Zweifel können Sie den Nitratgehalt Ihres Wassers aber beim zuständigen Wasserwirtschaftsamt erfragen.

Meiden Sie neben allen kalorienhaltigen Getränken – wie Limonaden, Cola und Fruchtnektar – auch chininhaltige Durstlöscher, wie Bitter Lemon und Tonic Water. Der Wirkstoff Chinin kann in höheren Dosen bei Neugeborenen Entzugserscheinungen auslösen.

Vorsicht mit Diäten und Nahrungsergänzungsmitteln

Sowohl Diäten als auch Fitness-Zubereitungen oder Nahrungszusätze können die Stoffwechselbalance in der Schwangerschaft negativ beeinflussen. Dennoch kommt es häufig vor, dass Schwangeren die Einnahme von Nahrungsergänzungsmitteln oder Medikamenten, die Zusatzstoffe enthalten, verordnet wird. Dies betrifft insbesondere Eisen, Jod, Magnesium und Folsäure. Die oft hohe Dosierung und die Einnahme von weiteren Nahrungsergänzungsmitteln muss bei einer individuellen Ernährungsberatung berücksichtigt werden. Fettlösliche Vitamine, wie A, D, E und K, können im Gegensatz zu den wasserlöslichen wie Vitamin B und C im Körper angereichert werden und hohe, die Schwangerschaft gefährdende Konzentrationen erreichen. Hier ist größte Vorsicht auch bei der Einnahme von Zusatzmitteln (Supplements) geboten. Falls Sie Multivitamintabletten einnehmen möchten, wählen Sie ein speziell für die Schwangerschaft angebotenes Produkt. Prüfen Sie auch bei Säften mit Multivitaminzusätzen die genauen Konzentrationen der Vitamine und meiden Sie diejenigen, die Vitamin A und D enthalten.

Die medizinische Betreuung

IHR PERSÖNLICHES BETREUUNGSTEAM

Zuständig für Ihre medizinische Begleitung und Betreuung während der Schwangerschaft sind in Deutschland Hebammen und Fachärzte für Frauenheilkunde. Am besten wäre es, wenn Sie von beiden Berufsgruppen aufeinander abgestimmt betreut würden. Denn sowohl Ärzte als auch Hebammen verfügen über spezielle fachliche Kompetenzen und Erfahrungen, die sich gut ergänzen, aber oft nicht ersetzen können. Gespräche mit anderen Ärzten und Hebammen machen jedoch deutlich, dass die Zusammenarbeit in manchen Fällen zwar erstaunlich gut klappt, leider aber oft zu wünschen übrig lässt. So liegt es letztendlich an Ihnen selbst, genau hinzuschauen, wie Sie die jeweils besonderen Qualifikationen und Einstellungen zu Schwangerschaft und Geburt für sich nutzen können.

Hebammen

Alle Hebammen in Deutschland durchlaufen eine momentan noch dreijährige Ausbildung in Geburtskliniken und daran angeschlossenen Hebammenschulen, bevor sie selbstständig die Betreuung von schwangeren Frauen übernehmen. Diese praktische und theoretische Ausbildung befähigt sie besonders zur Begleitung von Schwangeren, Müttern und Babys durch die normale Schwangerschaft, Geburt und Wochenbettzeit. Neben der rein physischen Betreuung vermitteln Hebammen zwischen dem Bedürfnis der schwangeren Frauen, ihr Baby natürlich und auf ihre eigene Weise zur Welt zu bringen, und den manchmal notwendigen Versorgungsangeboten der Medizin.

Hebammen arbeiten in Kliniken, in Geburtshäusern, in ärztlichen Praxen (in Zusammenarbeit mit Gynäkologen oder Kinderärzten) oder auch selbstständig.

Ihr Aufgabenspektrum umfasst:

- Vorsorgeuntersuchungen und Hausbesuche in der Schwangerschaft bei Beschwerden
- Die Leitung von Kursen, wie Schwangerschaftsgymnastik, Geburtsvorbereitung, Babypflege und Rückbildungsgymnastik
- Als freiberufliche Hebamme übernehmen sie Geburten im außerklinischen Bereich, im Geburtshaus oder in einer ärztlichen Praxis und in Kliniken als Angestellte oder als Beleghebamme
- Klinische und häusliche Wochenbettbetreuung
- Beratung bei Stillbeschwerden
- Viele Hebammen haben Zusatzausbildungen in Akupunktur, Homöopathie, Bach-Blüten, Shiatsu und bieten diese Methoden (zum Beispiel zur Vorbereitung auf die Geburt) gerne an

Wenn Sie gesetzlich versichert sind, werden die Kosten für die Hebammenbetreuung von Ihrer Krankenkasse übernommen. Ausgenommen sind bisher jedoch Bereitschaftspauschalen von Beleghebammen oder Hausgeburtshebammen, die damit ihre Einsatzbereitschaft in den Wochen vor der Geburt und zwei Wochen nach der Geburt in Rechnung stellen. Wenn Sie privat versichert sind, hängt die Übernahme von ambulanten Hebammenleistungen von dem von Ihnen geschlossenen Vertrag ab. Schauen Sie deshalb rechtzeitig nach. In der Regel sind Hebammenleistungen aber enthalten. Die Beihilfevorschriften des Bundes und der Länder decken Hebammenleistungen ab.

Ärzte

Ihr betreuender Frauenarzt hat eine lange Aus- und Weiterbildung hinter sich, bevor er sich in einer eventuell eigenen Praxis niederlassen kann. Nach fünfjährigem Studium und dem anschließenden praktischen Jahr folgt eine mindestens fünfjährige Facharztausbildung, die streng geregelte Inhalte hat.

Die ärztliche Ausbildung und Tätigkeit schult besonders den Blick für das Erkennen von Risiken, abweichenden Entwicklungen und Erkrankungen. Niedergelassene Frauenärztinnen bieten nach den Mutterschaftsrichtlinien Vorsorgeuntersuchungen (siehe unten) an, führen unter anderem Labor- und Ultraschalluntersuchungen und in manchen Fällen auch Verfahren der pränatalen Diagnostik (Seite 102) durch. Sie sind auch für eine Untersuchung im Wochenbett (bei ambulanter oder Hausgeburt) und eine weitere sechs bis acht Wochen später zuständig. Auch die Verhütungsberatung und Krebsfrüherkennung gehören zum ärztlichen Vorsorgeprogramm.

Die Kosten der als notwendig definierten Untersuchungen werden von allen Krankenkassen und Krankenversicherungen übernommen. Lediglich für so genannte individuelle Gesundheitsergänzungsleistungen (IGEL) können Zuzahlungen erforderlich werden. Dem Trend folgend haben auch Frauenärzte immer öfter Zusatzausbildungen vor allem in Akupunktur und Naturheilverfahren. Die anfallenden Kosten müssen aber oft selbst getragen werden.

VORSORGEUNTERSUCHUNGEN

Wenn Ihr Schwangerschaftstest (Seite 17) positiv ist, werden Sie sich mit Sicherheit an medizinische Begleiter wenden wollen, die Sie in den nächsten Monaten begleiten werden. In den ersten Schwangerschaftsmonaten finden die

Die Basis einer guten Betreuung: Verbindliche Standards

- Inhalt und Umfang der ärztlichen Aufgaben sind in den Richtlinien über die ärztliche Betreuung während der Schwangerschaft und nach der Entbindung geregelt, den so genannten Mutterschaftsrichtlinien. Hebammen orientieren sich an den Richtlinien und Empfehlungen zur Schwangerenvorsorge, die vom Bund Deutscher Hebammen herausgegeben werden. In allen Fällen liegen damit richtungsweisende Anleitungen vor, die dazu beitragen, dass die Qualität Ihrer Betreuung stimmt. Solche Richtlinien führen aber auch dazu, dass bestimmte Untersuchungen bei Ihnen routinemäßig durchgeführt werden, andere aber nicht üblich sind. Immer mehr Frauen beklagen sich darüber, dass Ängste bei ihnen erst durch die ausführlich dargestellten Risiken ausgelöst werden. Das Unbehagen wird noch geschürt, wenn immer wieder Erklärungen unterzeichnet werden müssen. Grund hierfür ist die zunehmende Zahl juristischer Auseinandersetzungen zwischen Versicherungen, Ärzten und Hebammen wegen möglicher Betreuungsfehler. Diese Entwicklung ist sehr problematisch. Aber vielleicht hilft Ihnen dieses Hintergrundwissen zu verstehen, dass die üblichen Risikoaufklärungen und schriftlichen Erklärungen nicht als Misstrauen Ihnen gegenüber oder als Anzeichen für eine gefährliche Situation verstanden werden dürfen. Trauen Sie sich aber auf jeden Fall Ihre Meinung zu sagen, wenn Ihnen das Vorgehen nicht gefällt oder nicht gut tut!

Vorsorgeuntersuchungen bei normalem Verlauf in vierwöchigem Turnus statt, ab der 30. Woche dann 14-tägig. Beim ersten Vorsorgetermin geht es vor allem darum, den Entbindungstermin zu berechnen, Ihnen Hinweise zur Ernährung in der Schwangerschaft (Seite

Die erste Vorsorgeuntersuchung vorbereiten

Bei Ihrer ersten Verabredung, die zwischen der achten bis zehnten Schwangerschaftswoche stattfindet, werden viele Fragen auf Sie zukommen. Daher ist es sinnvoll, sich darauf vorzubereiten.

› **Fragen zur Berechnung des Geburtstermins**
Wann war Ihre letzte Regel? War Ihr Zyklus regelmäßig – in welchen Abständen? Wie stark war die letzte Blutung? Welche Verhütungsmittel haben Sie benutzt, bevor Sie schwanger wurden?

› **Fragen zu Ihrer medizinischen Geschichte**
Wie ist Ihre eigene medizinische Geschichte? Waren – oder sind Sie (chronisch) krank und nehmen Sie Medikamente? Haben Sie bereits Operationen hinter sich und wie haben Sie die Narkosen vertragen? Sind Sie Allergikerin (etwa auch auf Medikamente)?
Sind psychische Erkrankungen (zum Beispiel Depressionen) aufgetreten? Wurden Psychopharmaka eingenommen, Therapien durchgeführt?

› **Fragen zu Partner und Familie**
Gibt es Besonderheiten in der medizinischen Geschichte Ihres Partners (zum Beispiel Allergien) und Ihrer Familie (Eltern, Geschwister, eventuell Großeltern)? Gibt es genetische Besonderheiten und immer wieder auftretende Erkrankungen, wie Diabetes, Bluthochdruck oder auch Krebs?

› **Fragen zu Ihren vorhergegangenen Schwangerschaften**
Wie verliefen bisherige Schwangerschaften und Geburten? Hatten Sie Fehlgeburten? Gab es irgendwelche Probleme? Haben Sie gestillt? Wie geht es Ihrem Kind oder Ihren Kindern?

› **Fragen zu Ihren Lebensgewohnheiten**
Wie ernähren Sie sich? Rauchen Sie? Trinken Sie Alkohol – wie viel und wie oft? Nehmen Sie weitere Drogen? Betreiben Sie Sport?

› **Fragen zu Ihrem Umfeld**
Wie ist Ihre soziale Situation? Sind Sie arbeitslos oder beziehen Sozialhilfe? Wie geht es Ihnen an Ihrem Arbeitsplatz? Kommen Sie in Kontakt mit Risiken für sich und Ihr Baby? Dazu gehören beispielsweise giftige Chemikalien und Strahlung. Müssen Sie sehr viel reisen? Wie ist Ihre familiäre Situation? Wie wird Ihre Schwangerschaft akzeptiert?
Vergessen Sie nicht, einen eventuell schon vorhandenen alten Mutterpass und Ihren Allergiepass mitzubringen, und schreiben Sie alle Fragen auf, die Sie beschäftigen.

64) sowie zum Umgang mit Sport, Bewegung (Seite 82), Sexualität, Reisen (Seite 59) und Medikamenten (Seite 62) zu geben. Ebenso erhalten Sie Tipps, wie Sie mit eventuell auftretenden Beschwerden zurechtkommen. Dann wird ein Zeitplan für die weiteren Untersuchungen erstellt und Ihre Ärztin klärt Sie über die Möglichkeiten der pränatalen Diagnostik (Seite 106) auf.

Nach diesem Gespräch findet eine Allgemeinuntersuchung statt, bei der Körpergröße, Gewicht, Blutdruck, Krampfadern (Varikosis) und Flüssigkeitseinlagerungen im Gewebe (Ödeme) kontrolliert werden. Eine Untersuchung der Brust, eine vaginale Untersuchung mit Kolposkopie (Betrachtung des Muttermundes), einem Abstrich auf Chlamydien (Seite 74) und gegebenenfalls einem zweiten für die Krebsfrüherkennung schließen sich an.

Hebammen messen den Leibesumfang und in der späteren Schwangerschaft auch den Abstand vom Schambein bis zum obersten Punkt der Gebärmutter. Damit kann das Wachstum Ihres Kindes beurteilt werden. Nach unseren Erfahrungen sind diese klassischen Hebammentechniken oft ähnlich genau wie viele (unnötige) Ultraschallmessungen.

Routinemäßig werden auch Urin- und Blutproben (Seite 72) entnommen, die auf unterschiedliche Faktoren untersucht werden. Das Sammeln von Informationen zu Ihrer medizinischen Geschichte inklusive der Ihres Partners und Ihrer Familien hilft den medizinischen Begleitern mit Ihnen gemeinsam einen Plan für die weitere Betreuung festzulegen. Falls vererbbare Erkrankungen in Ihren Familien aufgetreten sind, wünschen Sie vielleicht eine Beratung durch einen Humangenetiker. Die Fragen nach Schwangerschaftsunterbrechungen und Fehlgeburten sollten Sie ehrlich beantworten, auch wenn es manchmal schwer fällt. Nur so ist es möglich, ein vollständiges Bild für diesen Betreuungsplan zu gewährleisten. Wenn Sie sich nicht an alles genau erinnern, können Krankenhaus- und Operationsberichte angefordert werden.

Blutdruck

Der Blutdruck wird bei jeder Untersuchung gemessen. Die Messung, die im Sitzen oder Liegen am Oberarm erfolgt, ergibt ein Zahlenpaar (zum Beispiel 115/70 mmHg). Die erste

HEBAMMENTIPP

- Achten Sie beim **Blutdruckmessen** darauf, dass Sie möglichst fünf Minuten ruhig sitzen können, bevor gemessen wird. Wenn Sie abgehetzt in die Praxis kommen, die Treppen hochgelaufen sind, weil der Fahrstuhl nicht gekommen ist, und dann gleich den Arm hinhalten sollen, ist der gemessene Wert vielleicht höher als normal.

- Wenn Sie übergewichtig sind und einen Oberarmumfang von mehr als 40 Zentimetern haben, sollten Sie darauf achten, dass die gemessenen Werte etwa 20 mmHg über den tatsächlichen liegen können, wenn eine normale Blutdruckmanschette verwendet wurde. Fragen Sie nach einer dafür bestimmten breiteren Blutdruckmanschette, die in jeder Praxis vorhanden sein sollte.

- Der Blutdruck unterliegt in der Schwangerschaft oft einigen Schwankungen. Falls im dritten Trimester der Blutdruck allerdings kontinuierlich steigt oder immer etwas erhöht ist, werden Sie häufiger untersucht werden müssen (Seite 114).

Zahl wird systolischer Wert genannt und spiegelt den bei der Kontraktion der linken Herzkammer erzeugten Druck wider. Die zweite Zahl wird diastolischer Wert genannt und entspricht dem Dauerdruck im Gefäßsystem. Als normal werden während der Schwangerschaft alle Werte unter 140 /90 mmHg bezeichnet. Die Angabe in mmHg ist mittlerweile zwar veraltet, aber immer noch allgemein üblich, und bedeutet entsprechend der früheren Messmethode „Millimeter Quecksilbersäule".

Urinprobe

Bei jedem Vorsorgetermin wird ein Urintest durchgeführt. Das ist vor allem deswegen sinnvoll, weil durch die körperlichen Umstellungspozesse häufiger Nierenbecken- und Blaseninfektionen auftreten können. Ungefähr vier Prozent der Frauen haben Bakterien im Urin, oft auch ohne Krankheitserscheinungen. Infektionen in diesem Bereich können vorzeitige Wehen auslösen. Ihre Hebamme wird Sie daher in ärztliche Betreuung überweisen, wenn Hinweise dafür vorliegen. Sie können dann antibiotisch behandelt werden.

Wenn Eiweiß (Protein), Bakterien sowie weiße und rote Blutkörperchen im Urin nachgewiesen werden, kann dies ein Anzeichen für eine Infektion sein. Dazu wird ein Teststreifen mit verschiedenen farbigen Kästchen in den Urin getaucht. Die Stärke der Verfärbungen wird mit einem, zwei oder drei kleinen Kreuzchen im Mutterpass dokumentiert. Eiweiß kann bei stärkerem Auftreten (drei Kreuzchen und mehr) auch ein Anzeichen für Präeklampsie, eine schwangerschaftsspezifische Erkrankung, sein, vor allem wenn es in Verbindung mit erhöhtem Blutdruck auftritt (Seite 115).

Ihr Urin wird auch auf Glukose (Zucker) untersucht. Sie lässt sich bei schwangeren Frauen häufiger im Urin nachweisen, gerade nach Genuss von besonders vielen Süßspeisen. Falls allerdings bei zwei aufeinander folgenden Untersuchungen Glukose im Urin festgestellt wird und Ihr Baby für das entsprechende Schwangerschaftsalter besonders groß ist oder Sie plötzlich stärker an Gewicht zulegen, wird zu einer Untersuchung zum Ausschluss von Schwangerschaftsdiabetes (Seite 116) geraten.

Blutentnahmen

Bei der ersten routinemäßig durchgeführten Blutuntersuchung werden Blutgruppe, Rhesusfaktor und Antikörper bestimmt. Möglich sind die Blutgruppen A, B, AB und 0. Die genaue Dokumentation von Blutgruppe und Rhesusfaktor im Mutterpass ist vor allem für den seltenen Fall von Bedeutung, dass Sie während oder nach der Geburt unvermittelt eine Bluttransfusion benötigen.

Rhesusfaktor

Die Bestimmung des Rhesusfaktors ist äußerst wichtig. Es handelt sich dabei um ein Eiweiß, das an der Oberfläche der roten Blutkörperchen haftet. Ist es vorhanden, sind Sie Rhesus-positiv. Fehlt es, sind Sie Rhesus-negativ. Wenn Sie selbst Rhesus-negativ sind, können Sie und Ihr Kind unterschiedliche Rhesusfaktoren aufweisen. Es kann dann zu einer so genannten Rhesusunverträglichkeit kommen, bei der Ihr Körper Antikörper gegen die Antigene im Blut Ihres Babys bildet. Über die Plazenta können diese in den Kreislauf Ihres Kindes gelangen und dort Blutzellen zerstören und somit eine schwere Erkrankung auslösen. Seit diese biochemische Reaktion wissenschaftlich erkannt wurde, können negative Folgen für Mutter und Kind weitgehend abgewendet werden. Mittlerweile werden alle Rhesus-negativen Frauen mit einem speziellen biologisch aktiven Stoff, dem Anti-D-Immunglobulin, geimpft, wenn es zu einem Kontakt zwischen mütterlichem und kindlichem Blut gekommen sein kann.

Dieser Blutkontakt ist bei jeder Geburt möglich, aber auch bei vorangegangenen Fehl-

Sie und Ihr Partner sind Rhesus-negativ?

› Wenn Sie selbst Rhesus-negativ sind, muss der Vater des Kindes Rhesus-positiv sein, damit auch das Kind Rhesus-positiv sein kann. Die Gabe von Anti-D-Immunglobulin ist daher im Grunde nicht notwendig, wenn auch der Vater des Kindes Rhesus-negativ sein sollte. Dann wird Ihr gemeinsames Kind auch kein Antigen haben, und es besteht keine Gefahr, dass Sie Antikörper gegen das Blut Ihres Babys bilden.

geburten und Schwangerschaftsabbrüchen, Schwangerschaften außerhalb der Gebärmutter, Blutungen in der Schwangerschaft oder als Folge pränataler Diagnostik. Auch die von außen gesteuerte Drehung des Babys von der Steißlage in die Kopflage (Äußere Wendung, Seite 109) kann Blutkontakt ermöglichen.
Vorbeugend wird allen Rhesus-negativen Schwangeren in der 28. bis 30. Schwangerschaftswoche eine Standarddosis Anti-D-Immunglobulin injiziert. Nach der Geburt wird bei Rhesus-negativen Müttern Blut aus der Nabelschnur zur Rhesusfaktor-Bestimmung entnommen. Wenn sich dann zeigt, dass das Kind Rhesus-positiv ist, wird das Anti-D-Immunglobulin zum zweiten Mal gespritzt. Die Gabe muss spätestens 72 Stunden nach dem möglichen Blutkontakt erfolgen.

Hämoglobin und Eisen

Wie Sie sicherlich wissen, enthalten die roten Blutkörperchen den Blutfarbstoff Hämoglobin, der für den Sauerstofftransport notwendig ist. Da die gesunde Entwicklung Ihres Babys maßgeblich von einer funktionierenden Sauerstoffversorgung über die Plazenta abhängt, wird bei der Blutuntersuchung sowohl die Konzentration der roten Zellen als auch des Hämoglobins (Hb) bestimmt.
Im Laufe der Schwangerschaft sinkt Ihr Hb-Wert. Das ist völlig normal, da mit der starken Zunahme der Flüssigkeitsmenge in Ihrem Körper auch das Blutvolumen steigt und es dadurch zu einer relativen Erniedrigung der roten Blutkörperchen kommt. Die Gesamtzahl Ihrer roten Blutzellen wächst zwar auch, aber nicht so schnell wie das Blutvolumen.
Wenn Ihre Werte zu stark vom Normbereich abweichen, wird das allgemein als behandlungsbedürftiger Zustand angesehen. Ein Hämoglobinwert unter 11,2 g/dl wird als beginnende Anämie eingestuft. Sollte die dann eingeleitete Bestimmung der roten Blutkörperchen (Erythrozyten) einen ebenfalls erniedrigten Wert ergeben, weist dies auf eine mögliche mangelhafte Versorgung mit Eisen hin. Ihre Ärztin oder Ihre Hebamme wird Ihnen daher die zusätzliche Einnahme von Eisen empfehlen. Allerdings gehen die Meinungen darüber auseinander, ab welchem Wert eine zusätzliche Gabe von Eisen erfolgen sollte. Mancherorts ist es üblich, während der Schwangerschaft generell Eisen zu verabreichen. Dafür gibt es allerdings keine wirklich überzeugenden Gründe. Wegen der doch recht belastenden Nebenwirkungen (Verstopfung, Magenschmerzen, Appetitlosigkeit) sollte die Empfehlung zur Eiseneinnahme immer sorgfältig abgewogen werden. Solange der Hb-Abfall im Grenzbereich liegt, können Sie zunächst versuchen, sich eisenreicher zu ernähren (Seite 108).

Röteln

Eine weitere Standarduntersuchung prüft, ob eine Rötelnimmunität vorliegt. Diese Infektionskrankheit kann in den ersten drei Monaten einer Schwangerschaft schwere Folgen für das Ungeborene haben (Seite 120). Gefährdet sind

vor allem schwangere Kindergärtnerinnen, Erzieherinnen und Lehrerinnen sowie Mütter mit kleineren Kindern. In solchen Fällen wird eine sofortige passive Immunisierung mit Rötelnimmunglobulin durchgeführt. Dieses Vorgehen bietet zwar einen gewissen Schutz, allerdings keine hundertprozentige Gewähr, sich nicht doch anzustecken. Wenn Sie bereits infiziert sind, wird ein Untersuchungsplan festgelegt.
Wir haben die Erfahrung gemacht, dass vielen Frauen ein Schwangerschaftsabbruch viel zu schnell als einzig mögliche Alternative nahegelegt wird. Die Begründung lautet meistens, es bestehe eine hohe Wahrscheinlichkeit, dass sich das Kind im Bauch angesteckt habe. Selbst wenn dies der Fall sein sollte, steht letztendlich erst nach der Geburt fest, in welchem Ausmaß das Kind eventuell geschädigt wurde. Hier sind zum Beispiel ein frühzeitiges Erkennen der häufig vorkommenden Hördefekte und unterstützende Maßnahmen wichtig.
Wir legen allen Müttern, die keine ausreichende Abwehr gegen Röteln haben, eine Impfung nach der Geburt nahe (am besten gleich im Wochenbett). Zwischen dieser Impfung und der nächsten Schwangerschaft sollten mindestens drei Monate verstreichen.

Weitere Blutuntersuchungen und Injektionen

- **16.–17. SSW**
  Zweiter Röteln-HAH-Test, wenn bei Erstuntersuchung kein oder nur ein geringer Titer vorhanden war
- **24.–27. SSW:**
  Zweiter Antikörpersuchtest
  Kleines Blutbild
- **28.–30. SSW:**
  Gabe von Anti-D-Immunglobulin bei rh-negativen Müttern
- **32.–40. SSW:**
  HbsAG (Hepatitis B Surface Antigen)
- **34.–40. SSW**
  Kleines Blutbild
- **36. SSW:**
  Eventuell ein Abstrich auf Streptokokken der Gruppe B(GBS)
  Bei klinischen Hinweisen zusätzlich: Hb-Bestimmung oder kleines Blutbild

Syphilis und HIV

Routinemäßig wird Ihr Blut im Labor auch auf verschiedene Krankheiten untersucht. Dazu gehören Syphilis (Lues, Seite 119) und HIV (Seite 119). Das Ergebnis dieser Untersuchung wird nicht in den Mutterpass eingetragen, sondern Ihnen nur mündlich mitgeteilt. Wir empfehlen diese Untersuchung, die schon in einigen Fällen sowohl für uns als auch für die betroffenen Frauen überraschend einen positiven Befund erbrachte.

Chlamydien

Bei der vaginalen Untersuchung wird Ihre Ärztin auch einen Abstrich vornehmen, um mögliche bakterielle Infektionen im Genitalbereich auszuschließen. Dies geschieht routinemäßig bei der ersten Vorsorgeuntersuchung. Chlamydieninfektionen gehören zu den häufigsten sexuell übertragbaren Krankheiten. Zwei Drittel aller infizierten Frauen bemerken diese Infektion nicht selbst, da sie ohne Beschwerden abläuft. Nur ein Drittel aller Betroffenen leidet unter vaginalem Ausfluss, Schmerzen beim Wasserlassen, diffusen Unterbauchschmerzen oder Blutungen zwischen den Regelblutungen. Bei Männern führt diese Infektion fast nie zu

Beschwerden. Sie wissen daher in der Regel nicht, dass sie sich angesteckt haben.
Eine Infektion mit Chlamydien kann Fehlgeburten, Schwangerschaften außerhalb der Gebärmutter (so genannte ektopische Schwangerschaften) und ein vorzeitiges Reißen der Fruchtblase auch bereits in der frühen Schwangerschaft auslösen. Wenn die Infektion nicht behandelt wird, werden 30 bis 50 Prozent der Babys bei der Geburt angesteckt und können Augen- und Lungenentzündungen entwickeln. Wenn Ihr Abstrich positiv ist, werden Sie und Ihr Partner (!) mit Antibiotika behandelt. Das zerstört die Erreger und verhindert weitestgehend eine Übertragung auf Ihr Baby.

Hepatitis B

Nach der 32. Schwangerschaftswoche, möglichst nahe am Geburtstermin, wird die Bestimmung des Hepatitis-B-Antigens (HbsAg) im Blut empfohlen. Sollten Sie nachweislich gegen Hepatitis B immun sein, ist diese Untersuchung nicht notwendig.
Hepatitis B ist eine vor allem durch Blut oder Sexualkontakt übertragbare Virusinfektion, die die Leber befällt und dort Entzündungen hervorrufen kann. Die meisten Menschen erholen sich relativ schnell davon. Aber jeder zehnte Infizierte kann auch ohne weiter spürbare Krankheitssymptome Überträger des Virus werden. Sollte das Ergebnis positiv sein, muss Ihr Baby unmittelbar nach der Geburt aktiv und passiv gegen Hepatitis immunisiert werden, damit es sich nicht ansteckt. Das Abstillen ist nicht notwendig.

Ihr Mutterpass

In Ihren Mutterpass werden alle erhobenen Befunde eingetragen (bis auf die Ergebnisse des eventuell vorgenommenen HIV- und Lues-Tests). So kann jede Sie betreuende Person die wichtigsten Informationen auf einen Blick entdecken, und die Tests müssen nicht wiederholt werden, wenn Sie an verschiedenen Orten untersucht werden. Sie sollten Ihren Mutterpass daher immer bei sich tragen.

Wie liegt das Kind im Becken?

Sicher hören Sie in Ihren Bauch hinein und versuchen, die Bewegungen Ihres Babys zu erspüren. Bei zweiten Kindern gelingt dies bereits in der 17. Schwangerschaftswoche, bei ersten Schwangerschaften müssen Sie sich noch bis zur 20. Woche gedulden. Ab der 28. Schwangerschaftswoche können Sie sogar die Lage des Kindes ertasten.
Die meisten Babys entscheiden sich nach der ausgiebigen Turnerei der ersten Monate um die 32. Woche für eine Lage mit dem Kopf nach unten, die so genannten Schädellage (im Mutterpass häufig SL abgekürzt). Diese gute Startposition für die Geburt nehmen immerhin 95 Prozent aller Babys ein – und sind damit für die vaginale Geburt gut gerüstet. Sollte Ihr Kind etwas eigenwilliger sein und sich bis zum Entbindungstermin nicht in diese Position begeben wollen, gibt es einige Tricks (Seite 110), wie eine Drehung häufig doch noch erreicht werden kann.

ULTRASCHALLUNTERSUCHUNGEN

Die erste Untersuchung mit einem Ultraschallgerät bleibt allen Schwangeren im Gedächtnis. Meist ist es ein Moment großer Gefühle, wenn Sie Ihr Kind zum ersten Mal sehen und erkennen, wie das kleine Herz schlägt. Nun wissen Sie sicher: Ich bin schwanger und hier ist mein Kind. Neben der Freude ist die Ultraschalluntersuchung für viele Frauen aber auch mit Ängsten verbunden, weil sie befürchten, dass das Kind möglicherweise nicht gesund sein könnte. Gehen Sie deshalb am besten mit Ihrem Partner, mit einer Freundin oder Verwandten zu diesem Termin. Dann können Sie Ihre Sorgen und Freuden teilen. Ultraschalluntersuchungen dürfen ausschließlich von Ärzten durchgeführt werden. Vorgesehen sind drei Ultraschalltermine, die bei normalem Verlauf ausreichend sind. Mit dem ersten Ultraschall zwischen der 9. und 12. Woche wird kontrolliert, ob Ihr Baby sich richtig in die Gebärmutter eingenistet hat, ob das Herz regelmäßig schlägt, ob die Größe des Kindes zur Schwangerschaftswoche passt und der berechnete Geburtstermin zutreffen kann und ob vielleicht eine Zwillingsschwan-gerschaft vorliegt. Mit der Ultraschalluntersuchung in der 19. bis 22. Woche wird überprüft, ob das kleine Herz richtig arbeitet und Ihr Baby sich bewegt. Ihre Ärztin sucht nach Anzeichen für Fehlbildungen und wird in den allermeisten Fällen keine finden. Gleichzeitig misst sie, wie groß Ihr Baby bereits ist (gemessen werden Kopf, Brust und Oberschenkel). Sie bewertet Lage und Struktur Ihrer Plazenta in der Gebärmutter und schätzt die Menge des Fruchtwassers. Mit der dritten Untersuchung in der 29. bis 32. Woche wird sichergestellt, dass Ihr Baby weiterhin gut wächst und sich normal entwickelt.

Eine Ultraschalluntersuchung dauert 5 bis 15 Minuten. Die über einen Schallkopf ausgesendeten Schallwellen werden vom Kind reflektiert und auf dem Monitor in ein Bild umgesetzt. In den ersten drei Schwangerschaftsmonaten wird die Ultraschalluntersuchung meist mit einem länglichen Schallkopf durch die Vagina vorgenommen. Auf den Schallkopf wird dann ein Plastiküberzug (ähnlich einem Kondom) gezogen und mit Kontaktgel bestrichen. Sollte Ihr Gynäkologe zu den immer weniger werdenden Ärzten gehören, die immer noch kaltes an Stelle von angewärmtem Gel beim Ultraschall verwenden, dürfen Sie wirklich protestieren. So kann auch er dazulernen.

Die Ultraschalluntersuchung durch die Vagina gibt vor allem in der Frühschwangerschaft ein genaueres Bild und ermöglicht die Beurteilung von Unregelmäßigkeiten wie Blutungen. In späteren Wochen der Schwangerschaft findet diese Untersuchungsmethode vor allem Anwendung bei der Messung des Gebärmutterhalses bei vorzeitigen Wehen sowie bei der Lagebeurteilung der Plazenta. Dies wird vor allem bei Blutungen wichtig, um zu klären, ob eine vor dem Muttermund liegende Plazenta (Plazenta praevia) die Ursache ist.

Nach dem dritten Schwangerschaftsmonat kann die Ultraschalluntersuchung über die Bauchdecke vorgenommen werden. Sie liegen

Wie schwer wird Ihr Baby?

- Lassen Sie sich nicht verrückt machen, wenn eine Ultraschalluntersuchung ein „zu leichtes“ Baby ergibt. Häufig treffen diese Befunde nicht zu! Eine Studie zeigte, dass das vorhergesagte Geburtsgewicht unabhängig davon, wie es ermittelt wurde – ob durch Ultraschall oder manuelles Ertasten –, mit dem tatsächlichen Gewicht der Babys meist wenig zu tun hatte. Um Abhilfe zu schaffen und das Geburtsgewicht künftig genauer bestimmen zu können, sollen nun weitere Kriterien berücksichtigt werden. Hierzu gehören das Geschlecht Ihres Babys, die Größe der werdenden Eltern und Gewichtszunahme der Schwangeren im dritten Trimester. Dies erfolgt allerdings noch nicht routinemäßig. Übrigens beeinflusst auch die Höhe Ihres Heimatorts das Geburtsgewicht: Untersuchungen zeigen, dass Eltern, die höher als 1000 Meter über dem Meeresspiegel wohnen, kleinere Babys bekommen.

dazu mit dem Rücken auf einer Untersuchungsliege, und Ihr Bauch wird mit dem hoffentlich erwärmten Kontaktgel eingeschmiert. Der Schallkopf wird über dem Bauch bewegt, alle Strukturen wie Plazenta, Nabelschnur und Fruchtwasser betrachtet und das Kind vermessen. Häufig können Sie bei der Untersuchung sehen, wie das zunächst ruhige Kind beginnt sich mehr zu bewegen.

Es ist längst bekannt, dass jeder Ultraschall für das Kind im Mutterleib eine Störung bedeutet (Seite 78). Wenn Ihr Kind also heftig strampelt, ist dies nicht unbedingt ein Ausdruck von Wohlbefinden, sondern eher ein Zeichen von Stress. Die Konsequenz ist, dass Ultraschalluntersuchungen auf das notwendige Maß reduziert und nicht länger als notwendig durchgeführt werden sollten. Für Fragen, die Sie zu den bewegten Bildern haben, sollte aber immer noch Zeit bleiben. Achten Sie aber darauf, dass Ihr Arzt dann den Schallkopf von Ihrem Bauch nimmt. Ihr Kind wird dann nicht länger als nötig gestört. Am Ende der Untersuchung wird über das Ergebnis gesprochen. Dazu müssen Sie schon nicht mehr lie-

Sind diese Untersuchungen wirklich notwendig?

› Alle diese Untersuchungen werden angeboten, um Sie und Ihr Kind nach besten medizinischen Standards durch die Schwangerschaft und die Geburt zu begleiten. Bei Komplikationen oder einem Verdacht auf Fehlentwicklungen werden weitere Untersuchungen vorgeschlagen. Sie können sich auch für pränatale Diagnostik (Seite 102) entscheiden, wenn Sie Risiken befürchten. Denken Sie aber immer daran, dass Sie diese Untersuchungen keinesfalls durchführen müssen. Es ist immer Ihre eigene Entscheidung! Ob Sie diese Untersuchungen vornehmen lassen oder aber darauf verzichten möchten – das Angebot, von Hebammen und Ärzten betreut und versorgt zu werden, sollten Sie in jedem Fall annehmen. Lassen Sie sich ausführlich beraten. Fragen Sie nach. Sie müssen Ihre Entscheidungen für sich und das Kind verantworten können. Für spezielle Themen, wie die vorgeburtliche Diagnostik, können Sie zusätzliche Beratung, Information und Unterstützung unabhängiger Einrichtungen in Anspruch nehmen.
Sie sollten immer bedenken: Weder Ultraschalluntersuchungen noch weitergehende vorgeburtliche Diagnostik können Ihnen eine absolute Garantie für ein gesundes Kind bieten.

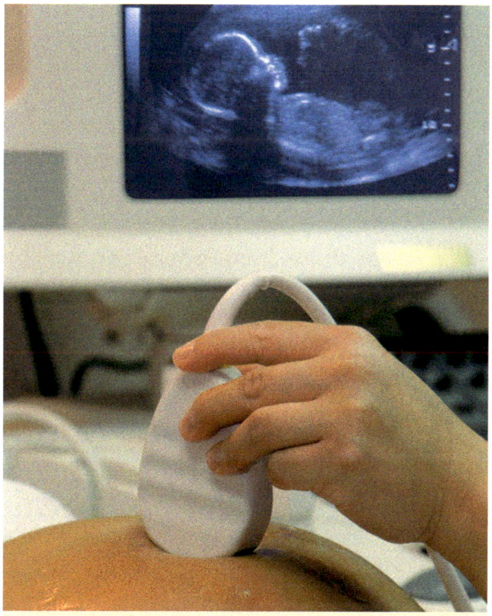

Ein Moment großer Gefühle: Der erste sichtbare Kontakt zu Ihrem ungeborenen Kind.

gen. Wenn Sie ein Ultraschallfoto von Ihrem Kind wünschen, fragen Sie ruhig danach. Es wird im Allgemeinen gerne gegeben. Auch wenn es manchmal etwas kostet.

3-D-Ultraschall

Manche Praxen und Kliniken bieten eine relativ neue Ultraschallmethode an, bei der Ihr Baby dreidimensional dargestellt werden kann. In der späteren Schwangerschaft ist es mit dieser Methode manchmal möglich, Gesicht und Profil Ihres Babys deutlicher zu erkennen. Ansonsten bietet sie aber keine sinnvolleren Informationen als die üblichen Ultraschalluntersuchungen.

Pro und Contra Ultraschall

- Lange schon ist das Thema Schädlichkeit von Ultraschalluntersuchungen in der Diskussion. Auch wenn in Studien bislang keine eindeutigen Gefährdungen für die Kinder nachgewiesen werden konnten, sind einige Befunde doch bedenklich. Beispielsweise stellt die Untersuchung für die Babys eine erhebliche Lärmbelästigung dar, die in etwa mit der Lautstärke eines einfahrenden Schnellzuges vergleichbar ist. Für den Dopplerultraschall sind weitere Nebenwirkungen (siehe oben) bekannt. Ultraschalluntersuchungen sind heute aus der Geburtsmedizin und Schwangerenvorsorge nicht mehr wegzudenken. Wenn Ihre Schwangerschaft gesund verläuft, werden drei Ultraschalluntersuchungen angeboten. Weitere Untersuchungen sollten nur durchgeführt werden, wenn Probleme auftreten.

Doppler-Ultraschall

Mit dieser Ultraschallmethode lässt sich die Durchblutung von Gebärmutter, Mutterkuchen, Nabelschnur, Aorta und anderer Blutgefäße Ihres Kindes untersuchen. Diese Untersuchung wird eingesetzt, wenn Ihr Baby als wachstumsverzögert eingeschätzt wird, die Herzfrequenz auffällig erscheint oder ein Verdacht auf eine Herzerkrankung besteht. Auch die begründete Annahme einer Fehlbildung oder Erkrankung des Babys ist ein Grund für diese Untersuchung.

Weitere Indikationen sind gegeben, wenn es in Ihrer Geschichte eine Totgeburt gab oder die Kinder bei einer Mehrlingsschwangerschaft sehr ungleichmäßig wachsen. Falls Sie selbst unter Bluthochdruck in der Schwangerschaft leiden oder Anzeichen einer spezifischen Erkrankung in der Schwangerschaft mit Eiweiß im Urin, Wassereinlagerungen im Gewebe und hohem Blutdruck zeigen, wird diese Untersuchung ebenfalls empfohlen.

Dieser Ultraschall wird wie die vorher beschriebenen Methoden mit einem speziellen Schallkopf und Kontaktgel durch die Bauchdecke ausgeführt. Dabei entsteht ein laut zischendes pulsierendes Geräusch. Da mittlerweile bekannt ist, dass die Doppler-Sonographie Wärmeeffekte, Gewebeschädigungen und tiefgreifende negative Auswirkungen auf das werdende Kind haben kann, wird heute empfohlen, diese Untersuchung erst ab der 24. Schwangerschaftswoche durchzuführen und eine Einstellung zeitlich auf möglichst zwei Minuten zu begrenzen.

Trotz all dieser Ultraschall-Möglichkeiten lässt sich aber nicht immer alles feststellen. Es gibt keine Garantie für ein gesundes Kind. Ebenso können sich Vermutungen über Besonderheiten bei Ihrem Kind, die Sorgen und Ängste auslösen und den Rest der Schwangerschaft überschatten, bei der Geburt als falsch herausstellen.

Häufiger Anlass für unnötige Sorgen: das CTG

› Es ist uns wichtig, dass Sie wissen, dass die Interpretation der CTG-Muster sich im Vergleich zu früheren Jahren um einiges verändert hat. Längst ist bekannt, dass die Methode zur Überempfindlichkeit neigt: Von 100 auffälligen CTGs sind etwa 88 falsch positiv. Viele Experten halten eine CTG-Überwachung bei unauffälligem Schwangerschaftsverlauf für nicht angebracht, da sie den Zustand der Babys nach der Geburt nicht nachweislich verbessert. Bei einer Terminüberschreitung kann diese Überwachung aber durchaus sinnvoll sein, damit Anzeichen einer beginnenden Minderversorgung des Babys rechtzeitig entdeckt werden.

CTG-ÜBERWACHUNG

Mithilfe der Kardiotokographie (CTG) ist es möglich, gleichzeitig die kindlichen Herztöne und die Wehentätigkeit zu überwachen. Seit den 1970er Jahren, als diese Methode in den Krankenhäusern und Arztpraxen routinemäßig eingeführt wurde, hat sich einiges getan. Längst müssen die Frauen nicht mehr stundenlang in einer Position auf dem Bett verharren, während das Gerät meterweise Papierstreifen produziert.

Sie werden diese Überwachungsmethode wahrscheinlich schon während der Schwangerschaft bei der Vorsorge kennen lernen, weil CTG-Überwachungen in vielen Frauenarztpraxen ab der 30. Schwangerschaftswoche durchgeführt werden. Dabei sitzen Sie auf einem bequemen Sessel oder liegen in Seitenlage auf einer Liege. Mithilfe einer elastischen Bauchbinde werden zwei runde Abnehmer befestigt, die mit dem Monitor durch Kabel verbunden sind. Der eine Abnehmer mit dem Gel nimmt über Ultraschallwellen die Herztöne Ihres Babys auf; der andere Abnehmer, der auf Druckveränderungen im Bauch reagiert, zeichnet die Bewegungen des Babys und eventuelle Kontraktionen auf.

Sie können dabei 30 Minuten ruhen, vielleicht ein Buch lesen und sich entspannen. Sollten die Herztöne zu laut eingestellt sein, fragen Sie ruhig danach, sie leiser zu stellen. Wenn die Überwachung, die auf einem Streifen Papier aufgezeichnet wurde, abgeschlossen und beurteilt worden ist, wissen Sie zumindest, ob Ihr Baby gerade mit Ihnen geruht oder eine Turnstunde absolviert hat, weil Sie es eine halbe Stunde nicht mehr geschaukelt haben.

Entgegen mancher Praxis sollen laut den Mutterschafts-Richtlinien CTG-Untersuchungen nicht routinemäßig durchgeführt werden. Vielmehr sollten sie gezielt eingesetzt werden, zum Beispiel bei:

- drohender Frühgeburt ab der 25. Schwangerschaftswoche
- Verdacht auf vorzeitige Wehentätigkeit
- Veränderungen der kindlichen Herztöne (zu schnell, zu langsam)
- Mehrlingsschwangerschaften
- intrauteriner Fruchttod bei vorausgegangener Schwangerschaft
- Verdacht auf Plazentainsuffizienz (das heißt, Ihr Kind wird nicht ausreichend über die Plazenta versorgt) beziehungsweise Mangelentwicklung des Kindes
- Terminüberscheitung und Verdacht auf Übertragung
- Blutungen
- zur Verlaufskontrolle bei medikamentöser Wehenhemmung
- allen schwangerschaftsbedingten und allgemeinen Erkrankungen und Notfällen in der Schwangerschaft

Besondere Schwangerschaften

RISIKOSCHWANGERSCHAFT: IST DAS GEFÄHRLICH?

Einige Schwangerschaften werden nach einem bestimmten Kriterienkatalog als Risikoschwangerschaften eingestuft. Das hat zur Folge, dass die Vorsorgeuntersuchungen nur noch von einem Arzt und nicht länger von Ihrer Hebamme durchgeführt werden dürfen. Teilweise werden auch zusätzliche Untersuchungen zu spezifischen Gebührenpunkten fällig. Der Kriterienkatalog, der Ihre Schwangerschaft als riskant einordnet, ist allerdings nicht unumstritten: Beispielsweise gehören automatisch alle Frauen über 35 zu dieser Gruppe. Andererseits gibt es aber auch triftige Gründe eine Schwangerschaft genauer zu überwachen.

Sie sind älter als 35?

Wenn Sie über 35 Jahre alt sind und Ihr erstes Kind erwarten, werden Sie sich mit der Bezeichnung „ältere Erstgebärende" konfrontiert sehen. Erschrecken Sie nicht: Diese unschöne Formulierung entstammt dem Amtsdeutsch der ärztlichen Richtlinien zur Schwangerenvorsorge. Wichtig ist, dass Sie wissen, welche Rolle Ihr Alter für die Schwangerschaft und das Kind spielt – und was Sie tun können, damit Sie und Ihr Kind sich gesund entwickeln. Nach 35 Jahren haben Sie bestimmt genug praktische Lebenserfahrung gesammelt, um festzustellen, dass die meisten schönen Dinge im Leben mit gewissen Risiken verbunden sind. Sehen Sie ihnen also gelassen entgegen.

So viel ist bekannt: In Studien wurde nachgewiesen, dass ältere Mütter häufiger Kinder mit geringerem Geburtsgewicht zur Welt bringen und öfter Schwangerschaftsdiabetes (Seite 116) entwickeln. Mit beidem kann heute gut umgegangen werden. Tatsächlich ist auch die Zahl von Kaiserschnittgeburten bei älteren Frauen höher. Aber Vorsicht hier: Es konnte aus den Statistiken bisher nicht sicher abgeleitet werden, ob diese Eingriffe auf Grund einer theoretischen Risikoannahme des medizinischen Fachpersonals oder auf Grund tatsächlicher Notwendigkeit durchgeführt wurden.

Generell steigt mit dem Lebensalter die Häufigkeit chromosomaler Veränderungen in den Eizellen. Zum Beispiel kann zwar jede Frau ein Baby mit Down-Syndrom zur Welt bringen, aber die Wahrscheinlichkeit hierzu steigt, je älter die werdende Mutter bereits ist. Aber auch hier gilt: Vorsicht mit der Bewertung statistischer Angaben und der Übertragung auf Ihre persönliche Situation.

Denken Sie zu Beginn der Schwangerschaft an Ihre Folsäure, ernähren Sie sich gut und bewegen Sie sich viel. Und vor allen Dingen: Freuen Sie sich auf Ihr Baby!

Mehrlings-Schwangerschaften

In unserer Hebammenausbildung erlernten wir noch die so genannte Hellin-Regel, mit der sich die Wahrscheinlichkeit von Mehrlingen berechnen ließ. Danach führt jede 85. Schwangerschaft zu einer Zwillingsgeburt, jede 85x85te Schwangerschaft zu einer Drillingsgeburt und jede 85x85x85te Schwangerschaft zu einer Vierlingsgeburt und so weiter. Diese Regel gilt heute aufgrund der vielen unterstützten Schwangerschaften mit Hormonbehandlungen und dem Einsetzen mehrerer befruchteter Eizellen in die Gebärmutter im Rahmen der In-Vitro-Fertilisation jedoch nicht mehr.

Wenn Sie zwei oder mehr Kinder erwarten, ist

es für Sie wichtig, gut darauf vorbereitet zu sein. Schwangerschaft und Geburt (Seite 176) verlaufen bei Mehrlingen oft etwas anders als bei Einzelkindern.

Bestehende Erkrankungen

Falls Sie mit einer bekannten Erkrankung schwanger werden, werden Ihre medizinischen Begleiter nach eventuell eingenommenen Medikamenten fragen und in manchen Fällen auch mit Ihren behandelnden Fachärzten Kontakt aufnehmen, um einen optimalen Betreuungsplan für Sie und Ihr Baby zu erstellen. Da Sie in der Regel die Expertin sind, weil Sie schon länger mit Ihrer Krankheit gelebt haben, werden Sie oft nach der Einschätzung Ihres Befindens gefragt – zusätzlich zu eventuell häufigeren Vorsorgeuntersuchungen. Bitte denken Sie daran, Ihre auf Sie eingestellten Medikamente nicht ohne Absprache zu verändern oder die Einnahme zu stoppen.

Vorangegangene Problemschwangerschaften

Wenn Sie in vorherigen Schwangerschaften Komplikationen erlebt haben, werden Sie in dieser Schwangerschaft mit einem besonderen Augenmerk auf Ihr Erlebtes betreut werden. Eine Fehlgeburt vor diesem Baby hat keinen negativen Einfluss auf den normalen und gesunden Ablauf dieser Schwangerschaft. Selbst nach drei Fehlgeburten ist die Chance, schwanger zu werden und ein Baby bis zum errechneten Termin auszutragen, sehr groß. Versuchen Sie daher, sich nicht zu viele Sorgen zu machen.

Wir beobachten aber immer wieder einen hohen Bedarf nach eingehenden Gesprächen zu Ihren Erlebnissen und Ängsten. Bitten Sie Ihre Hebamme oder Ihren Arzt um eine Stunde Zeit, um einen Teil Ihrer Sorgen besprechen zu können. Schließlich soll die Zeit der Vorfreude auf das neue Baby nicht durch Ängste beeinträchtigt werden.

Wenn bei einer vorangegangenen Schwangerschaft Ihr Baby vor der 37. Woche zur Welt gekommen ist, wird zunächst nach einem Grund dafür gesucht. Falls keine medizinische Ursache zu finden ist, ist die Wahrscheinlichkeit deutlich höher, dass auch Ihr nächstes Baby früher als geplant geboren wird. Sie werden dann auf jeden Fall im dritten Trimester auf vorzeitige Wehen oder eine Verkürzung des Gebärmutterhalses untersucht werden. Fragen Sie, worauf Sie achten sollen, und schonen Sie sich ab der 28. Schwangerschaftswoche.

Falls Sie in einer früheren Schwangerschaft an einer Präeklampsie (Seite 115) erkrankt waren, besteht für dieses Mal eine Wahrscheinlichkeit von 30 Prozent. Bei schweren vorangegangenen Verläufen liegt das Wiederholungsrisiko deutlich höher. Die Verordnung von niedrig dosiertem Aspirin® (täglich 70 bis 100 Milligramm) ab der zweiten Schwangerschaftshälfte bis spätestens zur 36. Schwangerschaftswoche wird von Experten vorbeugend empfohlen. Sie werden auch häufiger untersucht werden, damit entsprechende Symptome möglichst frühzeitig erkannt werden.

Down-Syndrom – wie hoch ist das Risiko?

Die Wahrscheinlichkeit, ein Kind mit Down-Syndrom zu bekommen, steigt mit dem Alter. Aber selbst bei Frauen, die mit 43 ihr erstes Kind bekommen, weisen von 100 Babys nur zwei diese Besonderheit auf.
Mit 25 Jahren: eins von 1500 – 0,07 Prozent.
Mit 30 Jahren: eins von 900 – 0,1 Prozent.
Mit 35 Jahren: eins von 400 – 0,25 Prozent.
Mit 40 Jahren: eins von 100 – 1 Prozent.
Mit 43 Jahren: eins von 50 – 2 Prozent.

Sport und Körperarbeit in der Schwangerschaft

Bewegung und Sport bieten für die meisten Schwangeren eine gute Möglichkeit, den Kreislauf fit zu halten, Verdauungsbeschwerden vorzubeugen, die Muskeln zu stärken und Verspannungen zu lösen. Besonders wenn Sie schon vor der Schwangerschaft sportlich aktiv waren, haben Sie sicher die Erfahrung gemacht, dass körperliche Aktivität dabei hilft, Stress abzubauen, Stimmungsschwankungen auszugleichen und zu einem positiven Körpergefühl zu finden.

In der Zeit starker körperlicher Veränderungen wird Bewegung Ihnen gut tun. Wichtig ist allerdings, dass Sie sich nicht überanstrengen und keine Sportarten wählen, die für Sie und Ihr Baby gefährlich sein könnten.

Empfohlen werden Schwimmen, Wandern, leichte Gymnastik und Fahrradfahren. Viele Frauen empfinden nach der 30. Schwangerschaftswoche jedoch Sportangebote als angenehmer, die speziell auf Schwangere zugeschnitten sind. Dazu gehören Yoga, Gymnastik, Atemarbeit und Schwimmen.

Übungen, die auf dem Rücken liegend ausgeübt werden, sollten nach dem ersten Trimester nicht mehr praktiziert werden, da sie das Vena-Cava-Syndrom auslösen können (Seite 50) Machen Sie deshalb nur sehr kurze Übungen in Rückenlage, rollen Sie dann zur Seite, ruhen Sie sich etwas aus und stehen Sie erst dann wieder langsam auf.

Sportarten, die Ihren Beckenboden belasten (wie Tennis, Jogging und Stepp-Aerobic) oder die stark muskelaufbauend wirken (wie Ballett und Reiten), sind in der Schwangerschaft nicht zu empfehlen. Zur Geburt Ihres Kindes ist ein elastischer, weicher Beckenboden hilfreich, weil zu festes Gewebe die Geburt des Köpfchens verzögern kann. Kampfsportarten, Training mit Gewichten und Skifahren sind generell weniger empfehlenswert, da durch das Lockern der Bänder in der Schwangerschaft sehr leicht Überdehnungen auftreten können. Denken Sie daran, dass Stürze und Schlageinwirkungen auf Ihren Bauch eine ernste Gefahr darstellen. Tauchen in mehreren Metern Tiefe oder kurzfristige Bergaufenthalte über 2500 Meter Höhe können zu mangelhafter Sauerstoffversorgung bei Ihrem Kind führen. Bewegung oder Sport in solcher Höhe sollten Sie auf keinen Fall unternehmen.

Schwanger in die Sauna?

- Wenn Sie nach dem Sport gerne Dampfbad oder Sauna aufsuchen, sollten Sie die ersten sieben bis acht Wochen der Schwangerschaft darauf verzichten. Es konnte nachgewiesen werden, dass bei einer Körpertemperatur von 38,9 Grad über zehn Minuten Dauer die Fehlgeburtenrate und die Rate von Babys mit einem offenen Rücken (Spina bifida) deutlich ansteigt.
- Nach dem ersten Trimester müssen Sie sich aber von entspannenden Dampfbad- und Saunagängen nicht abhalten lassen, wenn sie weniger als zehn Minuten dauern und Sie sich daran freuen.

Mit sanften Yoga-Übungen bereiten Sie sich seelisch und körperlich wunderbar auf die Geburt vor.

In seltenen Fällen kann Ihnen in der Schwangerschaft auch ein Verzicht auf sportliche Aktivität nahe gelegt werden. Sie sollten erst nach einem Beratungsgespräch mit Ihrer Hebamme oder Ihrer Ärztin mit Sport beginnen, wenn Sie:

- › mehr als ein Baby erwarten,
- › Blutungen hatten oder haben,
- › eine tiefliegende Plazenta haben,
- › mehr als zwei Fehlgeburten vor dieser Schwangerschaft hatten,
- › an hohem Blutdruck oder anderen Herz-Kreislauf-Erkrankungen leiden,
- › in den letzten Schwangerschaften Frühgeburten hatten oder
- › Frühgeburtsbestrebungen haben.

Aber selbst wenn Sie zur Gruppe der Schwangeren gehören, denen von körperlichen Anstrengungen abgeraten wird, oder wenn Sie sich bei Sport unwohl fühlen, wird es gut für Sie sein, Körperarbeit in entspannter Form zu praktizieren. Leichte Yoga-Übungen, entspannende Atemtechniken und Stress abbauende Massagen helfen Ihnen, mit Belastungen und Veränderungen bewusster umzugehen und ein positives Körpergefühl zu behalten. Viele Hebammen bieten entsprechende Kurse an.

Genießen Sie die Bewegung, aber übertreiben Sie nicht!

Auch wenn Sport und Bewegung Ihnen gut tun und bei der Vorbereitung auf die Geburt helfen, beachten Sie bitte Folgendes:

- › Essen Sie eine Stunde bis 30 Minuten vorher eine leichte Mahlzeit, wie Reis oder Kartoffeln, eine Scheibe Vollkornbrot oder Nudeln. Trinken Sie dazu genügend.
- › Wenn Sie in einer Gruppe Sport oder Fitness machen, informieren Sie die Übungsleiterin darüber, dass Sie schwanger sind.
- › Wählen Sie ein gemäßigtes Sportprogramm, bei dem Ihr Atem nicht so schnell wird, dass Sie nicht mehr reden können. Wenn Sie bis zur Erschöpfung trainieren, geht zu viel Sauerstoff zu Herz und Lungen und nicht mehr genügend zur Gebärmutter und damit zu Ihrem Kind.
- › Tragen Sie leichte, atmungsaktive Kleidung, um nicht zu heiß zu werden. Trinken Sie vor, während und nach dem Training. Bevorzugen Sie Wasser oder kalten Kräutertee.

Gutes Aussehen und Pflege

SCHÖNE HAUT

Die Beobachtung, dass Schwangere wunderschön aussehen können, machen wir jeden Tag in unserer Praxis. Aber Ihr eigenes Empfinden und Ihre Fragen stehen natürlich im Mittelpunkt der Beratungen. Die Haut verändert sich in der Schwangerschaft bedingt durch Hormone und die notwendige Ausdehnung im dritten Trimester. Kosmetika, die Sie vorher benutzt haben, können jetzt Reizungen hervorrufen. Selbst Temperaturschwankungen im Tagesverlauf lassen die Haut aufflammen. Nehmen Sie sich Zeit für eine Ihrem Typ entsprechende ausgiebige Pflege.

Da sich die Haut an Ihren Brüsten und am Bauch besonders dehnen wird, ist eine leichte Massage mit einem Mandelöl (ohne Zusätze) angenehm. Sparen Sie die Brustwarzen aus, da sie für die Stillzeit nicht zu weich sein sollen.

Die Benutzung von Solarien ist speziell für die Nutzung von Schwangeren nicht untersucht. Da aber bekannt ist, dass die Haut häufig empfindlicher wird und mit dunklen Pigmentflecken auf Sonne reagieren kann und außerdem von Überhitzung abgeraten wird, empfehlen wir, damit bis nach der Geburt zu warten.

Tatoos und Piercings dürfen in der Schwangerschaft aufgrund einer erhöhten Infektionsgefahr nicht neu eingetragen werden. Die Wunden könnten auch deutlich schlechter heilen. Bestehender Körperschmuck führt bei vielen Schwangeren aber zu keinerlei Problemen. Falls sich der Bereich um Ihr Piercing aber rötet und anschwillt, sollten Sie es entfernen. Für den Bauchnabel gibt es inzwischen flexiblen Schmuck aus gesundheitsunschädlichem Kunststoff, der auch noch passt, wenn der Bauch rund wird, und aus einem Material besteht, das auch bei Ultraschalluntersuchungen nicht stört. Den meisten von Ihnen wird auch ein Brustwarzenpiercing keine Probleme bereiten.

Empfindliche Haut? Milde Pflege schützt und entspannt

Wenn Ihre Haut durch die Schwangerschaft empfindlicher geworden ist, können Ihnen folgende Tipps helfen:

- Reinigen Sie Ihr Gesicht mit pH-neutraler, möglichst parfumfreier Lotion.
- Klären Sie dann Ihre Haut mit einem milden Gesichtswasser.
- Benutzen Sie Produkte, die auf hypoallergische Reaktionen getestet sind.
- Seien Sie vorsichtig mit Parfum. Sie reagieren jetzt anders darauf als vor der Schwangerschaft.
- Zum Waschen Ihrer Kleidung benutzen Sie am besten milde Waschmittel und verzichten auf Weichspüler.
- Tragen Sie immer eine Sonnencreme mit mindestens Schutzfaktor 15 auf. Vergessen Sie die Lippen dabei nicht.
- Antifaltencremes, die Vitamin A enthalten, sind für Schwangere nicht zu empfehlen.

Erst in der Stillzeit kann das Aus- und Einsetzen des Schmucks in der Öffentlichkeit unangenehm werden. Viele Babys stört er auch beim Trinken. Es wird daher empfohlen, ihn vor dem Anlegen an die Brust herauszunehmen, damit Ihr Kind eventuell gelöste Teile nicht verschlucken kann.

GESUNDE HAARE

Der in der Schwangerschaft deutlich beschleunigte Stoffwechsel bewirkt ein schnelleres Wachstum Ihrer Haare. Sie erhalten wahrscheinlich eine Haarpracht, die Sie mögen werden. Leider ändert sich dieser Zustand in den ersten sechs Monaten nach der Geburt wieder. Die Haare fallen dann vermehrt aus. Nur sehr wenige Schwangere klagen über deutlich fettigere, leblos wirkende Haare. Aber auch für sie gilt: Dieser Zustand ist endlich! Pflegen Sie Ihre Haare mit einem milden Shampoo und investieren Sie in einen guten Haarschnitt, damit Sie sich wohl fühlen.

Das Tönen und Färben der Haare soll mit den heute auf dem Markt befindlichen Produkten relativ sicher sein. Die Behandlungsmittel können durch die Haut zwar aufgenommen werden, aber Studien zeigten bislang keine negativen Auswirkungen für Babys an. Von Friseuren hören wir nur, dass die Farben bei schwangeren Frauen nicht so gut vom Haar angenommen werden. Versuchen Sie dennoch, Ihre Haare in den ersten zwölf Wochen der Schwangerschaft möglichst nicht zu färben.

KLEIDUNG

Auch wenn Sie sofort das Bedürfnis haben neue Kleidung für diese besondere Zeit zu kaufen, halten Sie sich so lange zurück, bis Sie merken, dass Ihre jetzige Kleidung unbequem wird! Wir geben diesen Rat, weil die meisten Frauen am Ende der Schwangerschaft die große Lust an Riesenkleidung deutlich verlieren. Wenn Sie Ihr erstes Baby erwarten, wird besondere Kleidung vor der 20. Schwangerschaftswoche wahrscheinlich nicht gebraucht werden. Wenn Sie bereits ein zweites oder weiteres Baby oder sogar Mehrlinge erwarten, weiß Ihr Bauch schon früher, in welche Richtung es geht. Und das Einkaufen von Umstandsmode ist ab der 14. Schwangerschaftswoche sinnvoll und wahrscheinlich auch notwendig. Zum Glück gibt es heute eine reiche Auswahl an komfortablen und sogar modisch attraktiven Outfits. Ein paar Überlegungen sollten Sie beim Einkauf aber anstellen:

- Wählen Sie vor allem Kleidungsstücke aus natürlichen Stoffen wie Baumwolle oder Seide. Sie helfen der Haut beim Atmen, und Sie müssen weniger schwitzen.
- Achten Sie beim Schuhkauf auf möglichst flache, bequeme Schuhe ohne Schnürung. Zum Ende der Schwangerschaft müssen Sie beim Binden sonst immer um Hilfe bitten.
- Wählen Sie Schlafwäsche und Tops, die vorn geöffnet werden können. Dann können Sie sie auch noch in der Stillzeit tragen.
- Kaufen Sie nur BHs ohne Bügel mit weit verstellbaren Verschlüssen im Rücken.
- Für die Zeit der Schwangerschaft sollten Sie alles Einengende wie etwa Bündchen bei Kniestrümpfen, Söckchen und halterlose Strümpfe vermeiden, weil sonst der Blutrückfluss behindert werden kann.

Ihre ausgewählte Kleidung werden Sie auch noch in den ersten Wochen nach der Geburt tragen müssen, weil Ihr Körper etwas Zeit braucht, um in die alte Form zurückzufinden. Es dauert im Durchschnitt drei bis neun Monate, bis Sie wieder in Ihre alte Kleidung (oder auch in das eine oder andere neue Stück, das Sie sich sicherlich gönnen werden und auch verdient haben) passen.

Eltern werden, Partner bleiben

Veränderungen im Leben brauchen Zeit. Die Schwangerschaft gibt Ihnen neun Monate, sich auf Ihre neue Rolle als Eltern vorzubereiten. Am Anfang wissen Sie vielleicht noch gar nicht, womit Sie anfangen wollen: der Arbeit an Ihrer Beziehung oder einem Säuglingspflegekurs, einer eventuellen Hochzeit oder einer neuen Wohnung. Werden Sie überhaupt noch Zeit füreinander haben, wenn Ihr Baby auf der Welt ist? Hilfreich kann das Gespräch mit Freunden sein, die schon ein Baby oder mehrere Kinder haben. Wenn die Beziehung zu Ihren Eltern oder anderen Verwandten vertrauensvoll ist, können Sie auch mit ihnen über die Schwierigkeiten und Freuden des Elternseins sprechen. Es gibt aber auch Bücher und Kurse, die zu diesem Thema angeboten werden. Sie werden Ihren persönlichen Weg finden. Und denken Sie immer daran: Wenn Sie gut zu sich selbst sind und immer wieder Ruhe miteinander finden, fällt der Weg leichter. Sprechen Sie offen über Ihre Wünsche für Ihr Baby, Ihre Beziehung und ein gemeinsames Leben. Das stärkt das gegenseitige Vertrauen.

DIE PARTNERSCHAFT PFLEGEN

Wahrscheinlich ist Ihre Lust an der Liebe im Verlauf der Schwangerschaft Veränderungen unterworfen. Viele Frauen haben im zweiten Trimenon die meiste Freude an der Sexualität, sind schneller erregbar und kommen häufiger zum Höhepunkt. Individuelle Schwankungen sind aber erheblich. Einige Paare haben auch einfach keine Lust, fühlen sich „beobachtet" oder befürchten, das Kind verletzen zu können. Wissenschaftlich konnte bis jetzt aber kein nachteiliger Einfluss von Sex auf den Verlauf der Schwangerschaft, insbesondere auf einen vorzeitigen Wehenbeginn nachgewiesen werden. Eine aktuelle amerikanische Untersuchung scheint sogar zu zeigen, dass regelmäßiger Geschlechtsverkehr in der Schwangerschaft die Tendenz zu verfrühten Geburten senkt.

Wann Sie auf Sex besser verzichten sollten

- Frauen, die zu vaginalen Infektionen neigen oder an einer (versteckten) Infektion erkrankt sind, haben ein erhöhtes Risiko für Frühgeburten. Sie sollten zum Schutz vor Infektionen daher auf besondere Hygiene achten.
- Mit Partnern, die möglicherweise weitere sexuelle Kontakte haben, sollte insbesondere während der Schwangerschaft kein ungeschützter Geschlechtsverkehr stattfinden. Dabei besteht die Gefahr, sich mit sexuell übertragbaren Krankheiten anzustecken, die vor allem für das Kind mit erheblichen Risiken verbunden sein können.
- Bei Hinweisen auf eine Verkürzung des Muttermundes, vorzeitige Wehentätigkeit, Blutungen und vorzeitigen Blasensprung sollte Sex unbedingt unterbleiben. Dies gilt auch für Masturbation mit technischen Hilfsmitteln und jede Masturbation, die zum Orgasmus führt.

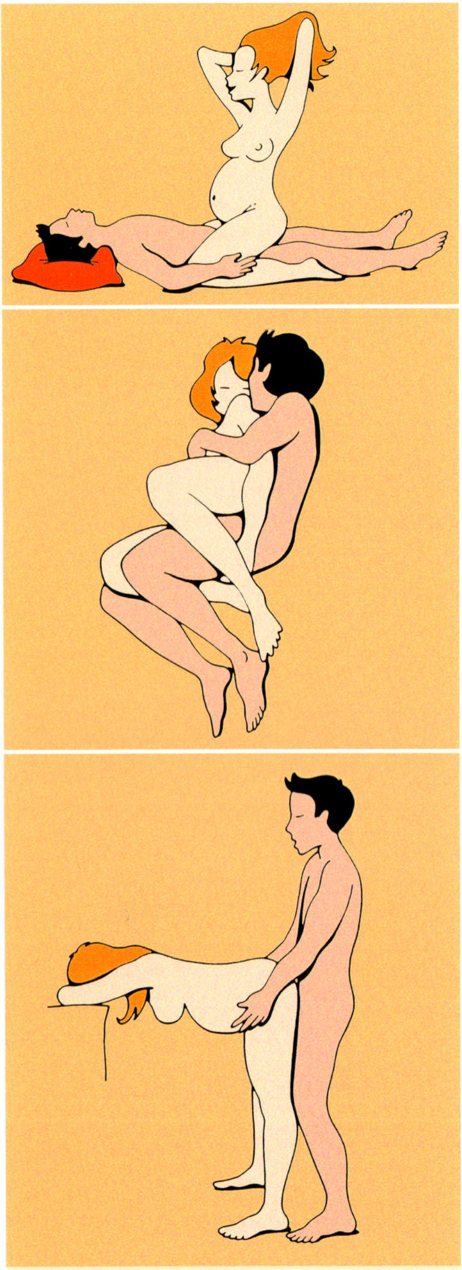

Verschiedene Stellungen ermöglichen eine erfüllte Sexualität auch mit rundem Bauch.

Die Sexualität während der Schwangerschaft wird insbesondere von den körperlichen Veränderungen der Frau beeinflusst. Die Empfindlichkeit vieler Körperbereiche verändert sich. Einige Positionen werden durch den wachsenden Bauch behindert und machen nicht mehr so viel Spaß. Sie müssen deshalb aber nicht auf Sex verzichten. Es gibt einige Stellungen, die Brust und Bauch schützen und eine erfüllte Sexualität ermöglichen, selbst wenn der Bauch schon ziemlich rund ist (siehe Abbildungen links).

VATER WERDEN

Neben all der Aufmerksamkeit, die den Frauen in der Schwangerschaft zuteil wird, dürfen die Männer nicht vergessen werden. Vater zu werden, kann einen Sturm an Gefühlen auslösen, der erst einmal sortiert werden muss. Freude und Stolz, aber auch Unsicherheit über das, was kommen mag und wie alles zu schaffen sein wird, stehen oft am Anfang der Auseinandersetzung mit der „frohen Botschaft". Es wird von Ihnen erwartet, dass Sie Ihre Partnerin emotional, physisch und finanziell unterstützen, weil Schwangerschaft in einer Paarbeziehung bedeutet, dass Sie beide für Ihr Baby zusammenarbeiten.

Ihre Gefühle werden aber durch das bestimmt sein, was Sie in Ihrer Vergangenheit und Gegenwart in Ihrer Beziehung erlebt haben, und auch durch Ihr Vaterbild und die eigene Erfahrung mit Ihrem Vater. Wenn Sie in einer sicheren, glücklichen und liebevollen Paarbeziehung leben, selbst eine frohe Kindheit erlebt haben, nur gute Erlebnisse mit Babys hatten, die Schwangerschaft geplant war und Sie einen sicheren Job mit gutem Verdienst haben, werden Sie sicher mit positiven Gefühlen in die Zukunft schauen. Falls aber eines dieser Dinge in Ihrem Leben anders gelaufen ist, sind

Zweifel und Unsicherheiten normal. Sie sollten sie sich daher gestatten.
Reden Sie offen über Ihre Gedanken mit Ihrer Partnerin und erleben Sie gemeinsam, wie Sie sich beide in der Zeit der Erwartung entwickeln. Ein Baby wird Ihr Leben für immer verändern, und das wird eine abenteuerliche, aber auch sehr schöne Erfahrung für Sie beide sein. Und Sie näher zueinander bringen, wenn Sie pfleglich miteinander umgehen.

Veränderungen in der Beziehung sind normal

Am Besten Sie stellen sich gleich darauf ein, dass die Schwangerschaft auch für Sie eine Zeit der Veränderung sein wird.

- Rechnen Sie mit Veränderungen in Ihrem Liebesleben. Manchen Männern ist der sich so schnell verändernde Körper ihrer Partnerin unheimlich, oder sie haben Angst, ihr Baby beim Liebesspiel zu verletzen. Andere finden die Rundungen aufregend und verführerisch und müssen damit klar kommen, dass die Partnerin keine Lust hat.
- Vielleicht finden Sie zu anderen Formen, um Zärtlichkeit und Intimität zu teilen. Streicheln, Küssen und liebevolle Massagen können für Sie beide sehr schön sein.
- Beschäftigen Sie sich viel mit dem Baby im Bauch. Das hilft Ihnen und Ihrer Partnerin, die Schwangerschaft in einer starken emotionalen Nähe zu erleben. Die Beziehung festigt sich, und Sie gehen beide entspannter auf die Geburt zu.

Die Beziehung verändert sich

Viele werdende Väter fühlen sich zu manchen Zeiten ausgeschlossen und allein und werden vielleicht sogar ein wenig eifersüchtig auf den kleinen Bauchbewohner. Das ist nicht weiter verwunderlich. Vorher waren Sie füreinander die wichtigsten Menschen, und nun ist da jemand, noch unsichtbar, der – zumindest vorübergehend – an erster Stelle steht. Es ist gut, sich mit dieser Realität schon in der Schwangerschaft auseinander zu setzen und nicht erst auf die durchwachten Nächte, die vollen, schmerzempfindlichen Brüste in der Wochenbettzeit und die körperlichen und seelischen Umstellungsprozesse zu warten.
Wenn Sie Ihrer Partnerin in der Zeit der Schwangerschaft ein Gefühl der Sicherheit geben können und es schaffen, offen über Ihre Gedanken und Gefühle zu sprechen, haben Sie bereits einen wichtigen Grundstein für eine glückliche neue Familie gelegt.

Anteil nehmen

Viele Männer fragen sich, ob sie ihre Partnerin in der Schwangerschaft und bei der Geburt wirklich unterstützen können. Dazu können wir nur sagen: Ja! Ihre Partnerin wird sich von Ihnen unterstützt fühlen, wenn Sie sich zum Beispiel die Zeit nehmen, sie zu einer Vorsorgeuntersuchung zu begleiten. Sie können dabei mehr darüber erfahren, was mit Ihrer Partnerin und Ihrem Baby passiert. Auch für Ihre eigenen Fragen wird dort Zeit sein. Vielleicht steht auch eine Ultraschalluntersuchung an, und Sie können Ihr Baby dann sogar sehen. Fragen Sie nach einem Foto. Vielleicht kostet es etwas; aber das tut es im Fotoladen auch. Es ist recht aufregend, das erste Foto vom Baby bei sich zu tragen.
Ab der 22. bis 24. Schwangerschaftswoche können Sie sogar die Bewegungen Ihres Babys fühlen und in späteren Wochen vielleicht kleine Hände und Füße tasten. Wenn Sie Ihr Ohr

auf den Bauch legen, können Sie ungefähr ab der 30. Schwangerschaftswoche die Herztöne des Babys hören. Das Herz schlägt doppelt so schnell wie Ihr eigenes. 120 bis 160 Schläge pro Minute sind eine normale Frequenz. Wir ermutigen werdende Väter auch immer wieder, mit ihren Babys zu reden, zu singen oder ihnen Geschichten vorzulesen, damit die Kinder sich nach der Geburt beim vertrauten Klang der Stimme gleich zu Hause fühlen können.

Wenn all diese Vorschläge nicht das Richtige für Sie sind, gibt es auch noch andere Möglichkeiten, wie Sie Ihre Partnerin unterstützen können. Wenn Sie Raucher sind, versuchen Sie, den Zigarettenkonsum zu reduzieren oder sogar zu stoppen. Gehen Sie auf jeden Fall vor die Tür, um Ihre Partnerin und Ihr Baby nicht durch Passivrauchen zu belasten. Lassen Sie sie ausschlafen. Bereiten Sie das Frühstück, erledigen Sie den Einkauf und übernehmen Sie zusätzliche Pflichten im Haushalt. Gestalten Sie das Kinderzimmer. Helfen Sie beim Auswählen und Kaufen der Babykleidung und des anderen Zubehörs (Seite 258).

Wenn Ihre Partnerin einen Geburtsvorbereitungskurs (Seite 95) besuchen möchte, nehmen Sie sich die Zeit sie zu begleiten. Versuchen Sie zum Ende der Schwangerschaft Geschäftsreisen zu vermeiden. Manche Babys haben es eilig oder sind einfach ungeduldig. Wenn Sie solchen Einsatz zeigen, fühlt sich Ihre Partnerin nicht mehr allein mit den kolossalen Veränderungen in ihrem Leben, und auch Sie gestatten sich Erfahrungen, die durch nichts zu ersetzen sind.

GESCHWISTERKINDER

Vergessen Sie bei allem Trubel nicht, Ihre größeren Kinder auf die Ankunft des Babys vorzubereiten. Schließlich bedeutet sie nicht nur in Ihrem eigenen Leben, sondern auch im Leben Ihrer größeren Kinder eine enorme Veränderung. Daher ist es sehr wichtig, die Kinder schon frühzeitig in die Vorbereitungen für das neue Baby einzubeziehen.

Kleinere Kinder

Bei kleineren Kindern helfen Kontakte zu Familien mit mehreren Kindern. Aber auch Bilderbücher, in denen erzählt wird, wie die Babys zu uns kommen, tragen dazu bei, die Kinder auf die neue Situation vorzubereiten. Auch das Anlegen kleiner Fotoeinsteckbüchlein mit Aufnahmen Ihres runden Bauches, einem oder mehreren Babyfotos von jedem Kind – mit freien Einstecklaschen für das neue Baby – ist beliebt. Die kommende Entwicklung kann so öfter zum Thema gemacht werden.

Ältere Kinder

Bei älteren Kindern liegen die Interessen anders. Sie wollen vom Wachstum des Babys, seinen Fähigkeiten im Bauch und vielleicht auch etwas zur Geburt erfahren. Auch Unsicherheit und Angst können schon deutlicher ausgedrückt werden, oft in Form von totalem

Beziehen Sie Ihre Kinder von Anfang an in das Geschehen ein. Es fällt ihnen dann leichter, sich auf die neue Situation einzustellen.

Desinteresse oder dem Rütteln an allen bisher klar definierten Grenzen im Alltag. Seien Sie geduldig und liebevoll. Kuscheln Sie einfach besonders viel und sagen Sie Ihren Kindern, wie lieb Sie sie haben. Aber bestehen Sie auf den vertrauten Regeln, weil Kinder sonst ihren Halt verlieren können, den sie jetzt besonders brauchen. Lassen Sie bei Bewegungen des Babys den Bauch befühlen und erzählen sie, dass das Baby sich darüber freut, die Stimme des großen Bruders oder der großen Schwester kennen zu lernen. Nehmen Sie Ihr Kind mit zum Einkauf des neuen Babyzubehörs und lassen Sie auch die Vorschläge Ihres Kindes zum Vornamen mit in Ihre Diskussion einfließen.

Teenager

Bei Geschwistern im Teenageralter ist die Ankunft eines Geschwisterchens wie so vieles in dieser Zeit oft besonders problematisch! Seien Sie tapfer und diskutieren Sie alles bis zum Ende. Sagen Sie auch Ihren Großen immer wieder, wie lieb Sie sie haben!

Freunde und Familie sind in dieser Zeit gefragt. Wenn Sie Ruhe und Erholungsphasen mit Ihrem Frischling brauchen, können sie Ausflüge oder Besorgungen mit den Älteren unternehmen und etwas von der turbulenten Anfangsphase ablenken.

Denken Sie an ein kleines Mitbringsel für die größeren Kinder, wenn Sie von der Geburt nach Hause kommen, da in den nächsten Tagen wohl eher das Baby beschenkt werden wird. Die Eifersucht könnte sich sonst verschlimmern. Ja, die Eifersucht wird kommen müssen. Sie ist normal und verständlich.

Uns fällt dazu immer wieder die nette alte Vergleichsgeschichte ein, die Eltern viel klar macht: Stellen Sie sich vor, Ihr Partner kommt mit einer neuen Frau nach Hause und erzählt Ihnen, dass diese Frau nun auch mit in Ihrer gemeinsamen Wohnung wohnen wird und Sie sich aber wirklich keine Sorgen machen bräuchten, weil er Sie noch immer genauso lieb hat wie früher.

Berücksichtigen Sie die Tipps zu intensivem Kuscheln und gemeinsamen Vorbereitungen und denken Sie daran, dass Geschwisterbeziehungen die längsten Beziehungen im Leben und in vielen Fällen und über lange Sicht betrachtet auch sehr glückliche sind.

ALLEIN ERZIEHEND

Leider lässt sich der Traum einer gemeinsamen, verantwortungsvollen Partner- und Elternschaft nicht in allen Fällen verwirklichen. Manche Beziehungen zerbrechen bereits während der Schwangerschaft. Egal wann die Trennung erfolgt, ob gleich zu Beginn oder kurz vor der Geburt, sie bedeutet auf jeden Fall eine enorme psychische Belastung. Oft ist die Trennung mit tiefen Kränkungen verbunden und überschattet die ganze Schwangerschaft. So manche Ehe und Beziehung übersteht zwar noch die Schwangerschaft, zerbricht dann aber innerhalb des ersten Lebensjahres des Kindes. Die Erkenntnis, damit nun nicht nur allein stehend sondern auch allein erziehend zu sein, kann viele Ängste und Sorgen auslösen. Es kann helfen, sich frühzeitig ein Netzwerk aus Verwandten, Freundinnen und Freunden aufzubauen, die wenn nötig zur Verfügung stehen. Es kann auch angenehm sein, wenn Sie bei der Geburt nicht allein sind. Wenn Sie einen Geburtsvorbereitungskurs besuchen, ist es sinnvoll, dass auch die Person, die Sie zur Geburt begleitet, den Kurs mit Ihnen gemeinsam absolviert. Möglicherweise kann sie auch zu einigen Vorsorgeuntersuchungen mitkommen. Sollten Sie keine für Sie passende Begleitperson zur Geburt finden, ist vielleicht eine Beleghebamme, die Sie dann während der gesamten Geburt individuell betreut, eine gute Lösung.

Die Geburt vorbereiten

WO KOMMT UNSER KIND ZUR WELT?

Wenn Sie selbst noch keine Vorstellung davon haben, wo Ihr Kind zur Welt kommen soll, werden Ärzte und Hebammen Sie gerne beraten. Schließlich kennen sie die verschiedenen Angebote und Möglichkeiten in Ihrer Umgebung am besten. Dabei stellt sich die Frage, welche Bedeutung Sicherheit und eine entspannende Atmosphäre für Sie haben. Manche Frauen können sich nur vorstellen, ihr Kind in einer vertrauten Umgebung, also zu Hause, zu bekommen. Andere empfinden größte Sicherheit in einem Perinatalzentrum dem alle medizinischen Techniken und eine Neugeborenenintensivstation zur Verfügung stehen. Sie dürfen sich freuen, wenn alle Möglichkeiten in Ihrer Umgebung vorhanden sind, damit Sie wirklich die Wahl haben.

Hausgeburt

Zu den Prinzipien der Hausgeburtshilfe gehören sowohl die direkte und persönliche („1:1“-) Beziehung zwischen Hebamme und Schwangerer als auch die familiäre Atmosphäre während der Geburt. Frauen haben dadurch eine Alternative zum Krankenhausaufenthalt. Die Hausgeburt stellt historisch betrachtet den klassischen und in den meisten Ländern der Welt den üblichen Entbindungsort dar. Hausgeburtshebammen kennen ihre Grenzen, sind vorsichtig und reagieren sehr verantwortlich auf Gefahrenzeichen, so dass eine erhöhte Sterblichkeit nicht beobachtet wird. Bei schweren unerwarteten Komplikationen während der Geburt ist jedoch eine Verlegung in eine Klinik notwendig. Neugeborene mit Problemen müssen sofort in eine Kinderklinik transportiert werden. In der Regel kann die Mutter sich dann mit aufnehmen lassen, hat aber dort oftmals keine so guten Erholungsbedingungen und keine medizinische Betreuung. Die täglichen Besuche Ihrer Hebamme, die nach Ihnen sieht, können dies auffangen.

Außerklinische Geburt

In den letzten 25 Jahren wurde eine Reihe von Einrichtungen aufgebaut, die unter persönlicher nicht-klinischer Atmosphäre, aber ausgerüstet mit einer gewissen Infrastruktur Geburten durchführen. Hierzu gehören in

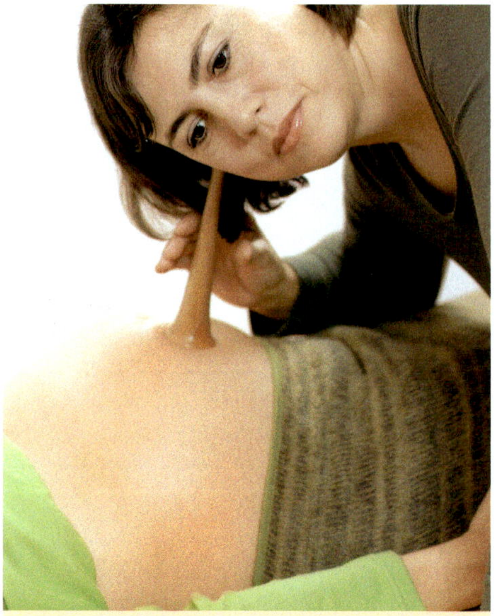

Mit einem Hörrohr überprüft die Hebamme die Herztöne Ihres Babys und überzeugt sich von seinem Wohlergehen.

erster Linie die von Hebammen geleiteten Geburtshäuser, die es mittlerweile in jeder größeren Stadt gibt. Es gibt aber auch Praxen, in denen Hebammen und Ärzte zusammenarbeiten. Eine Betreuung „1:1" ist nicht in allen Fällen gewährleistet, obwohl die Schwangeren alle Hebammen der meist kleinen Teams vor der Geburt kennen lernen. In ärztlichen Praxen sind oft auch Notfalleingriffe unter ärztlicher Leitung möglich. Neugeborene mit Problemen müssen aber auch hier sofort in eine Kinderklinik transportiert werden.

Geburt in einer Geburtsklinik

Die meisten Geburten in Deutschland erfolgen in kleinen oder großen Kliniken. In den letzten Jahren versuchen die Hebammen dort individuelle Geburtssituationen zu ermöglichen und die klinische Atmosphäre abzumildern.

Oft arbeiten diese Kliniken mit so genannten Belegsystemen. Das heißt für Sie, dass eine freiberufliche Hebamme, die Ihre Betreuung bereits in der Schwangerschaft übernommen hat, Sie auch während der Geburt in der Klinik begleitet und unterstützt. In den meisten Fällen kümmern sich diese Hebammen auch um die Betreuung im Wochenbett, wenn Sie wieder zu Hause sind.

Eingriffe unter ärztlicher Leitung sind möglich, erfolgen in einigen Kliniken sogar häufig. Eine gemeinsame Unterbringung von Mutter und Kind in einem Raum („Rooming-in") ist mittlerweile praktisch überall selbstverständlich. Allerdings ist die Organisation auf der Wochenbettstation noch recht unterschiedlich geregelt. Großer Beliebtheit erfreuen sich familienorientierte Einrichtungen mit Familienzimmern, Buffetsystem und so genannter integrativer Betreuung. Sie sind zukunftsweisende Modelle, bei denen die getrennte Behandlung von Mutter und Kind aufgehoben ist und eine ganzheitliche Pflege angeboten wird.

Bestimmte Probleme der Babys wie die Neugeborenengelbsucht (Seite 278) oder Blutzuckerschwankungen können meist vor Ort behandelt werden. Bei ernsthaften Erkrankungen oder anhaltenden Beschwerden muss das Kind aber in eine Kinderklinik verlegt werden. Falls Rooming-in möglich ist, können Sie sich auch dort aufnehmen lassen, müssen aber auf eine medizinische Betreuung verzichten. Ihre Hebamme wird Sie aber jeden Tag besuchen und nach Ihnen sehen.

Geburt in einer Klinik mit Kinderklinik

Diese Einrichtungen sind in der Regel Kliniken in großen Städten und oft Universitätskliniken. Sie können von vielen Schwangeren in Kleinstädten oder auf dem Land kaum gewählt werden, ohne dass eine Einweisung bereits vor der Geburt erfolgt. Auch hier versuchen die Hebammen in vielen Fällen individuelle Geburten zu ermöglichen und sorgen für eine Reduzierung der klinischen Atmosphäre. Mutter und Kind können in der Regel auch hier in einem Raum untergebracht werden. Der Vorteil liegt für viele Schwangere in der Gewissheit, dass alle technischen Möglichkeiten vorhanden sind, um in den Geburtsverlauf helfend einzugreifen. Und nicht zuletzt darin, dass das Kind vor Ort eventuell auch in der Kinderklinik versorgt oder behandelt werden kann – und nicht verlegt werden muss.

WAS SIE BEI IHRER WAHL BERÜCKSICHTIGEN SOLLTEN

Es gibt eine Reihe von Schwangerschaftskomplikationen oder Risiken, die bestimmte Geburtsorte ausschließen. Denken Sie daran: Die Wahl des Geburtsortes betrifft nicht nur Sie, sondern auch das Baby. Bei der Entscheidung ist abzuwägen, ob die in der Schwangerenvorsorge festgestellten Krankheiten, Komplikationen oder Risiken eine zusätzliche Gefährdung für den Geburtsverlauf darstellen und ob eine gut vorbereitete Versorgung zu Hause mit der Klinik gleich gestellt werden kann. Sie können eine Hausgeburt oder eine andere außerklinische Geburt planen, wenn eine Klärung der individuellen Besonderheiten und Risiken erfolgt ist.

Diagnosen, die eine klinische Betreuung erfordern

Wenn in Ihrer medizinischer Vorgeschichte eines der folgenden Probleme aufgetaucht ist, sollten Sie zur Geburt auf jeden Fall in die Klinik gehen:

› nach Gebärmutterkomplikationen (zum Beispiel Myom-Operationen)
› nach Kaiserschnitt ohne vaginale Geburt
› nach vorzeitiger Plazentalösung
› nach hohem Blutverlust nach der Geburt

Ebenfalls in der Klinik richtig aufgehoben sind Sie, wenn in der Schwangerschaft Komplikationen auftauchen:

› bei Mehrlingen
› bei Plazentainsuffizienz mit Mangelentwicklung des Kindes
› bei bestehenden Erkrankungen wie behandlungsbedürftigem Diabetes, akuter Infektion (zum Beispiel HIV), krankhafter Anämie und Blutgerinnungsstörungen
› bei Drogenabhängigkeit
› bei schwangerschaftsspezifischen Erkrankungen wie EPH-Gestose oder HELLP-Syndrom

Auch kurz vor oder während der Geburt können Probleme auftauchen, die eine Verlegung in die Klinik nötig machen:

› vorzeitiger Blasensprung über zwölf Stunden ohne Geburtsbeginn beziehungsweise Geburt vor der 37. Schwangerschaftswoche
› Verdacht oder Anzeichen auf Infektionen der Fruchthöhle
› Sauerstoffunterversorgung des Babys
› Blutungen in der Eröffnungsphase
› vorzeitige Plazentalösung
› Lageanomalien des Kindes (Steißlage und Querlage)
› extrem langsamer Geburtsverlauf
› Blasensprung ohne Wehentätigkeit mit Farbwechsel des Fruchtwassers

Es bestehen jedoch erhebliche Differenzen zwischen einzelnen Einrichtungen, oft auch schon innerhalb einer Region. Daher ist es sinnvoll, sich bereits während der Schwangerschaft zwei oder drei Kliniken oder außerklinische Einrichtungen anzuschauen und nach den für Sie wichtigen Kriterien zu fragen. In der Regel bieten alle Einrichtungen und Kliniken Informationsveranstaltungen an. Manchmal können Sie auch den Entbindungsraum besichtigen.

Wenn Sie Ihr Baby zu Hause zur Welt bringen möchten, ist der sehr frühe Kontakt zu Ihrer Hebamme wichtig. Die Hebamme möchte Sie auch in der Schwangerschaft kennen lernen und betreuen, um mit Ihnen gemeinsam alles für die Geburt und ein entspanntes Wochenbett vorbereiten zu können.

Da viele Kliniken inzwischen mit Belegsystemen arbeiten, können Sie auch dort die Hebamme kennen lernen, die Sie bei der Geburt begleiten wird. Kümmern Sie sich auch in diesem Fall um einen frühen Kontakt, da die Kapazitäten dieser Kolleginnen zur Annahme von Schwangeren begrenzt sind.

Entscheidungshilfen

Bevor Sie entscheiden, wo Sie Ihr Baby zur Welt bringen wollen, sollten Sie einige der angebotenen Informationsveranstaltungen oder Einzelberatungstermine wahrnehmen. Finden Sie heraus, welche Regeln und Vorgehensweisen in der Klinik, der Praxis oder dem Geburtshaus üblich sind. Auch die

Erzählungen von Freundinnen oder Informationen in den Geburtsvorbereitungskursen können Ihnen helfen, Antworten auf die für Sie wichtigen Fragen zu finden.
Die Klärung folgender Aspekte kann Ihnen bei der Entscheidung helfen:

- Ist bei der Wehenarbeit Bewegung möglich, oder muss ich im Bett bleiben?
- Darf ich unter den Wehen essen und trinken, wenn mir danach ist?
- Gibt es Regeln, ab welchem Tag nach dem errechneten Termin die Geburt medikamentös eingeleitet wird?
- Wird die CTG-Überwachung während der ganzen Geburtsarbeit kontinuierlich durchgeführt, oder gibt es Zeiten in denen ich herumlaufen kann?
- Gibt es eine Geburtsbadewanne? Wie viele Babys werden tatsächlich im Wasser geboren?
- Wird die Fruchtblase routinemäßig bei jeder Geburt geöffnet?
- Darf ich meine Geburtsposition selbst wählen?
- Wie viele Begleitpersonen darf ich zur Geburt mitbringen?
- Wie viele Menschen aus der Klinik, wie Praktikanten, Studenten, Auszubildende, Hebammen und Ärztinnen können bei einer unkomplizierten Geburt dabei sein?
- Kann ich um etwas Intimität bitten, um eine Beschränkung auf die unbedingt notwendigen Helfer zu erreichen?
- Wie viele Hebammen und Ärztinnen arbeiten in einer Schicht? Ist immer – auch nachts – ein Oberarzt im Haus?
- Ist rund um die Uhr ein Anästhesist im Haus, der eine Leitungsanästhesie (PDA) legen kann?
- Wie viele Geburten finden in einem Jahr statt, und wie viele davon erfolgen mit Dammschnitten, Kaiserschnitten, vaginal operativen Hilfen und Verlegungen in eine Kinderklinik? In welchem Verhältnis stehen die Zahlen zu denen anderer Kliniken in der Gegend?
- Kann mein Baby nach der Geburt die ganze Zeit bei mir bleiben oder muss es zu bestimmten Zeiten auf die Säuglingsstation?
- Wie viele Frauen stillen ausschließlich, wenn sie nach der Geburt Ihr Haus verlassen?
- Wird eine ambulante Geburt in Ihrem Haus nach normalem Geburtsverlauf und gesundem Baby unterstützt?

Wenn viele der Fragen für Sie befriedigend beantwortet werden, haben Sie Ihren Platz gefunden. Nun können Sie sich zur Geburt und eventuell auch zu Kursen anmelden. Bei der Anmeldung wird es sich um einen Beratungstermin bei einer Hebamme oder Ärztin handeln, die Ihre bisherigen Untersuchungsbefunde in den eigenen Unterlagen dokumentieren. Das ist notwendig, damit Sie bei der Aufnahme zur Geburt mit womöglich heftigen Wehen nicht zu Ihren Kinderkrankheiten befragt werden müssen. Stellen Sie spätestens jetzt alle noch offenen Fragen.
Falls Sie keine Komplikationen in der Schwangerschaft entwickeln, ist dies häufig die einzige Untersuchung, die vor dem errechneten Geburtstermin in der Klinik stattfindet. Die Vorgehensweise nach dem errechneten Termin ist unterschiedlich. In manchen Häusern ist es üblich, ab dem errechneten Geburtstermin die Vorsorge zu übernehmen. In anderen betreuen Sie Hebamme oder Ärztin weiter, und Sie gehen erst in die Klinik, wenn die Geburt beginnt.

GEBURTSVORBEREITUNG

Obwohl Schwangerschaft, Geburt und die Ankunft eines Babys ganz natürliche Vorgänge im Leben sind, sollten Sie sich die Zeit nehmen, sich in einem Kurs auf die außergewöhnliche Erfahrung der Geburt vorzubereiten. Neben wohltuenden Massagen und Entspannungsübungen bekommen Sie ganz konkrete Hinweise zum Ablauf der Geburt, zu medizinischen Möglichkeiten und Methoden der Schmerzerleichterung. Sie werden von dem Kurs auch profitieren, wenn Sie noch keine persönliche Erfahrung im Umgang mit einem neugeborenen Baby haben. Sie können dann zusammen mit Ihrem Partner etwas Sicherheit gewinnen. Die scheinbar undurchschaubaren Vorgänge in Klinik oder Geburtshaus werden während der Geburt verständlicher sein. Gleichzeitig haben Sie die Möglichkeit, Ihre Hebamme besser kennen zu lernen und die Räumlichkeiten, in denen die Geburt stattfinden wird, zu beschnuppern.

Meist können Sie aus einem großen Angebot wählen. Es gibt Kurse für Paare und Kurse nur für Frauen. Aber auch solche, bei denen an zwei oder drei Terminen der Partner mitgebracht werden kann. Häufig werden auch Seminare für mehrfache Mütter und Eltern angeboten. Manche Kurse finden über Wochen hinweg statt. Andere absolvieren das ganze Programm straff an einem Wochenende.

Im Geburtsvorbereitungskurs können Sie sich mit Atem- und Entspannungsübungen auf das Kommende einstellen.

Gut vorbereitet in die Geburt

› **Untersuchungen haben nachgewiesen, dass Schwangere, die Geburtsvorbereitungskurse besucht haben, im Durchschnitt leichtere und interventionsfreiere Geburten erleben als Schwangere, die keinen Kurs besucht haben. Die Wehenarbeitszeit ist kürzer, es werden weniger Medikamente gebraucht, und die Babys werden häufiger gestillt.**

Die Kurse werden meist von Hebammen geleitet. Sie haben die Möglichkeit 14 Termine eines Hebammenkurses mit den Krankenkassen abzurechnen. Aber auch Physiotherapeutinnen und Geburtsvorbereiterinnen bieten Kurse an, die allerdings privat bezahlt werden müssen. Sie finden umfassende Angebote in Kliniken, Familienbildungsstätten, Geburtshäusern und vielen Hebammenpraxen.

Die Inhalte dieser Kurse variieren natürlich etwas und hängen oft von der Zusammensetzung der Gruppe ab. Sie sollten sich aber immer mit diesen Hauptthemen befassen:

› Anhaltspunkte über den Verlauf der Schwangerschaft und Tipps zur Linderung spezifischer Beschwerden.
› Hinweise dazu, wie Sie Ihr Körperbewusstsein stärken und mit Ihrem Atem arbeiten können. Dazu gehören lockernde Übungen und Massagen.
› Informationen darüber, wie eine Geburt abläuft, welche Phasen und Wehentypen

unterschieden werden. Welche Körperhaltungen können die Geburt unterstützen? Kann der Atem helfen? Wie kann ich zwischen den Wehen entspannen?
- Wie ist der Ablauf in einer Klinik und in einer außerklinischen Einrichtung?
- Wie kann ich mit Schmerzen und schwierigen Situationen, wie operativen Entbindungen und Anästhesien umgehen?
- Hinweise zur Rolle der Begleiter und wie sie Sie während der Wehenarbeit unterstützen können.
- Anregungen dazu, wie Sie Ihr Baby nach der Geburt begrüßen können, zum Leben mit dem Neugeborenen einschließlich der Pflege und des Stillens und natürlich auch zur Elternrolle.
- Bei Kursen für Mehrgebärende geht es vor allem um die Verarbeitung des Erlebten. Entspannungsübungen und die Vorbereitung der Geschwisterkinder auf das Baby stehen im Zentrum.

Melden Sie sich frühzeitig ab der 20. Schwangerschaftswoche zu den von Ihnen favorisierten Kursen an, um zwischen der 28. bis 30. Woche beginnen zu können. Damit sind Sie wahrscheinlich rechtzeitig vor der Geburt auf dem neuesten Wissensstand.
Gymnastik- und Yogakurse sind für viele Schwangere über die ganze Dauer von neun bis zehn Monaten eine Wohltat, weil diese Kurse das Körpergefühl stärken. Die Entspannung am Ende gibt zusätzlich Kraft für den Tag.

IHR GEPÄCK FÜR DIE GEBURT

Damit keine Hektik ausbricht, wenn es tatsächlich losgeht, sollte Ihr Gepäck für die Geburt ab der 37. Schwangerschaftswoche fertig gepackt bereit stehen. Neben Ihrem persönlichen Hygienezubehör und Ihren Hausschuhen (die sich auch gut zum Laufen während der Geburt eignen sollten), sollte Ihr Koffer folgende Dinge enthalten:
- Zwei Garnituren bequeme, gut waschbare Kleidung für die Geburt
- Notfallfutter für die begleitenden Personen (Fruchtriegel, Kaffee und Trockenobst)
- Toilettentasche mit Inhalt, inklusive Zahnputzzeug für die Begleiter
- Nachtkleidung und bequeme Tagkleidung für einen eventuellen Klinikaufenthalt (vorn zu öffnen zum Stillen)
- Ihren Personalausweis und bei Verheirateten ein eventuell vorhandenes Familienbuch für die standesamtliche Anmeldung
- Kleidung für Ihr Baby
- Ihren Mutter- und Allergiepass

Nicht vergessen: Vaterschaftsanerkennung

- Nicht verheiratete Paare sollten bereits vor der Geburt daran denken, die Vaterschaftsanerkennung durchzuführen. Erkundigen Sie sich zu diesem Thema bei Ihrem zuständigen Standesamt. Es ist wesentlich einfacher und erspart eventuellen Ärger, wenn Sie sich schon vor der Geburt darum gekümmert haben.

- Ebenso sollten Sie daran denken, Ihrem nicht-verheirateten Partner eine Vollmacht für Entscheidungen, die das Baby betreffen, auszustellen. Es kann ja sein, dass Sie während der Geburt eine Narkose benötigen und Ihr Partner in Untersuchungen und Prophylaxen (Seite 252) einwilligen muss.

HEBAMMENTIPP

Mit einer regelmäßigen **Damm-Massage** können Sie das Gewebe auf die Dehnung bei der Geburt vorbereiten.

› Ab der 36. Schwangerschaftswoche können Sie damit beginnen, Ihren Damm mit einem Pflanzenöl (zum Beispiel Mandelöl) zu massieren. Das Ziel dieser Massage ist es, die Durchblutung und Elastizität des Dammes zu fördern, um die Geburt möglichst unverletzt zu überstehen. Nachdem Sie Ihre Hände gründlich gereinigt haben, stellen Sie ein Bein am besten auf einen Hocker oder den Badewannenrand. Nehmen Sie sehr wenig Öl auf Daumen-, Zeige- und Mittelfinger und verteilen Sie es auf den Fingerspitzen. Führen Sie Ihren Daumen dann zwei Zentimeter in die Vagina ein und legen Sie Zeige- und Mittelfinger auf den Damm in Richtung Anus. Verteilen Sie das Öl nun vorsichtig in kreisenden, massierenden, halbmondförmigen Bewegungen auf und in den hinteren Teil des Scheideneingangs und Dammes. Dehnen Sie diesen Bereich dabei in Richtung Anus bis an eine milde Schmerzgrenze. Nach sechs bis sieben Minuten nehmen Sie sich ein wenig neues Öl und verteilen es auf den Schamlippen. Auch diese werden dann in kleinen kreisenden Bewegungen massiert und dabei leicht nach außen gedehnt. Die ganze Massage sollte insgesamt nicht länger als zehn Minuten dauern und nicht mehr als einmal am Tag durchgeführt werden. Vielleicht finden Sie es auch hilfreich und angenehm, wenn Ihr Partner die Massage übernimmt.

- Plastiktüte für die Wäsche
- Wollsocken
- Lieblingsmusik auf CD, eventuell sogar einen kleinen portablen CD-Player, wenn im Kreißsaal keiner vorhanden ist
- Kleingeld und Adressbuch
- ein wohlriechendes Massageöl oder eine geliebte Badeessenz

ERLEICHTERT DIE ERÖFFNUNG: AKUPUNKTUR

Ergänzend zu allen übrigen Maßnahmen können Sie überlegen, ob eine geburtsvorbereitende Akupunktur für Sie das Richtige ist. Diese Methode wird mittlerweile immer häufiger angeboten und erzielt gute Ergebnisse. Wobei es in der traditionellen chinesischen Akupunktur keine wirkliche Geburtsvorbereitungsindikation gibt, die auf einen leichten Geburtsverlauf zielt. Die Behandlung soll dem Baby vielmehr einen ruhigen, beständigen Geist und eine stabile Konstitution verleihen.
Für dieses Schema werden ab der 36. Schwangerschaftswoche in vier wöchentlichen Sitzungen verschiedene Punkte für 20 Minuten akupunktiert. Danach sind häufig starke Kindsbewegungen als „Nebenwirkung" wahrzunehmen. Wissenschaftliche Studien haben herausgefunden, dass diese Behandlung eine durchschnittliche Verkürzung der Eröffnungsphase von zwei Stunden bewirkt.
Sie können sich von Hebammen und Ärzten mit einer Zusatzausbildung in Traditioneller Chinesischer Medizin akupunktieren lassen. Viele Geburtshäuser und Hebammenpraxen haben wöchentliche Akupukturspechstunden. Bei diesem Termin können Sie gleichzeitig andere Frauen in Ihrer Situation kennenlernen. Manchmal besteht dieses Angebot auch in Kliniken, wenn dort Ärzte mit dieser Qualifikation arbeiten.

EINKAUFEN FÜR DAS WOCHENBETT

Während Sie Ihr Baby erwarten, sollten Sie bereits alle Dinge besorgen, die Sie für ein ruhiges Wochenbett benötigen. Was Ihr Baby für den Anfang braucht, finden Sie in Kapitel 5 (Seite 258). Hier die Dinge die Sie für sich selbst benötigen:

Der Kauf von Still-BHs ist ab drei Wochen vor dem Termin empfehlenswert. Ihr Unterbrustumfang wird sich dann nicht mehr verändern, wohl aber die Größe Ihrer Brüste, wenn die Milch drei bis fünf Tage nach der Geburt richtig zu sprudeln beginnt (Seite 191). Ziehen Sie also mit einem jetzt für Sie passenden BH los. Kaufen Sie einen, der eine etwas größere Körbchengröße hat. Falls der dann 14 Tage (bis dahin verändert sich die Brust im wahrsten Sinn des Wortes laufend) nach der Geburt richtig gut sitzt, können Sie das gleiche Exemplar ja wieder anschaffen.

Still-BHs sollten gut waschbar sein und schnell trocknen. Wählen Sie ein Modell, das Sie leicht mit einer Hand öffnen können. Sie werden nämlich öfter in die Situation geraten, dass Sie unterwegs Ihr hungriges Baby stillen müssen. Während Sie sich krampfhaft darum bemühen, es mit einer Hand festzuhalten, werden Sie mit der anderen Hand versuchen, Ihren BH so diskret wie möglich zu öffnen.

Probieren Sie daher die Handhabung mehrerer BH-Modelle aus. Sollten Sie einen BH mit einem Reißverschluss vorn wählen, der besonders für große Brüste angenehmer sein kann, achten Sie darauf, dass er gut verarbeitet ist. Er sollte an keiner Stelle direkt an Ihre Haut kommen oder Gewebe einquetschen können. Vermeiden Sie BHs, die beim Öffnen einer Seite nur Teile der stillenden Brust frei lassen. Eine volle Brust kann bei solchen Modellen an den Rändern gedrückt und gestaut werden.

Still-BHs gibt es sehr günstig in Drogerieket-

Wie soll Ihr Baby ernährt werden?

- Nahezu jede Frau kann ihr Baby stillen! Falls Sie flache oder nach innen gezogene Brustwarzen haben, muss das kein Hindernis für eine glückliche Stillbeziehung sein. Mit der richtigen Anlegetechnik können Sie Ihrem Baby ohne Probleme die Brust geben. Ihre Hebamme wird Sie sicherlich unterstützen. Brustwarzenformer und der Einsatz einer Niplette® in der Schwangerschaft sind in Studien als nicht nennenswert vorteilhaft für die Dauer des Stillens bewertet worden.

- Pflegen Sie Ihre Brüste mit einem Ihrem Hauttyp entsprechenden Körperöl oder einer Lotion. Sparen Sie dabei die Brustwarzen aus. Sie werden sonst zu weich fürs Stillen. Lassen Sie Luft und etwas Sonne an Ihre Brüste, um sie gut vorzubereiten. Bitte folgen Sie keinen veralteten Ratschlägen! Bearbeiten Sie Ihre Brustwarzen nicht mit groben Frotteehandtüchern, Luffahandschuhen oder mit Zahnbürsten. Diese Maßnahmen machen Ihre Brustwarzen nur rissig. Sie werden davon höchstens empfindlicher. Auch das Einreiben oder Abtupfen mit Tinkturen, Zitronensaft oder Eichenrinde hat keine positiven Effekte für die Stillvorbereitung gezeigt.

- Wichtig ist es dagegen, die richtigen Anlegetechniken zu lernen, geeignete Stillpositionen zu finden und sich für sich selbst und das Kind Zeit zu nehmen. Vertrauen Sie darauf, dass Sie und Ihr Baby schon den richtigen Weg zueinander finden werden.

Versuchen Sie zu entspannen, wenn Sie ungeduldig werden!

- Suchen Sie sich einen ruhigen und bequemen Platz. Atmen Sie einige Male tief durch die Nase ein und durch den Mund aus. Schließen Sie Ihre Augen.
- Konzentrieren Sie sich beim Ausatmen auf Ihren Atem und halten Sie den Mund dabei leicht geöffnet.
- Stellen Sie sich vor, dass Ihr Atem farbig aus Ihrem Mund strömt. Wählen Sie eine dunkle, starke Farbe. Beobachten Sie, wie der farbige Strom aus Ihnen herausfließt.
- Nun stellen Sie sich vor, dass diese intensive Farbe Spannung und Stress repräsentiert, die in Ihrem Körper gestaut sind. Nach einigen Atemzügen verbinden Sie die von Ihnen gewählte Farbe mit Ihren Spannungsgefühlen, um mit jedem Atemzug etwas davon loszulassen. Stellen Sie sich vor, dass die Farbe immer blasser wird, je mehr Sie an Spannung verlieren.
- Jeder langsame, ruhige Atemzug hilft Ihnen, Stress abzubauen. Die Farbe verblasst, je mehr Sie entspannen. Genießen Sie das Gefühl weich zu sein.
- Wenn die Farbe ganz verschwunden ist, atmen Sie ganz tief bis zu Ihrem Baby. Streicheln Sie es mit langen, ruhigen Bewegungen. Dann öffnen Sie Ihre Augen, räkeln und strecken sich und leben Ihren Tag hoffentlich mit diesem ruhigen Gefühl zu sich weiter.

ten, etwas teurer in Unterwäscheläden und Kaufhäusern und neuerdings auch als Edeldessous mit besonderen Mustern in einzelnen Geschäften oder über das Internet zu bestellen.
In Drogerien sind auch die weiteren Zubehörartikel für das Wochenbett erhältlich. Sie brauchen große Binden und Kondome, die mit kaltem Wasser gefüllt zur Kühlung von Hämorrhoiden und angeschwollenen Nähten eingesetzt werden können. Dazu geruchsfreie Waschlotionen und Deos. Babys fühlen sich am wohlsten, wenn sie nur ihre Mama, die sie auch am Geruch erkennen können, und ihre Milch riechen dürfen. Verzichten Sie daher auf Parfum. Vergessen Sie nicht, für die Geschwister kleine Mitbringsel zu besorgen! Sie können sie mit dem Baby nach Hause bringen.
Ihre Tiefkühlfächer können Sie jetzt schon gut bestücken, wenn Sie doppelte Portionen kochen und die Hälfte davon einfrieren. In der Zeit nach der Geburt werden Sie froh sein, wenn es auch mal etwas anderes gibt als Brot und wieder Brot, weil das so schnell zuzubereiten ist. Auch Getränke, vornehmlich stilles Mineralwasser, können schon jetzt in großen Vorräten besorgt werden. Sie müssen die kommende aufregende Zeit dann nicht mit leerem Magen verbringen.

WARTEN AUF DAS BABY

Wenn alles gut vorbereitet ist, der Partner – und nicht nur der! – fünfmal am Tag anruft und fragt, ob es bald losgeht, Sie am errechneten Termin angekommen sind und sich immer noch nichts tut, ist das Nervenkostüm häufig an einem Tiefpunkt angelangt. Aber wie gesagt: Nur drei bis vier Prozent der Babys werden tatsächlich am errechneten Datum geboren. Der Rest kommt drumherum – 14 Tage davor und danach. Im Durchschnitt machen sich erste Babys sechs bis sieben Tage nach dem errechneten Datum auf den Weg. Aber vielleicht hat Ihr Baby überhaupt kein Buch gelesen und braucht so lang, wie es braucht. Also nennen Sie einfach allen, die danach fragen – ausgenommen Ihrem Arbeitgeber! – ein Datum 14 Tage nach dem errechneten Termin. Das schafft Freiraum und erspart Telefongeklingel oder die Anschaffung eines Anrufbeantworters.

Terminüberschreitung

Wenn der errechnete Termin allerdings überschritten ist, werden Sie und Ihr Baby häufiger überwacht werden. Bis zum zehnten Tag nach dem errechneten Termin werden Sie zweitägig zu CTG-Kontrollen und einer Überprüfung von Blutdruck und Urin in die Praxis Ihrer Hebamme, Ihrem Arzt oder in die Klinik gebeten. Meist ab dem zehnten Tag nach dem errechneten Termin finden die Untersuchungen täglich statt, und Ihre Hebamme oder Ärztin wird Sie dann vielleicht zu einem Stresstest und einer Ultraschalluntersuchung überweisen. Der Stresstest oder auch Oxytocin-Belastungstest dient dazu, festzustellen, ob das Kind unter medikamentös hervorgerufenen Wehen ein unauffälliges Herztonmuster zeigt. Beim Ultraschall wird die Menge Ihres Fruchtwassers kontrolliert, die deutlich nachlassen kann, wenn Plazenta und Eihäute aufgrund von natürlichen „Überalterungsprozessen“ eine optimale Nachproduktion von Fruchtwasser nicht mehr gewährleisten.

Ihr Baby wird aber niemals „trocken“ zu Welt kommen müssen, da die Geburt bei Anzeichen von zu wenig Fruchtwasser oder Stressanzeichen in der Herzfrequenz eingeleitet wird. Bevor die Geburt medikamentös eingeleitet wird (Seite 162), können Sie aber einige unterstützende Maßnahmen ausprobieren, die Sie vielleicht ans Ziel bringen (Seite 161).

Wie das Kind entsteht, kommt es auf den Weg

- Versuchen Sie Ihren Partner zu verführen oder sich verführen zu lassen und zum Sex zu stimulieren. Hormone in der Samenflüssigkeit bewirken ein Weicherwerden des Gebärmutterhalses. Wenn Sie gar einen Höhepunkt erleben, werden Kontraktionen gefördert. Das Stimulieren der Brustwarzen kann zur Ausschüttung von Wehenhormonen führen. Diese wundervolle Mischung kann auf natürliche Art die Geburt anregen – allerdings nur, wenn Ihr Baby bereit ist, sich auf den Weg zu machen. Reden Sie mit Ihrem Baby und versuchen Sie es zu überzeugen, dass es in der Welt draußen sehr schön ist.

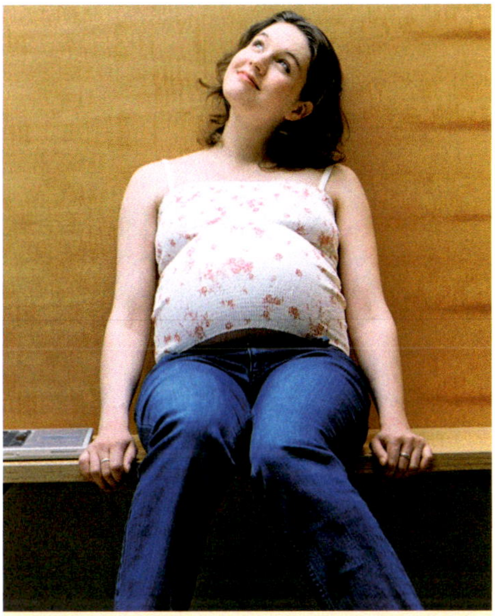

Auch wenn Sie schon am Termin angelangt sind: Versuchen Sie entspannt zu bleiben!

Vorgeburtliche Untersuchungen

METHODEN DER PRÄNATALDIAGNOSTIK

Sie haben sicher bereits davon gehört, dass es Möglichkeiten gibt, einige seltene Krankheiten oder Fehlentwicklungen bei Ihrem Kind bereits während der Frühschwangerschaft zu erkennen. Mithilfe der so genannten Pränataldiagnostik können einige wichtige angeborene und genetische Veränderungen frühzeitig erkannt werden.

Wenn Sie über den Einsatz dieser Methoden nachdenken, sollten Sie immer im Hinterkopf behalten, dass 97 Prozent aller Neugeborenen gesund zur Welt kommen. Krankheiten und Fehlbildungen treten nur bei etwa drei Prozent der Babys auf. Mit heutigen Diagnoseverfahren können die wenigsten davon in der Frühschwangerschaft tatsächlich festgestellt werden.

Ein Gespräch mit Ihrer Hebamme, mit Ihrer Ärztin oder einem Arzt in einem Beratungszentrum kann über die verschiedenen Untersuchungsmöglichkeiten und ihre möglichen Konsequenzen Auskunft geben. Dies wird Ihnen helfen, Ihre eigene persönliche Entscheidung zu treffen.

Auf jeden Fall sollten Sie sich folgende Frage beantworten: Was bedeutet ein von der Norm abweichender Befund für mich? Wird zur Fortführung der Schwangerschaft geraten, oder werden Sie vor die Frage eines Schwangerschaftsabbruchs gestellt? Wie gehen Sie damit um? Falls ein Abbruch für Sie prinzipiell nicht in Frage kommt, sollten Sie sich reiflich überlegen, ob eine vorgeburtliche Diagnostik mit all ihren Risiken für Sie persönlich sinnvoll ist.

Wenn Sie eine vorgeburtliche Untersuchung wünschen, sollten Sie sich unbedingt über Möglichkeiten und Risiken informieren.

Folgende Aspekte sollten Sie auf jeden Fall bedenken, bevor Sie sich für eine Methode der Pränataldiagnostik entscheiden:

› Untersuchungen wie Amniozentese, Chorionzottenbiopsie und Nabelschnurpunktion können eine Fehlgeburt verursachen. Abhängig vom Eingriff, von der Schwanger-

Methoden der vorgeburtlichen Diagnostik

› Zur Pränataldiagnostik gehören Risikotests, so genannte Screeningtests, wie „Nackenfaltenmessung“, „Tripletest“ und „Erster Trimester Bluttest“, aber auch diagnostische Verfahren wie Chorionzottenbiopsie, Amniozentese und Nabelschnurpunktion.

› Die drei letzteren Methoden sind so genannte invasive Diagnoseverfahren, die in den Körper eindringen und mit einigen Risiken verbunden sind. Sie werden erst empfohlen, wenn Screeningtests auffällige Ergebnisse gezeigt haben oder wenn es in der Krankengeschichte der Schwangeren besondere Befunde gibt. Dazu gehören zum Beispiel Erb- oder andere Erkrankungen, ein Verdacht auf kindliche Entwicklungsstörung durch Strahlung oder Medikamente, mögliche Fehlbildungen des Babys nach Infektionen und Krankheiten sowie ein höheres Alter der Schwangeren (über 35).

schaftswoche und der praktischen Erfahrung des Arztes führen von 1000 Untersuchungen 5 bis 20 zu einer Fehlgeburt.

- Die vorgeburtlichen Untersuchungen können lediglich die Früherkennung einzelner chromosomal bedingter Fehlentwicklungen oder Erkrankungen leisten. Auch wenn keine Chromosomenstörung oder Fehlbildung gefunden wurde: Diese Tests sind keine Garantie für ein gesundes Kind.
- Auch wenn eine Chromosomenstörung vorliegt, können die individuellen Entwicklungsmöglichkeiten Ihres Kindes in den meisten Fällen erst nach der Geburt angemessen beurteilt werden.

Auch bei älteren Müttern kommen die meisten Babys gesund zu Welt!

Screening-Tests

Nackenfaltenmessung

Dieser Ultraschalltest misst eine kleine Flüssigkeitsansammlung in der Haut am Nacken des Kindes. Alle Babys haben diese Nackenfalte, aber je größer sie ist, desto höher ist das Risiko einer chromosomalen Veränderung, wie etwa eines Down-Syndroms (Trisomie 21). Die Untersuchung findet zwischen der 11. und 14. Woche statt. Ein Arzt streicht Ihren Unterbauch mit einem Gel ein und bewegt dabei den Ultraschallkopf über Ihre Haut oberhalb des Schambeins. Sie können auf dem Bildschirm zuschauen und bekommen Erklärungen zu dem, was zu sehen ist. Manchmal muss nach der richtigen Einstellung zur Untersuchung des Babys gesucht werden.

Ein Computerprogramm ermittelt dann aus den vorliegenden Daten in Verbindung mit Ihrem Alter, dem genauen Schwangerschaftsalter und der Größe des Babys, wie hoch das Risiko einer Chromosomenabweichung ist. Sie bekommen also keine Aussage über tatsächliche Sachverhalte, sondern lediglich eine statistische Wahrscheinlichkeit! Diese Untersuchungsmethode erreicht bei bester Durchführung und korrekten Angaben eine Erkennungsrate von bis zu 77 Prozent.

Erster-Trimester-Bluttest

Die Nackenfaltenmessung kann neuerdings zusammen mit dem so genannten Ersten-Trimester-Bluttest die Aufklärungsquote erhöhen. Dazu wird Ihnen Blut abgenommen und auf Eiweiß- und Hormonwerte untersucht (PAPP-A, HCG). Nach zirka einer Woche können die Ergebnisse in Verbindung mit der Nackenfaltenmessung und Ihren anderen Daten vom Computer verarbeitet werden und Sie erhalten einen verfeinerten Risikowert. Dieser Test ist kein diagnostisches Verfahren, sondern ein Suchtest. Bei etwa 85 Prozent aller Kinder mit einer Trisomie ergibt sich hierbei ein auffälliges Testergebnis. Allerdings kann das Ergebnis auch falsch positiv sein. (Die Rate wird mit immerhin fünf Prozent angegeben).

Tripletest

Der Tripletest, durchgeführt zwischen der 16. und 18. Schwangerschaftswoche, ist ein weiterer Suchtest, bei dem aus Ihrem Blut die Hormone HCG (humanes Choriongonadotropin), Östriol und das vom Kind gebildete AFP (Alpha-Feto-Protein) bestimmt wird. Aus den Werten, dem Schwangerschaftsalter, Ihrem Alter und Gewicht erfolgt auch hier eine computergestützte Risikoberechnung. Eine erhöhte AFP-Konzentration allein kann zum Beispiel auf einen Neuralrohrdefekt oder einen Bauchwanddefekt hinweisen. Der Tripletest ist jedoch relativ ungenau und hat, weil er häufig zu mehr Verunsicherung und Sorge statt zur Beruhigung geführt hat, viel Kritik geerntet. Heute wird er deshalb immer weniger empfohlen.

Grenzen der Screening-Methoden

In gewissen Grenzen können diese Methoden also auf etwaige Risiken hinweisen. Aber noch einmal: Alle auffälligen Ergebnisse dieser Untersuchungen bedeuten nicht, dass Ihr Baby tatsächlich krank ist. Es geht lediglich um Risikoeinschätzungen. All diese Tests können keine definitiven Antworten geben. Wenn ein erhöhtes Risiko vorliegt, kommen wirkliche Diagnosemethoden zum Einsatz, die Sicherheit verschaffen. Es ist oft nicht leicht, die Relevanz und Tragfähigkeit der Ergebnisse für sich selbst zu bewerten und daraus Entscheidungen für das eigene weitere Vorgehen zu treffen.

› Ein Risiko von 1 zu 1000 erscheint als sehr geringe Wahrscheinlichkeit für Ihr Baby, ein Problem zu haben.
› Bei einem Risiko von 1 zu 150 werden Sie sich aber eventuell schon Sorgen machen.
› Viele Frauen vergessen dabei, dass das immer noch bedeutet, dass bei 149 von 150 Kindern keine Risiken zu befürchten sind.
› Ein entscheidendes Problem dieser Risikoschätzungen ist, dass bei etwa fünf von hundert Diagnosen so genannte falsch positive Ergebnisse ermittelt werden, obwohl eigentlich alles in Ordnung ist. Das bedeutet, wie wir selbst erlebt haben, für viele Eltern unnötige große Sorgen und erheblichen Stress in der Schwangerschaft.

So wird die Chorionzottenbiopsie durchgeführt:

› Da Ihre Blase für den Eingriff voll sein soll, müssen Sie vorher viel trinken. Die Entnahme des Plazentagewebes erfolgt entweder durch die Bauchdecke, die eventuell vorher örtlich betäubt wird, oder durch Vagina und Muttermund. Die Entscheidung für eine der Methoden wird von der Lage der Plazenta und der Schwangerschaftswoche, aber auch von Einschätzungen und Vorlieben des Untersuchers bestimmt. Viele Frauen empfinden bei der Entnahme durch die Bauchdecke ein schmerzhaftes unangenehmes Ziehen im Unterbauch.
Bei einer vaginalen Entnahme ähneln die Eindrücke einem Gebärmutterabstrich bei der Krebsvorsorgeuntersuchung.

› Nach der Untersuchung ist es gut, 24 Stunden zu ruhen. Auch in den nächsten zwei bis drei Tagen sollten Sie keine anstrengenden Unternehmungen planen und sich gegebenenfalls krankschreiben lassen. Nach dem Eingriff können leichte Bauchkrämpfe und geringe vaginale Blutungen, die zwei bis drei Tage anhalten, auftreten. Wenn Schmerz und Blutung zunehmen oder klare Flüssigkeit aus der Vagina läuft, sollte eine ärztliche Untersuchung stattfinden.

Invasive Verfahren

Amniozentese (Fruchtwasseruntersuchung)

Die Amniozentese wird empfohlen, wenn die Suchtests (Seite 103) auffällige Befunde ergeben haben. Diese Untersuchungsmethode wird auch eingesetzt, wenn Sie bereits Kinder mit genetischen Besonderheiten geboren haben, wenn Sie über 35 Jahre alt sind oder aufgrund Ihrer Familiengeschichte erhöhte Risiken bestehen. Eine Fruchtwasseruntersuchung wird in der Regel zwischen der 15. bis 18. Schwangerschaftswoche durchgeführt. Ein Nachteil der Amniozentese besteht darin, dass sie erst relativ spät erfolgt. Andererseits ist das Risiko für eine Fehlgeburt mit 0,3 bis 1 Prozent vergleichsweise gering.

Chorionzottenbiopsie

Diese Untersuchung wird in der Regel zwischen der zehnten und zwölften Schwangerschaftswoche durchgeführt. Dabei wird eine Gewebeprobe aus den Chorionzotten (Vorform des Mutterkuchens) entnommen. Im Labor werden daraus die kindlichen Chromosomen bestimmt und auf Abweichungen untersucht.

Das Resultat können Sie schon nach zwei bis drei Tagen erfahren. Zusätzlich wird eine Langzeitkultur der Chorionzotten angelegt, deren Ergebnis nach 14 Tagen vorliegt. Das Geschlecht des Kindes wird allerdings erst nach der 14. Schwangerschaftswoche mitgeteilt, um zu vermeiden, dass aufgrund des Geschlechts ein Abbruch vorgenommen wird. Sollte sich der Verdacht bestätigen, dass das Kind an einer Erkrankung oder Fehlbildung leidet, wird den Eltern in der Regel ein Schwangerschaftsabbruch nahe gelegt, der dann entsprechend früher als nach einer Amniozentese erfolgen kann. Der entscheidende Nachteil der Chorionzottenbiopsie gegenüber der Amniozentese liegt bei einem etwas höheren Fehlgeburtsrisiko (ein bis drei Prozent).

So wird die Amniozentese durchgeführt:

› Bei dieser Untersuchung muss die Blase leer sein. Unter Ultraschallkontrolle werden mithilfe einer Hohlnadel 15 bis 20 Milliliter Fruchtwasser mit darin enthaltenen abgelösten Zellen des Babys entnommen. Dieser Vorgang dauert wenige Minuten und wird manchmal als unangenehm, aber nicht schmerzhaft empfunden. Die praktische Erfahrung des Arztes und eine routinemäßige Durchführung solcher Untersuchungen ist der beste Garant für eine brauchbare Fruchtwasserentnahme. Nach dem Test werden die Herztöne des Kindes gehört. Bei Rhesus-negativen Frauen wird ebenso wie nach der Chorionzottenbiopsie eine Anti-D-Spritze (Seite 72) verabreicht. Nach dem Eingriff sollten Sie 24 Stunden ruhen. Es können leichte Bauchkrämpfe auftreten. Falls aber Blut oder klare Flüssigkeit (eventuell Fruchtwasser) abgehen, sollten Sie sofort untersucht werden. Das Risiko einer Fehlgeburt liegt nach diesem Eingriff bei 0,3 bis 1 Prozent.

› Im Labor werden die lebenden Zellen kultiviert und die Chromosomen auf Aufbau und Anzahl untersucht. Auch DNA-Analysen und eine AFP-Bestimmung zum Ausschluss eines Neuralrohrdefekts sind möglich. Ein Schnelltest, der aber nur nach bestimmten Chromosomen (B, 18 und 21) und dem Geschlecht Ihres Kindes forscht, kann ein Ergebnis nach ein bis zwei Tagen liefern. Diese Ergebnisse müssen aber immer überprüft werden. Ein genaues Untersuchungsergebnis liegt daher erst nach zirka zwei Wochen vor.

So wird die Nabelschnurpunktion durchgeführt:

- Durch eine Kanüle werden aus der Nabelschnur am Ansatz der Plazenta zwei bis drei Milliliter Blut entnommen. Der Vorgang wird durch Ultraschall genau kontrolliert. Frauen beschreiben diesen Eingriff, der etwa fünf Minuten dauert, als unangenehm und ein wenig schmerzhaft. Der Stich wird zweimal als kurzer Schmerz wahrgenommen. Zuerst beim Eindringen in die Haut, die örtlich betäubt werden kann, und dann beim Passieren der Gebärmutterwand. Bei Rhesus-negativen Frauen wird auch hier eine Anti-D-Spritze (Seite 72) verabreicht. Danach ist es sinnvoll, 24 Stunden zu ruhen. Alle eingriffsbedingten Komplikationen treten in den ersten 24 Stunden auf, bei Blut- oder Fruchtwasserabgang sollte sofort eine ärztliche Untersuchung erfolgen. Das Fehlgeburtsrisiko wird bei diesem Eingriff mit drei bis vier Prozent angegeben. In einem Labor wird das Blut Ihres Babys untersucht. Der Befund liegt dann in zwei bis vier Tagen vor.

Sollten alle Untersuchungsergebnisse keine Anhaltspunkte liefern, werden Sie telefonisch oder schriftlich informiert. Falls die Resultate Abweichungen zeigen und damit mögliche Folgen dieser Ergebnisse erörtert werden müssen, besprechen Sie dies ohne Zeitdruck in der Praxis. Die meisten Befunde erlauben keine Therapie. Auch wenn nur bedingt Aussagen zum Schweregrad der Besonderheit gemacht werden konnen, stellt sich die Frage nach einer weiteren Behandlung oder nach einem Schwangerschaftsabbruch.

Nabelschnurpunktion (Chordocentese)

Eine Nabelschnurpunktion kann ab der 18. Schwangerschaftswoche durchgeführt werden. Dazu wird Blut aus der Nabelschnur entnommen und im Labor untersucht. Dieser Eingriff wird empfohlen, wenn bei Ihrem Kind der Verdacht auf eine Blutarmut oder eine Infektion wie zum Beispiel Röteln vorliegt oder eine Rhesusunverträglichkeit besteht. Mit dieser Methode kann Ihr Kind auch eine eventuell notwendige Bluttransfusion erhalten.

KONSEQUENZEN PRÄNATALER DIAGNOSTIK

Alle Frauen können die Möglichkeiten der Pränataldignostik in Anspruch nehmen. In der Hoffnung, dadurch die Gesundheit ihres Babys sicherzustellen, wollen viele Schwangere möglichst alle Untersuchungsangebote wahrnehmen. Vielleicht versprechen Sie sich davon, dass mit einem guten Ergebnis all Ihre Ängste und Sorgen verschwinden. Das kann durchaus sein und ist sogar sehr wahrscheinlich, da wie gesagt nur 3 von 100 Kindern mit Besonderheiten zur Welt kommen.

Was passiert aber, wenn die erhobenen Befunde dieser Untersuchungen nicht die erhofften sind? Es ist leider eine bittere Erfahrung, dass die meisten Frauen und Paare in diese Untersuchungen gehen, ohne sich vorher ausreichend Gedanken zu machen, mit welchen Konsequenzen sie möglicherweise zu rechnen haben. Wie gehen Sie mit einem Verdacht oder Risikoberechnungen um? Wie weit sind Sie bereit zu gehen? Es ist leider eine Tatsache, dass der größte Teil der vorgeburtlichen Untersuchungen vor der 23. Schwangerschaftswoche bei auffälligen Befunden in erster Linie die Möglichkeit und das Ziel eines Schwangerschaftsabbruchs in sich birgt.

Wichtig ist, sich klarzumachen, dass nur drei

bis vier Prozent aller Behinderungen und Erkrankungen vorgeburtlich überhaupt festgestellt werden können. 30 bis 40 Prozent treten um die Geburt und innerhalb der ersten Lebensmonate zutage, und etwa 60 Prozent werden erst im Laufe des Lebens erkannt.

Hinter all diesen Untersuchungen steht die Frage, was ein auffälliger Befund für Sie und Ihr Kind bedeutet. Manche Frauen und Paare entscheiden sich mit dem Wissen um eine Besonderheit oder Erkrankung ihres Kindes dazu, die Schwangerschaft als Chance zu sehen, sich zu informieren und auf dieses besondere Kind gut vorbereitet zu sein.

Vielleicht ist schon während der Schwangerschaft relativ sicher, dass Ihr Kind nicht lebensfähig sein wird. Dass in solch einem Fall die Beendigung der Schwangerschaft nicht zwangsläufig die einzige Lösung ist, zeigen mittlerweile berührende Berichte, wie etwa der Dokumentarfilm „Mein kleines Kind“ von Katja Baumgarten, die ihr Kind mit einer schwersten Entwicklungsstörung austrug und per Hausgeburt zur Welt brachte. Geborgen im Kreise der Familie und in den Armen der Mutter stirbt es friedlich innerhalb weniger Stunden.

Andere Frauen und Paare entscheiden sich nach vielen Überlegungen und Beratungen mit ihrer Ärztin oder in humangenetischen Zentren für einen Abbruch der Schwangerschaft. Diese Entscheidung fällt nie leicht, und Eltern werden sich mit Gefühlen wie Wut, Enttäuschung und Trauer konfrontiert sehen.

SCHWANGERSCHAFTSABBRUCH

Über Schwangerschaftsabbrüche bei wahrscheinlich behinderten Kindern wollen viele Menschen weder nachdenken noch reden. Anders als bei Abbrüchen ungewollter Schwangerschaften geht es hier ja schließlich um das Wunschkind, das nun keines mehr sein soll. Selbst mit Freunden oder in der Familie können dieses Thema und das Teilen Ihrer Gedanken und Gefühle schwer fallen. Wenn Sie sich allein damit fühlen, wenden Sie sich an Organisationen und Selbsthilfegruppen, die Sie unterstützen können.

Ein Schwangerschaftsabbruch nach der zwölften Schwangerschaftswoche (beziehungsweise nach der vierzehnte Woche ausgehend von der letzten Regel) ist nur dann zulässig, wenn Ihre Ärztin unter Berücksichtigung Ihrer Lebensverhältnisse Ihre körperliche und seelische Gesundheit bedroht sieht und diese Bedrohung nicht auf andere für Sie zumutbare Weise abgewendet werden kann. Das ist die so genannte „medizinische Indikation“.

Der Schwangerschaftsabbruch nach der 16. Schwangerschaftswoche kann nicht durch Ausschabung oder Absaugen unter örtlicher Betäubung oder Vollnarkose stattfinden. Ab diesem Zeitpunkt muss die Geburt Ihres Kindes mit Wehen verursachenden Medikamenten eingeleitet werden. Dies kann manchmal mehrere Tage dauern und wird von vielen Frauen und Paaren als ein sehr schwerer Abschied empfunden. Versuchen Sie, eine Ihnen vertraute Person in die Klinik mitzunehmen, um diesen Weg nicht allein gehen zu müssen. Nach dem Abschied von Ihrem Kind können Sie rasch nach Hause gehen, sollten sich aber trotzdem noch etwas Ruhe und Zeit für die Verarbeitung des Erlebten und die Umstellung Ihres Körpers lassen.

Je nachdem in welcher Schwangerschaftswoche der Abbruch oder die Geburt Ihres Kindes stattgefunden hat, müssen Medikamente zur Unterdrückung der Milchbildung gegeben werden. Sie haben Anspruch auf Hebammenhilfe. Es kann gut tun, durch tägliche Hausbesuche bis zum zehnten Tag nach der Geburt zu erfahren, dass Ihr Körper sich wieder umstellt. Auch ein Gespräch über Ihr Erlebtes und Ihre Gedanken kann Sie entlasten.

Komplikationen und Erkrankungen

Anämie

Eine Anämie tritt auf, wenn in Ihrem Blut zu wenige rote Blutkörperchen vorhanden sind und ein Mangel an Hämoglobin entsteht. Der Blutfarbstoff wird gebraucht, um Sauerstoff durch den Körper zu transportieren.

Am häufigsten wird eine Anämie durch einen Eisenmangel verursacht. Da Ihr Körper seine Eisenspeicher immer bevorzugt für das wachsende Baby entleert und Sie benachteiligt werden, brauchen Sie sich aber um Ihr Kind noch lange keine Sorgen zu machen. Nur bei anhaltend schweren Eisenmangelanämien können die Entwicklung der Plazenta und das Wachstum des Kindes negativ beeinflusst werden. Auch bei seltenen, vererbbaren Blutanomalien kann die Anämie für Sie beide zum Problem werden. Aus diesem Grund wird bei den Vorsorgeuntersuchungen das Blutbild überprüft (Seite 72). Eine Anämie tritt häufiger auf bei Frauen mit chronischen Krankheiten und einem Folsäuremangel, da Folsäure (Seite 111) zur Bildung der roten Blutkörperchen benötigt wird.

So macht sich ein Eisenmangel bemerkbar

Bei folgenden Symptomen sollten Sie unbedingt eine Überprüfung Ihres Hb-Werts ansprechen:

- bei starker Müdigkeit und Erschöpfung,
- bei sehr blasser Haut und hellen Schleimhäuten,
- bei Abwehrschwäche gegen Erkrankungen,
- bei Schwindel, Bewusstlosigkeit und Kurzatmigkeit,
- beim Auftreten von schwarzen Punkten vor den Augen.

Wichtig: Auf eisenhaltige Nahrungsmittel achten!

- In Ihrer Ernährung ist Melasse, rotes Fleisch, Fisch und viel Vitamin C wichtig. Nehmen Sie Ihre Eisentablette zusammen mit Wasser, besser noch mit Vitamin-C-haltigen Säften (ohne Kalzium!) idealerweise eine Stunde vor den Mahlzeiten ein. Wenn Sie Magen-Darm-Beschwerden bekommen, schlucken Sie die Tabletten lieber zum Essen, trinken aber weder Milch, Schwarztee noch Kaffee dazu. Erschrecken Sie nicht, wenn der Stuhlgang schwarz wird, das kommt vom Eisen und ist unbedenklich. Falls Sie Ihr Eisenpräparat nicht vertragen, obwohl Sie es schon zum Essen nehmen, besprechen Sie das mit Ihrem Arzt oder Ihrer Hebamme. Oft hilft es schon, die Dosis zu verringern oder zu einem populären Kombinationspräparat (zum Beispiel Floradix®, Kräuterblut® als Saft oder Dragees) zu wechseln. Der Eisengehalt ist hier deutlich niedriger und in der Regel entsprechend gut verträglich.

Wenn bereits bei der ersten Blutabnahme zu Beginn der Schwangerschaft eine deutliche Anämie festgestellt wird, kann Ihr Frauenarzt zunächst weiter Blutuntersuchungen durchführen und Sie zur weiteren Abklärung eventuell zu einem Internisten überweisen.

• Beckenendlage

In der Mitte der Schwangerschaft liegt jedes zweite Baby mit dem Po nach unten und in der 28. Schwangerschaftswoche noch jedes fünfte. Zum errechneten Termin sind es nur noch vier Prozent, die mit dem Po oder den Füßen zuerst im Becken liegen. Diese Position im Becken wird als Beckenendlage oder auch als Steißlage bezeichnet. Da es für die Babys dann ein kleines, aber doch deutlich erhöhtes Risiko bei einer vaginalen Geburt gibt, wird die kindliche Lage zum Ende der Schwangerschaft ein Thema werden. Die Risiken haben hauptsächlich damit zu tun, dass das „dickere Ende" des Babys der Kopf ist, der bei einer vaginalen Geburt aus einer Beckenendlage zum Schluss geboren wird. Wenn Po und Bauch bereits draußen sind, wird die Nabelschnur so lange gedrückt, bis auch das Köpfchen da ist.
Falls Sie eine vaginale Geburt für Ihr Beckenendlagen-Kind wünschen, sollten einige Faktoren abgeklärt werden. Dazu gehören die Größe des Kindes, der zu erwartende Kopfumfang und die exakte Lage. Optimal ist die reine Steißlage, bei der die Beine nach oben ausgestreckt sind oder die vollständige Steiß-Fußlage mit angehockten Beinen.
Wir selbst haben in unserem Berufsleben sehr gute Erfahrungen mit vaginalen Beckenendlagen-Geburten gemacht (Seite 173).

Kaiserschnitt

Viele Geburtsmediziner raten heutzutage besonders bei ersten Babys in Beckenendlagen generell zum Kaiserschnitt. Im Vorgespräch hören Sie dann von den zahlreichen Risiken für Sie und Ihr Kind, die oft einem Horrorszenario gleich geschildert werden, so dass Ihnen letztendlich einleuchtet, warum es ein Kaiserschnitt sein muss. Diese Haltung hängt zum großen Teil mit der Erfahrung beziehungsweise oft eben mit der fehlenden Erfahrung bei der Leitung eine Beckenendlagen-Geburt zusammen. Bei zweiten oder weiteren Babys werden vaginale Geburten bei Beckenendlage eher akzeptiert. Immer vorausgesetzt Sie haben schon einmal vaginal geboren.

Äußere Wendung

Um einen Kaiserschnitt doch noch zu vermeiden, wird häufig empfohlen, das Baby in der 37. bis 38. Schwangerschaftswoche mit einer äußeren Wendung in eine bessere Ausgangsposition mit dem Köpfchen nach unten zu bringen. Voraussetzung dafür ist eine ausreichende Menge an Fruchtwasser und eine günstige Lage des Mutterkuchens. Da eine äußere Wendung nicht ohne Risiko ist, sollte sie immer in einer Klinik stattfinden. Die Erfolgsquote dieses Eingriffs ist abhängig von der Erfahrung der „wendenden" Ärzte und liegt bei 50 bis 70 Prozent.
Darüber hinaus gibt es auch sanftere Methoden, mit denen Sie Ihrem Baby die richtige Richtung zeigen können (Seite 110). Oft haben diese zu einer Drehung geführt. Es klappt aber nicht immer, denn es kann eben auch Gründe geben, aufgrund derer sich Ihr Baby für eine Beckenendlage entscheidet. Dazu gehören ein schmales oder unüblich geformtes Becken, in dem der Po leichter Platz findet als der große Kopf. Der Mutterkuchen kann tief liegen und Platz beanspruchen, die Nabelschnur zu kurz oder Ihr Gebärmuttergewebe so weich sein, dass Ihr Baby nicht mehr in einer Position gehalten wird. Das kann vor allem bei zweiten und weiteren Babys der Fall sein. Welcher Grund auch dahinter steckt, lassen Sie sich von Ihrer Hebamme oder Ärztin beraten.

HEBAMMENTIPP

Wenn das Kind in **Beckenendlage** liegt, fragen uns viele Schwangere nach ergänzenden Methoden, um Eingriffe wie äußere Wendung oder Kaiserschnitt zu vermeiden. Es gibt in der Tat einige Möglichkeiten, die ab der 34. Schwangerschaftswoche angewendet werden können. Natürlich gilt auch hier, dass es keine Garantie fürs Gelingen gibt, weil manche Babys einfach mit dem Po zuerst zur Welt kommen wollen.

› **Physikalische Therapien**
Nehmen Sie täglich für 15 Minuten eine Knie-Ellbogen-Lage ein. Dabei ist der Po nach oben gestreckt, der Bauch mit Kissen gepolstert, und die Unterarme liegen gerade auf dem Boden. Nützen Sie diese Zeit, um mit Ihrem Baby zu reden und ihm Ihre Wünsche mitzuteilen.

› **Indische Brücke**
Dies ist eine Übung, die Sie allein oder besser noch mit Ihrem Partner täglich ein- bis zweimal für 15 bis 20 Minuten durchführen können. Dabei wird Ihr Becken hochgelagert, indem Sie entweder die Knie über die Schultern des vor Ihnen knienden Partners legen oder – wenn Sie allein sind – über einen mit Kissen erhöhten Sessel oder Stuhl. Versuchen Sie so gut es geht zu entspannen und möglichst ruhig zu atmen. Diese Übung sollte nicht direkt nach dem Essen durchgeführt werden. In Studien konnte sie übrigens keine wirklich positiven Ergebnisse zeigen. Da viele Schwangere die Übung als besonders unangenehm erleben, bitte nur einmal ausprobieren und bei „Nichtgefallen“ einfach damit aufhören.

› **Moxibustion**
Traditionelle Chinesische Medizin in Form einer Akupunktur mit individuellen Punktkombinationen kann nur durch erfahrene Behandler erfolgen. Das am häufigsten eingesetzte Mittel ist die Moxibustion. Bei dieser Behandlung wird über einen Zeitraum von einer Woche täglich einmal ein Punkt an den Außenseiten der kleinen Zehen mithilfe einer glimmenden Beifuß-Zigarre stimuliert. Die Behandlung dauert zehn Minuten. Dabei wird die Zigarre so dicht über den jeweiligen Punkt geführt, dass es deutlich warm wird, aber nicht schmerzt. Nach jeder Behandlung ist das Einnehmen der Knie-Ellbogen-Lage für fünf Minuten zu empfehlen.

› **Visualisieren**
Bei dieser Methode setzen Sie sich zweimal am Tag für zehn Minuten möglichst mit leerem Magen an einen ruhigen Platz. Wenn Sie eine bequeme Position erreicht haben, konzentrieren Sie sich mit langsamen Atemzügen auf das Entspannen Ihres Bauches. Dabei geben Sie alle Spannung mit dem Ausatmen und Pusten ab. Wenn sich Ihr Bauch weich und entspannt anfühlt, stellen Sie sich die Drehung Ihres Babys im Bauch vor Ihrem inneren Auge vor. Dies kann entweder über eine Rolle vorwärts oder eine Rolle rückwärts erfolgen.

• Blutungen

Etwa jede vierte Frau erlebt in der Schwangerschaft unwillkürlich auftretende Blutungen. Sie können sich als leichter Blutfleck in der Unterwäsche oder als Schmierblutung bemerkbar machen. Es können aber auch lebensbedrohliche Blutungen auftreten, die einen sofortigen Transport in eine Klinik notwendig machen.

Falls eine Blutung in den ersten zwölf Wochen der Schwangerschaft vorkommt, muss dies nicht unbedingt zu einer Fehlgeburt führen. Erst wenn Schmerzen und Krämpfe im Unterbauch dazukommen, deutet sich eine drohende Fehlgeburt an. Ausnahme ist ein so genannter verhaltener Abort, bei dem die Frucht abgestorben ist und über längere Zeit noch in der Gebärmutter zurückgehalten wird. Dabei treten außer einer eventuellen leichten Schmierblutung keinerlei Beschwerden auf. Aber wie gesagt: Dabei handelt es sich um eine Ausnahme. Machen Sie sich daher nicht verrückt, wenn zu Beginn Ihrer Schwangerschaft eine leichte Blutung vorkommt.

Um festzustellen, ob Ihre Schwangerschaft noch intakt ist und es dem Kind gut geht, sollten Sie sich aber auf jeden Fall untersuchen lassen. Eine gynäkologische Untersuchung mit Ultraschall und, wenn nötig, eine Bestimmung des Hormonspiegels folgen dann zur weiteren Abklärung.

Vielleicht wird Ihnen empfohlen für einige Tage in der Klinik zu bleiben. Sie sollten sich, auch wenn Sie wieder zu Hause sind, körperlich schonen und eventuell sogar krankschreiben lassen, ansonsten können Sie außer abzuwarten nicht viel tun. Weder Bettruhe noch medikamentöse Behandlung helfen wirklich. Wir erleben aber Gott sei Dank häufig, dass kein Grund für die Blutung gefunden wird und die Schwangerschaft ohne weitere Probleme glücklich bis zum Ende verläuft.

Alle Blutungen zu einem späteren Zeitpunkt als der zwölften Schwangerschaftswoche bedürfen einer raschen Klärung. Sollten sie in der Nacht auftreten, suchen Sie bitte sofort eine Klinik auf. Die Ursachen können natürlich auch hier Kontaktblutungen nach vaginalen Untersuchungen und Geschlechtsverkehr und für Sie und Ihr Baby ungefährlich sein. Es gibt aber Ursachen, die für Sie beide gefährlich sind. In seltenen Fällen kann es sein, dass die Plazenta durch Ablösung kleinerer oder größerer Gewebebereiche Komplikationen entwickelt oder so tief gelagert ist, dass sie direkt vor dem Muttermund liegt. Die Wahrscheinlichkeit, dass Sie so etwas erleben müssen, ist zwar gering, aber schnelles Handeln ist dann für Sie und Ihr Baby entscheidend.

Typische Blutungen in dieser Zeit

- Die so genannte Einnistungsblutung: Sie tritt auf, wenn sich die befruchtete Eizelle in die Gebärmutterwand einnistet. Also zehn Tage nach der Zeugung.
- Manche Frauen bekommen eine leichte periodenartige Blutung in der vierten und achten Woche zu dem Zeitpunkt, an dem sie normalerweise ihre normale Regelblutung hätten.
- Eine leichte Blutung kann auch nach Geschlechtsverkehr oder vaginalen Untersuchungen vorkommen. Sie wird durch eine so genannte ektopische Veränderung am äußeren Muttermund hervorgerufen. Bei dieser Veränderung wächst das gut durchblutete Gewebe, das den Kanal des Gebärmutterhalses auskleidet, etwas nach außen auf den äußeren Muttermund und fängt bei Kontakt leicht an zu bluten.

Fehlgeburt

Leider endet manche Schwangerschaft mit einer Fehlgeburt. Etwa jede fünfte Schwangere macht diese traurige Erfahrung in den ersten zwölf Wochen der Schwangerschaft. Ein Grund dafür kann sein, dass sich das Baby nicht richtig entwickelt. Bei bis zu 70 Prozent aller Fehlgeburten im ersten Trimester liegen chromosomale Veränderungen vor. Weitere Ursachen reichen von genetischen und immunologischen Faktoren über Fehlbildungen an der Gebärmutter, Infektionen und negative Umwelteinflüsse (Alkohol, Nikotin, Koffein) bis hin zu starken Belastungen im beruflich-privaten Bereich. Falls Sie diese Erfahrung mehrmals hintereinander machen müssen, sind weitergehende Untersuchungen und Behandlungen empfehlenswert.

Nach einer Fehlgeburt wird mittels Ultraschall überprüft, ob die Gebärmutterhöhle vollständig leer ist. Falls dies der Fall ist, was eher seltener und dann in frühen Schwangerschaftswochen vorkommt, kann eventuell abgewartet werden. Dann werden Sie noch einige Tage leichte Blutungen haben und sich hoffentlich etwas Zeit nehmen können für Ihre Enttäuschung und Ihre Trauer.

Wenn in der Gebärmutterhöhle aber noch Reste der Schwangerschaft festgestellt werden, ist die Chance, dass diese von selbst abgehen, relativ gering. Besteht zudem weiterhin eine stärkere Blutung, folgt relativ zügig eine Abortkürettage (Ausschabung). Dies ist ein kurzer operativer Eingriff, bei dem in Vollnarkose der Gebärmutterhals vorsichtig aufgeweitet und mit einer Kürette (das ist eine Art stumpfer Metalllöffel) die Gebärmutterhöhle vollständig entleert wird. Danach werden Sie einige Tage leichte Blutungen haben, die aber rasch abklingen.

Manche Frauen möchten gerne abwarten, ob die letzten Reste nicht von selbst abgestoßen werden, und wünschen einen Eingriff möglichst zu vermeiden. Dies ist leider selten die Praxis und wird von den behandelnden Ärzten eher abgelehnt, da Komplikationen wie etwa eine Gebärmutterentzündung befürchtet werden. Neuere Studien zeigen aber, dass es vor allem in einer früheren Schwangerschaftswoche durchaus möglich ist, zunächst einmal abzuwarten. Sprechen Sie Ihre behandelnde Ärztin ruhig darauf an.

Der Verlust einer geplanten und bereits gespürten und durchträumten Schwangerschaft kann ein einschneidendes Lebensereignis sein und Gefühle wie Kummer und Hoffnungslosigkeit, Ärger und Schuldgefühle auslösen. Oft wünschen Frauen und Paare, dass die Ursache für die Fehlgeburt gefunden wird. Dies ist aber leider nur selten möglich. Nehmen Sie sich allein oder zusammen Zeit für Ihre Trauer um die verlorene Schwangerschaft. Auch Ihr Partner leidet wahrscheinlich. Schuldgefühle tauchen in dieser Zeit bei vielen auf, und vielleicht nützt es Ihnen zu erfahren, dass diese völlig unbegründet sind. Wenn Sie ausreichend emotionale Unterstützung erhalten, können Sie hoffentlich langsam wieder Vertrauen in Ihren Körper und seine Fähigkeiten zurückgewinnen.

Frühgeburtsbestrebungen

Ihre Gebärmutter zieht sich im gesamten Verlauf der Schwangerschaft immer wieder zusammen. Sie werden das in den meisten Fällen gar nicht wahrnehmen. Um die 28. Woche herum erzählen uns dann aber viele Schwangere, dass sie das Üben der Gebärmutter häufiger am Tag bis zu zweimal pro Stunde spüren. Dabei wird der Bauch hart und fest wie eine Kugel. Dieser Zustand kann bis zu einer Minute anhalten. Diese Braxton-Hicks-Kontraktionen, benannt nach einem englischen Arzt, der sie 1870 das erste Mal beschrieb, bewirken keine Öffnung des Muttermundes. Eher scheinen sie eine Vorbereitung der Gebärmutter auf die kommende Geburt zu sein.

Falls Sie aber ein schmerzhaftes Ziehen im Unterbauch oder im unteren Rücken spüren, legen Sie Ihre Hand auf die Gebärmutter und fühlen Sie, ob diese gleichzeitig mit dem Ziehen hart wird. Als erste Maßnahme können Sie versuchen, ob das Ziehen abklingt, wenn Sie sich hinlegen und ein Glas Wasser trinken. Informieren Sie nach dieser Beobachtung Ihren Arzt oder Ihre Hebamme. Fahren Sie sofort in eine Klinik, wenn sich die Abstände zwischen diesem Ziehen verkürzen. Wählen Sie auf jeden Fall eine Klinik mit einer Frühgeborenenabteilung, wenn der Verdacht auf vorzeitige Wehentätigkeit und Frühgeburtsbestrebungen besteht und Sie Ihr Kind weniger als 36 Wochen in sich tragen.

Fünf Prozent der Babys kommen vor der 37. Schwangerschaftswoche zur Welt. Manchmal, aber nicht immer, lassen sich Gründe dafür finden, wie eine Infektion mit hohem Fieber, ein frühgeborenes Kind in Ihrer vorhergegangenen Schwangerschaft, eine Gebärmutterinfektion, ein Zuviel an Fruchtwasser oder eine Mehrlingsschwangerschaft.

HEBAMMENTIPP

Medizinische Notfälle

Bei allen Schwangeren können unerwartet schwere akute Komplikationen auftreten. Diese sind jedoch sehr selten. Besondere Beachtung erhalten bei uns Anrufe von Schwangeren, die über plötzliche Veränderungen oder Ängste berichten. Es ist sehr schwer, mögliche Gefahren telefonisch abzuschätzen.

Ein Hausbesuch oder die Bitte sofort in die Klinik zu fahren ist bei uns daher die Regel.

Erfahrungen zeigen, dass insbesondere folgende Symptome auf schwere akute Komplikationen hinweisen, die einer sofortigen Untersuchung bedürfen:

- vaginale Blutungen,
- eine dauerhaft fest gespannte Gebärmutter,
- plötzliche Schmerzen im Bauchraum,
- Krämpfe,
- keine Herztöne oder Bewegungen des Kindes.

Zu den sich oft nicht deutlich ankündigenden schweren Komplikationen zählt die seltene vorzeitige Plazentalösung, die zur schnellen Unterversorgung des Kindes und zu Blutungen in Uterus oder Fruchtwasser führt. Obwohl die Auslöser noch weitgehend unklar sind, gelten erhöhter Blutdruck und Schlag-Druck-Einwirkung als Risiko. Die vorzeitige Plazentalösung ist jedoch oft nicht vorhersehbar und kann plötzlich auftreten. Als Anzeichen gelten stärkere Blässe, leichter schockähnlicher Zustand und Ängste der Schwangeren sowie Schmerzen im Bauchraum. In den meisten Fällen kann der Prozess nicht frühzeitig erkannt werden. Bei einem Verdacht auf vorzeitige Plazentalösung muss die Schwangere sofort auf schnellstem Weg in eine Klinik zu Ultraschall-Untersuchung, Überwachung und möglichem Not-Kaiserschnitt gebracht werden.

Wenn die Geburtswehen tatsächlich eingesetzt haben, kann sie nichts mehr richtig bremsen. Nur wenn die Wehen noch nicht so stark sind, kann versucht werden, ob Liegen, die Gabe von wehenhemmenden Medikamenten oder von Medikamenten, die die Lungenreife Ihres Babys fördern, den Geburtsprozesses aufhalten und eine weitere Reifung des Babys im Bauch bewirken können.

Bei kleinen Anzeichen von Frühgeburtsbestrebungen, wie dem Weicherwerden des Gebärmutterhalses vor der 28. Schwangerschaftswoche, kann auch eine häusliche Betreuung für Sie empfohlen werden. Wichtig ist dann, dass Sie Ihr Leben wirklich umstellen. Sie werden „arbeitsunfähig" geschrieben, und auch andere körperliche und seelische Belastungen sollten vermieden werden. Ihr Körper braucht jetzt alle Kraft für die Schwangerschaft und das Baby. Sie sollten viel ruhen. Wenn schon Kinder im Haushalt sind, kann eine Haushaltshilfe, die Einkaufen, Putzen, Waschen, Kochen und die Kinderbetreuung übernimmt, eine große Erleichterung sein. Sie kann von Ihrer Ärztin oder Ihrer Hebamme verordnet werden. Mit der Verordnung, die von Ihnen bei Ihrer Krankenkasse eingereicht und dort bewilligt werden muss, werden die Kosten für eine Hauhaltshilfe übernommen. Erkundigen Sie sich gegebenenfalls nach Adressen von Familienpflegestellen.

Wenn Sie für längere Zeit liegen müssen, kann Ihnen Ihre Hebammen bei Hausbesuchen Entspannungsübungen, Massagen und Geburtsvorbereitungsübungen zeigen.

• Hoher Blutdruck

Hoher Blutdruck, auch Hypertonie genannt, kann schon vor der Schwangerschaft bestehen. Manchmal kann Bluthochdruck aber auch durch die Schwangerschaft erst ausgelöst werden. Das ist der Fall, wenn Ihr normaler Blutdruck im Verlauf der Schwangerschaft deutlich ansteigt. Dieses Phänomen wird als schwangerschaftsinduzierter Bluthochdruck bezeichnet. Diese Veränderung erleben acht Prozent der Schwangeren meist kurz vor dem errechneten Geburtstermin. Wenn überhaupt Beschwerden auftreten, bestehen sie meist in Kopfschmerz und Übelkeit. Der leicht erhöhte Blutdruck allein ist kein ganz großes Problem für Sie und Ihr Baby. Erst wenn noch weitere Krankheitszeichen dazukommen, wie starke Wassereinlagerungen, Eiweiß im Urin und Veränderungen, die im Blut nachweisbar sind, müssen Sie in der Klinik intensiv betreut und überwacht werden.

Ihr Blutdruck gilt als erhöht, wenn er mehrmals hintereinander über 140/90 mmHg liegt. Allerdings ist auch hier die Festlegung von Grenzwerten nicht eindeutig, da sich im Verlauf der Schwangerschaft der Blutdruck typischerweise verändert. So kommt es im ersten Schwangerschaftsdrittel zu einem leichten Abfall, bis zum Geburtstermin zu einem Wiederanstieg der Blutdruckwerte. Größere Aufmerksamkeit sollte auch schon ein relativer Blutdruckanstieg erhalten. Ein üblicher Blutdruckwert ist zum Beispiel 120/80 mmHg (Seite 71). Wenn der zweite Wert zwischen 90 und 99 liegt, wird von einem leichten Bluthochdruck und bei einem zweiten Wert von über 110 mmHg von einem schweren Bluthochdruck gesprochen. Falls Sie einen sehr niedrigen Blutdruckwert haben, ist der Anstieg von 15 mmHg beim zweiten Wert und mehr als 30 mmHg beim ersten Wert in Ihrer Schwangerschaft schon ein Grund für weitere Untersuchungen. Eine leichte Erhöhung und ein Schwanken des Blutdrucks sind dagegen häufig. Wenn der systolische Wert nach oben geht, ist das nicht so problematisch wie ein Anstieg des diastolischen Wertes.

Sollten bei Ihnen erhöhte Blutdruckwerte festgestellt werden, gönnen Sie sich auf jeden Fall mehr Ruhe. Dazu gehört sicherlich, dass Sie

Bei Verdacht auf HELLP: Sofort zum Arzt!

› Sie sollten unverzüglich eine ärztliche Praxis oder Klinik aufsuchen, wenn Sie einen Druckschmerz im Oberbauch, Appetitlosigkeit, Übelkeit, Erbrechen und ein allgemeines Krankheitsgefühl vor allem im letzten Schwangerschaftsdrittel verspüren. Sie werden dann sofort gründlich untersucht. Wichtig ist vor allem eine rasche Überprüfung von Blutbild und Leberwerten. Wenn die Erkrankung bestätigt wird, muss schnell gehandelt werden, weil sie sich rasch verschlimmert und dies für Sie und Ihr Baby Lebensgefahr bedeuten kann. In so einem Fall kommt Ihr Baby praktisch immer mit sofortigem Kaiserschnitt zur Welt, und Sie müssen hinterher häufig noch intensivmedizinisch betreut werden.

sich krankschreiben lassen und möglichst jede Aufregung vermeiden. Trinken Sie nach Bedarf und versuchen Sie sich eiweißreich zu ernähren (Seite 67). Besorgen Sie sich ein Blutdruckmessgerät. Bei einer anhaltenden deutlichen Erhöhung vor allem des diastolischen Wertes ist es üblich, mit einem blutdrucksenkendem Medikament eingestellt zu werden. Falls sich der Bluthochdruck so nicht therapieren lässt und Sie sich zunehmend unwohl fühlen, ist eine Krankenhauseinweisung unumgänglich. Falls inzwischen der Geburtstermin erreicht ist oder nahe bevorsteht, wird anstelle einer aufwändigen Therapie oft die Geburt künstlich eingeleitet (Seite 162).

• HELLP-Syndrom

Dies ist eine sehr ernste Erkrankungsvariante der Präeklampsie (siehe rechts), die bei zirka 1 von 200 Geburten auftritt. Die Abkürzung HELLP steht für den Zerfall der roten Blutkörperchen (H: haemolytic anaemia), die Erhöhung der Leberenzymaktivität (EL: elevated liver enzymes) und eine geringe Anzahl an Blutplättchen (LP: low platelet account). Manchmal treten diese Veränderungen schon vor Wassereinlagerungen und hohem Blutdruck auf, die ansonsten erste Symptome darstellen. Vier bis zwölf Prozent der Schwangeren, die unter einer schweren Form der Präeklampsie erkranken, können HELLP entwickeln. Sie brauchen schnell ärztliche Hilfe.

• Präeklampsie

Dabei handelt es sich um eine Erkrankung, die nur in der Schwangerschaft auftreten kann. Anzeichen sind hoher Blutdruck, Eiweiß im Urin und Wassereinlagerungen in Beinen und Füßen. Drei bis fünf Prozent aller Schwangeren entwickeln diese Symptome und müssen behandelt werden. Davon sind 85 Prozent erste Schwangerschaften. Als weitere Risikogruppen, die daher genau beobachtet werden, gelten Schwangere über 40 und unter 20 Jahren sowie Frauen mit Vorerkrankungen wie Diabetes und Nierenleiden. Auch Schwangere mit Mehrlingen gelten als gefährdet.

Erwähnen Sie es bei den Vorsorgeuntersuchungen, wenn bei Ihrer Mutter oder Schwester diese Erkrankung aufgetreten ist. Bei einer leichten Erkrankungsform können Sie sich durchaus wohl fühlen. Sie wird dann lediglich bei den Vorsorgeuntersuchungen durch Auffälligkeiten bei Blutdruck und Urin erkannt. Bei einer stärkeren Erkrankungsform können Sie folgende Symptome wahrnehmen: starke Kopfschmerzen, Augenflimmern oder Sehprobleme, Übelkeit und Erbrechen, plötzliche Wassereinlagerungen an Gesicht, Händen oder Füßen, Druckempfindlichkeit auf der rechten Seite unterhalb des Rippenbogens und Schwierigkeiten beim Wasserlassen. Falls Sie irgendeines dieser Symptome bei sich wahrnehmen, müssen Sie noch am selben Tag Kontakt mit Ihrem Arzt oder einer Klinik aufnehmen und sich untersuchen lassen.

Die beste Therapie ist die Geburt Ihres Kindes. Wenn Sie am Ende der Schwangerschaft angekommen sind oder 34 Wochen davon hinter sich gebracht haben, wird oft eine Einleitung der Geburt angeraten (Seite 162), um das Auftreten größerer Probleme zu verhindern. Unbehandelt kann die Präeklampsie zur Eklampsie führen. Die Symptome sind Krämpfe und Koma der Mutter, die als medizinischer Notfall mit Sauerstoffgabe und Medikamenten sofort behandelt werden müssen.

Bei Schwangeren in einer früheren Schwangerschaftswoche mit Anzeichen einer Präeklampsie folgt eine intensive stationäre Überwachung und Behandlung am besten in einer größeren Klinik mit Kinderabteilung. Mit Bettruhe und verschiedenen Medikamenten zur Blutdrucksenkung, auch über die Vene gegeben, wird versucht Zeit zu gewinnen, um das Baby noch wachsen zu lassen.

Es ist irritierend, wenn Sie sich eigentlich wohl fühlen, aber hören müssen, dass Sie und Ihr Baby in Gefahr sind, Medikamente und Krankenhausaufenthalt oder eine rasche Geburtseinleitung notwendig sind. Das ist nicht leicht zu verarbeiten. Lassen Sie sich alles genau erklären und erzählen Sie auch Ihrem Baby davon, damit plötzlich notwendige Eingriffe für Sie beide leichter zu verkraften sind. Niemand weiß genau, woher diese Erkrankung kommt. In einigen Studien wurde untersucht, ob es vorbeugende Maßnahmen gibt. Aber es gibt bisher keine überzeugenden Erkenntnisse. Die niedrig dosierte Gabe von Aspirin® kann bei manchen Frauen vorbeugend wirken – aber dafür besteht noch weiterer Forschungsbedarf. Wir empfehlen allen Frauen von Beginn an regelmäßige Gymnastik und Bewegung, gesunde Ernährung und viel Flüssigkeitsaufnahme.

• Quer- oder Schräglage

Babys, die sich am errechneten Termin in einer Quer- oder Schräglage ins Becken gelegt haben, können nicht vaginal geboren werden und müssen immer mithilfe eines Kaiserschnitts geboren werden. Wenn es plötzlich zu einem Blasensprung kommt, muss der Kaiserschnitt sehr schnell erfolgen (Seite 169). Dies ist eine gefährliche Situation für das Kind, weil sich seine Schulter im Becken einklemmen kann. Das soll möglichst vermieden werden, weil es häufig weitere Probleme nach sich zieht. Zum Glück entscheiden sich nur 0,8 Prozent der Babys für solche Positionen.

• Schwangerschaftsdiabetes

Schwangerschaftsdiabetes ist ein Typ der Zuckerkrankheit, der in der Schwangerschaft meistens im zweiten oder dritten Trimester auftritt und nach der Geburt des Babys wieder verschwindet. Ungefähr zwei Prozent aller Schwangeren sind davon betroffen.

Die Ursachen dafür sind mittlerweile bekannt: Einige der Schwangerschaftshormone haben einen blockierenden Effekt auf das in der Bauchspeicheldrüse produzierte Hormon Insulin. Der Körper braucht diesen Brennstoff um Zucker im Blut abzubauen. Bei den meisten Schwangeren wird genügend Insulin produziert, um diese Effekte der Schwangerschaftshormone auszugleichen. Wenn die Produktion allerdings nicht ausreicht, entsteht der Schwangerschaftsdiabetes. Bei Nichtbehandlung können zahlreiche Problem für Mutter und Kind auftreten. So erhält Ihr Baby schon im Mutterleib eine zu hohe Zuckerversorgung und reagiert darauf mit einer gesteigerten Insulinproduktion. Dabei kann es richtiggehend gemästet werden und unter Umständen ein enormes Geburtsgewicht erreichen. Nach der Geburt haben diese Babys oft Blutzuckerabfälle und müssen in den ersten 48 Stunden häufige Blutabnahmen über sich ergehen lassen.

Erkennen, ob Diabetes vorliegt

› Wenn ein erhöhtes Risiko besteht, Schwangerschaftsdiabetes zu entwickeln, wird in der 24. bis 28. Schwangerschaftswoche ein Zuckerbelastungstest (Glukosetoleranztest) durchgeführt. Da die Anzahl an unerkannten Schwangerschaftsdiabetes relativ hoch ist, wird in manchen Arztpraxen dieser Test allen Schwangeren angeboten. Dabei bekommt die Frau 200 Milliliter Zuckerlösung mit 50 Gramm Glucose und trinkt diese in drei bis fünf Minuten. Ergibt der nach einer Stunde gemessene Wert einen Blutglucosespiegel von 140 mg/dl und höher, schließt sich an einem anderen Tag ein größerer Zuckerbelastungstest mit 75 Milligramm und der Ermittlung von drei Werten (nüchtern, nach einer Stunde, nach zwei Stunden) an. Sind mindestens zwei der dabei ermittelten drei Werte erhöht, liegt ein Schwangerschaftsdiabetes vor. Ziel ist es nun, eine gute Einstellung des Blutzuckers für den Rest der Schwangerschaft zu erreichen. Meist erfolgt dazu die Überweisung in eine Diabetesschwerpunktpraxis. Bleiben Ihre Werte weiterhin erhöht, erfolgt die Insulineinstellung, und Sie erlernen sich selbst zu spritzen. Nach der Geburt normalisieren sich die Blutzuckerwerte oft schlagartig, dennoch behalten Sie eine statistisch höhere Wahrscheinlichkeit in einer nächsten Schwangerschaft oder im Alter erneut Diabetes zu entwickeln. Was Sie vorbeugend tun können, ist für ausreichend Bewegung zu sorgen, regelmäßig Sport zu treiben und sich nicht zu kohlenhydratreich zu ernähren.

Symptome für diese Erkrankung können bei Ihnen sein: starkes Durstgefühl, häufiges Wasserlassen, Harnwegsinfekte, übermäßige Gewichtszunahme, starke Müdigkeit und Hautjucken, ein entsprechend der Schwangerschaftswoche zu groß gewachsenes Kind und meist (aber nicht zwangsläufig) Zucker im Urin. Auch treten Präeklampsie (Seite 115) und Schwangerschafts-Bluthochdruck (Seite 114) häufiger auf.

Die Wahrscheinlichkeit, diese Erkrankung zu entwickeln, ist höher, wenn Sie

- übergewichtig oder
- älter als 35 Jahre sind,
- bereits ein Baby über vier Kilogramm Gewicht zur Welt gebracht haben,
- in der Familie Diabetes Typ 2 vorkommt oder
- Sie bereits ein totes Baby geboren haben, ohne dass die Ursachen für den Tod herausgefunden wurden.

• Tiefe Venenthrombosen

Wenn ein Blutgerinnsel eine tiefe Vene vollständig oder teilweise verschließt, spricht man von einer tiefen Venenthrombose. Sie kommt zu 98 Prozent in Ober- oder Unterschenkel vor und ist mit der Gefahr einer Lungenembolie verbunden, wenn sich das Blutgerinnsel löst und in die Lunge gelangt. Während Schwangerschaft und Wochenbett besteht vor allem bei Krampfadern oder nach einem Kaiserschnitt ein insgesamt fünf- bis sechsfach höheres Risiko, eine Thrombose zu entwickeln. Symptome sind plötzlich auftretende stärkere und anhaltende Schmerzen und eine gespannte, druckempfindliche, manchmal rote Stelle im Ober- oder Unterschenkel oder der Leistengegend. Der geschwollene Bereich fühlt sich meist warm an.

Bei Verdacht auf diese Komplikation muss sofort eine Doppler-Sonographie (Seite 78) durchgeführt werden. Dies ist in Krankenhäusern und speziellen Arztpraxen möglich. Die sofortige Behandlung mit blutverdünnenden (Heparin) und anderen Medikamenten findet in der Regel zunächst in einer Klinik statt.

INFEKTIONEN IN DER SCHWANGERSCHAFT

• Gonorrhö

Gonorrhö wird durch die Gonokokken übertragen und ist ebenso wie Syphilis meldepflichtig. Die Übertragung erfolgt durch (ungeschützten) Sexualkontakt. Die Infektion verläuft oft ohne Symptome, kann aber auch nach einer Inkubationszeit von zwei bis sieben Tagen einen eitrigen Ausfluss an Schleim- oder Bindehautgewebe verursachen. Das Risiko für einen vorzeitigen Blasensprung mit Abort oder Frühgeburt erhöht sich. Die Übertragung auf das Kind erfolgt während der Geburt und kann zu Schäden im Augenbereich bis hin zur Erblindung führen.

Schutz vor der Neugeborenen-Gonorrhö

› Die Neugeborenen-Gonorrhö ist in Deutschland durch gezielte Schwangerenvorsorge und Prophylaxe unter der Geburt selten geworden. Da die Kinder nach einer möglichen Ansteckung relativ rasch erblinden können, wird heute immer noch nach jeder Geburt die Augenprophylaxe nach Credé (Seite 255) oder in Form von Antibiotikatropfen (Seite 255) angeboten. Sie können dies ablehnen, wenn Sie sich sicher sind, dass sich Ihr Kind bei der Geburt nicht mit Gonokokken infizieren konnte. Die größte Sicherheit darüber gibt Ihnen natürlich ein Vaginalabstrich gegen Ende der Schwangerschaft. Sprechen Sie mit Ihrem Frauenarzt oder Ihrer Hebamme über diese Möglichkeit.

• Hepatitis

Erkrankungen mit Hepatitis-Viren gehören weltweit zu den häufigsten Infektionen. Während eine vorgeburtliche Gefahr für das Baby durch Hepatitis A nur zum Ende der Schwangerschaft angenommen wird, besteht bei anderen Hepatitis-Typen eine Gefährdung auch im zweiten und dritten Trimenon der Schwangerschaft. Das Risiko kindlicher Erkrankung bei einer Infektion der Mutter liegt bei zirka 10 Prozent im zweiten Trimenon, aber bei bis zu 80 Prozent nahe der Geburt. Deswegen wird bei allen Schwangeren das Blut routinemäßig auf Hepatitis-Antigene untersucht (Seite 75). Besonders gefährlich ist der in Europa häufig vorkommende Hepatitisvirus vom Typ B, der meist über das Blut (Bluttransfusion, unzureichend gereinigte Nadel beim Drogenkonsum oder Tattoo-Farbeintrag) sowie beim Geschlechtsverkehr übertragen wird. Früher erworbene mütterliche Antikörper werden auch auf das Baby übertragen und reduzieren das Ansteckungsrisiko des Kindes.

• HIV – AIDS

AIDS ist das Vollbild der Erkrankung nach einer Infektion mit dem Human Immunodeficiency Virus (HIV). Sie ist von einer allgemeinen Immunschwäche, Infektionen und bösartigen Tumoren gekennzeichnet. Die Infektion erfolgt überwiegend durch ungeschützten Sexualkontakt und auf dem Blutweg. Der Erreger ist mit dem so genannten ELISA-Test in der Regel vier bis sieben Wochen nach Ansteckung nachweisbar. Die Erkrankung folgt einem phasenweisen Verlauf. Von der An-

Gesunde Schwangerschaft und Geburt trotz HIV

› Seit 1987 ist in den Mutterschafts-Richtlinien die Möglichkeit einer Blutabnahme zur HIV-Antikörper-Bestimmung in der Frühschwangerschaft gegeben. Der Test darf nur mit Ihrer Zustimmung durchgeführt werden. Wir glauben, dass es gute Gründe gibt, diesen am Beginn der Schwangerschaft wahrzunehmen. Bei über 50 Prozent der HIV-positiven Frauen erfolgte die Erstdiagnose in der Schwangerschaft. Es gibt bislang keine Hinweise, dass eine Schwangerschaft die Prognose der HIV-Infektion verschlechtert. Und es gibt viele Hinweise, dass eine optimale Betreuung HIV-positiver Frauen durch Schwangerschaft, Geburt und Wochenbett von entscheidender Bedeutung für Mutter und Kind ist. Der Nachweis einer Infektion führt – wenn möglich – zur Anbindung an Zentren, die Erfahrung in der Betreuung HIV-positiver Schwangerer haben, zu einem speziellen Vorsorgeplan und zur Dauereinnahme von Medikamenten. Die Geburt sollte auf jeden Fall als geplanter Kaiserschnitt stattfinden. Mit diesem Programm konnte die Übertragungsrate auf das Kind über die Jahre erfolgreich auf unter zwei Prozent gesenkt werden.

steckung bis zur Entwicklung einer Immunschwäche können viele Jahre liegen.
Eine HIV-Infektion der Mutter überträgt sich ohne medikamentöse vorbeugende Behandlung in der Schwangerschaft in 20 bis 50 Prozent der Fälle auf das Kind – dieses Risiko kann aber erheblich gesenkt werden (siehe Kasten). Vor der Geburt kann das Virus wahrscheinlich durch die Plazentaschranke auf den Feten übergehen. Bei der Geburt besteht das höchste Übertragungsrisiko durch mütterliches Genitalsekret und Blut. Nach der Geburt kann eine Übertragung durch die Muttermilch erfolgen. In Schwangerschaften HIV-positiver Frauen scheint es etwas häufiger zu vorzeitigen Wehen und einer Mangelentwicklung des Kindes sowie zu diversen Hauterscheinungen und Genitalinfektionen zu kommen. Bei den Zahlen sind sich bislang durchgeführte Studien allerdings nicht einig.

• Listeriose

Diese Erkrankung wird durch ein Stäbchenbakterium hervorgerufen, das in Tieren lebt. Nur für Schwangere und Neugeborene bedeutet diese Infektion eine wirkliche Gefahr, da Fehl- und Totgeburten sowie schwere Hirnhautentzündung und Blutvergiftung beim Kind hervorgerufen werden können. Bei Schwangeren gelten Blasen- und Nierenbeckenentzündungen sowie grippeähnliche Symptome als Hinweise auf eine Infektion. Der Erreger kann durch infizierte Rohmilchprodukte (Seite 65), unzureichend gewaschenen Salat oder nicht durcherhitztes Fleisch aufgenommen werden. Bei einem Verdacht auf Listeriose ist nur ein Erregernachweis aussagekräftig. Wenn eine Infektion vorliegt, kann sie mit Antibiotika gut behandelt werden.

• Lues (Syphilis)

Syphilis wird durch das Bakterium Treponema pallidum ausgelöst. Die Übertragung erfolgt insbesondere über (ungeschützten) Sexualkontakt. Die Infektion kann unerkannt vorhanden sein. Die Übertragung auf das Kind erfolgt entweder bei ungeschütztem Geschlechtsverkehr direkt oder nach dem fünften Schwangerschaftsmonat über die Plazenta. Die Gefahr einer Infektion des Kindes ist besonders

groß bei hoher Keimbesiedelung im zweiten Stadium der Erkrankung. Die Infektion kann Schädigungen an Haut, Skelett und dem zentralen Nervensystem verursachen und führt oft zu einer Fehl- oder Totgeburt. Die Kinder können aber auch ganz normal um den Termin herum geboren werden und zunächst ganz gesund erscheinen. Zwischen der zweiten und zwölften Lebenswoche – manchmal sogar später – treten dann die ersten Symptome einer angeborenen Syphilis auf. Eine antibiotische Therapie wird dann umgehend eingeleitet.
Zum Ausschluss dieser Infektion wird bei der ersten Vorsorgeuntersuchung routinemäßig der TPHA-Test durch geführt. Bei positivem Befund ist eine Behandlung mit Antibiotika in der Schwangerschaft möglich.

• Röteln (Rubella)

Erreger der Röteln ist ein Virus, das fast ausschließlich über die Luft übertragen wird. Eintrittspforten sind die Schleimhäute des Nasen-Rachen-Raumes. Die Inkubationszeit beträgt 16 bis 18 Tage. Die Krankheit beginnt plötzlich mit Fieber, vergrößerten Lymphknoten und einem kleinfleckigen Ausschlag (Exanthem). Eine akute Infektion kann besonders im ersten Trimenon zur Rötelnembryopathie, dem Gregg-Syndrom, führen. Hierzu zählen insbesondere Schäden an der Augenlinse, am Innenohr, Herzfehler und Mikrozephalie. Aber auch andere Schädigungen und Untergewicht sind möglich. Die Wahrscheinlichkeit einer Schädigung des Kindes nimmt mit den Schwangerschaftswochen ab, von 50 Prozent bis zur vierten Schwangerschaftswoche bis zu 10 Prozent bis zur 16. Schwangerschaftswoche. Später liegt sie deutlich unter 5 Prozent. Auch das Risiko einer schweren Schädigung nimmt im Verlauf der Schwangerschaft entsprechend ab. Rötelninfektionen hinterlassen eine lang anhaltende Immunität. Bei der ersten Blutuntersuchung in der Schwangerschaft wird daher die Rötelnimmunität bei Ihnen geprüft (Seite 73). Ohne sicheren Immunitätsnachweis müssen sich Schwangere von Infizierten unbedingt fernhalten. Dies gilt besonders im Verhältnis zu erkrankten Kindern.

Infektionen vorbeugen

› Um einer unbemerkten Streptokokken-Infektion vorzubeugen, werden entsprechend den Empfehlungen der Deutschen Gesellschaft für Perinatale Medizin und der Deutschen Gesellschaft für Gynäkologie und Geburtshilfe zwischen der 35. und 37. Schwangerschaftswoche Abstriche vorgenommen. Werden Streptokokken nachgewiesen, sollte während der Geburt eine Therapie mit einem Antibiotikum erfolgen.

• Streptokokken B

Streptokokken besiedeln bei rund einem Viertel aller Schwangeren meist ohne Symptome Vagina und Harnröhre. Eine Infektion des Babys kann bereits in der Gebärmutter erfolgen. Bei Frühgeborenen liegt das Ansteckungsrisiko besonders hoch. Aber nur rund zwei Prozent der reifen Neugeborenen stecken sich an. Die vorgeburtliche Übertragung von Streptokokken der Gruppe B ist eine der häufigsten Ursachen der so genannten Neugeborenen-Sepsis, die in vielen Fällen (20 bis 60 Prozent) den Tod des Babys verursacht. Überlebende behalten oft bleibende Schäden im Nervensystem zurück.

• Toxoplasmose

Toxoplasmose wird durch einen Erreger hervorgerufen, für den Katzen die wichtigsten

Wirtstiere sind. Die Übertragung auf den Menschen findet vor allem durch den Verzehr von ungenügend erhitztem Fleisch (Seite 64) statt. Der Erreger oder seine Wachstumsvorstufen können aber auch direkt über Kontakt mit Katzenkot aufgenommen werden. Das Katzenklo sollte daher auf keinen Fall von Ihnen selbst gereinigt werden, wenn Sie keine ausreichende Immunität besitzen.

Typisch für diese Infektion sind geschwollene Lymphknoten, Fieber und Kopfschmerzen. Diese allgemeinen Zeichen werden aber selten wahrgenommen. In Deutschland haben bereits 26 bis 54 Prozent aller Schwangeren die Infektion durchlebt und besitzen daher eine Immunität, die auch das Baby im Bauch schützt. Für Schwangere, die keine Antikörper im Blut haben, besteht die Möglichkeit einer Erstinfektion im Verlauf der Schwangerschaft. Ein Übergang des Erregers auf das Baby im ersten Trimenon ist selten (zirka 17 Prozent) und führt in der Regel zu einem spontanen Abort. Je später die Infektion während der Schwangerschaft auftritt, desto größer ist die Wahrscheinlichkeit einer Erkrankung des Kindes, wobei die Wahrscheinlichkeit bleibender Schäden sinkt. Kinder können dann unter einigen typischen Folgen der Infektion leiden (unter anderem auch unter geistiger Zurückgebliebenheit). Durch die Infektion erworbene Sehstörungen treten bei Kindern oft erst nach fünf bis zehn Jahren auf. Lassen Sie die Sehkraft Ihrer Kinder daher in regelmäßigen Abständen überprüfen.

Besteht ein begründeter Verdacht auf eine Erkrankung an Toxoplasmose, sollten Sie sich von einer Ärztin beraten lassen. Dann folgen Laboruntersuchungen und gegebenenfalls eine antibiotische Behandlung. Vor der Geburt kann durch eine Amniozentese (Seite 105), nach der Geburt durch eine Blutprobe aus der Nabelschnur überprüft werden, ob das Kind sich infiziert hat.

• Zytomegalie

Diese Infektion ist die häufigste virusbedingte Ursache von kindlichen Erkrankungen mit Spätschäden. Weltweit werden 0,3 bis 2,3 Prozent, in Deutschland 0,2 bis 0,3 Prozent aller Neugeborenen im Bauch der Mutter infiziert. Die Übertragung des Zytomegalievirus erfolgt durch Schmier-, Speichel- oder Tröpfcheninfektion, also auch durch sexuelle Begegnungen oder engen körperlichen Kontakt. Bei der mütterlichen Erstinfektion ist die Übertragungsrate auf das Baby im Bauch mit rund 40 Prozent relativ hoch.

Von den vorgeburtlich infizierten Neugeborenen weisen 10 Prozent bei der Geburt Symptome auf. Von diesen Kindern sterben rund 30 Prozent. Mehr als 90 Prozent der überlebenden Kinder weisen Spätfolgen auf. Es handelt sich also um eine von Schwangeren sehr ernst zu nehmende, wenn auch seltene Infektion. Leider verläuft sie meistens ganz ohne Symptome, selten können Halsschmerzen, Fieber, Gliederschmerzen und starke Müdigkeit auftreten, so dass sie meist übersehen wird.

Aufgrund der Vieldeutigkeit der Infektionsverläufe bei Schwangeren kann die Erkrankung nur durch eine Blutuntersuchung zweifelsfrei erwiesen werden. Wenn sich in der Frühschwangerschaft der Verdacht auf Zytomegalie bestätigt, wird jede Schwangere auf die Möglichkeit der fetalen Infektion aufmerksam gemacht werden. Bei positiven Virusbefunden im fetalen Blut und Fruchtwasser hat sich Ihr Kind infiziert. Ein Impfstoff ist derzeit nicht vorhanden, aber ein neues antivirales Medikament (Ganciclovir), das sich gerade in der Testphase befindet, kann den Babys hoffentlich bald bei der Infektion helfen. Das Risiko sich anzustecken kann gesenkt werden, wenn Sie sich nach jedem Kontakt mit dem Speichel oder Urin von kleinen Kindern die Hände gründlich waschen.

A-Z der Fachbegriffe zur Schwangerschaft

Abort
Fehlgeburt. Verlust eines Babys, das weniger als 500 Gramm wiegt und nicht lebensfähig ist. Zur Zeit vor der 24. Schwangerschaftswoche.

Abruptio
vorzeitige Ablösung der Plazenta von der Gebärmutterwand.

Alpha-Feto-Protein (AFP)
Eiweiß, das das Ungeborene in Magen-Darm-Trakt und Leber bildet. Es ist im mütterlichen Blut nachweisbar und wird zur vorgeburtlichen Diagnose verwendet (Kasten Seite 105).

Amniozentese
Verfahren der vorgeburtlichen Diagnostik. Dabei wird etwas Fruchtwasser aus der Fruchtblase entnommen und auf Krankheiten, genetische und chromosomale Veränderungen untersucht.

Ante partum, antepartal
Vor der Geburt.

antepartale Hämorrhagie
Blutung in der Schwangerschaft. Sollte immer ärztlich abgeklärt werden, da sie Anzeichen für schwere Komplikationen sein kann.

Anti-D-Prophylaxe
prophylaktische Injektion von Antikörpern, die Rhesus-negativen Frauen in der Schwangerschaft nach Eingriffen beziehungsweise nach der Geburt gegeben wird, wenn die Möglichkeit besteht, dass mütterliches und kindliches Blut in Kontakt gekommen sind (Seite 76).

Beckenendlage
auch Steißlage genannt, beschreibt die Lage des Babys im Becken, wenn es sich mit dem Popo oder Popo und Füßen nach unten ins Becken gesetzt hat.

Braxton-Hicks-Kontraktionen
um die 30. Schwangerschaftswoche beginnende Kontraktionen, die weder den Muttermund öffnen noch den Gebärmutterhals verkürzen. Benannt nach einem englischen Arzt.

Chorionzottenbiopsie
Methode der vorgeburtlichen Diagnostik. Dabei wird aus den kindlichen Anteilen der späteren Plazenta, den Chorionzotten, Gewebe entnommen und auf genetische und chromosomale Veränderungen untersucht.

Doppler-Ultraschall
Ultraschallmethode zur Blutflussmessung.

Ektopische Schwangerschaft
eine sich außerhalb der Gebärmutter entwickelnde Schwangerschaft.

Embryo
Bezeichnung für das Baby von der Zeugung bis zum Ende der zwölften Woche. In dieser Zeit bilden sich alle wichtigen Organe.

Fetale Nackentransparenz
auch Nackenfaltenmessung genannt. Dabei wird eine Gewebe-Flüssigkeitsansammlung unter der Nackenhaut des Babys mittels Ultraschall gemessen. Daraus ergeben sich Hinweise auf eine Chromosomenveränderung.

Fetus
Bezeichnung des Babys von der 13. Schwangerschaftswoche an bis zur Geburt.

Fundus
oberster Punkt der Gebärmutter. Erreicht seinen höchsten Stand um die 36. Schwangerschaftswoche. Wird bei jeder Vorsorgeuntersuchung gemessen und in den Mutterpass eingetragen.

Gravidität
Schwangerschaft

Hämoglobin (Hb)
Sauerstoff transportierender Bestandteil der roten Blutkörperchen.

Humanes Choriongonadotropin.
Hormon, mit dessen Hilfe Blut- und Urintests eine Schwangerschaft nachweisen können.

Kardiotokograph (CTG)
ein mit Ultraschallwellen arbeitendes Überwachungsgerät, das gleichzeitig kindliche Herztöne und Wehentätigkeit aufzeichnet.

Kindslage (KL)
sie beschreibt, wie das Baby in der Gebärmutter liegt.

Leibesumfang (LU)
der Umfang des Bauches in Höhe des Nabels, gemessen in Zentimetern.

Linea negra
dunkle Mittellinie auf dem Bauch, die in der zweiten Schwangerschaftshälfte entsteht und nach der Geburt langsam verblasst.

Ödem
Wassereinlagerung im Gewebe.

Plazenta praevia
Mutterkuchen, der über oder in der Nähe des inneren Muttermundes sitzt (Seite 76).

Präeklampsie
Schwangerschaftskomplikation, selten vor der 20. Woche, bei der Bluthochdruck, Eiweiß im Urin und in vielen Fällen auch Wassereinlagerungen im Gewebe zu finden sind.

Pränataldiagnostik
vorgeburtliche Diagnostik mit verschiedenen Verfahren, um nach Veränderungen der Chromosomen und des Erbguts zu forschen.

Schädellage (SL)
Baby liegt mit dem Köpfchen nach unten im Becken.

Symphysen-Fundus-Abstand (SFA)
der Abstand vom Schambein bis zum obersten Punkt der Gebärmutter in Zentimetern.

Sonographie
Ultraschall

SSW
Schwangerschaftswoche

Totgeburt
Geburt eines Babys nach der 24. Schwangerschaftswoche beziehungsweise mit einem Gewicht über 500 Gramm, das keine Lebenszeichen zeigt.

Trimenon
Schwangerschaftsdrittel, Einteilung in drei Teile; das erste Trimenon umfasst die ersten zwölf Schwangerschaftswochen, das zweite den Zeitraum von der 13. bis 27. Woche und das dritte die zwölf Wochen bis zur Geburt.

KAPITEL 2

Die Geburt

Geburten vollziehen sich bei uns fern vom alltäglichen Leben. Die meisten wissen nicht, wie man mit Wehen umgeht. In vielen anderen Kulturen sind junge Mädchen selbstverständlich bei Geburten dabei – und lernen so, was unterstützt und was hindert.

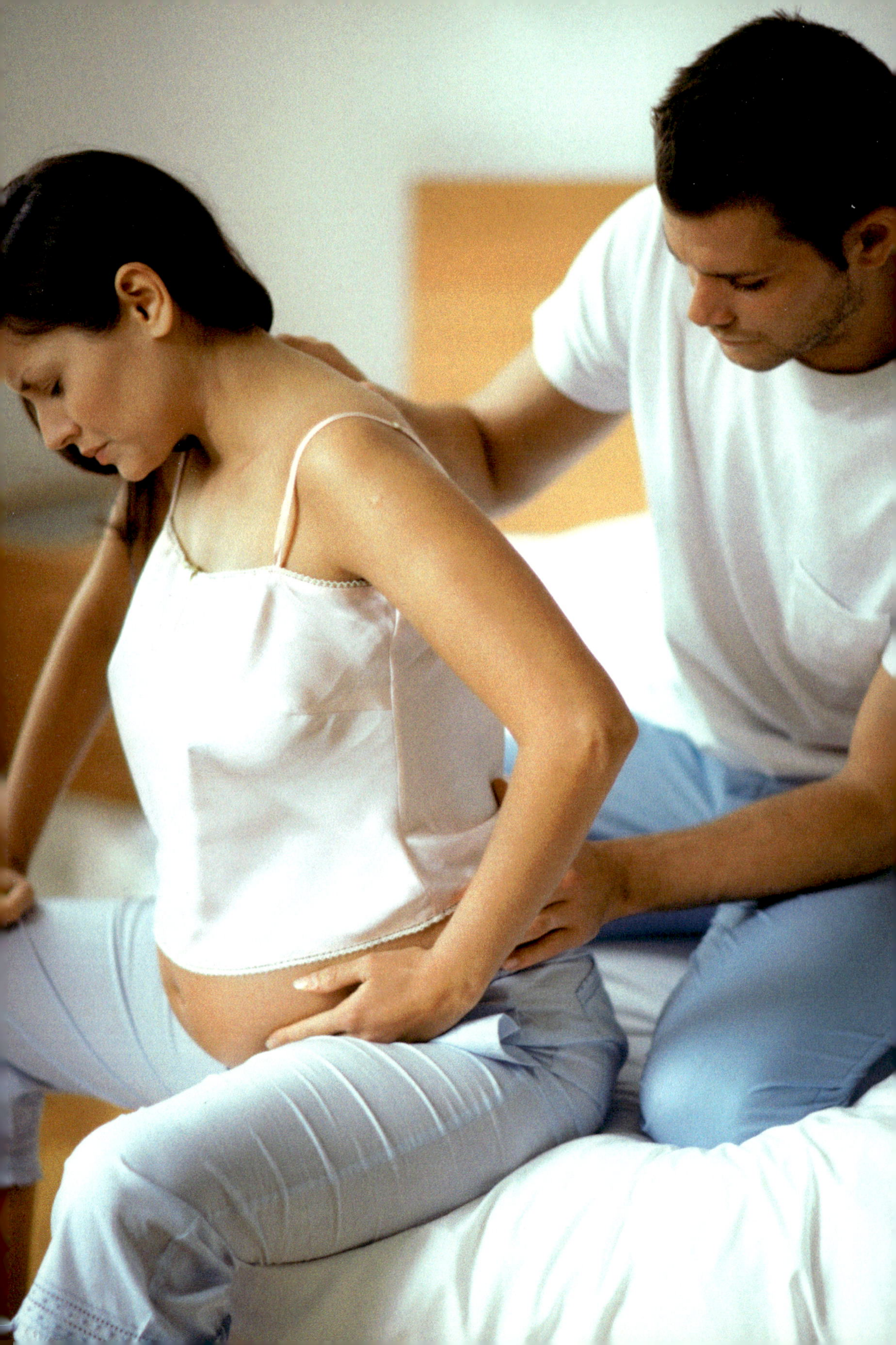

Ihr Baby macht sich auf den Weg

Die Geburt Ihres Babys wird ein einzigartiges Erlebnis für Sie und auch für Ihre Begleiter sein. Auch wenn Sie bestimmte Vorstellungen und Wünsche haben, kann niemand den Verlauf einer Geburt vorhersehen. Bleiben Sie flexibel!

Für die meisten Frauen ist die Geburt eine Reise ins Unbekannte. Es kann Ihnen helfen, bereits im Vorfeld so viele Informationen wie möglich zu sammeln. Auf jeden Fall aber ist es gut, wenn Sie Ihren Partner, eine Verwandte oder Freundin zur Seite haben, die Sie auf dieser Reise begleiten.

Wenn Sie sich eingehend mit dem Thema beschäftigt haben, entsteht im Laufe der Zeit wahrscheinlich ein Bild in Ihnen, wie Sie sich die Geburt Ihres Kindes wünschen. Es ist aber wichtig, dass Sie von dieser Vorstellung auch loslassen können, wenn die Situation und die medizinische Vernunft es erfordern.

Einige Schwangere wollen beispielsweise auf gar keinen Fall die Unterstützung von schmerzerleichternden Medikamenten in Anspruch nehmen. Andere können sich keine Kaiserschnittgeburt vorstellen. Falls so eine Situation doch notgedrungen eintritt, ist die Enttäuschung groß, und Sie haben vielleicht sogar das Gefühl „versagt" zu haben.

Auch wenn Sie noch so gut auf die Geburt vorbereitet sind, den „richtigen" Entbindungsort ausgesucht haben und eine hilfreiche Person Sie begleitet, liegt der Ablauf einer Geburt nicht in Ihrer Hand. Wir haben beide selbst erfahren, dass es ganz anders kommen kann, als wir es uns ausgemalt hatten. Die geplante zweite Hausgeburt endete in einer großen Universitätsklinik, und die geplante Entbindung im Geburtshaus wurde ganz plötzlich zum eiligen Kaiserschnitt mehrere Wochen vor dem Geburtstermin – immerhin am eigenen Kreißsaalarbeitsplatz. Vielleicht liegt es daran, dass wir Mütter manchmal bereits bei der Geburt etwas über Flexibilität und das Loslassen von vorgefassten Bildern und Plänen lernen müssen.

Sie sind nicht allein

Beim großen Abenteuer Geburt werden Ihnen außer Ihrer Begleitperson auch professionelle Helfer zur Seite stehen: Als Erstes eine Hebamme, die in Deutschland zu jeder Geburt hinzugezogen werden muss. Sie wird Sie mit all ihren Fähigkeiten und ihrem Wissen begleiten und Sie bei Wehenarbeit und Geburt unterstützen. Sie hilft Ihnen beim Atmen, wenn Sie Schwierigkeiten damit haben. Sie schlägt Ihnen verschiedene förderliche Geburtspositionen vor. Sie berät Sie, wenn Sie Hilfe bei der Schmerzbewältigung wünschen.

In der zweiten Phase der Geburt, der Austreibungsphase (Seite 151), wird sie die ganze Zeit bei Ihnen bleiben und Sie dabei unterstützen, Ihr Baby so sanft wie es eben möglich ist, auf die Welt zu schieben. Nachdem Ihr Baby geboren ist, betreut die Hebamme die Geburt der Plazenta (Seite 157) und hilft Ihnen beim ersten Anlegen an die Brust (Seite 211).

Wenn die Geburt ohne Komplikationen verlaufen ist, wird sie sich selbst um alles kümmern. Falls Sie oder Ihr Baby aber weitergehende Unterstützung benötigen, wird sie einen Arzt oder Kinderarzt hinzuziehen. In vielen Kliniken kann es aber auch die Regel sein, dass zu jeder Geburt automatisch eine Ärztin gerufen wird.

DIE ERSTEN ANZEICHEN DER NAHENDEN GEBURT

In den Tagen und Wochen vor der Geburt Ihres Babys kann Ihr Körper Signale aussenden, die darauf hindeuten, dass die Geburt sich gut vorbereitet. Vor allem bei ersten Babys können diese Signale bereits Wochen vor Beginn der Geburtswehen spürbar sein. Bei zweiten und weiteren Kindern treten diese Veränderungen häufig erst ein paar Tage vor der Geburt oder gleichzeitig mit dem Wehenbeginn auf.

Bei ersten Babys schiebt sich Köpfchen oder Po zwei bis vier Wochen vor der Geburt tiefer ins Becken. Dieser Vorgang wird von so genannten Senkwehen begleitet. Einige Frauen spüren kurze, 30 bis 40 Sekunden lange Kontraktionen, andere bemerken, dass das Sodbrennen aufhört und sie wieder größere Mahlzeiten zu sich nehmen können.

Hormonell bedingt werden die Gelenke und Bänder im Becken weicher und der Beckenboden entspannt sich. Dadurch entsteht ein Raum, in den sich Ihr Baby hineinschiebt. Es hat damit eine wunderbare Startposition gefunden. Beim Laufen und Spazieren kann sie allerdings etwas stören, weil das Köpfchen Ihres Babys einen unangenehmen Druck nach unten auslöst. Wahrscheinlich müssen Sie auch wieder häufiger zur Toilette, weil Harnblase und Enddarm durch diese Position noch weniger Platz im Bauchraum haben. Und auch Rückenschmerzen gehören leider zu den typischen Begleitern in dieser letzten Phase der Schwangerschaft.

Ab der 36. bis 38. Schwangerschaftswoche verändern sich Lage und Festigkeit des Gebärmutterhalses (Zervix). Während der Schwangerschaft war er ein drei bis vier Zentimeter langer Zapfen aus festem Gewebe, der sich nach hinten in Richtung Kreuzbein neigte. In Vorbereitung auf die Geburt wird das Gewebe lockerer und der Gebärmutterhals verkürzt sich. Die Gebärmutter richtet sich auf, und der Hals schiebt sich nach vorn. Bei einer vaginalen Untersuchung kann der Gebärmutterhals nun leichter getastet werden. Er fühlt sich flacher und weicher an. Beim Verkürzen des Gebärmutterhalses können sich der äußere und später der innere Muttermund öffnen.

Möglicherweise entdecken Sie einen Schleimpfropf in Ihrem Schlüpfer. Er sieht aus wie ein Pfropf aus Hühnereiweiß, der mit etwas Blut vermischt ist. Obwohl dies ein Zeichen dafür ist, dass der Muttermund sich langsam öffnet, heißt das nicht, dass die Geburt sofort losgeht.

Einige Frauen erledigen all diese „Vorarbeiten“ nach und nach und haben schon eine Menge geschafft, wenn die richtige Wehenarbeit beginnt. Andere warten damit bis zum Geburtsbeginn, und dann geht alles auf einmal.

Beim Warten auf die Wehen sollten Sie das

Wenn der Gebärmutterhals „verstrichen“ ist, kann die Geburt losgehen. Das Baby ist jetzt in Startposition.

rechte Maß zwischen fördernder Aktivität – wie Spaziergängen und anderen regelmäßigen Bewegungen – und notwendiger Erholung nicht aus den Augen verlieren. Sie könnten sonst völlig erschöpft sein, wenn es wirklich losgeht. Versuchen Sie sich in den letzten Tagen so gut es geht zu erholen, da Spannung und Müdigkeit den Geburtsbeginn bremsen und verzögern können. Sie sollten sich daher beim Ausdruck Ihrer Gefühle nicht zurückhalten. Es hilft Ihnen wirklich, wenn Sie mit Ihrem Partner oder einer Freundin über Ihre Ängste sprechen. Wenn Ihnen eher nach Weinen als nach Lachen zumute ist, lassen Sie auch das zu. So können Sie Ihre Spannungen abbauen. Wenn Sie zu wenig Schlaf bekommen und sich erschöpft fühlen, weil Sie keine bequeme Lage mehr finden, kann Ihnen vielleicht ein wohlriechendes Bad helfen. Das beruhigt und entspannt und lässt Sie leichter einschlafen.

WANN GEHT ES LOS?

Die Frage, wann die Geburt tatsächlich beginnt, bewegt jede Frau. Laut Lehrbuch gibt es drei verschiedene Möglichkeiten, die individuell natürlich variieren können:

- Wenn um den Entbindungstermin herum eine hellrote, regelstarke Blutung – die so genannte Zeichnungsblutung – auftritt, kann dies ein Hinweis dafür sein, dass der Muttermund sich öffnet. Der Muttermund ist gegen Ende der Schwangerschaft stark durchblutet. Die Kontraktionen der Gebärmutter üben einen kräftigen Druck auf das Gewebe aus, und die kleinen Gefäße darin können aufreißen und bluten. Auf diese Weise kündigt sich bei zehn Prozent der Frauen der Geburtsbeginn an. Wenn bei Ihnen diese Blutung auftritt, sollten Sie aber rasch Ihren Entbindungsort aufsuchen. Dort kann geklärt werden, ob es sich tatsächlich um die Zeichnungsblutung handelt oder ob es eine andere Ursache gibt, die gegebenenfalls behandelt werden muss.
- Wenn die Fruchtblase reißt oder platzt, wissen Sie auf jeden Fall, dass es losgeht. Reißen bedeutet, dass die Fruchtblase an irgendeinem Punkt in der Gebärmutter ein kleines Leck hat und das Fruchtwasser eher tröpfelnd aus Ihnen herausläuft. Platzen bedeutet dagegen, dass die Fruchtblase vor dem vorangehenden Teil des Babys (Kopf oder Po) einreißt und das Fruchtwasser dann schwallartig aus Ihnen herausplätschert.
- Die allermeisten Geburten (etwa 70 bis 80 Prozent) beginnen jedoch mit regelmäßigen Wehen, die in immer kürzeren Abständen kommen. Eine echte Wehe dauert 45 bis 60 Sekunden und ist so kräftig, dass sie Ihre ganze Konzentration benötigt und Ihre Atmung sich dabei unwillkürlich verändert.

DER VORZEITIGE BLASENSPRUNG

Die Fruchtblase platzt in den meisten Fällen zu irgendeinem Zeitpunkt während der Geburt. Aber bei 10 bis 15 Prozent der Frauen springt sie, bevor die Geburtswehen eingesetzt haben. Dies wird als vorzeitiger Blasensprung bezeichnet. Einige der von uns betreuten Schwangeren haben dabei ein ploppendes Geräusch wahrgenommen. Das Platzen der Fruchtblase bewirkt bei den meisten Frauen innerhalb von 24 Stunden die Ausschüttung von Prostaglandinen, die die Wehentätigkeit anregen und die Geburt einleiten.

Wenn Sie einen Blasensprung haben, wissen Sie: Jetzt beginnt die Geburt meines Kindes. Schreiben Sie die Uhrzeit des Blasensprungs und die Farbe des Fruchtwassers auf, weil Hebamme oder Arzt Sie danach fragen werden. Fruchtwasser ist normalerweise zum errechneten Geburtstermin klar oder leicht milchig. Es hat einen ganz dezent süßlichen Geruch oder riecht gar nicht. Es wird immer wieder nachproduziert, so dass Ihr Baby nicht im Trockenen liegt. Daher hört es bis zur Geburt auch nicht auf zu tropfen.

Der hohe Blasensprung

Bei einem so genannten hohen Blasensprung reißt die Fruchtblase an irgendeiner Stelle leicht ein und Fruchtwasser tröpfelt in Ihren Slip. Diese Art von Blasensprung ist nicht immer leicht zu unterscheiden von dem deutlich vermehrten, wässrigen Ausfluss am Ende der Schwangerschaft oder dem häufiger möglichen unwillkürlichen Urinabgang, wenn das Baby auf die Blase drückt.

Fruchtwasser und Käseschmiere

Es geht klares Fruchtwasser möglicherweise mit kleinen Käseschmiereflöckchen ab, die Ihr Baby etwa ab der 39. Woche ins Fruchtwasser abgibt. Hebamme oder Ärztin haben bei der letzten Vorsorge geprüft, wie tief das Köpfchen ins Becken eingetreten ist und ob Ihr Baby wie ein „Ei im Eierbecher“ den Ausgang nach unten abdichtet. Wenn das Köpfchen Ihres Babys fest im Becken ist, können Sie weiter herumlaufen. Bei dieser Variante des Blasensprungs ist es normal, dass bei Bewegungen, besonders beim Aufstehen aus einer sitzenden oder liegenden Position, ein kleiner Schwall Fruchtwasser abgeht. Informieren Sie auch hier die Hebamme oder Ihren Entbindungsort. Aber seien Sie geduldig, weil die Geburt erst weitergeht, wenn tatsächlich Wehen einsetzen. Wenn Sie keine Hausgeburt planen, können Sie den Weg in Klinik oder Geburtshaus mit Ihrem eigenen Auto oder mit einem Taxi zurücklegen.

Bei einem Blasensprung bitte auf Hygiene achten!

Da die Fruchtblase Ihr Baby vor Bakterien und anderen Erregern schützt, sind bei einem vorzeitigen Blasensprung einige Hygienemaßnahmen wichtig:

- Stecken Sie nichts in Ihre Vagina, wie zum Beispiel Tampons oder Watte!
- Untersuchen Sie sich nicht selbst vaginal.
- Baden Sie nicht! Um die Wehentätigkeit anzuregen, stellen Sie sich lieber unter eine warme Dusche.

Der schwallartige Blasensprung

Es gehen große Mengen an Fruchtwasser ab, und Sie wissen von der letzten vaginalen Untersuchung, dass der Kopf Ihres Babys noch frei beweglich über dem Becken liegt. Begeben Sie sich – egal wo Sie sind – sofort in die Horizontale. Falls Sie allein sind, krabbeln Sie notfalls auf allen vieren zum Telefon und informieren Ihre Hebamme. Sie wird bei einem Hausbesuch überprüfen, ob durch den Blasensprung das Köpfchen ins Becken gerutscht ist und wie die Herztöne des Babys klingen. Wenn alles in Ordnung ist, können Sie wieder unbesorgt herumlaufen.

Wenn Sie in der Klinik entbinden wollen, rufen Sie sofort einen Krankentransport. Am besten ist es natürlich, wenn Sie in so einer Situation nicht allein sind und jemand anderes für Sie Hilfe organisieren kann. Sie müssen auf jeden Fall liegend in die Klinik befördert werden. Dort angekommen, werden die Herztöne Ihres Kindes kontrolliert und der Höhenstand des Babys im Becken untersucht.

Diese Sicherheitsmaßnahmen müssen Sie unbedingt befolgen, weil das recht geringe Risiko besteht, dass die Nabelschnur durch den

HEBAMMENTIPP

Wenn Sie sich nicht sicher sind, ob die Fruchtblase wirklich gesprungen ist, gibt es einige Tricks, wie Sie sich Gewissheit verschaffen können.

› Legen Sie eine große Binde in Ihren Schlüpfer und prüfen Sie nach ein bis zwei Stunden, ob die Binde durchtränkt ist. Eine große Binde, die ganz feucht ist, nimmt etwa 50 Milliliter auf. Dies spricht eher für einen Blasensprung als für Urinabgang oder Ausfluss. Prüfen Sie die Farbe der Flüssigkeit: klar für Fruchtwasser, gelblich für Urin. Riechen Sie an der Binde: Urin hat in dieser Menge immer einen Geruch, während Fruchtwasser entweder gar nicht oder leicht süßlich riecht. Wenn weiterhin Unsicherheit besteht, lassen Sie die Ursache lieber durch Ihre Hebamme oder in der Klinik abklären.

› Besorgen Sie sich in der Apotheke rotes Lackmuspapier oder bitten Sie Ihre Hebamme um einige Streifen. Fruchtwasser verfärbt den Streifen blau. Wenn Sie weiterhin unsicher sind, legen Sie einige Streifen in eine Slipeinlage oder Binde und laufen damit eine Stunde lang herum. Wenn der Streifen deutlich blau wird, sollten Sie die Klinik oder Ihre Hebamme informieren.

Fruchtwasserabgang vor oder neben das Köpfchen des Kindes gespült wird. Dabei kann die Nabelschnur zwischen Köpfchen und Beckenknochen eingequetscht werden. Der Blutfluss durch die Nabelschnur wird dadurch beeinträchtigt oder sogar unterbrochen. Die Gefahr einer ernsten Sauerstoffunterversorgung Ihres Babys entsteht. Glücklicherweise geschieht das sehr selten.

Grünes Fruchtwasser

Wenn grünliches bis dunkelgrünes Fruchtwasser abgeht, weist dies auf einen früheren oder aktuellen Sauerstoffmangel des Babys hin. Wenn das der Fall ist, sorgt das Rettungssystem in Ihrem Baby dafür, dass die wichtigen Organe wie das Gehirn weiterhin optimal versorgt werden. Die momentan nicht lebensnotwendigen Organe erhalten dafür aber kurzfristig weniger Sauerstoff. Dazu gehört auch der Darm. Durch einen kurzfristigen Sauerstoffmangel werden Darmbewegungen ausgelöst, die den ersten Stuhlgang des Babys, das „Kindspech" ins Fruchtwasser drücken. Sie sollten nun auf dem schnellsten Weg die Herztöne Ihres Babys kontrollieren lassen, um sicher zu gehen, dass Ihr Baby nicht in Gefahr ist.

Wir haben diese Ausgangssituation recht oft erlebt, ohne dass das Baby wirkliche Probleme im weiteren Geburtsverlauf hatte. Vielleicht halten sich manche der kleinen Menschen nur zu lang an ihrer Nabelschnur fest?! Oft kann keine Ursache gefunden werden. Aber grünes Fruchtwasser bedeutet immer, dass eine häufigere Überwachung der Herztöne Ihres Babys angebracht ist. Nach der Geburt des Köpfchens werden aus dem Mund- und Nasenraum aller Schleim und das Fruchtwasser abgesaugt. Damit wird verhindert, dass die Lungenbläschen mit Kindspech verstopfen und Atemnot auslösen. Wenn Sie eine Hausgeburt oder eine Geburt in einer anderen außerklinischen Einrichtung ohne Ärzte geplant haben, wird Ihre Hebamme Sie beim Abgang von grünem Fruchtwasser in eine Klinik mit ärztlicher Versorgung verlegen – ausgenommen die Geburt steht kurz bevor.

Wenn keine Wehen einsetzen

Wenn nach all diesen Varianten des vorzeitigen Blasensprungs die Wehen nach einer gewissen Zeit nicht von allein einsetzen, wird die Geburt künstlich eingeleitet. Damit wird verhindert, dass Sie oder Ihr Baby eine Infektion entwickeln. Die Zeitspanne, die vor dem Einsatz medizinischer Maßnahmen abgewartet wird, variiert in deutschen Kliniken zwischen 2 und 48 Stunden, beträgt in der Regel aber 12 bis 18 Stunden. Wenn Sie eine Haus- oder Geburtshausgeburt geplant haben, sind Sie in einer Klinik wahrscheinlich besser aufgehoben, wenn nach spätestens 24 Stunden keine Wehen eingesetzt haben.

Bei einem vorzeitigen Blasensprung wird Ihr Blut regelmäßig (alle sechs bis acht Stunden) auf Anzeichen einer Infektion untersucht, die Temperatur gemessen und ab einem bestimmten Zeitpunkt vorbeugend mit einer Antibiotikatherapie begonnen.

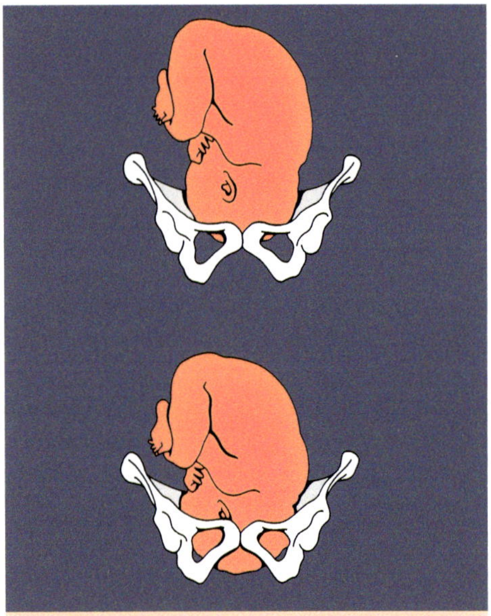

Das Köpfchen muss im Becken wie ein „Ei im Eierbecher" sitzen, damit beim vorzeitigen Blasensprung keine Gefahr droht.

DIE WEHEN SETZEN EIN

Der Grund für das Einsetzen der Wehen ist immer noch unklar und konnte bisher nicht entschlüsselt werden. Die am weitesten verbreitete Theorie ist, dass Ihr Baby Substanzen produziert, die eine Veränderung der Schwangerschaftshormone zur Folge haben. Ausgelöst wird dieser Prozess vermutlich, wenn das Baby von der alternden Plazenta nicht mehr so optimal versorgt wird. Eine andere Theorie geht davon aus, dass der Körper zum Ende der Schwangerschaft auf wehenauslösende Hormone sensibler reagiert als sonst.

Unsere Arbeitserfahrungen in anderen Kulturen haben uns gelehrt, den Geburtsbeginn nicht allein als biochemischen Prozess zu sehen, sondern als einen Ablauf von vielen ineinander greifenden Wirkungsmechanismen zu verstehen. In Indien zum Beispiel besteht überhaupt kein Zweifel daran, dass jeder Mensch sich seinen richtigen Geburtszeitpunkt bei einer bestimmten Planetenkonstellation aussucht und damit einen Lebensweg beschreitet, der in seinen Lebensbahnen vorbestimmt ist.

Aber all diese Ursachenforschung zum Geburtsbeginn und die Diskussionen in der Fachwelt helfen Ihnen nicht bei der Beantwortung der allzu verständlichen Frage: „Woran erkenne ich, dass es losgeht?"

Wie fühlen sich Wehen an?

Wehen machen den Bauch hart, eng oder fest. Dieses Härterwerden der Gebärmutter kann von außen getastet werden. Häufig wird es begleitet von einem Ziehen und auch Dehnen nach unten, besonders wenn die Wehen den Gebärmutterhals verkürzen oder den Muttermund öffnen. Wieder andere vergleichen

Wehen mit Menstruationsschmerzen, die stärker werden, wenn die Geburt weiter voranschreitet. Viele Frauen spüren Rückenschmerzen und ein Ziehen in der Leistengegend. Das kommt daher, dass die großen Haltebänder der Gebärmutter bei jeder Wehe unter Zug geraten und die „Aufhängungen" in die Kreuzbein- und Leistengegend führen. Aber egal wie unterschiedlich jede Schwangere ihre Wehen erlebt: Alle haben ein ähnliches Muster. Wehen sind mit ihrem Beginn als eine Spannung zu spüren, die langsam ansteigt, einen Höhepunkt hat und dann langsam wieder nachlässt. Oft hören wir die Aussage: „Die nächste Wehe kommt", und sehen, wie die Frau eine für sie angenehme Position einnimmt, bevor sie die Wehe mit ihrer ganzen Konzentration beatmen muss. Anfang und Nachlassen sind eindeutig zu spüren, und es gibt immer eine Pause, bevor die nächste beginnt. Dass es immer eine Pause gibt, sollten Sie sich bewusst als „Mantra" für anstrengende Phasen merken.

HEBAMMENTIPP

So können Sie echte Wehen von Übungswehen unterscheiden:

ÜBUNGSWEHEN

- Die Wehen kommen unregelmäßig – zuerst alle drei Minuten, danach alle fünf bis zehn Minuten.
- Die Wehen erfordern keine Unterbrechung der aktuellen Tätigkeit, und die Atmung verändert sich nicht.
- Die Wehen nehmen nicht an Intensität zu.
- Bei Aktivitäts- und Positionswechsel lassen die Wehen nach.
- Die Wehen werden nicht von Schleimabgang oder leichter Zeichnungsblutung begleitet.
- Es lassen sich keine Veränderungen am vaginalen Befund, wie eine Verkürzung des Gebärmutterhalses und eine Öffnung des Muttermundes, feststellen.

ECHTE WEHENARBEIT

- Die Wehen kommen nach einem regelmäßigen Muster, zum Beispiel alle sechs Minuten.
- Die Wehen brauchen Ihre ganze Konzentration und eine andere Atmung.
- Die Stärke der Wehen nimmt im Lauf der Zeit immer mehr zu.
- Die Intensität der Wehen ändert sich nicht, egal ob Sie laufen oder ausruhen.
- Die Wehen werden begleitet von Schleimabgang und leichter Blutung (muss nicht unbedingt sein, wenn die anderen Punkte zutreffen).
- Der Gebärmutterhals verkürzt sich und der Muttermund öffnet sich.

Was passiert bei einer Wehe?

Ihre Gebärmutter ist am Ende der Schwangerschaft der größte Muskel in Ihrem Körper. Bei den Geburtswehen ziehen sich die Muskelfasern zusammen und werden dabei dicker und härter. Wenn die Kontraktion nachlässt, gehen die Fasern nahezu zurück in ihren entspannten Ausgangszustand. Aber eben nur nahezu, denn die Fasern bleiben ein bisschen kürzer als vorher und ziehen so den Gebärmutterhals hoch und öffnen den Muttermund. Mit jeder Ihrer Wehen schaffen Sie es also, dass das Gewebe ein wenig weiter und lockerer wird, das Ihr Baby so viele Wochen gehalten hat. Meistens, aber nicht immer, beginnen die Wehen als leichter Zug und Schmerz in längeren Abständen, um dann im späteren Verlauf länger, stärker und immer häufiger zu kommen – zum Beispiel alle zwei Minuten.

Wie intensiv sind Wehen?

Die Wehen können mit leichten Kontraktionen, die 30 bis 45 Sekunden anhalten, alle 15 bis 20 Minuten beginnen. Das ist ein Wehenbeginn im „Ersten Gang" wie wir es angelehnt an die Autotechnik bezeichnen. Während dieser Wehen können Sie meist noch laufen, sich unterhalten oder sogar noch arbeiten. Der „Zweite Gang" sind dann Kontraktionen über 45 bis 55 Sekunden, die alle acht bis zehn Minuten kommen und schon viel von Ihrer Konzentration benötigen. Bei einem „Dritten Gang" treten die Kontraktionen über 55 bis 65 Sekunden alle fünf Minuten auf und erfordern eine deutlich veränderte Atmung. Die Wehen fordern Ihre ganze Aufmerksamkeit, und Sie werden nebenher meist nichts anderes mehr tun können. Der Start aus dem „Vierten Gang" ist recht anstrengend. Die Kontraktionen kommen alle zwei bis drei Minuten über 60 bis 70 Sekunden. Sie sollten in diesem Fall rasch Ihren Entbindungsort aufsuchen.

Wie alles in der Geburtshilfe, können auch diese Muster variieren. Eine große Offenheit in der Beobachtung ist daher wichtigstes Gebot. Einige typische Varianten können sein:

- Ihre Wehen kommen und gehen. Sie waren sich gerade sicher, dass die Geburt begonnen hat, und schon sind die Wehen für Stunden völlig weg.
- Sie haben viele leichtere Kontraktionen, die Sie nicht zur Ruhe kommen lassen, aber den Muttermund nicht öffnen.
- Mitten in der Nacht werden Sie von häufig aufeinander folgenden, starken Wehen geweckt und haben die Anfangsphase mit Ihren leichten Wehen verschlafen. (Das passiert sehr selten!)
- Sie haben bereits Wehen im Dritten Gang, lassen sich in die Klinik fahren, und beim Betreten des Kreißsaals haben Sie zu Ihrer eigenen Verwunderung scheinbar in den Ersten Gang geschaltet.

Ein warmes Bad als Wehentest

Haben die Wehen eingesetzt? So können Sie sich Klarheit verschaffen, wenn Sie unsicher sind:

- Baden Sie für 15 bis 20 Minuten bei 38 bis 39 Grad und beobachten Sie, ob die Wehen zunehmen oder ganz nachlassen. Wenn ein genügend hoher Wehenhormonspiegel in Ihrem Blut ist, wird der Kreislauf im warmen Wasser angeregt, die Wehen nehmen zu und Sie wissen, dass es losgeht. Falls Ihre Kontraktionen im warmen Wasser aber nachlassen sollten, ist noch kein ausreichend hoher Hormonspiegel erreicht und Sie müssen noch ein wenig warten.

Die Wehen veratmen

Jede und jeder von uns verändert die Atmung entsprechend seines Tuns. Wenn wir als Ungeübte einen Wettlauf mit unserem davongelaufenen Hund absolvieren, wird unsere Atmung ein anderes Muster brauchen als bei der Zeitungslektüre am Frühstückstisch. Wehen sind die Arbeit des großen Gebärmuttermuskels. Und dafür braucht Ihr Körper viel Sauerstoff! Deswegen gilt:

- Halten Sie nicht die Luft an.
- Atmen Sie durch die Nase ein und durch den Mund aus, sonst kann der Mund zu trocken werden.
- Finden Sie Töne beim Ausatmen. Sagen Sie zum Beispiel „A“ oder „O“. Öffnen Sie Ihren Mund dabei weit. Dadurch lösen sich Verkrampfungen, und Sie können besser entspannen.
- Begrüßen und verabschieden Sie jede Wehe mit einem Atemzug tief in den Bauch, um den vermehrten Sauerstoffbedarf zu decken. Wenn Sie beim Ansteigen oder auf dem Höhepunkt der Wehe häufiger und flacher atmen, ist das in Ordnung. Der „Rahmen“ für eine Wehe kann Ihnen helfen, das Ende der Arbeit und den Anfang der Pause und Entspannungszeit zu markieren.

WANN MUSS ICH LOS?

Wenn Sie sich wohl fühlen, Ihre Wehen gut auszuhalten sind und Sie die Bewegungen Ihres Babys wahrnehmen, müssen Sie noch nicht sofort an Ihren Entbindungsort fahren. Oft ist es besser, wenn Sie die Anfangszeit, die oft viele Stunden dauert, in vertrauter Umgebung verbringen können.

Sie können sich zunächst telefonisch mit Ihrer Hebamme in Verbindung setzen. Wenn Sie unsicher sind, bitten Sie sie zu kommen. Oder Sie fahren mit Ihrem Partner zu einer Untersuchung in die Klinik. Wenn festgestellt wird, dass der Muttermund sich erst wenig geöffnet hat und die Geburt noch nicht sehr weit fortgeschritten ist, können Sie meist wieder nach Hause fahren.

In der Klinik sind Hebammen rund um die Uhr im Schichtdienst eingesetzt, und es kommt alle acht bis zwölf Stunden eine neue Kollegin. Sie wird Ihre Fragen gerne beantworten und für Sie da sein, auch wenn es sich um einen „Fehlalarm“ handelt. Insbesondere wenn Sie sich Sorgen machen oder Angst haben, ist es wichtig, dass ein Profi mit Ihnen gemeinsam überprüft, ob alles normal abläuft.

Aber natürlich sollten auch noch andere

HEBAMMENTIPP

Keine Atemtechniken!

- Das Einüben bestimmter Atemtechniken, nur um mit den Wehen besser umgehen zu können, ist passé. Sie müssen sich nicht intensiver um Techniken oder Anleitungen zur Wehenatmung kümmern, da alle Regeln besonders bei langen Geburten zu anstrengend und erschöpfend sind. Die vor gar nicht allzu langer Zeit propagierten Atem- und Hechelkurse sind in Untersuchungen als ineffektiv bewertet worden. Sie haben – wie etwa die Lamaze-Methode – für so manche Verwirrung in der Praxis gesorgt, da für jede Phase der Geburt eine andere Atmung eintrainiert wurde und diese dogmatisch mit Stoppuhr und Protokoll eingehalten werden sollte. Uns hatte es schon vor Jahren nachdenklich gestimmt, dass fast alle diese Atemtechniken für Frauen während der Geburt von unseren männlichen Kollegen stammten.

Wann sollten Sie sich langsam auf den Weg machen?

- Wenn Sie bereits über eine Stunde lang effektive Wehen verspüren, die alle fünf bis sechs Minuten wiederkehren. Wehen sind effektiv, wenn sie eine Öffnung des Muttermundes bewirken. Dazu müssen sie in der Regel 50 bis 60 Sekunden anhalten und eine ziemliche Intensität aufweisen.
- Die Wehen haben eine solche Stärke erreicht, dass Sie beim Reden innehalten müssen und sich Ihre Atmung unwillkürlich verändert.
- Wenn die Fruchtblase auf dem Höhepunkt einer Wehe platzt, sollten Sie sich unverzüglich auf den Weg machen.
- Wenn Sie bereits ein Kind vaginal geboren haben, denken Sie daran, dass eine zweite Geburt im Durchschnitt nur die Hälfte der Zeit Ihrer ersten Geburt benötigt. Rufen Sie die Betreuungsperson für Ihr Kind oder Ihre Kinder frühzeitig an, um beruhigt losfahren zu können.
- Fahren Sie immer in die Klinik, wenn Ihnen danach ist.

Faktoren eine Rolle bei der Entscheidung, wann es Zeit ist zum Losfahren, spielen:
- Wie lange dauert die Fahrt zum Entbindungsort zu dieser Tageszeit?
- Wie fühle ich mich bei der Vorstellung, den Weg allein mit dem Auto zu fahren? Lassen Sie sich fahren oder nehmen Sie besser ein Taxi.
- Wenn schon Kinder zu Hause sind: Wo kann ich meine Wehen besser beatmen und loslassen, unter Beobachtung der Rasselbande oder in der Klinik?

Vor dem Losfahren können Sie noch einige nützliche Utensilien in Ihre Geburtstasche packen. Denken Sie an:
- Ihren Fotoapparat,
- alle Medikamente, die Sie immer nehmen müssen,
- eine Auswahl an CDs oder MCs, die Sie gern hören,
- eine Liste aller Menschen, die Sie nach der Geburt informieren wollen,
- Münzen für das Telefon in der Klinik, denn die Benutzung von Mobiltelefonen ist nur außerhalb des Gebäudes erlaubt,
- Getränke und Snacks für sich und Ihre Begleiter.

AM GEBURTSORT

Wenn Sie an Ihrem Entbindungsort angekommen sind, kann es sein, dass die bisher kräftigen und regelmäßigen Wehen deutlich nachlassen oder erst einmal ganz verschwinden. Die Ursache für diese typische Reaktion Ihres Körpers kann die neue Situation sein: Sie müssen erst einmal Fragen beantworten, vielleicht Urin abgeben und untersucht werden. Wir beobachten dieses Phänomen bei jeder dritten Schwangeren und wissen, dass die Wehen in der Regel nach einem Spaziergang oder dem Sicheinfinden an Ihrem Entbindungsort, dem Sichzuhausefühlen wieder regelmäßig kommen. Falls sie nicht wieder beginnen, was auch vorkommen kann, hat dieser „Probelauf“ Ihnen vielleicht schon die Sicherheit vermittelt, dass Sie nicht allein gelassen werden, wenn es tatsächlich losgeht. Sie dürfen dann beruhigt wieder nach Hause fahren.

Aufnahme

Die Aufnahmeprozeduren sind in Kliniken, Praxen und Geburtshäusern nicht immer gleich. Aber immer wird eine Hebamme Ihre erste Ansprechpartnerin sein.

Bei heftigen Wehen, einer regelstarken Blutung oder grünem Fruchtwasser wird die Hebamme Sie sofort in den Kreißsaal führen. Dort wird sie eine CTG-Kontrolle zur Überprüfung der Herztöne Ihres Babys vornehmen. Wenn Ihre Wehen aber noch nicht so stark sind und nicht viele Schwangere im Kreißsaal auf die Hebamme warten, wird sie mit Ihnen über Ihre Wünsche und Vorstellungen zur Geburt sprechen, bevor sie mit den Aufnahmeuntersuchungen beginnt.

Während Sie am CTG liegen oder sitzen, werden Temperatur, Puls und Blutdruck gemessen. Anschließend wird bei einer vaginalen Untersuchung Weite und Beschaffenheit des Muttermundes ertastet, um zu beurteilen, in welcher Höhe und wie sich das Köpfchen des Babys im Becken befindet. Wenn Ihr Muttermund etwas geöffnet ist, kann anhand der Schädelknochen des Babys gefühlt werden, wie es sich ins Becken gelegt hat. Anders als bei uns Erwachsenen sind die Schädelknochen beim Baby noch nicht zusammengewachsen. Das hat unter anderem den wundervollen Effekt, dass sich die Schädelnähte bei der Geburt übereinander schieben können, wenn der Platz für das Baby beziehungsweise das Köpfchen im Becken sehr eng ist.

Wenn Sie so weit mit der Geburt des Babys fortgeschritten sind, dass ein Spaziergang auf dem Gelände des Entbindungsortes nicht mehr guten Gewissens empfohlen werden kann, kommt die Bitte an Ihren Begleiter oder Ihre Begleiterin, Sie bei der Verwaltungsabteilung der Klinik anzumelden.

In vielen Kliniken ist es auch bei normalen komplikationslosen Geburten immer noch Routine, eine Verweilkanüle in eine Ihrer Armvenen zu legen. Eventuell notwendige Medikamente können während oder nach der Geburt dann schnell verabreicht werden. Eine gut liegende Kanüle schränkt Ihre Bewegungsfreiheit nicht ein und schmerzt auch nicht. Die in den meisten Kliniken früher zum Aufnahmeritual gehörenden Einläufe zur Darmentleerung und die Rasur der Schamhaare auch im Dammbereich sind abgeschafft.

Ein Einlauf mit klarem Wasser kann vielleicht für Sie angenehm sei, wenn Sie sich verstopft fühlen. Er bringt ansonsten keinerlei Vorteile. Es ist durchaus üblich, dass durch das Drücken von Köpfchen oder Po auf Ihren Enddarm Stuhlgang unkontrolliert herausgedrückt wird. Der ist von den Hebammen allerdings in fester Form leicht zu entfernen. Seien Sie unbesorgt: Alle Beteiligten werden bei der Geburt auf Sie und Ihr Baby achten. Niemand wird anderen körperlichen Ausscheidungen in dieser Situation Aufmerksamkeit schenken!

Mehr Zeit für Betreuung bei der Hausgeburt

- Da Sie bei einer Hausgeburt die einzige zu betreuende Schwangere für Ihre Hebamme sind, wird sie weniger technische Hilfsmittel einsetzen, um über Ihr Befinden und das Ihres Babys informiert zu sein. Viele der Überwachungsgeräte mit ihren Dokumentationsmöglichkeiten sind vor allem notwendig, weil in den meisten Krankenhäusern die Betreuung einer Gebärenden durch eine Hebamme im Verhältnis eins zu eins nicht möglich ist. Stattdessen müssen sich Hebammen in Kliniken oft um mehrere Frauen und Aufgaben kümmern und wechseln nach einer Arbeitsschicht.

Vaginale Geburten

DIE ERÖFFNUNGSPHASE

Die Eröffnungsphase ist die erste und längste Phase der Geburt. In dieser Zeit wird der Gebärmutterhals mithilfe von Wehen flacher und wandert nach vorn. Der Muttermund öffnet sich so weit, dass das Köpfchen beziehungsweise der Po Ihres Babys durch die Gebärmutter in den Geburtskanal geschoben werden kann. Durch eine vaginale Untersuchung wird festgestellt, wie weit der Muttermund sich schon geöffnet hat. Wenn jemand von einem vollständig eröffneten Muttermund spricht, ist damit eine Öffnung von etwa zehn Zentimetern gemeint. Wie lange es bis zu diesem Zeitpunkt dauert, ist individuell sehr unterschiedlich. Durchschnittlich erfordern erste Babys 14 Stunden und zweite Kinder immer noch 8 Stunden Wehenarbeit. 90 Prozent dieser Zeiten werden der Eröffnungsphase zugerechnet. Das sind aber nur Durchschnittswerte.

Lange Eröffnungsphase

Es gibt Geburtsverläufe, bei denen diese erste Phase sehr langsam voranschreitet. Ein Grund kann sein, dass Ihr Baby sich noch nicht in die optimale Lage begeben hat. Die beste Position erreichen Babys, wenn sie ihr Köpfchen beugen, sodass das Kinn Richtung Brust geneigt ist. Muttermund und Geburtskanal müssen sich dann nicht so weit aufdehnen, da der Kopfumfang geringer ist als bei „erhobenem Haupt". Diese Haltung macht immerhin zwei bis drei Zentimeter Unterschied! Um sich dem Beckenraum anzupassen, sollte Ihr Baby sich zu Ihrer Seite schauend ins Becken legen, weil der Beckeneingangsraum queroval ist. Wenn die Geburt weiter voranschreitet und Ihr Baby tiefer in Richtung Beckenmitte geschoben wird, ist eine Drehung des Köpfchens hilfreich, bei der Ihr Baby dann in Richtung Rücken schaut. Weil Ihre Beckenmitte eine eher runde Form hat, passt sich das Baby mit einer Schraubbewegung optimal dem vorgegebenen Platz an.

Vielleicht sind Ihre Wehen aber auch noch nicht stark genug, um den Muttermund zu öffnen. In diesem Fall wird Ihnen Ihre Hebamme einige bewährte Methoden anbieten, um die Wehen anzukurbeln. Als „alter Trick" wird zu einem Einlauf und warmen Bad geraten. Das Anregen der Darmperistaltik bewirkt eine äußere Massage der Gebärmutter. Das warme Wasser danach lässt die Hormone rascher zir-

HEBAMMENTIPP

Die Schwerkraft hilft mit!

- Versuchen Sie Ihre Position häufig zu verändern, viel zu stehen oder breitbeinig auf einem Stuhl oder der Toilette zu sitzen, wenn Sie müde sein sollten. Auch ein Kreisen des Beckens wie beim Bauchtanz ist hilfreich, um Ihrem Baby den „richtigen" Weg zu zeigen.
- Es kann auch sein, dass Ihre Hebamme Sie nach einer vaginalen Untersuchung bittet, für eine Zeit lang eine bestimmte Position einzunehmen, wenn das Köpfchen nicht optimal liegt. Dies kann eine Seitenlagerung oder der Vierfüßlerstand sein.

kulieren. Die Wehen können sich dadurch verstärken. Darüber hinaus können persönlich auf Sie zugeschnittene homöopathische Medikamente, Massagen oder auch Akupunktur die Wehen stärker und effektiver werden lassen. Wenn diese Methoden nicht fruchten, können die Wehen über eine Infusion in Ihrer Vene mit synthetisch hergestellten Wehenhormonen (der so genannte „Wehentropf") gefördert werden. Diese intravenöse Medikamentengabe muss immer durch eine Ärztin angeordnet werden und wird daher eher in Kliniken oder bei Praxisgeburten zum Einsatz kommen.
Manchmal ist auch das Gewebe des Gebärmutterhalses noch sehr fest und der Muttermund kaum geöffnet. Wenn dieser Befund zu Geburtsbeginn auf Sie zutrifft, stellen Sie sich darauf ein, dass Ihr Baby etwas längere Zeit brauchen wird, um das Gewebe mit seinem Köpfchen aufzudehnen. Unterstützen können Sie es, indem Sie sich viel aufrecht halten oder breitbeinig auf einem Stuhl oder der Toilette sitzen und mit einer Entspannungsübung (Seite 100) versuchen, Ihren Stress und Ihre Anspannung abzubauen.

FRÜHE WEHEN

Die Verkürzung des Gebärmutterhalses sowie die beginnende Eröffnung des Muttermundes wird für Sie die Arbeit einiger Stunden sein. In der ersten Zeit, in der sich Ihr Muttermund bis auf drei Zentimeter öffnet, können Sie die Wehenarbeit deutlich spüren. Sie müssen sich konzentrieren und betont ausatmen, um Spannung abgeben zu können. Diese Zeit erleben die meisten Schwangeren als gut erträgliche Phase. Manche können sogar ein wenig schlafen, wenn sie erschöpft sind. Die Wehen sind zwischen 30 und 50 Sekunden lang und kommen alle 8 bis 15 Minuten. Sie nehmen langsam an Intensität und Frequenz zu. Abhängig von der Tageszeit und Ihrer persönlichen Verfassung in diesem Moment kann in der Nacht Ruhe und Entspannung hilfreich sein. Wenn dies aber für Sie nicht stimmt, wählen Sie Aktivitäten, die Sie nicht zu sehr erschöpfen, da das anstrengendste Stück Arbeit noch kommen wird.
Lassen Sie sich bei der Einschätzung zum Erfolg der Wehen nicht durch die Häufigkeit, sondern durch die Stärke leiten. Sind Ihre Wehen lang und stark, wird deutlich mehr Öffnung des Muttermundes erreicht als bei sehr häufig kommenden, leichten Wehen. Achten Sie darauf, ob Sie beim Reden innehalten und Ihre Position verändern müssen, um mit der Wehe zurechtzukommen. Beginnen Sie bei einer Wehe zu schwitzen oder leicht zu zittern? Wenn diese Anzeichen fehlen, ist der Erfolg der Wehen wahrscheinlich kleiner, als Sie es sich wünschen. Bei einem ersten Baby ist es natürlich schwer, die Wehen richtig einzuschätzen, weil Sie keinen Vergleich haben.
Die Beschwerden in dieser Zeit entsprechen meist denen der Übungswehen: Rückenschmerzen, Krämpfe in den Beinen und den Hüften, Druck nach unten ins Becken, Ausfluss und leichte Blutung, vermehrtes Wasserlassen und fast durchfallartiger Stuhlgang gehören dazu. Auch Übelkeit und Erbrechen können auftreten. Hebammen werden all diese Beschwerden, die Sie so unangenehm und störend finden, als Zeichen deuten, dass die Geburt gut vorangeht. Also wundern Sie sich nicht, wenn Sie sogar für Schalen voll Erbrochenem gelobt werden.

Wie Sie die Geburtsarbeit in dieser Phase unterstützen können

In dieser Anfangszeit werden Sie eine Menge Zeit haben, um eine Atmung zu finden, die Ihnen beim Verarbeiten der Wehen hilft. Vielleicht passt eine dieser Anregungen für Sie:

› Versuchen Sie durch die Nase ein- und durch den Mund auszuatmen!

- Begrüßen Sie jede Wehe mit einem kurzen Einatmen und einem langen Ausatmen. Verabschieden Sie sie auf die gleiche Weise!
- Lassen Sie Ihre Schultern bei jedem Ausatmen nach unten sinken. Versuchen Sie Kiefer und Mund locker zu lassen und auf das Geräusch Ihres Atems zu hören!
- Denken Sie an das Wort „Entspannung“ und ziehen Sie das Wort so auseinander, dass beim relativ kurzen Einatmen das „Ent“ und beim langen Ausatmen ein gedehntes „Spaaaaanuuuung“ in Ihrem Kopf klingt! Sprechen Sie dies bei einem Atemzug laut mit! Sie wissen dann, wie es sich anhören muss.

Positive Einstellung

Sie werden auch merken, dass Ihre Einstellung einen großen Einfluss darauf hat, wie gut Sie mit den Wehen umgehen können. Je positiver Sie die Wehen annehmen können, desto leichter werden diese erträglich. Versuchen Sie daran auch bei anstrengenden Wehen zu denken. Vielleicht kann einer der folgenden Sätze Ihnen dabei als Mantra dienen:

- Starke Wehen sind gute Wehen, sie erledigen eine Menge Arbeit!
- Jede Wehe öffnet den Muttermund ein wenig und gibt Raum für mein Baby!
- Es wird nur eine feste Zahl von Wehen geben, nun erledige ich gerade eine davon!
- Ich muss immer nur mit einer Wehe klarkommen, im Moment mit dieser!
- Jede Wehe, die ich zu Ende gebracht habe, bringt mich näher zu meinem Baby!

Geburt ist harte Arbeit – also: Essen nicht vergessen!

- Essen Sie auch bei Ihrer Wehenarbeit leichte Snacks, die gut zu verdauen sind. Zum Beispiel Toast mit Honig, Bananen, Früchteriegel und Suppen. Die Geburt eines Babys ist harte Arbeit. Ihr Körper braucht dazu eine Menge Energie. Studien haben gezeigt, dass die Erhaltung eines guten Energieniveaus den Geburtsfortschritt fördert. Die vor nicht allzu langer Zeit noch vertretene Regel, dass Schwangere während der Geburt nicht essen dürfen ist passé. Achten Sie auf jeden Fall auch darauf, während der Geburt ausreichend zu trinken, in etwa ein Glas Wasser jede Stunde.

Die richtige Haltung

Sie können den Geburtsprozess auch durch verschiedene Positionen fördern:

- Halten Sie Ihr Becken weit und geöffnet. Das geht am besten, wenn Sie breitbeinig auf einem Stuhl, dem Schoß Ihres Partners, einer Toilettenbrille oder einem großen Gymnastikball sitzen. Laufen Sie umher. Lassen Sie Ihr Becken um das Köpfchen Ihres Babys kreisen. Hören Sie eine Ihnen angenehme Musik und tanzen Sie, um sich zu lockern. Es ist noch nie ein Baby zur Welt gekommen, solange die Mutter mit überkreuzten Beinen auf einem Stuhl saß!
- Suchen Sie eine Position, in der Sie nach vorn gelehnt stehen oder sitzen können. Die Gebärmutter richtet sich dann bei jeder Wehe nach oben und vorn auf. Das hilft bei der Arbeit. Sie können Sich vornüber an eine Wand lehnen, an einer Arbeitsfläche abstützen oder sich rittlings auf einen Stuhl setzen. Polstern Sie die Lehne mit einem Kissen. Auch das Knien vor einem Bett oder Sofa mit vornüber gelehntem Oberkörper kann unterstützen.
- Versuchen Sie, so lange wie möglich aufrecht zu stehen, weil damit die Schwerkraft das Absenken des Babys und damit das Öffnen

des Muttermundes unterstützt. Halten Sie sich an den Schultern Ihres Begleiters oder Ihrer Begleiterin fest. Lassen Sie sich durch deren Halten ein bisschen helfen. Knien Sie sich in der Badewanne hin. Sitzen Sie aufrecht auf einem Gymnastikball. Und vor allem: Wechseln Sie so häufig wie möglich Ihre Position, damit die Muskeln immer wieder entspannen können!

Was kann die Begleitperson tun?

Das Wichtigste für Sie ist, einfach da zu sein. Hören Sie zu, loben Sie Ihre Partnerin, erfüllen Sie all ihre Bitten. Übermitteln Sie ihre Bedürfnisse an Hebammen und Ärzte, wenn die Wehenarbeit so anstrengend ist, dass die Gebärende mit niemandem mehr reden mag.
Niemand möchte bei einer Geburt nur hilflos herumstehen. Aber gerade dieses Gefühl ist für viele Begleiter bestimmend. Es ist schwer auszuhalten, wenn man über Stunden zuschauen muss, wie ein geliebter Mensch Schmerzen hat – und ein Ende nicht wirklich abzusehen ist! Daher kann es für Sie sinnvoll sein, sich mit Frauen auszutauschen, die bereits Kinder geboren haben. Sie erzählen immer wieder, dass die pure Anwesenheit einer vertrauten Person das Wichtigste in dieser Zeit war.
Die Hälfte aller Schwangeren wollen bei der Geburt gar nicht angefasst werden. All die tollen Massagen und Akupressuren, die Sie im Geburtsvorbereitungskurs gelernt haben, sind nun nicht das Richtige. Nehmen Sie es gelassen! Andere aber brauchen die ganze Zeit jemanden, der sie hält, ihnen den Rücken massiert, gegen ihr Kreuzbein drückt, in der Wehenpause Getränke und den „bitte ganz kalten“ Waschlappen zur Erfrischung besorgt.
Helfen kann Ihnen, wenn Sie sich an eigene Schmerzerfahrungen erinnern. Was hat Ihnen in dieser Situation gut getan? Könnte irgendetwas davon auch für die Geburtssituation passen? Denken auch Sie daran, Ihre Kräfte zu erhalten und gut einzuteilen. Essen und trinken Sie zwischendurch. Nehmen Sie keine verkrampften Massagepositionen ein! Schließlich wollen Sie auch noch für das Baby einsatzbereit sein. Falls Sie Raucher sind, müssen Sie nach der Zigarette vor der Klinik an ein Pfef-

HEBAMMENTIPP

Manche Frauen fühlen die Wehen vor allem als **Schmerz im unteren Rücken.** Dadurch kann der Eindruck entstehen, dass die Wehen überhaupt nicht nachlassen.

- Baden Sie in einer warmen Badewanne oder legen Sie sich eine in ein Tuch gewickelte warme Wärmflasche auf den schmerzenden Bereich!
- Lassen Sie einen warmen Wasserstrahl über den Rücken laufen, während Sie auf einem Gymnastikball in der Dusche sitzen!
- Bewegen Sie auf allen vieren Becken und Rückrat auf und ab. Machen Sie „Katzenbuckel“ und „Hängematte“!
- Auch Krabbeln auf allen vieren kann helfen!
- Knien Sie sich vor einen mit vielen Kissen gepolsterten Stuhl. Dehnen Sie Arme und Schultern nach oben und legen Sie sie auf dem Kissen ab! Das „zieht“ Sie etwas in die Länge.
- Bitten Sie Ihren Partner oder Ihre Hebamme, mit dem Handballen in großen kreisförmigen Bewegungen gegen Ihr Kreuzbein zu drücken.

ferminzbonbon oder einen Kaugummi denken, da Schwangere während der Wehen extrem geruchsempfindlich sind.

Sprechen Sie mit dem Baby

Sie können während der Wehenarbeit, vielleicht während einer Wehenpause, die „Aufgabe" übernehmen, sich innerlich mit dem Baby zu verbinden und ihm auch laut Mut zusprechen, wenn es schwierige Phasen geben sollte. Erinnern Sie Ihre Partnerin immer wieder daran, einen ganz tiefen Atemzug in den Bauch zum Baby zu schicken. Eine Frau in den Wehen ist in der Regel so sehr mit sich beschäftigt, dass sie zwischendurch sogar vergessen kann, worum es eigentlich geht. Wenn sie dann durch Ihre Worte und Ansprache an das Baby daran erinnert wird, gibt ihr das zusätzlich Kraft und Motivation für die anstrengende Wehenarbeit.

Tipps für den werdenden Vater

- Kalte Füße sind eine echte Wehenbremse, daher ist es sehr wichtig, auf warme Füße zu achten. Massieren Sie ihr die Füße oder bieten Sie ein warmes Fußbad an. Angewärmte Handtücher sind angenehm, wenn sie aus der Dusche oder Badewanne kommt, ebenso wie eine helfende Hand beim Ein- und Aussteigen. Eine Wärmflasche auf dem schmerzenden Rücken und eine Massage können angenehm sein, wenn sie Berührungen zulässt.
- Bieten Sie ihr Getränke und leichte Snacks an, damit sie genug Kraft für die Wehenarbeit hat!
- Bringen Sie Kissen, Decken, einen Gymnastikball oder suchen Sie nach der richtigen Musik, wenn Sie glauben, dass Sie Ihrer Partnerin damit helfen!
- Schlagen Sie ihr immer wieder Positions- und Ortswechsel vor: Vom Spaziergang auf dem Flur bis in die Badewanne und von dort zurück auf einen Stuhl im Kreißsaal!
- Erinnern Sie sie mindestens alle zwei Stunden daran, Wasser zu lassen! Eine volle Harnblase hindert das Baby daran, tiefer ins Becken zu rutschen.
- Erinnern Sie sie ans hörbare Ausatmen und daran, den Kiefer bei den Wehen locker zu lassen. Versuchen Sie aber bitte nicht, mit einer Schwangeren bei der Wehenarbeit zu atmen! Ihr körperlicher Zustand ist ein vollkommen anderer. Wir erlebten Situationen, in denen Begleiter ohnmächtig wurden, als sie versuchten, mit ihren Partnerinnen gemeinsam Wehen zu veratmen.
- Beobachten Sie, ob sie sich beim Atmen in der Wehe anspannt. Sind die Schultern hochgezogen? Die Knie zusammengedrückt? Die Gesichtszüge schmerzverzerrt? Wenn dem so ist, legen Sie ihre Hand auf die angespannte Stelle. Erinnern Sie sie daran, zu entspannen.
- Loben Sie sie so oft es geht! Eine Geburt ist richtig harte Arbeit. Lob hilft beim Durchhalten.

AKTIVE WEHEN

Die nächste Stufe der Eröffnungsphase ist erreicht, wenn der Muttermund drei bis vier Zentimeter geöffnet ist. Die Wehen werden stärker und dauern 50 bis 65 Sekunden. Die Abstände dazwischen verkürzen sich auf drei bis vier Minuten. Das Gute daran ist, dass es nun wahrscheinlich schneller vorangeht. Bei ersten Babys öffnet sich der Muttermund im Durchschnitt einen Zentimeter pro Stunde. Bei weiteren Geburten geht es dann deutlich schneller. Aber halten Sie sich bitte nie an diesen Lehrbuchangaben fest: Sie können die Arbeit zusammen mit Ihrem Baby auch in ganz anderen Zeitmustern bewältigen. Wie lang es dauert, hängt vor allem von der Intensität ab, mit der Köpfchen oder Po auf das Gewebe drücken. Eine alte Hebammenweisheit besagt aber: Vier Zentimeter entsprechen mehr als der Hälfte der Geburtsarbeit.

Wenn die Wehen immer häufiger und stärker aufeinander folgen, wird Ihre ganze Konzentration nach innen gehen, um zwischendurch entspannen zu können. Versuchen Sie herumzulaufen und Ihre Positionen so oft wie möglich zu wechseln, um Muskelverspannungen vorzubeugen. Sie werden bewusster und tiefer atmen, schwitzen, mit Übelkeit kämpfen und einen deutlich schnelleren Herzschlag haben. Vergessen Sie nicht, in dieser Phase viel zu trinken, um nicht auszutrocknen. Die meisten Schwangeren mögen jetzt sehr kalte Getränke oder lutschen Eiswürfel aus Fruchtsaft oder Traubenzuckerlösung in Wasser.

Schmerzen und Müdigkeit nehmen weiter zu. Soweit noch nicht geschehen, platzt jetzt vielleicht die Fruchtblase. „Der Sturm wird immer schlimmer", hören wir von unseren Schwangeren oft nach einem Blasensprung. Wenn das Köpfchen Ihres Babys nicht mehr vom Fruchtwasser abgepolstert ist, drücken die festen Schädelknochen auf den Muttermund. Das bewirkt zwar häufig eine raschere Öffnung, verursacht aber auch größere Schmerzen.

Gespräche mit Begleitpersonen, Hebammen und Ärzten werden möglicherweise als zu anstrengend empfunden. Andererseits möchten Sie aber genau wissen, wie weit Sie sind und wie lange es noch dauern wird. Vielleicht haben Sie auch das Gefühl, dass die Arbeit und die Schmerzen niemals enden werden. In dieser Situation bestürmen Sie Ihre Hebamme möglicherweise mit Fragen, wie weit der Muttermund bereits geöffnet ist und wann Ihr Kind endlich geboren wird. Das kann aber niemand wirklich voraussagen! Stattdessen wird Ihre Hebamme Sie in Ihrer Arbeit bestärken und Ihnen dabei helfen, wieder an Ihre Kraft zu glauben. Seien Sie daher nicht empört über die Antwort: „Es wird nicht mehr sehr lange dauern. Es geht ja schon gut voran!" Versuchen Sie sich damit zu motivieren, dass besonders kräftige Wehen den Muttermund rascher öffnen, und nutzen Sie jede Wehenpause, um so gut es geht zu entspannen.

Wie Sie die Geburtsarbeit in dieser Phase unterstützten können

Alles was bei der Verarbeitung der Anfangswehen gut tut, hilft selbstverständlich auch während dieser Phase. Noch wichtiger wird nun die Begleitperson. Vielleicht kann sie Sie dazu ermuntern, eine positive Einstellung zur Wehenarbeit zu finden (Seite 140). Geben Sie Ihren Gefühlen Ausdruck, wenn Ihnen danach ist. Stöhnen Sie ruhig laut. Sie sollten es möglichst vermeiden, allein zu sein. Laufen Sie herum, so viel es geht, und fragen Sie Ihre Hebamme nach dem Geburtsfortschritt.

Atemunterstützung

Da die Wehen nun länger dauern, kann es hilfreich sein, ein anderes Atemmuster zu versuchen, um mit den Wehen klarzukommen:

› Machen Sie zu Beginn jeder Wehe zwei bis

drei Atemzüge: „Ent“ und „Spaaaanuuuung“ (Seite 140).
- Versuchen Sie auf dem Höhepunkt der Wehe häufiger und flacher zu atmen und vielleicht sogar durch den Mund ein- und auszuatmen. Beim Abklingen der Wehe können Sie dann wieder durch die Nase ein- und durch den Mund ausatmen.
- Atmen Sie am Ende jeder Wehe bewusst tief in den Bauch zu Ihrem Kind, damit es gut mit Sauerstoff versorgt wird.
- Lassen Sie ebenfalls ganz bewusst alle Spannungen los, um sich in der Pause wirklich erholen zu können.

In einer warmen Badewanne zu liegen oder auf einem Gymnastikball zu sitzen kann jetzt angenehm sein. Ansonsten können Sie durch häufige Positionswechsel und eine aufrechte Haltung den weiteren Fortschritt der Geburt am besten unterstützen.

Was kann die Begleitperson tun?

Sie können Ihrer Partnerin die Arbeit nicht abnehmen. Aber es wird ihr helfen, wenn Sie voll und ganz für sie da sind.
- Helfen Sie ihr dabei, zwischen den Wehen die Position zu verändern. Achten Sie darauf, dass sie in aufrechter Position immer die ganze Fußsohle auf den Boden stellt und nicht nur mit den Zehen antippt. Wenn sie auf einem Stuhl oder Gymnastikball den Boden nicht ganz erreicht, legen Sie Bücher oder Kissen unter die Füße, damit sie den Kontakt zum Boden spürt.
- Wenn für sie lautes Tönen beim Ausatmen hilfreich ist, loben Sie sie dafür und helfen Sie ihr bei eher tiefen, offenen Lauten. Hohe Töne gehen mit ihrer Energie in den Kopf, tiefe Töne in den Bauch, wo sie hingehören. Ein tiefes „Aaaaah“ oder „Jaaaaa“ ist besser als ein hohes „Iiiih“ oder „Neinneinnein“.
- Versuchen Sie, sie in den Wehenpausen in einen entspannten Zustand zu begleiten. Machen Sie Witze, bei denen sie lachen muss, oder beschreiben Sie schöne gemeinsame Reisen und Erlebnisse.
- Achten Sie darauf, dass sie kein Hohlkreuz macht. Stützen Sie den Rücken mit Kissen oder Ihrer warmen Hand.
- Loben Sie sie und sagen Sie ihr, wie tapfer sie ist. Das motiviert. Drücken Sie sie in den Wehenpausen und halten Sie ihre Hand während einer Wehe.

DIE ÜBERGANGSPHASE

Die Übergangsphase dauert meist ein bis zwei Stunden. Sie werden sie wahrscheinlich als turbulente und fordernde Zeit erleben. Während dieser Zeit öffnet sich Ihr Muttermund von acht auf zehn Zentimeter.

Die Wehen werden nun sehr heftig, kommen in Abständen von zwei bis drei Minuten und dauern jeweils 60 bis 90 Sekunden. Das heißt, dass Sie keine großen Erholungspausen mehr zwischen den Wehen haben und beim Ende einer Kontraktion sehr konzentriert von aller Spannung loslassen müssen. Ihr Baby wird tiefer ins Becken geschoben. Sie können starken Druck im unteren Rücken und auf den Darm spüren. Es kann das Gefühl aufkommen, dringend auf die Toilette zu müssen, um den letzten Stuhlgang zu entleeren. Auf dem Höhepunkt einer Wehe wollen Sie Ihr Baby jetzt schon nach unten schieben.

Manchmal öffnet sich der Muttermund nicht ganz gleichmäßig. Dann kann meist vorn in Richtung Schambein eine Muttermundlippe stehen bleiben. Auch wenn Ihr Körper Ihnen signalisiert, Ihr Baby nun herauszudrücken, wird die Hebamme Sie bitten, damit noch ein bisschen zu warten. Wenn Sie gegen einen noch nicht geöffneten und möglicherweise noch relativ festen Muttermund oder eine Muttermundslippe drücken, kann das Gewebe an- und zuschwellen. Damit würde die Geburt verzögert. Wenn Ihre aktive Wehenphase rasch zum Erfolg geführt hat, kann es Ihnen jetzt so vorkommen, als würde sich alles verlangsamen. Sie fühlen sich überwältigt von der Intensität des Schmerzes. Alles was vorher bei der Verarbeitung der Wehen geholfen hat, werden Sie nun wahrscheinlich als nicht mehr geeignet empfinden. Viele Schwangere fühlen sich schwach, die Beine zittern vor Anstrengung, und ihnen ist übel. Jede Berührung ist jetzt unangenehm, und viele Frauen schimpfen, jammern und schreien.

Typische Forderungen in dieser Phase sind: „Ich will sofort ein Schmerzmittel!“, „Ich will nach Hause!“, „Ich kann nicht mehr, tut was!“ „Ich will sterben!“, „Mama!“, „Holt mir das Kind heraus!“ Haben Sie keine Hemmungen, diese teils sehr heftigen Gefühle lautstark zu äußern. Sie erleichtern Ihnen den Umgang mit dieser Grenzerfahrung.

Halten Sie sich immer vor Augen, dass das Ende in Sicht ist und Sie auf dem besten Weg sind, Ihr Baby bald im Arm zu halten.

Wie Sie die Geburtsarbeit in dieser Phase unterstützen können

Versuchen Sie die Geburtsposition auch weiterhin oft zu verändern. Schimpfen Sie, wenn Ihnen danach ist! Manchen Frauen hilft ein warmes Bad. Versuchen Sie es, wenn Sie denken, es könnte helfen. Wenn Ihre Hebamme Sie auffordert noch nicht zu drücken, obwohl Ihr Körper es will, probieren Sie die Knie-Ellbogen-Position: Gehen Sie auf alle viere, legen Sie Hände und Ellbogen auf den Boden und schieben Sie den Po nach oben. Diese Position kann den Druck nach unten deutlich vermindern. Damit wird das Gewebe des Muttermundes leichter weich und kann sich öffnen. Da die Wehen in der Übergangsphase meist etwas unregelmäßig verlaufen, ist vielleicht eine andere Atmung erforderlich.

Oft kommen jetzt Kamelhöckerwehen. Das sind Wehen mit einem normalen Anstieg und Höhepunkt. Aber dann, wenn Sie denken, dass die Wehe nachlässt und Sie kurz verschnaufen können, kommen ein erneuter Anstieg und ein weiterer Höhepunkt. Erst dann verebbt sie langsam. Manche Wehen beginnen sofort mit einem Wehengipfel, der Ihnen fast den Atem raubt. Sie sollten dann versuchen, die Spannung rasch wegzupusten. Stellen Sie sich eine Kerze vor, die Sie ausblasen wollen. Vielleicht hilft Ihnen auch ein gehauchtes „Hahahaha“ vor dem Einatmen über besonders starke Gipfel oder überfallartige Wehen hinweg.

Was kann die Begleitperson tun?

Die Übergangsphase wird auch für Sie recht anstrengend sein. Sie werden vielleicht angeschrien. Ihre Hände oder Arme werden so gedrückt, dass Sie blaue Flecken bekommen. Auch wenn die Kreuzbeinmassage eben noch die größte Hilfe der Welt war – nun werden Sie weggeschubst, weil jede Berührung verkehrt ist. Nehmen Sie es nicht persönlich, wenn Ihre Angebote zurückgewiesen werden. Denken Sie daran: Das Ende ist in Sicht, und Sie sind die größte Hilfe in dieser Phase, in der menschliche Zuwendung oft das Einzige ist, was noch angeboten werden kann. Bringen Sie ihr zur Erfrischung kühle Getränke, Eiswürfel oder einen kalten Waschlappen. Loben Sie sie für jede Wehe oder jeden Positionswechsel. Sagen Sie ihr immer wieder, dass es nach dieser Übergangsphase – also sehr bald – ein Ende der Schmerzen und Anstrengung gibt. Wenn Ihre Partnerin oder Freundin sehr nach innen gekehrt ist, ist es Ihre Aufgabe den Kontakt zur Hebamme zu halten. Seien Sie Mittler von Informationen. Sie können Ihrer Partnerin in einer Wehenpause davon berichten. Versuchen Sie den Raum dafür zu schaffen, dass Hebammen und Ärzte warten, solange Ihre Partnerin gerade eine Wehe hat und nicht sprechen mag.

Die Geburtspositionen

Brust-Knie-Position:

Wenn Ihr Baby besonders groß ist oder Sie unter starken Rückenschmerzen leiden, kann diese Position Ihnen vielleicht helfen. Knien Sie sich auf den Boden und betten Sie Ihren Oberkörper auf einen Stapel Kissen. Versuchen Sie leicht mit dem Becken hin und her zu wippen. So kann Ihr Rücken entspannen, und Sie helfen gleichzeitig Ihrem Baby, den richtigen Weg durchs Becken zu finden.

Gestützte Hocke

Die Hocke ist die am meisten verbreitete Gebärposition. Lassen Sie sich dabei von Ihrem Partner halten und stützen. Wenn Sie hocken, kann Ihr Baby leichter durchs Becken rutschen. Der Beckenboden dehnt sich einfacher und die Schwerkraft unterstützt ebenfalls. Auf die Dauer kann diese Position allerdings anstrengend werden.

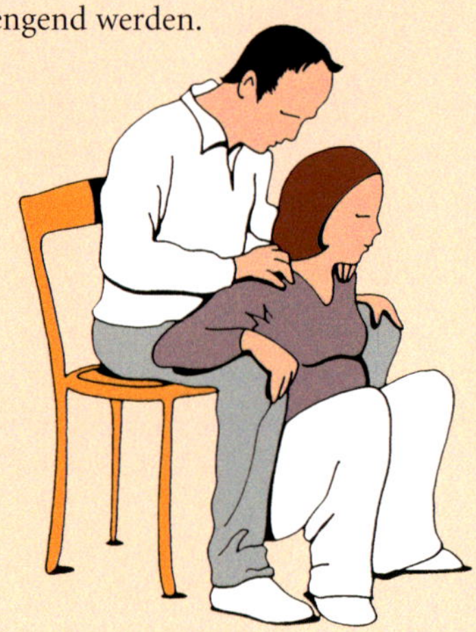

Liegen auf dem Rücken

Traditionell war Liegen auf dem Rücken die bevorzugte Position der Geburtshelfer. Medizinische Interventionen können so am einfachsten durchgeführt werden. Andererseits kann die Schwerkraft hier nicht mithelfen, und Rückenschmerzen werden eventuell sogar verschlimmert. Bei einer Leitungsanästhesie (Seite 164) kann diese Position trotzdem manchmal die richtige sein.

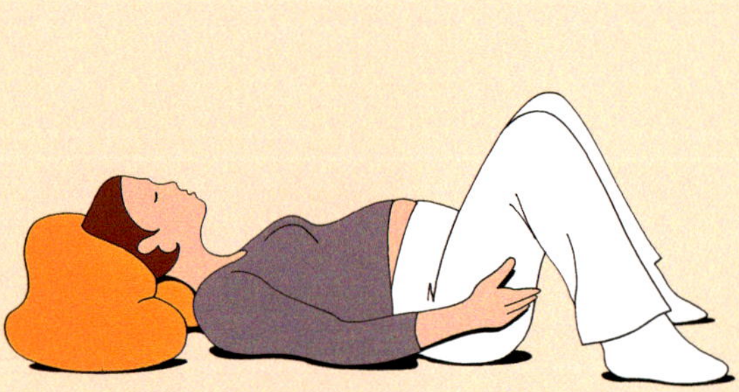

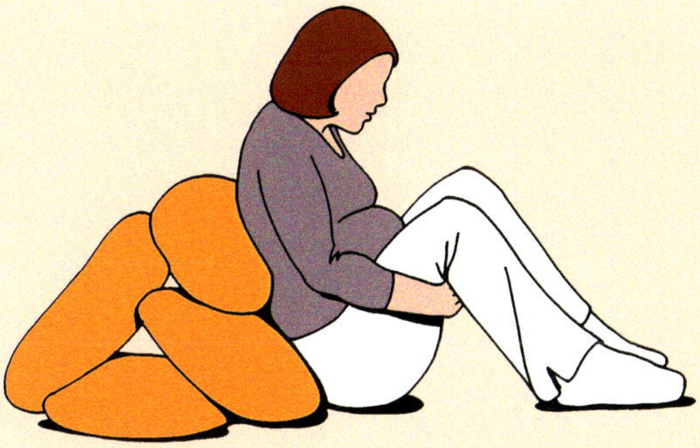

Sitzen

Wenn Sie schon sehr erschöpft sind oder Ihr Baby permanent am CTG überwacht werden muss, ist Sitzen für Sie vielleicht die richtige Position. Setzen Sie sich so aufrecht wie möglich und lassen Sie die Knie auseinander sinken. Unterstützen Sie Ihren Rücken mit vielen Kissen. Häufig wird diese Stellung auf Entbindungsbetten eingenommen.

Auf der Seite liegen

Wenn Sie eine PDA bekommen haben oder bereits etwas müde sind, können Sie sich auf die Seite legen. Diese Position macht die Wehen effektiver, kann aber auch den Weg Ihres Babys durch das Becken verlangsamen, wenn es allzu schnell auf die Welt drängt. Wenn das abgespreizte Bein müde wird, bitten Sie Ihren Partner es zu halten und zu stützen.

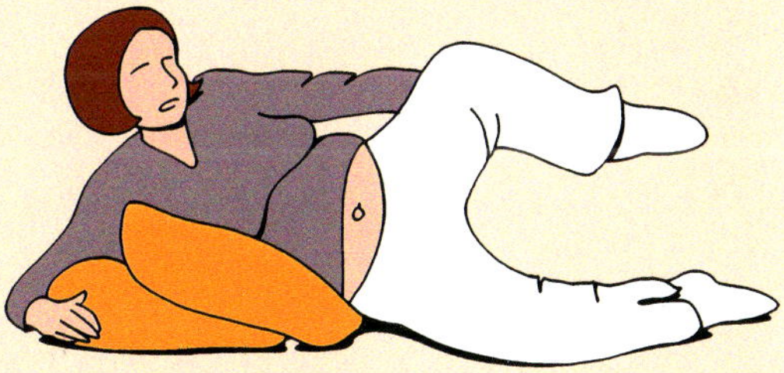

Unterstütztes Knien

Wenn Ihr Baby mit dem Gesicht nach hinten liegt, kann diese Position ihm vielleicht beim Drehen helfen. Knien Sie sich auf das Entbindungsbett und lassen Sie sich von Ihrem Partner und Ihrer Hebamme stützen. Halten Sie sich an ihren Schultern fest, wenn Sie sich vorbeugen.

UMGANG MIT DEM SCHMERZ

Die Geburt eines Babys ist mit großer Anstrengung verbunden. Die Hauptarbeit wird von der Muskulatur der Gebärmutter erledigt. Es sind aber hauptsächlich die umgebenden Muskeln, Bänder und Nerven, die die Schmerzen verursachen. Das ganze Gewebe im Beckenraum muss sich dehnen, nachgeben und öffnen. Die Mutterbänder, die die Gebärmutter halten, können bei jeder Kontraktion unter Zug geraten und einen Schmerz im Kreuzbein, in den Leisten, Schamlippen und in den Oberschenkeln auslösen. Wenn der Muttermund sich dehnt und öffnet, kann das als ziehender, reißender Schmerz tief in Ihrem Inneren empfunden werden. Wenn sich die Beckenbodenmuskulatur auseinander zieht, spüren viele Frauen einen brennenden, schneidend scharfen Schmerz. Und auch Ihr Baby kann die Ursache für Schmerzen sein, wenn es beim Tiefertreten das Schambein und später das Kreuzbein passiert.

Nur für sehr wenige Frauen ist die Geburt lediglich etwas unangenehm. Wie die Geburtsarbeit für Sie sein wird, ist nicht vorauszusehen. Klar ist, dass die Schmerztoleranz individuell sehr unterschiedlich ist. Wir begleiteten Frauen, die mit viel Bewegung und ruhigen, tiefen Atemzügen durch die Geburt kamen. Wir haben aber ebenso Frauen betreut, die mehr Unterstützung, auch in Form von Anästhesien und Medikamenten, benötigten. Wenn Sie ein Schmerzmittel verlangen, sind Sie wirklich nicht allein auf dieser Welt. Das gilt insbesondere für erste Babys.

Der Umgang mit Schmerzen ist übrigens auch von kulturellen Zusammenhängen bestimmt. In den USA bekommen 85 Prozent aller Frauen zur Geburt eine Epi- oder Periduralanästhesie (Seite 164). In Deutschland sind es im Durchschnitt rund 30 Prozent, wobei dies von Klinik zu Klinik recht unterschiedlich sein kann!

Die Ursachen für den Wehenschmerz

- Harte Arbeit erfordert eine angemessene Sauerstoff- und Energiezufuhr, damit die beanspruchte Muskulatur schmerzfrei arbeiten kann. Wenn diese Versorgung nicht gesichert ist, wird Milchsäure produziert und angesammelt, die das Schmerzempfinden verstärkt. Der Schmerz kann Ihrem Körper signalisieren, dass Sie zusätzlich Sauerstoff und Energie benötigen. Ihre Atmung wird sich daher unwillkürlich verändern. Das hilft, Ihre Muskulatur zu entspannen und die Gebärmutter bei ihrer Arbeit besser mit Sauerstoff zu versorgen.

- Wenn Sie zusätzlich Angst haben, kann das Ihr Schmerzempfinden verstärken: Die Angst führt zu Stress und Anspannung, die wiederum das Schmerzempfinden steigern und Ihre Angst noch vergrößern. Setzen Sie sich daher schon in der Schwangerschaft mit dem auseinander, was bei der Geburt auf Sie zukommt. Wenn Sie wissen, was passieren wird, und wenn Ihnen klarer ist, was Sie erwarten und entscheiden dürfen, bekommen Sie Ihre Angst in den Griff. Die Schmerzen sind dann besser zu ertragen.

Psychische Faktoren

Übrigens wird Ihre Schmerzwahrnehmung auch von psychischen Faktoren stark beeinflusst. Persönliche Erlebnisse spielen dabei eine große Rolle. Ihre eigene Schmerzerfahrung in früheren Lebensphasen kann Sie einholen und ängstlich und dadurch schmerzempfindlicher machen. Vielleicht haben Sie in Ihrem Leben schon traumatische Situationen erlebt. Während der Geburt können so genannte „flashbacks“ auftreten. Das heißt, dass Sie das Ereignis, ausgelöst durch starke Schmerzen, eine Untersuchung oder das Gefühl ausgeliefert zu sein, in einem unwillkürlich ablaufenden inneren Film noch einmal durchleben. Nehmen Sie sich schon während der Schwangerschaft Zeit, um über Ihre Schmerzerfahrungen nachzudenken. Sie fühlen sich dann besser vorbereitet und die Intensität der Wehen kann Sie nicht völlig überrumpeln.

Natürliche Schmerzbewältigung

Auch während der Geburt können Sie den Wehenschmerz erträglicher machen. Es gibt Methoden, die sich seit Jahrtausenden bewährt haben. Den meisten Frauen in unserem Kulturkreis helfen folgende Dinge:

› Achten Sie auf Ihre Atmung. Sie hilft Ihnen die Muskeln optimal mit Sauerstoff zu versorgen und die Schmerzen durchzustehen.

› Bewegen Sie sich viel und wechseln Sie immer wieder Ihre Position. Für jede Geburtsphase gibt es unterstützende Haltungen (Seite 146), die Ihrem Kind dabei helfen, seinen Weg tiefer ins Becken zu finden.

› Bitten Sie Ihre Hebamme oder Ihre Begleitperson um eine entspannende Massage. Dadurch lösen sich verkrampfte Muskeln, und der Sauerstoff kann besser zirkulieren. Während einer Wehe kann eine Massage schmerzlindernd wirken, und in einer Wehenpause bessert sie Ihre Laune und kann die Entspannung fördern.

› Entspannungstechniken, die Sie in der Schwangerschaft erlernt haben, können Ihnen dabei helfen, Spannungszustände zu beseitigen, die den Geburtsfortschritt behindern. Eine weiches Gewebe und eine entspannte Muskulatur können sich viel leichter öffnen und dehnen.

› Warmes Wasser eignet sich als Fußbad, Dusche oder Bad gut zur Schmerzlinderung. Der Körper entspannt im Wasser am besten bei 36 bis 37 Grad.

› Akupunktur, kann eine gute bis zufrieden stellende Schmerzlinderung, aber keine Schmerzfreiheit bieten. Die Nadeln bleiben 15 bis 20 Minuten stecken. Das schränkt die Bewegungsmöglichkeit etwas ein, kann aber gleichzeitig mit einer CTG-Kontrolle durchgeführt werden.

› Homöopathie wird von vielen schwangeren Frauen als sehr hilfreich empfunden und kann bei spezifischen Beschwerden von

Medikamentöse Schmerzerleichterung

› Wenn Sie mit den Schmerzen nicht mehr zurechtkommen, können Ihnen schmerzerleichternde Medikamente zur Verfügung gestellt werden. Erkundigen Sie sich in der Schwangerschaft, welche Möglichkeiten an Ihrem Entbindungsort angeboten werden. Fragen Sie nach den Vor- und Nachteilen der verschiedenen Methoden. Fragen Sie auch, zu welchem Zeitpunkt diese Hilfsmittel eingesetzt werden können. Einige Medikamente müssen rund zwei Stunden vor der Geburt verabreicht werden, damit Ihr Körper das Medikament noch ausreichend abbauen kann. Ihr Baby soll nach der Geburt durch das Medikament keine Schwierigkeiten bei der Umstellung auf das Leben außerhalb Ihres Bauches bekommen. Fast alle heute eingesetzten Medikamente werden aber als sicher für Sie und Ihr Baby eingestuft. In vielen Fällen sind sie eine unschätzbare Erleichterung und Hilfe während der Geburt.

erfahrenen Behandlern eingesetzt werden. Sie ermöglicht eine zufriedenstellende Schmerzlinderung, aber keine vollständige Schmerzfreiheit.

GEHT ES DEM BABY GUT?

Auch Ihr Baby hat bei seiner Geburt keinen leichten Weg vor sich. Auch wenn es sich um einen völlig natürlichen Vorgang handelt, ist das kleine Menschlein im engen Geburtskanal doch einer großen Belastung ausgesetzt. Um seinen Zustand beurteilen zu können, werden die Herztöne während und nach einer Wehe genau beobachtet. Dazu gibt es verschiedene Möglichkeiten: Bei außerklinischen Geburten wird hauptsächlich ein Holzhörrohr oder ein Dopton zur Kontrolle der Herztöne eingesetzt werden. Davon wird Ihre Bewegungsfreiheit nur minimal eingeschränkt. Das geschieht alle 15 bis 30 Minuten in der Eröffnungsphase und in der Austreibungsphase alle fünf Minuten beziehungsweise nach jeder Wehe.

CTG-Kontrolle

Insbesondere in Kliniken wird aber meist ein CTG eingesetzt, das die Herztöne und Wehen auf Papier aufzeichnet. Dieses Gerät kann alle zwei Stunden für 30 Minuten oder kontinuierlich bis zur Geburt angelegt sein und Ihre Bewegungsfreiheit etwas einschränken. Häufig ist es üblich, in der Eröffnungsphase immer wieder CTG-Pausen einzulegen. In der Austreibungsphase werden die kindlichen Herztöne dann meist permanent kontrolliert.

Sollte die Aufzeichnung durch die Bauchdecke schwierig sein – was zum Beispiel bei starkem Übergewicht oder auch bei Zwillingen der Fall sein kann –, können die Herztöne direkt über das Köpfchen des Kindes abgeleitet werden. Dabei wird durch Vagina und Muttermund eine Kopfschwartenelektrode oberflächlich in die Kopfhaut gedreht. Diese Vorgehensweise ist allerdings nur bei geöffneter Fruchtblase möglich.

Falls Ihr Baby Stressanzeichen zeigt oder die Herztöne nicht in Ordnung sind, werden bei geöffnetem Muttermund und geplatzter Fruchtblase einige Tropfen Blut aus der Kopfhaut Ihres Babys entnommen. Bei dieser so genannten Mikroblutuntersuchung wird der Säure-Basen-Status im Blut überprüft. Der pH-Wert gibt Aufschluss über die Sauerstoffversorgung Ihres Babys. Das Ergebnis zeigt, wie lange noch Zeit bleibt, bevor Ihrem Baby besser mit Unterstützung auf die Welt geholfen wird.

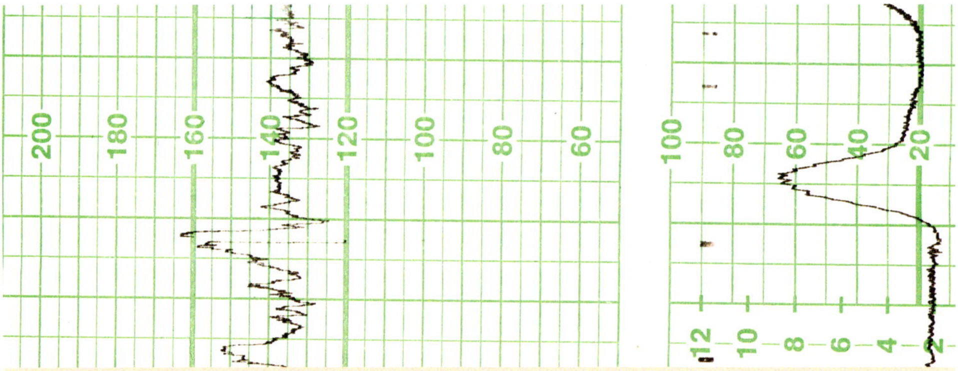

Mithilfe des CTGs kann geprüft werden, wie Ihr Kind auf die Wehen reagiert.

CTG-Auswertung

Die normale Herzfrequenz Ihres Babys liegt zwischen 120 und 160 Schlägen pro Minute. Wenn die Herztöne Ihres Babys sich durch die Wehen verändern, kann dies auf eine Stresssituation hindeuten. Dann muss rasch reagiert werden. Ein Absinken der Herzfrequenz kann zum Beispiel eine gestörte Sauerstoffversorgung oder Nabelschnureinengung Ihres Babys zur Ursache haben, während kurzzeitige Erhöhungen eher auf Bewegungen und normale Anpassung an äußere und innere Belastungen schließen lassen. Nur wenn die Herzfrequenz mehr als zehn Minuten über 160 Schläge pro Minute liegt, wird genauer überprüft, ob Ihre Temperatur vielleicht erhöht ist oder eine Infektion vorliegt.

DIE AUSTREIBUNGSPHASE

Wenn der Muttermund vollständig eröffnet ist, kann Ihr Baby nach unten in den Geburtskanal geschoben werden. Es sind zwar nur ein paar Zentimeter, die Ihr Baby dann noch aufdehnen muss. Aber das kann bis zu drei Stunden dauern. Und manchmal auch nur wenige Minuten. Der Weg führt erst einmal nach hinten in Richtung Kreuzbein. Kurz vor dem Beckenboden geht der Weg nach vorn zum Schambein, wo sich Ihr Baby im Idealfall mit seinem Hinterkopf abstemmt. Dann wird es zwischen den Schamlippen von außen sichtbar. Wenn Damm und Schamlippen ausreichend gedehnt sind, kann es herausrutschen.

Manche Frauen erleben die Austreibungsphase als energiereiche, positive Zeit, weil es endlich nicht mehr darum geht, auszuhalten und zu entspannen. Andere Schwangere finden die Botschaften ihres Körpers verwirrend und Besorgnis erregend. Fall Sie zu den Letzteren gehören, brauchen Sie jemanden, der Ihnen dabei hilft, immer wieder die Position zu wechseln und Ihr Baby sanft herauszuschieben. Die Wehen in der Austreibungsphase verändern sich. In der Eröffnungsphase hat der Muttermund sich langsam geöffnet. Gleichzeitig ist der obere Teil des Gebärmuttermuskels bei jeder Wehe dicker geworden. Diese Muskelmasse steht nun zum Herausschieben Ihres Babys zur Verfügung. Viele Schwangere spüren auf dem Höhepunkt der Wehe einen Druck nach unten, halten kurz die Luft an und drücken etwas mit oder machen grunzende Geräusche. Der Körper sendet so überwältigende, eindeutige Signale, dass die Frauen fast reflexartig reagieren müssen. Bei den Schwangeren, die eher verwirrt auf den Druck reagieren, hilft es, wenn sie dieser Empfindung einige Wehen lang in verschiedenen Positionen nachspüren.

Mit jeder Wehe wird Ihr Baby tiefer in den Geburtskanal geschoben. Manchmal können Sie dieses Tiefertreten deutlich fühlen. Dann merken Sie auch, dass Ihr Baby nach der Wehe wieder etwas zurück nach oben rutscht. Das „Drei Schritte vor und zwei Schritte zurück" ist aber trotzdem mit einem Fortschritt verbunden. Es erlaubt Ihrem Gewebe in Vagina und Beckenboden, langsam weiter zu werden und Ihrem Baby den benötigten Platz zu geben. Auch in dieser Phase muss Ihr Baby noch eine Schraubbewegung mit seinem Köpfchen machen. Der eher runde Raum der Beckenmitte wird zu einem längsovalen Raum am Beckenboden, und so dreht es sein Köpfchen, wenn es optimal mitarbeitet, mit dem Gesicht in Richtung Kreuzbein.

Je tiefer Ihr Baby tritt, desto stärker wird der Druck in Richtung After. Immer wieder hören wir den entsetzten Ausruf: „Hilfe, das kommt ja hinten raus!" Dieser Eindruck entsteht, weil Ihr Baby ja nun nur noch in die Kreuzbeingegend geschoben werden kann, dabei auf den Enddarm drückt und den Poschließmuskel mitdehnt. Eine passende Beschreibung ist es wohl, dass sich die Austrei-

bungsphase so anfühlt, als müsse man eine kleine Melone aus dem Enddarm schieben.
Manchmal kann Ihr Baby auf dem Höhepunkt einer Wehe schon mit seinem Köpfchen zwischen den Schamlippen sichtbar werden. Wenn es dann seinen Stemmpunkt am Schambein gefunden hat, bleibt das Köpfchen stehen. Vielleicht wollen Sie es jetzt mit Ihren Fingern berühren. Das kann Ihnen zwischen den schmerzhaften Wehen schon ein erstes tiefes Glücksgefühl geben und vor allem einen ordentlichen Schub an Kraft.
In relativ kurzer Zeit dehnt sich Ihr durchschnittlich fünf Zentimeter dickes Gewebe am Damm auf weniger als einen Zentimeter. Das können Sie als brennenden Druckschmerz spüren. Ihre Hebamme wird Sie trotzdem bitten, Ihr Baby langsam herauszuatmen. Dadurch wird Ihr Damm geschont und hoffentlich ein Einreißen vermieden.
Sobald das Köpfchen geboren ist, dreht es sich, damit auch die Schultern durch die verschiedenen Beckenräume geschraubt werden können. Zuerst kommt unter dem Schambein die Schulter ans Licht. Danach rutscht etwas langsamer die hintere Schulter über Ihren Damm. Zum Schluss erscheint der Rest Ihres Babys mit einem Schwall Fruchtwasser (siehe Abbildungen rechts). Wenn Sie es möchten, legt Ihnen die Hebamme Ihr Baby auf den Bauch, oder Ihr Baby wird in ein warmes Tuch gewickelt und zwischen Ihre Beine gelegt, damit Sie es selbst aufnehmen und begrüßen können.

Wie Sie die Geburt in dieser Phase unterstützen können

Wenn möglich, sollten Sie versuchen, Ihr Kind in einer aufrechten Position auf die Welt zu schieben. Damit können Sie die Schmerzen verringern und die Arbeit verkürzen. Zudem sinkt die Wahrscheinlichkeit, dass die Herztöne Ihres Babys sich verschlechtern. Dammschnitte, Saugglocken- und Zangengeburten sind seltener (Seite 167).

Achten Sie auf Ihre Position

Je nach Ausstattung des Kreissaals können Sie auf einem Gebärhocker oder in einer Gebärbadewanne, umgeben von warmem Wasser, in einer aufrechten Position sitzen und mitschieben. Wenn Sie sich in einem üblichen Entbindungszimmer auf dem Kreißbett befinden, heißt das nicht, dass Sie wie noch unsere Mütter Ihr Kind auf dem Rücken liegend gebären müssen. Mit hochgestelltem Kopfteil und Kissen zum Polstern bieten sich darauf und daneben diverse Möglichkeiten, Ihre Position selbst zu wählen. Falls Sie nicht ganz von selbst eine gute Geburtsposition einnehmen, wird die Hebamme Ihnen dabei helfen, eine zu finden:

- Im Stehen unterstützt Sie die Schwerkraft. Halten Sie sich an Ihrem Partner, einem Seil oder der Sprossenwand fest.
- Setzen Sie sich mit angewinkelten und auseinander gespreizten Beinen halb aufrecht hin. Eventuell kann Ihr Partner sich hinter Sie setzen und Ihren Rücken unterstützen.
- Nehmen Sie die Knie-Ellbogen-Lage (Seite 145), ein. Wenn es bequemer für Sie ist, leh-

Schutzmaßnahmen für den Damm

- Viele Hebammen massieren das Dammgewebe, wenn das Köpfchen Ihres Babys zwischen den Schamlippen stecken bleibt, um damit das Gewebe zu dehnen. Wenn Ihnen das unangenehm ist oder weh tut, sagen Sie es unbedingt. Auch weiche Tücher, die mit warmem Wasser, eventuell Kaffee getränkt sind, können für Sie angenehm sein und das Gewebe entspannen.

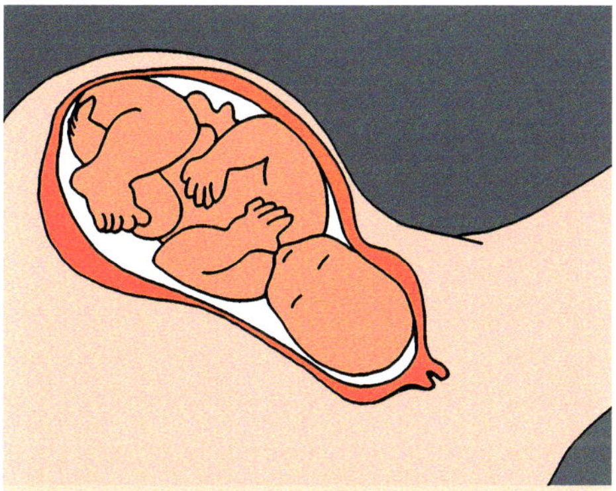

Die Lage des Kindes vor Einsetzen der Wehen.

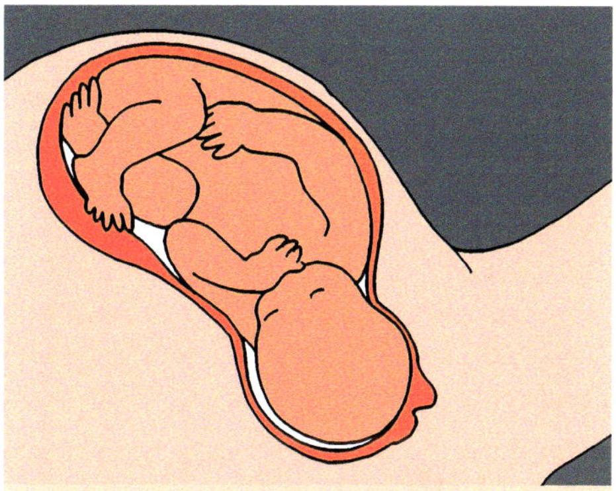

Der Gebärmutterhals verkürzt sich.

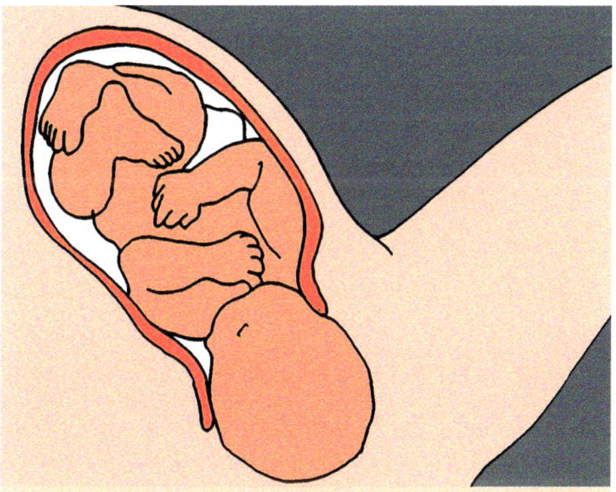

Der Muttermund ist eröffnet.

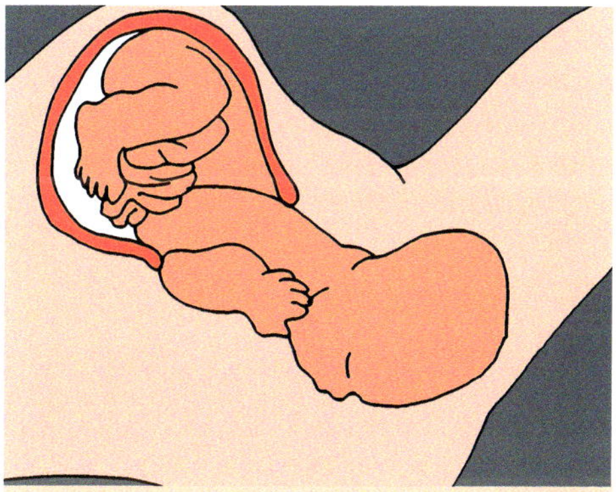

Der Kopf des Babys erscheint.

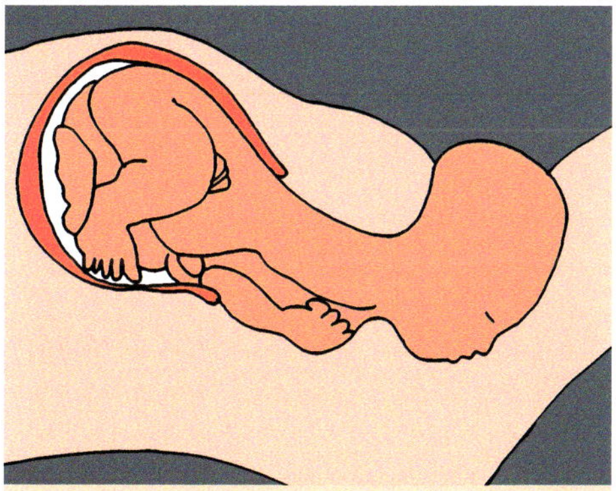

Der Kopf wird geboren.

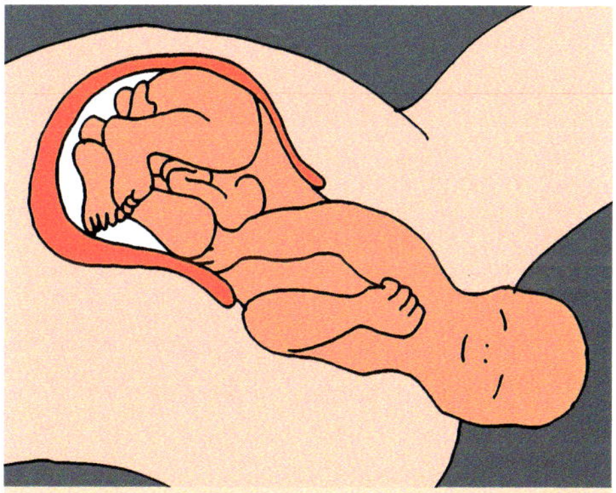

Der ganze Körper rutscht hinterher.

nen Sie den Oberkörper und die Arme über das hochgestellte Kopfteil des Bettes.
› Legen Sie sich auf die linke Seite. Ihr Partner oder die Hebamme können Ihnen helfen das Bein zu halten.

Es kann sein, dass Arzt oder Hebamme Sie bitten, eine bestimmte Lage einzunehmen, eventuell sogar die Rückenlage. Dann sind vielleicht die Herztöne Ihres Babys nicht in Ordnung und weitere Maßnahmen notwendig. Vielleicht tritt in dieser Phase kein rechter Geburtsfortschritt auf. Das kann daran liegen, dass Ihr Baby sich mit seinem Köpfchen noch ein bisschen drehen und den Beckenräumen anpassen muss. Hier kann die empfohlene Position oder ein mehrfacher Positionswechsel helfen.

Achten Sie auf die Signale Ihres Körpers

› In Untersuchungen wurde beobachtet, dass Schwangere, denen keine Atemmuster und aktives Pressen vorgeschlagen wurden, von allein auf dem Höhepunkt einer Wehe drei bis vier Sekunden die Luft anhielten. Danach pusteten sie in kurzen Atemzügen abwechselnd mit leichtem Schieben das Baby nach unten. Ganz so wie ihr Körper es ihnen vorgab.

› Eine andere Studie zeigte, dass angeleitetes Pressen die Blutzufuhr zur Gebärmutter reduziert und damit auch die Sauerstoffversorgung des Babys minimiert. Die Folgen sind Stressanzeichen bei den Herztönen der Babys und später nach der Geburt niedrigere Apgarwerte.

Der Pressdrang

Wenn Sie keinen Pressdrang verspüren, lassen Sie sich ruhig Zeit. Ihr Körper wird wahrnehmen, wann es so weit ist. Ein zu frühes Drücken kann Sie stark erschöpfen und wird den Geburtsprozess nicht beschleunigen.

Vor nicht allzu langer Zeit wurden die Schwangeren während der Austreibungsphase durch Hebammen zu bestimmten Atemmustern mit Anhalten der Luft und starkem Schieben des Babys angeleitet. „Pressen, Pressen, Pressen!“, schallte es im Befehlston durch den Kreißsaal. Es wurde argumentiert, dass mit dieser aktiven Vorgehensweise die auch für Babys anstrengende Zeit verkürzt werden sollte. Studien widerlegen allerdings die Wirksamkeit dieser Routine und deuteten dabei sogar auf Risiken.

Vertrauen Sie Ihren medizinischen Helfern

Wie auch immer der persönliche Stil Ihrer Hebamme ist, konzentrieren Sie sich auf ihre Stimme und Zeichen. Dies gilt vor allem für Situationen, in denen das Kind sehr schnell kommt oder der Kopf fast geboren ist und Sie weiterhin starken Pressdrang haben. Um Rissverletzungen an Vagina, Damm und Schamlippen zu vermeiden, hilft Ihnen die Hebamme dabei, ab einem bestimmten Moment nicht mehr aktiv zu schieben.

Was kann die Begleitperson tun?

Der Endspurt beginnt. Denken Sie auch jetzt an Nahrung und Getränke für ihr Wohlbefinden und ihre Kraft:

› Helfen und motivieren Sie zu Positionswechseln, bieten Sie kalte oder warme Tücher an.
› Kochen Sie ihren Lieblingskräutertee und fügen Sie einen Löffel Traubenzucker dazu.
› Versorgen Sie sie mit Kissen.
› Stützen und halten Sie sie in all ihren Positionen. In dieser Phase mögen viele Frauen es besonders, wenn sie an Schultern und Händen gehalten werden.

› Suchen Sie die Babykleidung zusammen und legen sie diese unter eine Wärmelampe, wenn Mutter und Kind nach der Geburt nach Hause gehen wollen.

Bereiten Sie sich und die Umgebung auf die Ankunft des Babys vor.

DIE GEBURT

Wenn Ihr Baby geboren ist, ist die große körperliche Erleichterung im ersten Augenblick oft das bestimmende Gefühl. Viele Frauen zittern, schreien oder weinen. Bei der ersten Berührung Ihres Babys können Sie seine etwas glitschige, feuchte Haut fühlen. Erschrecken Sie nicht: Die Haut von Babys hat oft noch eine gräuliche oder blaue Farbe. Sie wird aber sehr schell rosig werden, wenn die kleinen Menschen anfangen zu atmen. Ihre Hebamme wird das Baby auf Ihrem Körper warm zudecken, damit es nicht auskühlt. Sie wird allen Schleim aus Nase und Mund beseitigen, damit das Atmen leichter fällt. Manche Babys schreien lautstark bei ihrer Geburt, andere aber liegen ganz ruhig, schauen umher, so als wollten sie die für sie neue Welt entdecken.

Wenn Sie sehr erschöpft sind oder stark zittern, kann es sein, dass Sie Hilfe beim Halten Ihres Babys brauchen. Bitten Sie dann Ihren Partner oder die Hebamme um Unterstützung. Oft erleben wir aber auch richtiggehend euphorische Frauen, die am liebsten mit ihrem Baby umhertanzen wollen. Manche begnügen sich damit, voller Faszination die zarte Haut ihres Babys zu streicheln und in die riesengroßen dunklen Augen zu blicken. Manche Paare weinen und lachen zur gleichen Zeit. Viele Männer wundern sich nachher über ihre heftigen Gefühle bei der Geburt des Babys. Einige Frauen verspüren nur noch den Wunsch endlich zu schlafen und sind daher erst einmal gar nicht so sehr an ihrem Baby interessiert.

DIE NACHGEBURTSPHASE

In der dritten Phase der Geburt wird die Nabelschnur durchtrennt und die Plazenta geboren. Erst dann ist die Geburt beendet – und das Wochenbett (Seite 182) beginnt.

Die Nabelschur wird durchtrennt

Wann genau die Verbindung zwischen Mutter und Kind gekappt werden soll, ist allerdings umstritten. Die einen befürworten das sofortige Abnabeln des Babys. Dieses Vorgehen bietet einige Vorteile. Es verschafft Ihnen im Umgang mit Ihrem Baby vielleicht mehr Bewegungsfreiheit. Auch die Hebamme kann schneller in ihrer Routine voranschreiten, denn nur ein abgenabeltes Baby kann gewogen und vermessen, untersucht und angekleidet werden. Und wenn Ihr Baby nach der Geburt etwas Hilfe braucht, können die Ärzte es rascher untersuchen und medizinisch versorgen.

Die anderen befürworten ein spätes Abnabeln, am besten erst zu einem Zeitpunkt wenn die Gefäße in der Nabelschnur aufgehört haben zu pulsieren. Damit kann die Durchtrennung der Nabelschnur um 15 bis 25 Minuten hinausgezögert werden. Das ermöglicht es den Müttern, die Verbindung zwischen sich und dem Baby ein letztes Mal zu fühlen und zu betrachten. Außerdem kann Ihr Baby seine eigene Atmung etwas entspannter aufnehmen, da weiterhin die zusätzliche Sauerstoffversorgung durch die pulsierende Nabelschnur besteht. Es ist schwer einzuschätzen, wie wichtig diese Tatsache ist, zumal Studienergebnisse bisher keine klaren Auskünfte bieten können. Fest steht bislang nur, dass Hämoglobin- und Bilirubinwerte (Seite 178) bei sofortigem Abnabeln erst einmal niedriger sind, aber nach sechs Wochen wieder denen spät abgenabelter Babys entsprechen. Erkennbare positive oder negative Auswirkungen konnten allerdings nicht festgestellt werden.

Die Wassergeburt: sanfter Übergang in die Welt

- In einigen Kulturen werden Babys im Wasser zur Welt gebracht, zum Beispiel in Polynesien oder am Amazonas. Bei uns sind Wassergeburten eine eher neue Möglichkeit, obwohl warmes Wasser in der Geburtshilfe schon immer eine wichtige Rolle gespielt hat. Warmes Wasser ist sehr effektiv bei der Schmerzerleichterung. Es hilft Ihnen dabei, zu entspannen und den Wehenschmerz besser zu bewältigen. Viele Frauen haben das Gefühl, dass die Geburtsarbeit leichter vorangeht. Nicht zuletzt, weil sie sich im Wasser einfacher bewegen können. Studien zeigten, dass der Blutdruck nach dem Eintauchen ins warme Wasser sinkt, dass sich der Muttermund rascher öffnet, dass das Baby schneller und tiefer ins Becken tritt und ein deutlich verringerter Bedarf an Schmerzmitteln besteht. Zudem werden seltener Dammschnitte ausgeführt, der Blutverlust beim Ablösen der Plazenta ist geringer, und die Babys haben durchschnittlich bessere Agpar-Werte (Seite 252). Bei all diesen Vorzügen ist es nur zu verständlich, dass Wassergeburten sich in den letzten 20 Jahren steigender Beliebtheit erfreuen. Die in der Anfangszeit herrschenden Vorbehalte konnten durch Studien widerlegt werden. Wenn Sie gewisse Hygieneregeln einhalten, besteht kein erhöhtes Infektionsrisiko – zumal wenn Sie zu Hause in Ihrer eigenen Wanne liegen. Bei der Geburt Ihres Babys wird es vom Fruchtwasser ins ähnlich warme Badewasser geboren. Ein Tauchreflex verhindert das Einatmen von Wasser. So wird Ihr Baby seinen ersten Atemzug erst tun, wenn Sie es aus dem Wasser gehoben und warm zugedeckt haben.

  An den Entbindungsorten gelten unterschiedliche Regeln zu Wassergeburten. In den meisten Fällen ist aber nichts gegen eine Geburt im Wasser einzuwenden, wenn folgende Kriterien erfüllt sind:

- Ihr Baby ist mindestens 37 Schwangerschaftswochen alt und liegt mit dem Kopf nach unten.
- Die Herzfrequenz und der Herzrhythmus Ihres Babys sind unauffällig.
- Ein Blasensprung liegt nicht länger als 24 Stunden zurück, und es ging klares Fruchtwasser ab.
- Es besteht keine Zwillingsschwangerschaft.
- Sie haben bislang keine Periduralanästhesie (PDA) erhalten.
- Die Herztöne Ihres Babys können auch in der Wanne überprüft werden. Beim Auftreten von Komplikationen werden Sie aber gebeten, die Wanne zu verlassen. Wirklich einplanen können Sie eine Wassergeburt daher nicht. Wir haben auch schon Frauen erlebt, die sich ganz fest für die Badewanne entschieden hatten, dann aber davon nichts mehr wissen wollten und eine Landgeburt vorzogen.

Sie sollten sich daher überlegen, was für Sie selbst besser passt. Möglicherweise vertreten Sie die Ansicht, dass natürliche Vorgänge, wie das Auspulsieren der Nabelschnur, einen Sinn haben, auch wenn dieser wissenschaftlich noch nicht belegt ist.
Ein frühes Abnabeln wird aus medizinischen Gründen bei Rhesus-negativen Frauen empfohlen, die Probleme mit der Antikörperbildung haben. Selbstverständlich müssen auch Babys, die ihre Nabelschnur eng um den Hals gelegt haben oder denen es nach der Geburt nicht gut geht, sofort abgenabelt werden.
Falls Sie oder Ihre Begleitperson die Nabelschnur gern selbst durchtrennen wollen, sagen Sie dies Ihrer betreuenden Hebamme frühzeitig. Die Nabelschnur wird an zwei Stellen mit Klemmen unterbrochen und dazwischen durchteilt. Schneiden Sie beherzt, weil die Nabelschnur aus recht festem Gewebe besteht.

Das Abnabeln macht Ihr Baby zum Selbstversorger

› Ihr Baby war in der Gebärmutter durch die Nabelschnur auch ohne Atmung optimal mit Sauerstoff versorgt. Spätestens nach dem Durchtrennen der Nabelschnur wird Ihr Baby seine Sauerstoffversorgung selbst übernehmen müssen und zu atmen beginnen. Das ist mit großen Umstellungsprozessen in Kreislauf, Lungen und auch dem Herzen verbunden. Beim ersten Atemzug füllen sich die Lungen mit Luft und die Lungenbläschen entfalten sich. Die Öffnung im Herzen, die die Umleitung des Blutes von den Lungen bewirkte, schließt sich kurz nach der Geburt. Nach Aufnahme der eigenen Sauerstoffversorgung erschlafft die Nabelschnur, die nun nicht mehr gebraucht wird. Und der Blutfluss zwischen Baby und Plazenta wird unterbrochen. So kann es kein Blut verlieren, wenn sich die Plazenta löst.

Die Geburt der Plazenta

Sobald Ihr Baby geboren ist, arbeitet Ihre Gebärmutter mit Kontraktionen kräftig weiter, um die Plazenta und die Eihäute zur Welt zu bringen. Die Plazenta kommt in der Regel 10 bis 30 Minuten nach der Geburt Ihres Babys. In manchen Fällen wartet man aber bis zu eineinhalb Stunden auf die Lösung.
Unterstützen können Sie die Ablösung, wenn Sie Ihre Brustwarzen massieren oder Ihr Baby zum Stillen anlegen und an die Entleerung Ihrer Harnblase denken. Bei diesen Aktionen wird die Freigabe von Oxytocin angeregt, einem Hormon, das die Gebärmutter zu weiteren Kontraktionen veranlasst. Bei einer unvollständigen oder festsitzenden Plazenta oder bei starken Blutungen wird die Plazenta unter Narkose gelöst und eventuell in der Gebärmutter verbliebene Reste entfernt (Seite 174).
Im Normalfall löst sich aufgrund der großen Volumenverringerung in der Gebärmutterhöhle die wenig flexible Plazenta von allein von der Gebärmutterwand und wird mit einem Schwapps Blut geboren. Die Blutung, die bei der Ablösung der Plazenta entsteht, ist oft die einzige größere Menge Blut bei einer Geburt. Wichtig ist, dass sich die Gebärmutter in den Minuten danach weiter zusammenzieht, damit die Wundfläche kleiner wird und der Blutverlust sich in Grenzen hält.
Die Ablösung erleben die meisten Frauen nicht unbedingt als weitere schmerzhafte Arbeit, da die Nachgeburt viel kleiner als ein Baby ist. Viele Frauen und Paare sind von ihrem Baby so sehr fasziniert, dass sie die Geburt der Plazenta kaum wahrnehmen. Wenn sie durch Abtasten die Lösung der Plazenta feststellt, wird Ihre Hebamme Sie bitten, bei der nächsten „Nach-

wehe“ noch einmal kräftig mitzudrücken – dann ist es geschafft.
Bitten Sie Ihre Hebamme, dass sie Ihnen die Plazenta zeigt. Die zum Kind gerichtete Seite ist weich und von Blutgefäßen durchzogen, und die Seite, die zu Ihrer Gebärmutter gerichtet war, ist dunkelrot und sieht aus wie ein Stück rohe Leber. Dieses so wichtige Organ hat Ihr Baby die ganzen Monate mit allem, was es brauchte, versorgt.
Nach einer genauen Überprüfung auf Vollständigkeit wird die Plazenta „entsorgt“. Falls Sie sie mit nach Hause nehmen wollen, um sie unter einen Baum einzugraben, den Sie für Ihr Kind pflanzen, müssen Sie das Ihrer Hebamme sagen. Sie bekommen Sie dann in einer Plastiktüte ausgehändigt. Sie können sie ja erst einmal ins Gefrierfach legen, wenn Sie nicht gleich wissen, was Sie damit machen wollen.

Guter Start in die Stillzeit: Anlegen gleich nach der Geburt!

- Bitten Sie Ihre medizinischen Helfer, Ihnen und Ihrem Baby Zeit zu lassen für ein erstes Kennenlernen. Ihr Baby hat sich schon recht lange auf das Saugen vorbereitet. Es ist also nicht verwunderlich, dass es bereits kurz nach der Geburt beginnen wird, nach Ihren Brustwarzen zu suchen. Wenn Ihr Baby nach der Geburt auf Ihren Bauch gelegt wird, beginnt es nach einiger Zeit mit leichten Krabbelbewegungen, um die Brustwarze zu erreichen. Der Tastsinn und auch das Sehen helfen ihm, die Nahrungsquelle zu finden. Dieses erste Suchen ist ein wichtiger Schritt auf dem Weg zu einer glücklichen Stillbeziehung (Seite 210) und sollte daher möglichst nicht unterbrochen werden.

Nun haben Sie es geschafft! Sie sind Mutter! Das kann mit heftigen Gefühlen, Erleichterung, Stolz oder zittriger Aufgeregtheit verbunden sein. Als Folge der großen Erschöpfung ist Ihnen vielleicht kalt. Oder Sie sind nach all der harten Arbeit sehr durstig und hungrig. Gönnen Sie sich eine kurze Pause, um zu begreifen, was gerade passiert ist.

Medizinische Versorgung

Wenn Ihre Geburt von einer Hebamme geleitet wurde, werden Sie nun von ihr untersucht. Sie übernimmt auch die weitere Versorgung. Verletzungen oder einen Dammschnitt (Seite 165) wird sie zu Hause oder im Geburtshaus selber nähen. Eventuell wird sie auch einen Arzt rufen, mit dem sie zusammenarbeitet.
In einer Klinik werden die Untersuchung und die Versorgung von Verletzungen von einer Ärztin durchgeführt. Für die Naht werden Ihre Beine in Beinhalter gelegt, und Sie erhalten mit einer Spritze eine örtliche Betäubung. Wenn das Nähen dennoch wehtut, drängen Sie darauf, dass etwas nachgespritzt wird. Die Fäden, die dabei verwendet werden, sind selbstauflösend. Sie müssen also nicht wieder entfernt werden. Danach werden Sie sich noch etwa zwei Stunden im Kreißsaal aufhalten, die Hebamme wird auf die Blutung und Ihre Gebärmutter achten und Ihren Kreislauf überwachen. Sie können etwas essen und trinken und Sie können sich mit Hilfe waschen oder duschen, bevor Sie zusammen mit Ihrem Baby in ein Zimmer auf die Wöchnerinnenstation verlegt werden.
Bei einer ambulanten oder außerklinischen Geburt gehen die Mütter mit ihren Babys vier Stunden nach der Geburt nach Hause. Wenn Sie Ihr Baby daheim zur Welt gebracht haben, wird Ihre Hebamme noch mindestens zwei Stunden bei Ihnen bleiben, für Sie sorgen und Ihnen beim Frischmachen helfen, bevor auch sie nach Hause geht.

Was ist zu tun bei einer Sturzgeburt?

Es ist sehr unwahrscheinlich, dass Ihr Baby plötzlich und nicht am vorgesehenen Entbindungsort zur Welt kommt. Selbst bei einem raschen Wehenbeginn werden Sie in fast allen Fällen Hilfe holen können. Obwohl also nur die sehr geringe Möglichkeit besteht, dass Sie eine Sturzgeburt erleben, sollten Sie Folgendes beachten:

- Versuchen Sie ruhig zu bleiben. Wenn Sie bereits einen Pressdrang spüren, ist es besser, daheim zu bleiben, als in ein Taxi oder in Ihr eigenes Auto zu steigen.
- Rufen Sie Ihre Hebamme oder den Rettungsdienst.
- Decken Sie den Platz für die Geburt mit einer großen Mülltüte ab, die Sie mit Handtüchern oder Betttüchern polstern. Ihr Bett oder der Fußboden sind wahrscheinlich die am besten geeigneten Plätze. Ihr Partner sollte sich mit Wasser und Seife die Hände sofort gut waschen.
- Versuchen Sie gleichmäßig zu atmen und erst dann mitzudrücken, wenn Sie das Köpfchen Ihres Babys zwischen den Schamlippen tasten können. Ihr Partner oder Sie selbst können vorsichtig eine Hand auf das Köpfchen legen, damit es nicht zu schnell herauskommt.
- Nach der Geburt des Köpfchens spüren Sie in sich hinein, ob die Wehe noch da ist und Sie weiter schieben können. Falls Sie keinen Wehendruck mehr wahrnehmen, atmen Sie gleichmäßig und möglichst ruhig in den Bauch und ruhen ein wenig aus. Bei der nächsten Wehe schieben Sie dann mit Ihrer ganzen Kraft Ihr Baby heraus. Ihr Partner darf auf keinen Fall am Köpfchen ziehen. Ihr Körper schafft die Arbeit allein. Fordern Sie als Partner nur auf, stark zu drücken, wenn die Schultern des Babys nicht rasch nach der Drehung des Köpfchens geboren werden.
- Sobald das Baby geboren ist, legen Sie es auf Ihre Brust. Achten Sie darauf, dass die Beinchen höher als der Kopf liegen, damit es allen Schleim und auch das Fruchtwasser aus Nase und Mund loswerden kann.
- Decken Sie es warm zu. Es darf nicht auskühlen, da seine Sauerstoffversorgung dadurch vermindert wird.
- Wenn Ihr Baby schreit, ist es gesund und alles in Ordnung.
- Wenn Ihr Baby nicht atmen sollte, reiben Sie seinen Rücken und helfen ihm so seinen Kreislauf in Gang zu bekommen.
- Die Nabelschnur lassen Sie einfach so, wie sie ist. Durchtrennen Sie sie keinesfalls! Warten Sie, bis Hilfe eingetroffen ist.
- Wenn ein erneuter Druck spürbar wird, drücken Sie Ihre Plazenta hinaus. Lassen Sie sie einfach liegen und ziehen Sie auf keinen Fall an der Nabelschnur.

Unterstützte Geburten

Leider verlaufen nicht alle Geburten so, wie wie wir es uns wünschen. Glücklicherweise gibt es heute viele Möglichkeiten Sie und Ihr Baby bei der Geburt zu unterstützen, wenn es Ihnen beiden nicht gut geht oder es irgendwo „hakt“. Auch wenn alle medizinischen Begleiter Ihren Wunsch auf eine möglichst natürliche Geburt unterstützen wollen, gibt es immer wieder Situationen, in denen ein „Umschalten“ unbedingt notwendig ist.

GEBURTSEINLEITUNG

Theoretisch dauert eine Schwangerschaft 280 Tage. Die Praxis zeigt, dass die meisten Schwangeren ihr Baby zwischen der 37. und 42. Schwangerschaftswoche zur Welt bringen: Bei jeder fünften Schwangeren werden die Wehen medikamentös ausgelöst. Für eine eingeleitete Geburt sollte es aber immer gute Gründe geben, da sich statistisch ein erhöhtes Risiko für Komplikationen nachweisen lässt: Es werden häufiger wehenbeinflussende Medikamente eingesetzt und die Geburt mit vaginal-operativen Methoden beendet. Die Geburten dauern länger, und die Kaiserschnittrate steigt. In folgenden Fällen sollte eine Geburtseinleitung aber unbedingt erfolgen:

- bei gesundheitlichen Probleme wie Präeklampsie
- wenn bei Ihrem Baby eine deutliche Wachstumsverzögerung festgestellt wird
- bei auffälligem CTG
- bei Mehrlingen
- bei einem vorzeitigen Blasensprung ohne Einsetzen der Wehentätigkeit nach 8, 12, 24 oder 48 Stunden (abhängig von der Vorgehensweise Ihres Entbindungsortes)
- bei Terminüberschreitung (auch hier wieder abhängig vom Entbindungsort, nach 7, 10, 12 oder 13 Tagen) oder Übertragung (ab 14 Tage über dem Termin)

Besonders kontrovers wird in Fachkreisen der Zeitpunkt der Geburtseinleitung bei Terminüberschreitung und Übertragung diskutiert. Hintergrund geltender Empfehlungen ist, dass das Risiko, ein totes Baby zur Welt zu bringen, geringfügig, aber konstant steigt, je länger es im Bauch ist. Während die kindliche Sterblichkeit um den Termin herum insgesamt bei 0,2 Prozent liegt, steigt sie bis zum Ende der 41. Woche auf 0,3 Prozent und bis zum Ende der 43. Woche auf 0,4 Prozent.

Um abzuklären ob Ihr Baby gefährdet ist, wer-

Jeder Tag über dem Termin bringt Sie näher zum Kind!

Wenn Sie Ihr Baby schon sehnsüchtig erwarten, beruhigt es Sie vielleicht zu wissen, dass mit jedem Tag über den Termin die Wahrscheinlichkeit steigt, dass Ihr Baby bald geboren wird:

- 58 Prozent der Babys sind bis zum Ende der 40. Schwangerschaftswoche geboren.
- 74 Prozent kommen bis zum Ende der 41. Schwangerschaftswoche zur Welt.
- 82 Prozent machen sich bis zum Ende der 42. Woche auf den Weg.

den ab dem Termin häufiger CTG-Kontrollen durchgeführt. Mit Ultraschall kann Ihre Ärztin überprüfen, ob noch genügend Fruchtwasser vorhanden ist. Möglicherweise wird mit dem Doppler-Ultraschall auch der Blutfluss Ihres Kindes gemessen. In manchen Kliniken wird noch vor der Geburtseinleitung ein so genannter Wehenbelastungstest oder Stresstest durchgeführt. Dabei werden unter CTG-Kontrolle mit einer wehenfördernden Infusion für eine kurze Zeit Kontraktionen erzeugt und dabei die Herztöne des Babys beobachtet.

Wir treffen sowohl Schwangere, die glücklich mit der Einleitung sind, als auch Schwangere, die ein besseres Gefühl bei einem natürlichen Wehenbeginn hätten. Besprechen Sie mögliche Vorgehensweisen und lassen Sie sich an Ihrem Entbindungsort alles genau erklären. Bedenken Sie bei Ihrem Wunsch, Ihr Baby bald im Arm zu halten, dass die Chance, dass es tatsächlich losgeht, mit jedem Tag steigt. Bei einer vaginalen Untersuchung wird der Reifezustand von Gebärmutterhals und Muttermund (wie weich, kurz und offen) bestimmt und davon abhängig eine passende Methode zur Geburtseinleitung ausgewählt.

„Natürliche" Geburtseinleitung

Wenn Sie Ihr Kind außerhalb einer Klinik zur Welt bringen wollen, wird Ihre Hebamme Ihnen zunächst einige sanfte Methoden anbieten, die möglicherweise dazu beitragen, Wehen auszulösen und die Geburt einzuleiten. Folgende Möglichkeiten stehen zur Verfügung:

- Vor der Einführung von Medikamenten war die Eipollösung weit verbreitet. Ihre Effektivität ist nachgewiesen, wenn sie um die 40. Schwangerschaftswoche herum ausgeführt wird. Diese Methode kann nur eingesetzt werden, wenn der Muttermund bereits leicht geöffnet ist. Eine Ärztin oder eine Hebamme geht dann mit einem Finger in den Muttermund. Mit einer drehenden Bewegung massiert sie langsam den inneren Muttermund und löst dabei vorsichtig die Eihäute. Die Wahrscheinlichkeit eines spontanen Wehenbeginns innerhalb von 48 Stunden wird mit diesem Eingriff deutlich erhöht. Häufig tritt nach der Eipollösung eine leichte vaginale Blutung auf, die aber ungefährlich ist.
- Mittlerweile haben auch Studien nachgewiesen, dass dreimaliges Stimulieren der Brustwarzen für 15 Minuten die Wahrscheinlichkeit von spontanen Wehen innerhalb von 72 Stunden deutlich erhöht.
- Viele Schwangere können durch speziell für sie ausgewählte homöopathische Mittel gut unterstützt werden. Es gibt aber kein für alle Schwangeren gleichermaßen wirksames Mittel. Verzichten Sie bitte aus diesem Grund auf jeden Fall auf die Einnahme standardisierter Verordnungen wie Pulsatilla oder Caulophyllum!
- Zwar ist wissenschaftlich noch nicht erwiesen, ob mithilfe von Akupressur die Geburt wirksam eingeleitet werden kann. Unsere Erfahrungen sind jedoch sehr positiv. Schwangere berichteten uns nach einer Behandlung sehr häufig von einem raschen Wehenbeginn. Aber auch hier gilt: Suchen Sie einen erfahrenen Therapeuten.
- Mit Fußreflexzonenmassagen haben wir gute Erfahrungen gemacht. Notwendig ist eine starke Stimulation der Bereiche Gebärmutter und Eierstock, stärkende Griffe im Hypophysenbereich sowie beruhigende Haltegriffe zur psychischen Entspannung im Wirbelsäulen- und Leberbereich. Sie erkennen bereits an dieser Aufzählung: Fußreflexzonenmassage vor der Geburt sollte nur durch ausgebildete Personen erfolgen.
- Aus dem Bereich der Aromatherapie werden vor allem folgende ätherische Öle eingesetzt: Eisenkraut, Zimt, Nelke, Ingwer. Sie können diese Öle mit einem Basisöl (zum Beispiel

Mandelöl) vermischen und damit die Gebärmutter im oberen Bereich massieren. Oder Sie machen sich mit den ätherischen Ölen und warmem Wasser eine Kompresse und legen diese auf die Gebärmutter.

- Auch ein wehenförderndes Bad kann Wunder wirken. Geben Sie hierzu vier Tropfen eines ätherischen Öls wie Nelkenöl, Zimtblätteröl oder Ingwerwurzelöl auf 250 Milliliter Sahne pro Vollbad. 20 Minuten bei 35 bis 37 Grad baden.

Medikamentöse Geburtseinleitung

Wenn die sanften Methoden zur Geburtseinleitung nicht geholfen haben, stehen in der Klinik unter ärztlicher Betreuung weitere Möglichkeiten zur Verfügung.

- Bei noch unreifem Muttermund wird der Einsatz von Prostaglandinvaginalgel oder -vaginaltabletten empfohlen. Dadurch wird das „Primen" begünstigt, das heißt, der Gebärmutterhals wird weicher, kürzer, flacher und löst dadurch Kontraktionen aus. Diese Methode ist mit CTG-Kontrollen verbunden und kann über mehrere Tage zweimal täglich durchgeführt werden.
- Möglich ist auch der Einsatz eines hauseigenen Wehencocktails. Versuchen Sie bitte auf keinen Fall, sich diesen Cocktail selbst zu mischen, da seine Gabe nur unter CTG-Kontrollen erfolgen darf.
- Im klinischen Alltag bewährt hat sich der Einsatz von Oxytocin, das meist in Form eines Wehentropfs verabreicht wird. Die Wirksamkeit ist allerdings nur bei reifem Muttermund gegeben. Solange der Tropf läuft, werden die kindlichen Herztöne mit dem CTG kontrolliert.
- Die Fruchtblase wird wegen des erhöhten Infektionsrisikos nur noch in seltenen Fällen vorzeitig geöffnet. Unter anderem bei einem zweiten oder weiteren Kind, wenn der Muttermund bereits etwas geöffnet ist.

Falls bei Ihnen ein unreifer Muttermundbefund festgestellt wird, stellen Sie sich insbesondere bei einem ersten Baby auf eine längere Geburtsdauer ein. Die Medikamentengabe muss dann häufiger wiederholt werden, damit wirksame Wehen einsetzen, die Ihren Muttermund öffnen. Versuchen Sie sich immer wieder zu entspannen, bis die Geburtswehen einsetzen. Das kann bis zu drei Tage dauern, in denen Sie gut für sich sorgen sollten. Halten Sie den Tag-Nacht-Rhythmus so weit es geht ein, essen und trinken Sie ausreichend und gehen Sie zwischendurch viel spazieren.

METHODEN ZUR SCHMERZLINDERUNG

Durch die Gabe von Medikamenten zur Schmerzerleichterung soll die Angst-Spannungs-Schmerz-Spirale durchbrochen werden, in die manche Frauen während der Geburt geraten. Besonders bei sehr langwierigen Geburtsverläufen wünschen sich viele Frauen, dass die Schmerzen wirksam beseitigt werden.

Krampflösende Mittel

Wenn Sie es wünschen, können bereits in der frühen Eröffnungsphase (Seite 139) Spasmolytika eingesetzt werden. Es handelt sich dabei nicht wirklich um Schmerzmittel. Die Muskelentspannung kann bewirken, dass der Muttermund sich leichter öffnet und die Wehen effektiver arbeiten können. Diese Medikamente werden als Zäpfchen, Spritze oder Infusion verabreicht. Am gebräuchlichsten ist Buscopan®, manchmal als Kombinationspräparat mit Paracetamol.

Schmerzlindernde Medikamente

Analgetika werden meist in der Eröffnungsphase eingesetzt, wenn die Frauen den Wehenschmerz als sehr unangenehm empfinden. Dabei werden opioidhaltige Medikamente bevorzugt, die auf das zentrale Nervensystem wirken. Das sind synthetisch hergestellte morphiumähnliche Stoffe. Sie dämpfen oder verändern das Schmerzempfinden im Gehirn. Wenn der Wirkstoff mit einer wirksamen schmerzausschaltenden Komponente kombiniert wird, können die Frauen besser entspannen und der Muttermund öffnet sich leichter.

Ein praktisches Problem im Zusammenhang mit opioidhaltigen Medikamenten besteht darin, dass sie über die Plazenta auch zum Kind gelangen und deshalb spätestens zwei bis drei Stunden vor der Geburt zum letzten Mal verabreicht werden dürfen. Wenn Ihr Baby es nach dieser Medikamentengabe sehr viel eiliger hat – was nicht immer vorher absehbar ist –, besteht die Gefahr, dass der Atemantrieb gehemmt wird.

Aus diesem Grund sind opioidhaltige Schmerzmittel in die Kritik geraten und werden in der Geburtshilfe in Deutschland nicht mehr überall eingesetzt. Die gebräuchlichsten Präparate auf dem Markt sind: Dipidolor® und Dolantin®. Meptid® ist ein ähnlich wirkendes Schmerzmittel, das die Atmung des Kindes nach der Geburt weniger stark beeinflusst. Die Medikamente können in Zäpfchenform, als Spritze in die Muskulatur oder als Kurzinfusion verabreicht werden.

Der Pudendusblock

Der Pudendusblock, eine örtliche Betäubung des Beckenbodens, wird manchmal eingesetzt, wenn die Geburt mithilfe einer Saugglocke oder Zange beendet werden soll. Dabei spritzt der Kreißsaalarzt kurz vor der Geburt des Babys durch die Vagina ein Betäubungsmittel in die Gegend der Sitzbeinhöcker und blockiert damit den Nervus pudendus. Der Damm, der untere Teil der Vagina und die Schamlippen werden dadurch betäubt. Weh-

Opioidhaltige Analgetika

PRO	CONTRA
› Bei einer sehr lang andauernden und schwierigen Geburt kann die Wirkung des Medikaments Ihnen vielleicht etwas Ruhe verschaffen.	› Ihnen kann schlecht werden, und Sie müssen sich vielleicht sogar übergeben.
› Wenn Sie sehr ängstlich sind, können Sie vielleicht entspannen. Das kann beim Öffnen des Muttermundes hilfreich sein.	› Möglicherweise widerstrebt Ihnen das Gefühl des Abgeschnittenseins vom Geburtsgeschehen, das die Medikamente hervorrufen.
› Sie können sich von Ihrem Schmerzempfinden besser distanzieren.	› Ihr Baby kann durch die Wirkung der Medikamente in den ersten Tagen nach der Geburt sehr schläfrig sein.

enschmerz und Pressdrang bleiben aber unbeeinflusst.

Die Periduralanästhesie

Die Periduralanästhesie – PDA –, auch Epiduralanästhesie – EDA – genannt, ist die am häufigsten durchgeführte örtliche Betäubung während der Geburt. Es handelt sich dabei um eine komplikationsarme, effektive Methode zur Geburtsschmerzausschaltung, die meist von Narkoseärzten, mancherorts auch von Geburtshelfern durchgeführt wird.

Bei der PDA wird zunächst der untere Rückenbereich örtlich betäubt. An dieser Stelle wird zwischen zwei Lendenwirbeln in die im Wirbelkanal gelegene äußere Hülle des Rückenmarks eine Hohlnadel eingeführt, durch die ein dünner Schlauch vorgeschoben wird. Durch diesen Katheter wird das Betäubungsmittel eingespritzt und die dort befindlichen Nervenwurzeln betäubt. Bei einer Spinalanästhesie wird entsprechend in den Spinalraum eine Einmaldosis gespritzt und kein Verweilschlauch zum eventuellen Nachspritzen gelegt.

Der Zeitpunkt für diese Anästhesie hängt davon ab, wie weit die Geburt fortgeschritten ist und wie Sie sich fühlen. Meistens wird abgewartet, bis der Muttermund sich drei Zentimeter geöffnet hat, um sicher zu gehen, dass die Geburt nicht mehr zum Stoppen kommt. Auch kurz vor der Austreibungsphase wird eine PDA nicht mehr gerne gelegt, wenn das Köpfchen gut im Becken eingestellt ist, weil der Geburtsverlauf sich dadurch stark verzögern kann. Wenn Sie sich für eine PDA entscheiden, müssen Sie bedenken, dass vom Moment Ihrer Entscheidung bis zur Schmerzfreiheit 30 bis 50 Minuten vergehen. Zur Vorbereitung wird Ihr Blutdruck gemessen, eine blutdruckstabilisierende Infusion gelegt und Blut abgenommen, das unter anderem auf die Gerinnungsfaktoren untersucht wird. Häufig wird für diesen Zeitraum ein wehenhemmender Tropf gelegt. Durch die Betäubung sackt Ihr Blut in die entspannten Bereiche der unteren Köperhälfte, und Ihr Blutdruck kann abfallen.

Zum Legen der PDA müssen Sie mit nach vorn gekrümmten Rücken für einige Minuten möglichst bewegungslos sitzen oder liegen. Sagen Sie immer an, wenn wieder eine Wehe kommt, damit der Anästhesist dann eine kleine Pause beim Legen der Betäubung machen kann. Die Wirkung tritt nach 15 bis 20 Minuten ein und hält etwa zwei bis drei Stunden, manchmal auch kürzer, an. Bei Bedarf kann durch den Katheter nachbetäubt werden.

Die Vorteile dieser Anästhesie liegen darin, dass Sie bei vollem Bewusstsein sind und Ihr Baby dadurch keine Probleme bekommt. Bei den heute angewandten Methoden können Sie sogar herumlaufen. Auch ein Kaiserschnitt kann mit dieser Anästhesie durchgeführt werden. Vor allem Frauen, die bereits sehr erschöpft sind, empfinden es als wunderbar, auszuruhen und vielleicht sogar etwas zu schlafen. Die schmerzbedingte Muskelanspannung im Geburtskanal löst sich, was besonders bei Geburtsstillstand die richtige Lösung sein kann. Für eine Geburt bei Präeklampsie (Seite

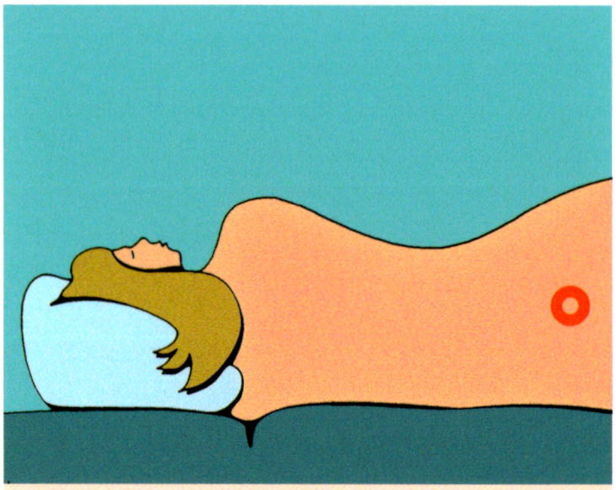

Bevor die PDA gelegt wird, wird die Einstichstelle örtlich betäubt.

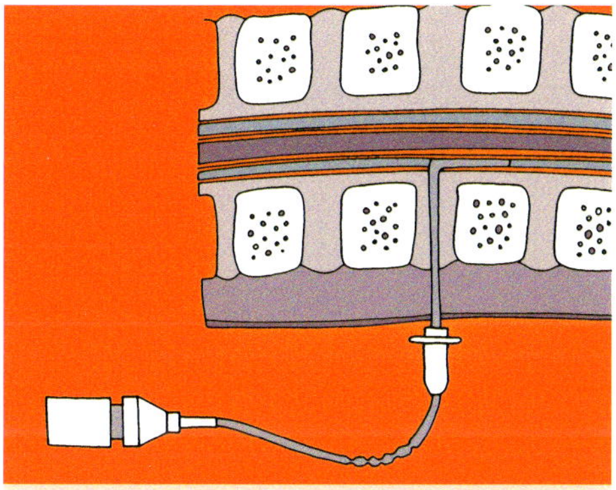

Das Betäubungsmittel wird durch eine Hohlnadel in den Periduralraum gespritzt.

115) ist eine PDA auch wegen der blutdrucksenkenden Wirkung empfehlenswert. Andererseits wirkt die PDA manchmal auf beiden Seiten nicht gleich stark betäubend, so dass die Wehen vielleicht noch zu spüren sind. Auch ist die Toleranz gegenüber wieder auftretendem Wehenschmerz gleich null, wenn die Wirkung der PDA nachlässt. Das kann das ungute Gefühl erzeugen, von der Anästhesie abhängig zu sein. Die absolute Taubheit im Unterbauch wird manchmal als unangenehm empfunden und negativ verarbeitet. Zusätzlich kann sich die Dauer der Geburt verlängern.

Die PDA kann unter anderem nicht gelegt werden, wenn Sie einen extrem niedrigen Blutdruck haben, die Gerinnungsfaktoren im Blut vom Normalbefund abweichen und Sie allergisch auf Lokalbetäubungsmittel sind. Als Nebenwirkungen sind Entzündungen oder Blutergüsse an der Einstichstelle und in drei bis fünf Prozent der Fälle auch starke Kopfschmerzen bekannt. In einem Gespräch mit dem Narkosearzt werden Sie all Ihre Fragen stellen können und über alle Risiken und Nebenwirkungen aufgeklärt werden.

Vollnarkose

Vollnarkosen beziehungsweise richtige Intubationsnarkosen werden in der Geburtshilfe nur in Notfallsituationen empfohlen, in denen keine Zeit zum Legen einer Leitungsanästhesie bleibt. Diese können auftreten, wenn es Ihnen oder Ihrem Baby plötzlich und unvorhergesehen schlecht geht. Das passiert aber zum Glück nicht allzu häufig! Falls Sie aber Angst vor einem bewussten, wenn auch schmerzfreien Erleben eines geplanten Kaiserschnitts haben sollten, sprechen Sie das bitte in Ihrer Klinik an. Es kann dann für Sie der bessere Weg sein, eine Intubationsnarkose zu erhalten.

DAMMVERLETZUNGEN

Dammschnitt (Episiotomie)

Der Damm ist der äußere Bereich zwischen Vagina und Anus. Die dort liegenden Muskeln müssen sich mitsamt dem darüber liegenden Gewebe und der Haut bei der Geburt am stärksten dehnen. Sie denken wahrscheinlich, dass sich niemand allen Ernstes damit beschäftigen will, in dieser Körperregion herumzuschneiden. Aber vor nicht allzu vielen Jahren war es

Erhöht eine PDA das Risiko für Komplikationen?

- In Studien wurde festgestellt, dass sich bei einer PDA die Wahrscheinlichkeit für vaginal-operative Geburten und Kaiserschnittgeburten erhöht. Diese Zahlen sind jedoch mit Vorsicht zu genießen. Schließlich wird eine PDA insbesondere auch dann eingesetzt, wenn bei einer Geburt Probleme auftreten. Welche Frau fragt schon bei einer raschen, komplikationslosen Geburt nach einer PDA?

in Deutschland üblich, bei 90 Prozent aller Geburten einen Dammschnitt durchzuführen. Begründet wurde diese Vorgehensweise damit, dass die Beckenbodenmuskulatur dadurch entlastet würde und so einer Harninkontinenz vorgebeugt werden könnte. Zusätzlich dachte man, dass durch einen Schnitt der Druck auf das kindliche Köpfchen verringert werden könnte. Wie so viele langjährig durchgeführte geburtshilfliche Praktiken wurde auch diese Maßnahme durch wissenschaftliche Untersu chungen in Frage gestellt.

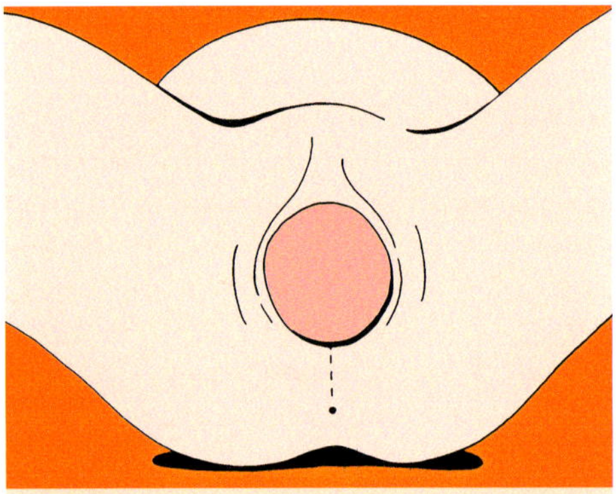

Der mediane Dammschnitt verheilt meist schnell und komplikationslos.

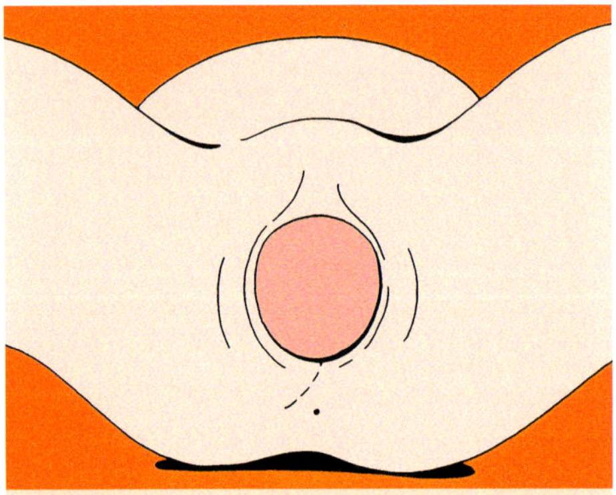

Der mediolaterale Schnitt wird ausgewählt, wenn besonders viel Platz benötigt wird.

Aufschlussreich ist auch, dass die Dammschnittrate sowohl im internationalen Vergleich als auch in den einzelnen Kliniken vieler Länder sehr unterschiedlich ist. Die von der WHO empfohlenen 20 Prozent werden in deutschen Kliniken deutlich überschritten. Nur außerklinische Geburten können Zahlen von 20 Prozent oder weniger vorweisen. Die Dammschnittrate reicht von teilweise bis zu 99 Prozent in Kliniken in einigen osteuropäischen Ländern bis hin zu durchschnittlich 13 Prozent in den Niederlanden. Als medizinische Gründe für einen Dammschnitt werden folgende Situationen angesehen:

- zur Abkürzung der Austreibungsphase bei einem Baby mit Verdacht auf eine Sauerstoffunterversorgung
- bei Frühgeburten, um langen Druck auf das Köpfchen zu vermeiden
- bei vaginal-operativen Geburten mithilfe von Saugglocke oder Zange
- bei vaginalen Beckenendlagengeburten
- bei extrem straffem Gewebe
- bei einem großen Kind mit der Gefahr einer Schulterdystokie

Es gibt zwei Schnittrichtungen. Der mediane Dammschnitt wird von der hinteren Mitte des Scheidenausgangs in Richtung Afterschließmuskel durchgeführt. Er verheilt mit deutlich weniger Beschwerden und hat einen geringeren Blutverlust als der mediolaterale Dammschnitt, der von der hinteren Mitte des Scheidenausgangs seitlich, weg vom Afterschließmuskel, geschnitten wird. Der mediolaterale Dammschnitt ist immer etwas größer und verletzt tiefer liegendes Gewebe – braucht daher immer länger Zeit um zu heilen. Er wird bei Geburten gewählt, bei denen besonders viel Platz benötigt wird, wie bei Beckenendlagengeburten oder Zangengeburten. Durch den Schnitt soll ein Weiterreißen in den Afterschließmuskel möglichst verhindert werden.

Auch wenn Sie es nicht glauben können, es ist

Reißen statt schneiden

› Viele Studien kamen zum Ergebnis, dass Dammschnitte nur bei zwingender medizinischer Indikation durchgeführt werden sollten. In allen anderen Fällen ist ein Reißen dem Schneiden vorzuziehen, da ein Schnitt größere Verletzungen, stärkere Schmerzen und häufigere Komplikationen bei der Heilung sowie Harninkontinenz verursachen kann.

so: Ein Dammschnitt wird, wenn er kurz vor dem Durchtritt des Köpfchens ausgeführt wird, nicht wehtun. Durch den starken Druck auf das Gewebe wird der Dammbereich wie betäubt sein. Falls früher geschnitten werden muss, zum Beispiel bei einer Saugglockengeburt, wird der Schnittbereich örtlich betäubt.

Dammriss

Ein Riss ist in der Regel kleiner als ein Schnitt und entspricht dem zusätzlichen Platz, den Ihr Baby brauchte. Das Gewebe reißt entlang der Nerven- und Blutbahnen, die dadurch eher geschont werden. Eine Studie konnte zeigen, dass nach Rissverletzungen bei der Geburt die Beckenbodenmuskulatur deutlich elastischer bleibt als nach Dammschnitten. Sprechen Sie mit den Betreuern an Ihrem Entbindungsort nach deren Vorgehensweisen zu diesem Thema. Äußern Sie dabei ruhig Ihre Wünsche.
Nach der Geburt werden alle Geburtsverletzungen mithilfe einer lokalen Betäubung rasch genäht. Das Nahtmaterial, das heute verwendet wird, löst sich von allein auf und muss nicht gezogen werden. Sie können Ihren Damm ab der 36. Schwangerschaftswoche mit einer regelmäßigen Massage vorbereiten (Seite 98). Während der Austreibungsphase können Sie das langsame Aufdehnen des Gewebes durch eine aufrechte Haltung unterstützen. Wenn Sie Ihr Baby vorsichtig herausschieben statt forciert zu pressen, schonen Sie Ihren Dammbereich ebenfalls (Seite 154).

VAGINAL-OPERATIVE GEBURTEN

Keine Schwangere wünscht sich diese Art von Geburt für ihr Baby. Aber in manchen Fällen wird eine Unterstützung durch Saugglocke oder Zange notwendig sein. In Deutschland kommen zwischen acht und zehn Prozent der Babys auf diese Weise zur Welt. Die Eingriffe können erst unternommen werden, wenn das Baby durch den vollständig geöffneten Muttermund bis zur Beckenmitte oder tiefer gelangt ist. Die Gründe für eine unterstützte Geburtsbeendigung durch Saugglocke oder Zange können beispielsweise sein:

- Das Baby zeigt mit seinem Herztonmuster und seiner Herzfrequenz starke Stressanzeichen, von denen es sich immer langsamer erholt.
- Die Mikroblutuntersuchung ergibt einen kritisch abfallenden pH-Wert.
- Das Baby hat sich in einer für die Geburt ungünstigen Einstellung in den Geburtskanal gelegt und kommt allein nicht weiter nach unten.
- Sie oder das Baby sind total erschöpft.
- Sie sind durch Medikamente oder Anästhesien nicht mehr dazu in der Lage, wahrzunehmen, wohin Sie das Baby schieben müssen.
- Sie haben eine Erkrankung, bei der starkes Pressen ärztlich nicht empfohlen wird.

Saugglockengeburt

Welches der beiden Instrumente verwendet wird, hängt nicht zuletzt vom behandelnden

Arzt und seiner Erfahrung ab. Eine Saugglocke ist ein Apparat, der mithilfe einer Pumpe Unterdruck erzeugt. Mit dem Apparat verbunden ist ein Schlauch, an dessen Ende eine Metall- oder Kunststoffglocke sitzt.

Die Glocke wird an den führenden Kopfteil, also meist ans Hinterhaupt, des Babys gelegt und saugt sich durch den Unterdruck dort fest. Bei der nächsten Wehe zieht die Ärztin so lange, bis zuerst das Köpfchen und dann der Körper geboren ist. Sie unterstützen den Vorgang, indem Sie kräftig mitschieben.

Nach der Geburt des Babys werden Sie auf seinem Köpfchen eine Schwellung entdecken, die aussieht wie ein kleiner Hut. Sie ist durch den Unterdruck der Glocke entstanden. Diese Schwellung wird in der Regel innerhalb von zwei bis vier Tagen verschwinden. Falls diese Beule jedoch etwas größer ausfällt und eine Blutung unter der Haut eingetreten ist, kann die Heilung bis zu sechs Wochen dauern, und Ihr Baby kann eine stärkere Neugeborenengelbsucht (Seite 278) entwickeln.

Zangengeburt

Eine Geburtszange hat eine gewisse Ähnlichkeit mit einem Salatbesteck. Die beiden Löffel werden einzeln in Ihre Vagina eingeführt und legen sich rechts und links neben das Köpfchen des Babys. Es sieht so aus, als würden Sie Ihre beiden Hände von oben seitlich in Richtung der Wangen des Babys legen. Während Sie selbst mitschieben, wird das Köpfchen des Babys vorsichtig nach draußen gezogen. Auch bei diesem Eingriff können leichte Spuren, in der Regel Abschürfungen an der Seite des Köpfchens oder den Wangen, zu sehen sein, die aber rasch wieder verheilen.

Bei beiden vaginal-operativen Eingriffen ist es wichtig, dass Ihre Harnblase entleert ist. Damit ist genügend Platz für das Tiefertreten des Köpfchens vorhanden, und die Harnblase kann nicht verletzt werden. Falls Sie kein Gefühl mehr dafür haben, ob Sie Wasser lassen können oder nicht, wird die Blase mit einem dünnen Katheter entleert. Meist wird für den Eingriff das Entbindungsbett umgebaut. Es werden Beinhalter angebracht, in die Sie Ihre Beine legen können. Dabei sitzen oder liegen Sie halb aufrecht, um den Eingriff unterstützen zu können.

Bei diesem Geburtsverlauf ist in der Regel ein Dammschnitt nötig (Seite 165). Da das Köpfchen noch nicht tief genug steht, um den Dammbereich durch die starke Dehnung gefühllos zu machen, wird der Bereich örtlich betäubt.

In manchen Fällen, wenn der Muttermund zwar geöffnet ist, Ihr Baby aber noch nicht sehr tief im Geburtskanal steckt oder eine schwieri-

HEBAMMENTIPP

Die Wahrscheinlichkeit für eine **unterstützte Geburtsbeendigung** können Sie verringern, aber natürlich nie ganz verhindern. Wir empfehlen:

- Schärfen Sie Ihrer Begleitperson ein, Sie während der Geburt immer wieder zu Positionswechseln zu motivieren.
- Versuchen Sie in der Austreibungsphase viel in aufrechten Positionen zu bleiben.
- Nehmen Sie eine Unterstützung zur Wehenanregung (Wehentropf) an, falls Ihre Wehen in der Austreibungsphase deutlich nachlassen oder verschwinden.
- Warten Sie, falls Sie eine PDA haben, mit aktivem Schieben und Pressen, bis das Köpfchen zwischen den Schamlippen sichtbar wird.

ge Position eingenommen hat, kann es vorkommen, dass der Eingriff im Operationssaal durchgeführt wird. Sie werden dann wie zu einem Kaiserschnitt vorbereitet. Falls die vaginale Operation mit Saugglocke oder Zange fehlschlägt, kann sofort auf einen Kaiserschnitt (siehe unten) umgeschaltet werden, um Ihnen und Ihrem Baby schnell zu helfen.

KAISERSCHNITT

Jede vierte Schwangere in Deutschland bringt ihr Baby mit einem Kaiserschnitt zur Welt. Der Eingriff wird bei uns vor allem deshalb so häufig vorgenommen, weil er bei vielen Gefährdungssituationen einer abwartenden, beobachtenden Haltung vorgezogen wird. Das passiert nicht zuletzt, weil juristische Auseinandersetzungen nach komplizierten Geburtsverläufen immer mehr zunehmen. Dabei steht die Frage, warum als präventive Maßnahme kein Kaiserschnitt durchgeführt wurde, fast immer auf der Tagesordnung.
Auch Eltern entscheiden sich in schwierigen Situationen nahezu immer für diesen Eingriff. Aufschlussreich ist, dass bei der Entscheidung für einen Kaiserschnitt das Versicherungsverhältnis der Frau weltweit eine maßgebliche Rolle spielt. Zahlen aus England, den USA, Australien und Brasilien zeigen, dass Privatpatientinnen eine erheblich höhere Kaiserschnittfrequenz aufweisen als Kassenpatientinnen. So scheinen nicht alle Entscheidungen auf medizinischen Fakten zu beruhen.
Eine weitere Rolle spielt es möglicherweise, dass sich mittlerweile der Umgang mit dem Eingriff erheblich verändert hat und insgesamt weniger aufwändig ist. Zu dieser Entwicklung trug auch die durch den israelischen Arzt Misgav Ladach 1995 eingeführte, oft als „sanft“ bezeichnete Kaiserschnittmethode bei, die das Konzept der nachoperativen Behandlung mit verändert hat.

Der geplante Kaiserschnitt

Wenn einer der folgenden Befunde auf Sie zutrifft, kann eine vaginale Geburt ein Risiko für Sie und Ihr Baby bedeuten. Sie sollten sich daher für einen geplanten Kaiserschnitt entscheiden, wenn

- der Mutterkuchen vor oder nahe dem inneren Muttermund sitzt (eine so genannte Plazenta praevia),
- das Baby in einer gebärunfähigen Lage – zum Beispiel quer – liegt,
- eine Infektion von Eihäuten, Plazenta und Baby, eine frische Herpes-genitalis-Infektion oder HIV vorliegt,
- bei früheren Operationen ein größerer Schnitt durch die Wand der Gebärmutter, etwa nach Myomentfernungen, erfolgt ist,
- die Mutter krank ist und zum Beispiel an bestimmten Herzerkrankungen, einer Präeklampsie oder dem HELLP-Syndrom leidet,
- es sich um Zwillinge handelt, bei denen sich das unten liegende Baby in eine gebährunfähige Lage gedreht hat,
- es mehr als zwei Babys sind,
- Ihr Baby bestimmte Fehlbildungen hat.
- Als heute nicht als zwingend eingestufte, aber empfohlene Indikationen gelten Beckenendlage bei Erstgebärenden und extrem früh geborene Babys.

Die früher über mehrere Tage üblichen Infusionstherapien sind nicht mehr notwendig. Sie dürfen schon am ersten Tag des Kaiserschnittes essen und trinken und können mit Ihrem Baby gemeinsam im Zimmer untergebracht werden. So ist der Beziehungsaufbau zu Ihrem Baby nicht mehr durch lange Trennungszeiten unterbrochen.

Der ungeplante Kaiserschnitt

Manchmal wird ein Kaiserschnitt notwendig, weil es bei der Geburt Probleme gibt. Für diese Entscheidung kann es mehrere Gründe geben. Hauptursachen für einen sekundären Kaiserschnitt sind:

- Starke Blutungen, die durch eine vorzeitige Ablösung der Plazenta oder einen Riss in der Gebärmutterwand verursacht werden.
- Sauerstoffunterversorgung des Kindes.
- Verzögerter Geburtsverlauf und Geburtsstillstand.
- Missverhältnis zwischen dem Köpfchen des Babys (zu groß) und dem mütterlichen Becken.
- Nabelschnurvorfall.
- Geburtsunmögliche Einstellung des Köpfchens (bestimmte Gesichtslage, hoher Gradstand).
- Infektion des Kindes, der Plazenta, Eihöhle und Eihäute (Amnioninfektionssyndrom).

Unterschieden wird zwischen einem geplanten, primären Kaiserschnitt (Seite 169) und einem sekundären, meist ungeplanten Kaiserschnitt, der durchgeführt wird, wenn es bei einer Geburt Probleme gibt.

Ablauf

Der Kreißsaalarzt spricht mit Ihnen den Ablauf durch und klärt Sie über mögliche Risiken auf. In vielen Kliniken besteht die Möglichkeit, dass Ihr Partner Sie in den OP begleitet, wenn Sie das gerne möchten. Sie müssen dann die OP-Einwilligung unterschreiben. Ihre Hebamme oder Ärztin werden Sie noch einmal vaginal untersuchen, und eventuell wird eine weitere Ultraschallkontrolle durchgeführt, zum Beispiel bei einem Kind in Beckenendlage. Manche Kinder schaffen es, sich noch am OP-Tag in Schädellage zu drehen.

Eine Narkoseärztin bespricht mit Ihnen die verschiedenen Möglichkeiten der Anästhesie. Sie werden eine Aufklärungsschrift zur Anästhesie, PDA oder Vollnarkose unterschreiben müssen. Fragen Sie unbedingt, wenn Ihnen noch etwas unklar sein sollte.

Es wird Blut abgenommen und ins Labor geschickt. Sie werden gebeten, Ihren Schmuck abzulegen, sich auszuziehen und in ein Klinikhemd zu schlüpfen. Nagellack sollte entfernt werden, Kontaktlinsen und eventuelle Zahnprothesen werden herausgenommen und sicher verstaut. Sie bekommen in Ihre Armvene einen Zugang mit Verweilkanüle. Abhängig von der Narkoseform kann jetzt schon eine Infusion angehängt werden. Ihre Schamhaare werden über dem Schambein rasiert oder kurz geschnitten. Sie bekommen Kompressionsstrümpfe angezogen, die Sie nach der Operation bis zur Entlassung aus der Klinik tragen müssen. Dann wird mit dem CTG kontrolliert, ob es Ihrem Baby gut geht.

Wundern Sie sich nicht: Es wird voll werden im OP! Und alle haben eine Kopfbedeckung und

Mundschutz um, auch Ihr Partner. Zur Crew gehören: ein Geburtshelfer mit einem, manchmal zwei Assistenten; ein Anästhesist mit mindestens einem Pfleger oder einer Schwester; zwei OP-Schwestern und natürlich Ihre Hebamme. Wenn nötig, wird auch noch eine Kinderärztin mit Kinderkrankenschwester anwesend sein.

Meist steht in einem Nebenraum schon der OP-Tisch, auf den Sie von Ihrem Bett umsteigen. Ihre Begleitperson darf sich an Ihren Kopf setzen. Bei einer Leitungsanästhesie (Seite 164) wird mit Eiswürfeln oder Kanülen getestet, ob die Betäubung gut wirkt. Wenn Sie eine Vollnarkose (Seite 165) bekommen, wird diese nun vorbereitet. Wenn Sie nichts mehr spüren, bekommen Sie einen Blasenkatheter gelegt, damit Ihre Harnblase leer ist und bei der Operation nicht verletzt werden kann. Ihr Körper wird mit sterilen Tüchern abgedeckt und Sie können bei der Operation Ihren Bauch nicht sehen. Es bleibt nur ein kleiner Bereich für die Operierenden frei.

Dann beginnt die Operation. Ihr Geburtshelfer wird einen etwa 15 Zentimeter langen Schnitt kurz über dem Schambein legen, alle darunter liegenden Gewebeschichten und die Harnblase zur Seite schieben oder durchtrennen, bis die Gebärmutter erreicht ist. Dort wird ein weiterer Schnitt, meistens quer am unteren Teil der Gebärmutter gemacht. Dann wird das Baby herausgehoben. Der Eingriff dauert maximal zehn Minuten. Wenn Sie wach sind, werden Sie einige Geräusche und Bewegungen in Ihrem Körper wahrnehmen, die die Operation begleiten: ein Ziehen und Rucken, Fruchtwasser, das den Rücken oder an den Beinen herunterläuft, manchmal ein Zittern, leichte Übelkeit und starkes Kälteempfinden (sagen Sie das auf jeden Fall Ihrem Anästhesisten!). Sie werden vielleicht ein gurgelndes Geräusch vom Absaugen des Fruchtwassers und Blutes hören können, und ebenso das Klappern beim Ablegen der Instrumente auf dem Metalltisch. Eventuell spüren Sie, wie Ihr Bauch plötzlich leichter wird, wenn Ihr Kind aus der Gebärmutter heraus geboren wird. Der erste Schrei Ihres Babys wird Ihnen klarmachen, dass es da ist.

Ihr Baby wird von einer Hebamme oder einem Kinderarzt entgegengenommen und in ein Tuch eingeschlagen. Wenn alles in Ordnung ist, sind Sie natürlich die nächste Person, die Ihr Baby begrüßen und küssen darf. Ihr Partner kann das Baby zur ersten Untersuchung begleiten. Sie müssen noch ein bisschen aushalten, bis die Plazenta entfernt wurde und die Operationswunde wieder schichtweise zugenäht ist. Inzwischen schließt Ihr Partner schon die so wichtige erste Bekanntschaft mit Ihrem Kind. Ermuntern Sie ihn vorher dazu, sich jetzt, wo es ihm gestattet, ist gemütlich hinzusetzen oder hinzulegen, den Oberkörper frei zu machen und das Kind Haut an Haut an sich zu holen. Mit Tüchern umhüllt wird es sich so warm und geborgen fühlen.

Der Kaiserschnitt dauert insgesamt 30 bis 40 Minuten. Danach werden Sie noch für mindestens zwei Stunden in einem Aufwachraum oder in kleineren Krankenhäusern auch im Kreißsaal überwacht. Dabei kontrolliert die Hebamme oder eine Schwester Blutdruck und Puls, Ihr Schmerzempfinden, die Größe der Gebärmutter und die Menge Ihrer Blutung und Harnausscheidung. Wenn Schmerzen kommen, was meist noch eine Weile dauert, kann über den PDA-Katheter das Betäubungsmittel nachgespritzt werden. Wenn es Ihnen gut geht, können Sie dann in Ihr Zimmer auf der Wöchnerinnenstation gebracht werden, auf der Sie noch drei bis sieben Tage bleiben.

Notfallkaiserschnitt

Bei einem Notfallkaiserschnitt, der durchgeführt wird, wenn Sie oder Ihr Baby in akuter Lebensgefahr sind (etwa 1,5 Prozent aller Geburten), wird immer eine Intubationsnarkose gewählt, wenn noch keine Leitungsanästhesie liegt. Sie ist die am schnellsten zu verabreichende Narkose. Auch wenn der sonstige Ablauf der Operation ähnlich wie bei einem geplanten Kaiserschnitt ist, bedeutet doch die Entscheidung zu einem Notfallkaiserschnitt, dass vom Alarm bis zur Geburt des Babys jede Minute zählt. Das Personal um Sie herum wird sich sehr mit den Vorbereitungen beeilen, Ihre Begleitperson wird aus dem Raum geschickt, und alles um Sie herum ist voller Spannung. So haben Sie sich den Geburtsverlauf wahrlich nicht gewünscht, aber vertrauen Sie auf die Fähigkeiten Ihrer medizinischen Betreuer – bei einer solchen Entscheidung sollten Sie von dem Bild eines schönen Geburtsprozesses loslassen zugunsten einer sicheren und gesunden Geburt für Sie und Ihr Baby.

Wunschkaiserschnitt

Mit Wunschkaiserschnitt wird ein Kaiserschnitt bezeichnet, wenn er ohne medizinische Veranlassung auf Wunsch der Frau durchgeführt wird. Diese Vorgehensweise ist aus der „Celebrityszene" hinreichend bekannt. Es gibt Supermodels, die sich für einen Kaiserschnitt entschieden haben, weil die kleine Zehe gebrochen war. Und Fußballergattinnen, bei denen die Operation zwischen zwei wichtige Fußballspiele gelegt werden musste.

Aber auch für „ganz normale" Frauen ist der Wunschkaiserschnitt ein Thema, mit dem sie sich auseinander setzen. Manche Frauen, die ihr erstes Kind bekommen, wünschen sich einen Kaiserschnitt, weil sie Angst vor den Schmerzen haben und für sich und das Baby unkalkulierbare Risiken befürchten. Schwangere, die bereits eine traumatische Geburt, wie zum Beispiel einen Notfall-Kaiserschnitt, erlebt haben, wollen nun häufig auf „Nummer sicher" gehen und verlangen ebenfalls nach einem Kaiserschnitt. Wichtig ist unseres Erachtens der Respekt vor Schwangeren, die einen solchen Wunsch äußern, da sich dahinter in der Regel tiefe persönliche Ängste verbergen. Manche Schwangere sagen: „Ich wünsche einen Kaiserschnitt!", wenn sie meinen: „Ich habe so viel Angst vor Schmerzen!" oder „Ich weiß nicht, ob ich das schaffe!". So fühlen sich viele Schwangere zu irgendeiner Zeit in der Schwangerschaft. Reden Sie über Ihre Gefühle mit Ihrer Hebamme, Ihrem Arzt und auch mit Freundinnen, die schon Babys geboren haben. Sie sollten aber auf jeden Fall bedenken, dass eine vaginale Geburt die sicherere Variante ist, wenn Sie und Ihr Kind gesund sind.

Auch wenn wir heute nach Kaiserschnitten eine so geringe Müttersterblichkeit wie noch nie haben, ist es wichtig zu wissen, dass folgende Komplikationen deutlich häufiger auftreten als nach vaginalen Geburten:

- Gesunde Babys haben ein zwei- bis vierfach erhöhtes Risiko, ein Atemnotsyndrom zu entwickeln.
- Es können plötzliche starke Blutungen auftreten.
- Harnblase und Harnleiter können verletzt werden.
- Das Thromboserisiko erhöht sich.
- Infektionen sind möglich.

Wenn Sie sich mehrere Kinder wünschen, sollten Sie bedenken, dass ein Kaiserschnitt auch Einfluss auf nachfolgende Schwangerschaften hat. Folgende Risiken bestehen:

- erhöhte Unfruchtbarkeit
- erneuter Kaiserschnitt
- Fehlgeburten
- Eileiterschwangerschaften
- Störungen der Plazenta
- Totgeburt nach der 34. Woche
- Gefahr des Aufreißens der Narbe in der Gebärmutterwand

Dazu kommt, dass noch nicht untersucht ist, ob ein Kaiserschnitt Auswirkungen auf die späteren Lebensjahre einer Frau hat. Was bedeuten die Folgen eines nicht medizinisch notwendigen Kaiserschnitts für Gebärmutteroperationen nach 20 oder 30 Jahren? Was bedeutet es für das spätere Leben, das Glücksgefühl nach einer vaginalen Geburt nie erlebt zu haben? Viele Frauen beschreiben den Stolz, die Geburtsarbeit aus eigener Kraft geschafft zu haben und ihr Baby im Arm zu halten, als einen Höhepunkt ihres Lebens.

GEBURT AUS BECKENENDLAGE

Der Anteil von Babys, die am errechneten Termin in einer Beckenendlage sitzen, liegt bei etwa drei Prozent. Zu den Beckenendlagen gehören Babys, die ihren Po und die Füße oder ihre Knie zuerst ins Becken begeben haben. Informations- und Beratungsgespräche über die Vor- und Nachteile von vaginalen Geburten und Kaiserschnittgeburten können Ihnen helfen, den für Sie richtigen Weg zu finden. Vielleicht möchten Sie sich die Möglichkeit offen halten, Ihr Baby auf vaginalem Weg zur Welt zu bringen. Dann sollten Sie sich nach speziell ausgerichteten Kliniken erkundigen. Es gibt Einrichtungen, die eine große Geburtenrate und damit viel Erfahrung bei der Entbindung von Babys aus Beckenendlage haben. Dieses Wissen ist nicht mehr überall vorhanden, da in den letzten 35 Jahren die Babys in dieser Lage meistens mithilfe eines Kaiserschnitts zur Welt gebracht wurden, um eventuelle Risiken für das Baby auszuschließen.

Auch in Kliniken, in denen bei Beckenendlagen vaginale Geburten möglich sind, ist die Sicherheit Ihres Kindes das oberste Gebot. Oft wird danach entschieden, ob die Wehen kräftig sind und der Geburtsprozess gut vorangeht. Eine vaginale Geburt aus Beckenendlage ist dann in den meisten Fällen möglich. Falls aber der Geburtsfortschritt langsam und problematisch erscheint, wird ein Kaiserschnitt notwen-

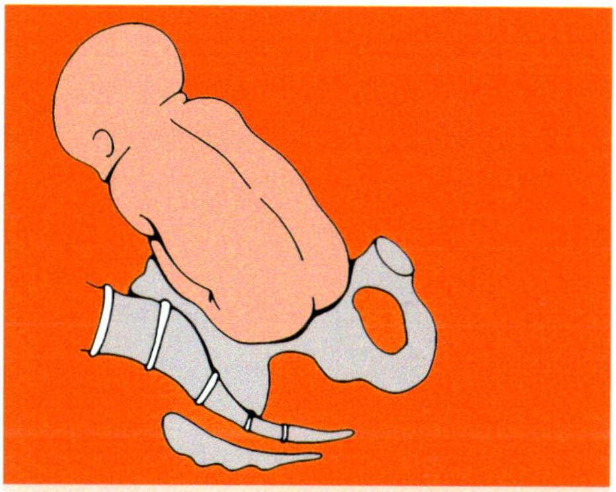

Der Steiß tritt in das Becken ein.

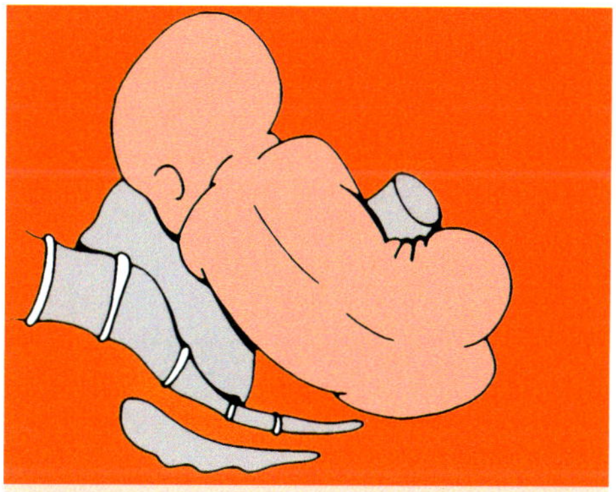

Die vordere Pobacke wird sichtbar.

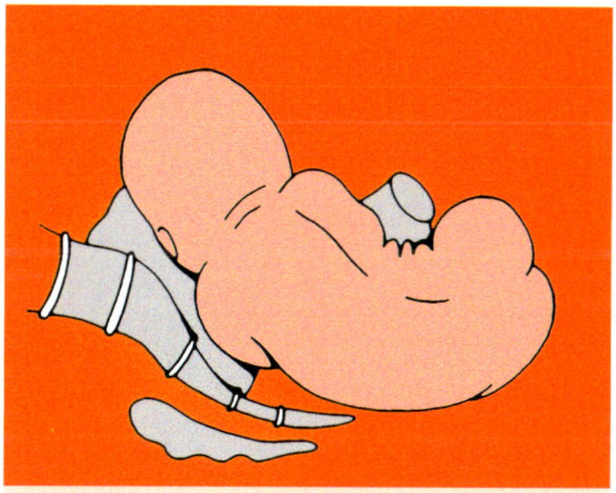

Der Steiß ist ganz geboren.

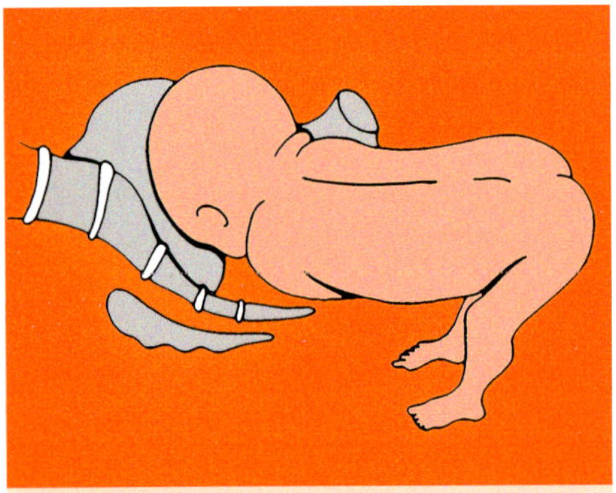

Arme und Schultern werden geboren.

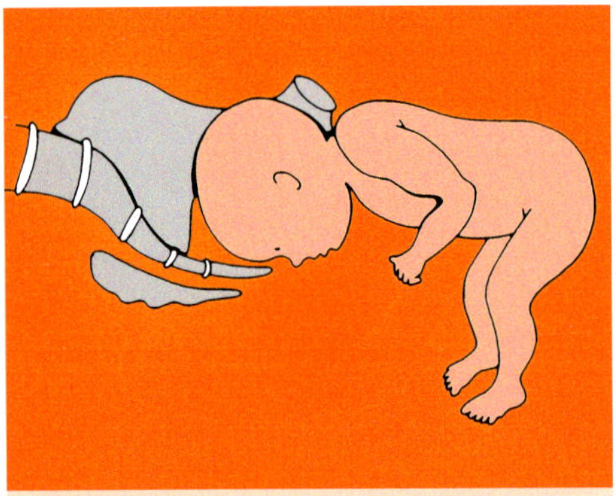

Das Köpfchen stemmt sich am Schambein ab.

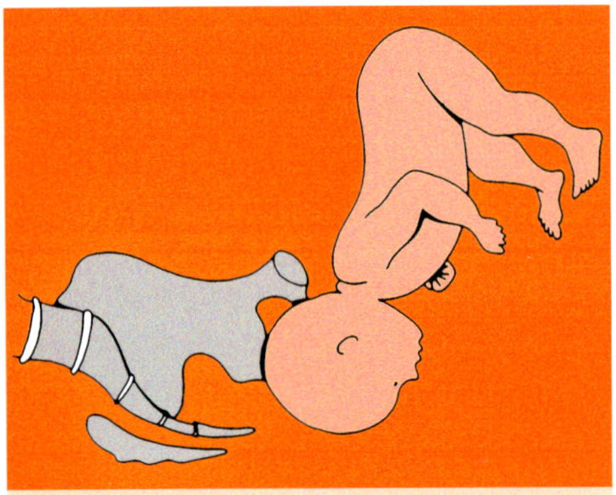

Zum Schluss wird das Köpfchen geboren.

dig. In den letzten Jahren haben sich einzelne Kliniken auf vaginale Beckenendlagengeburten spezialisiert. Die Geburtshelfer arbeiten mit verschiedenen Gebärpositionen, die als besonders förderlich gelten.

Wir haben persönlich in Deutschland Geburten in aufrechten oder hockenden Positionen erlebt und in England Geburten im Vierfüßlerstand. Dabei hat das eigene Gewicht des Babys mitgeholfen, den Körper zu entwickeln. Die begleitenden Geburtshelfer und Hebammen nahmen eine abwartende Haltung ein, ohne viel einzugreifen. Wenn Sie sich für Ihr Baby also eine natürliche Geburt wünschen, obwohl es mit dem Po voran im Becken liegt, dürfen Sie dies ruhig äußern.

MANUELLE PLAZENTALÖSUNG

Wenn die Plazenta sich nach der Geburt des Babys verzögert, nur teilweise oder gar nicht löst, kann es zu einer verstärkten Blutung kommen. Verursacht wird sie von einer relativ großen Wundfläche in der Gebärmutter, die so lange stark bluten kann, bis die Plazenta geboren ist. Dieses Problem taucht bei etwa zwei Prozent aller Geburten auf.

Es gibt eine Reihe von Faktoren, die das Risiko für Ablösungsprobleme erhöhen:

- Geburten vor der 37. Woche
- Geburten nach vorangegangenem Kaiserschnitt, wenn sich die Plazenta in der Nähe der Kaiserschnittnarbe angehaftet hat
- Geburten mit tiefliegender Plazenta
- Geburten mit sehr großen Babys
- Zwillingsgeburten
- Eingeleitete oder durch Wehenmittel beschleunigte Geburten
- Wehenschwäche und lange Geburtsdauer

Die Hebamme wird immer wieder überprüfen, ob die Plazenta sich inzwischen gelöst hat. Sie selbst merken das, wenn es im Unterbauch zieht oder drückt oder plötzlich eine Wehe kommt. Wenn Sie keine starke Blutung haben, wird die Hebamme nach 30 bis 60 Minuten versuchen, die Plazenta mit gleichmäßigem Zug an der Nabelschnur und Druck auf die Gebärmutter zu gewinnen. Dazu werden Sie über eine Infusion ein Wehenmittel bekommen. Bevor die Plazenta manuell gelöst werden muss, können Ihre Hebamme oder die Geburtshelfer zunächst noch einige „Tricks" versuchen. Das geht natürlich nur, wenn die Blutung sich in Grenzen hält. Weitere unterstützende Maßnahmen können bis dahin sein:

- Stimulation der Brustwarzen oder Anlegen des Babys, um Wehen anzuregen
- Entleeren der Harnblase
- Massage des oberen Teils der Gebärmutter
- Akupunktur
- aufrechte Haltungen wie Stehen oder Hocken
- Injektion einer Kochsalzlösung mit einem Wehenhormon in die Nabelschnurvene
- Unterstützung durch einen Wehentropf

Falls die Plazenta sich dennoch nicht löst oder eine starke Blutung auftritt, muss die Ursache dafür gefunden und die Plazenta manuell gelöst werden. Dazu tastet der Geburtshelfer mit der Hand nach den Resten oder der anhaftenden Plazenta. Dieser Eingriff findet – wenn es schnell gehen muss – in einem OP unter Vollnarkose statt. Wenn die Blutung nicht so stark ist, kann auch eine Leitungsanästhesie gelegt werden. Danach helfen Wehenmittel die Gebärmutter in einem guten Kontraktionszustand zu halten. Damit nach dem Eingriff keine Infektionen auftreten, werden meist vorbeugend Antibiotika gegeben.

STARKE BLUTUNGEN NACH DER GEBURT

Glücklicherweise haben sehr wenige Frauen nach der Geburt des Babys und der vollständigen Plazenta das Problem einer starken Blutung. Falls sie kurz nach der Geburt doch auftritt, wird zuerst nach Verletzungen geforscht, die gegebenenfalls versorgt werden müssen. Dann wird kontrolliert, ob die Gebärmutter gut kontrahiert ist. Manchmal treten starke Blutungen aufgrund bestehender gesundheitlicher Probleme auf. Aber in den meisten Fällen liegt der Grund dafür darin, dass die Gebärmutter sich nicht so gut zusammenzieht. Die Wahrscheinlichkeit für eine starke Blutung erhöht sich, wenn folgende Risikofaktoren gegeben sind:

- Starke Nachblutungen bei vorangegangenen Geburten
- Probleme mit der Blutgerinnung, entweder durch Erkrankungen oder durch blutverdünnende Medikamente
- eine durch ein besonders großes Baby oder durch Mehrlinge überdehnte Gebärmutter
- wenn die Geburt durch Wehenmittel beschleunigt eingeleitet wurde
- hoher Blutdruck
- zu schnelle oder zu lange Geburt

Studien zeigen, dass übergewichtige Schwangere und asiatische Frauen häufiger zu starken Blutungen nach der Geburt neigen. Wenn Risikofaktoren bekannt sind, werden vorbeugende Maßnahmen getroffen. Dazu gehört, dass schon während der Geburt eine Verweilkanüle in Ihren Arm gelegt wird und Sie gleich nach Geburt des Kindes ein Wehenmittel gespritzt bekommen. Eine plötzliche, starke Blutung ist immer ein medizinischer Notfall. Aber sowohl das Kreißsaal-Team als auch die Hausgeburtshebamme sind darauf gut vorbereitet und wissen genau, was zu tun ist. Sie werden intensiv überwacht und müssen eine Reihe von Sofortmaßnahmen über sich ergehen lassen. Meistens hört die Blutung dann auf. In extrem seltenen Situationen kann aber auch ein operativer Eingriff notwendig werden, bei dem die Gebärmutter entfernt wird.

Besondere Geburten

MEHRLINGE

Mehrere Kinder bis zum Termin auszutragen bedeutet eine große Belastung für den Körper. Eine gute Unterstützung ist in dieser Zeit daher besonders wichtig. Vor allem das zusätzliche Gewicht und der enorme Leibesumfang können viele Beschwerden zur Folge haben: Schlaflosigkeit, Krampfadern, Sodbrennen und Ödeme können daher unangenehme Begleiter sein. Eine Arbeitsunfähigkeitsbescheinigung spätestens ab der 28. Schwangerschaftswoche kann Sie entlasten. Auch unterstützende, entspannende Methoden wie Yoga, Atemarbeit, Entspannungstechniken und Akupunktur haben vielen Frauen geholfen. Wenn dies nicht Ihre ersten Kinder sein sollten, brauchen Sie jemanden, der Ihnen im Haushalt zur Hand geht. Sprechen Sie mit Ihrer Ärztin, ob sie Ihnen eine Hauhaltshilfe verordnen kann. Eine Hebamme kann Hausbesuche bei Ihnen machen und Ihnen verschiedene entlastende Entspannungs- und Atemübungen beibringen.

Im Durchschnitt dauert eine Zwillingsschwangerschaft 37 Wochen. Drillinge und Vierlinge haben eine deutliche Tendenz, vor der 34. Schwangerschaftswoche zur Welt kommen zu wollen. Das Risiko einer Frühgeburt ist bei jeder Mehrlingsschwangerschaft gegeben. Wir haben aber schon recht viele gesunde und kräftige Zwillinge nach vaginalen Geburten in der Klinik danach zu Hause besuchen dürfen.

Dennoch kommen ungefähr 7 Prozent der Zwillinge und 15 Prozent der Drillinge vor der 30. Schwangerschaftswoche zur Welt. Diese Babys sollten nur in Kliniken mit Frühgeborenenintensivstationen geboren werden, um anstrengende Transporte und eine Trennung von der Mutter zu vermeiden. Diese Babys müssen über Wochen in der Kinderklinik bleiben, bis sie nach Hause entlassen werden können. Auch die Rate von Mangelgeburten, Totgeburten und Erkrankungen der Mütter, wie zum Beispiel Präeklampsie (Seite 115) ist bei Mehrlingen erhöht. Ob es Mutter und Kindern gut geht, wird daher mit häufigeren Vorsorgeuntersuchungen kontrolliert.

Wenn in der Schwangerschaft ein besonderes Risiko für die Kinder auftaucht, wird frühestens ab der 32. Schwangerschaftswoche zu einer Geburtseinleitung oder zu einem Kaiserschnitt geraten. Sonst wird ab der 37. Schwangerschaftswoche, wenn die Gefahr einer Frühgeburt vorbei ist, ein Gespräch darüber stattfinden, ob die Geburt eingeleitet werden soll. Mehr als zwei Babys werden in Deutschland immer mithilfe eines Kaiserschnitts geboren, während bei gut entwickelten Zwillingen, die nach der 33. Woche geboren werden, die Möglichkeit einer vaginalen Geburt besteht. Immer vorausgesetzt, der erste Zwilling hat sich mit dem Köpfchen nach unten ins Becken gelegt. Auch wenn der zweite Zwilling nicht in einer Schädellage liegt, zeigten Studien, dass bei vaginalen Geburten kein Anstieg von Problemen festzustellen ist. Falls allerdings der erste Zwilling mit dem Po unten liegt, wird immer zu einem Kaiserschnitt geraten.

Während der Geburt werden beide Babys mittels CTG überwacht. Oft wird eine Periduralanästhesie empfohlen, damit ein eventuell für die vaginale Geburt ungünstig liegender zweiter Zwilling schnell in eine gute Position manövriert werden kann. Das kann vorkommen, wenn der zweite Zwilling sich nach der Geburt des ersten nicht mit seinem Köpfchen nach unten einstellt. Bei einer gut liegenden Schmerzausschaltung können die Geburtshelfer dann mit der Hand in die Gebärmutterhöhle greifen, um dem Baby auf die Welt zu helfen, ohne dass Sie bei diesem Vorgang Schmerzen verspüren.

Zwischen den Geburten der Kinder gibt es oft eine Pause von 20 bis 30 Minuten. So haben Sie die Zeit, Ihr erstes Baby ein wenig zu bewundern, bevor Sie Ihr nächstes Baby begrüßen dürfen. Manchmal machen die beiden die Geburt auch etwas komplizierter, indem der erste Zwilling vaginal geboren wird und der zweite Zwilling so stecken bleibt, dass ein Kaiserschnitt erforderlich wird. Aber das kommt zum Glück nicht häufig vor. Da die Gebärmutter von zwei oder mehr Babys sehr gedehnt ist, kann sie Schwierigkeiten haben, sich genügend rasch zurückzubilden. Daher kann es zu verstärkten Blutungen kommen. Aus diesem Grund wird die Nachgeburtsphase nach Mehrlingsgeburten immer medikamentös mit Wehentropf geleitet, um zu vermeiden, dass die Mutter viel Blut verliert und dadurch geschwächt wird. Mit zwei oder mehr wundervollen kleinen Menschen, für die Sie ab nun sorgen dürfen, werden Sie viel Kraft brauchen.

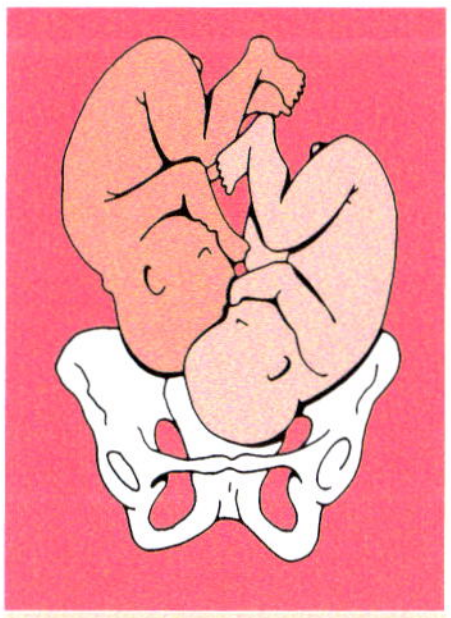

Beide Kinder in Kopflage.

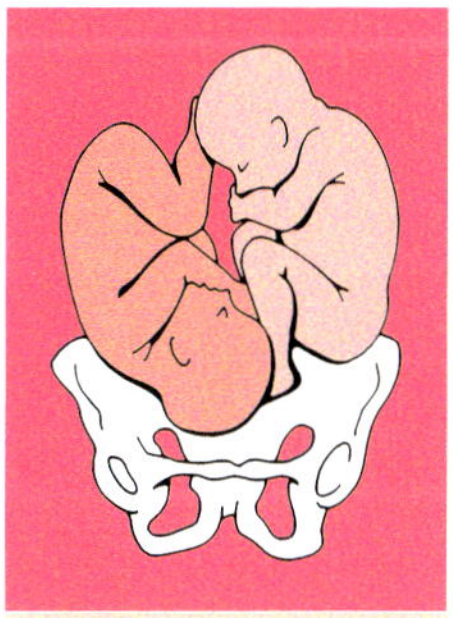

Kopf- und Beckenendlage.

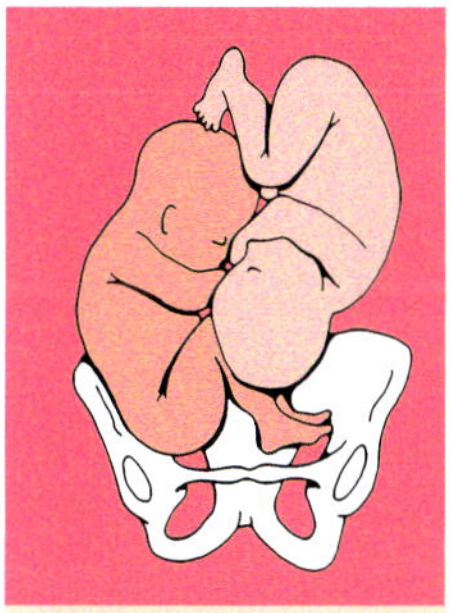

Die umgekehrte Variante.

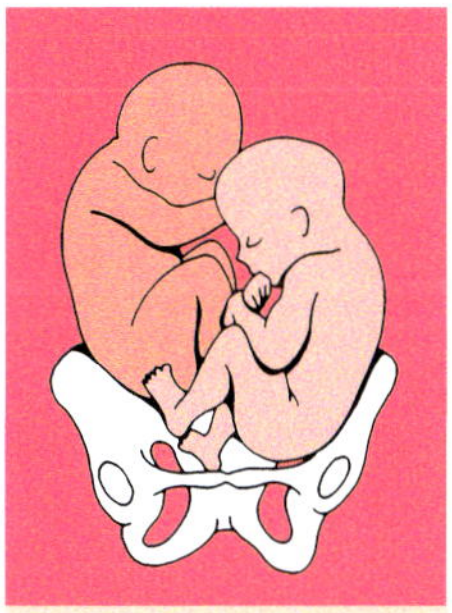

Beide Zwillinge in Beckenendlage.

FRÜHGEBORENE BABYS

Manche Babys haben es einfach eiliger! Als frühgeborene Babys bezeichnet man alle Babys, die vor der vollendeten 37. Schwangerschaftswoche geboren werden. Frühgeborene sind meist unterdurchschnittlich klein und untergewichtig. Ihre Atmung klingt angestrengt und beschleunigt. Sie haben ein schwaches Stimmchen, eine gerötete und geschwollene Haut, ausgeprägte Lanugobehaarung, verminderte Muskelspannung und fehlende Ohrknorpel. Außerdem erreichen die Nägel die Finger- und Zehenkuppen noch nicht. Bei Jungen sind die Hoden noch nicht in den Hodensack gewandert, während bei Mädchen die Schamlippen weit offen stehen. Trotz aller vorsorgenden Bemühungen werden nach wie vor fünf Prozent aller Babys vor der 37. Schwangerschaftswoche geboren.

Der früheste Zeitpunkt, ab der ein kleiner Mensch mit sehr viel Hilfe überleben konnte, war bisher die 22. Schwangerschaftswoche. Das Überleben dieses Babys grenzte an ein kleines Wunder. Die besseren Chancen beginnen ab der 25. Schwangerschaftswoche mit etwa 32 Prozent Überlebenswahrscheinlichkeit. In diesen recht frühen Stadien bedeutet jeder weitere Tag in der Gebärmutter eine Erhöhung der Überlebenschance von zwei Prozent. Ab der

30. Woche überleben 90 Prozent der Kinder und ab der 32. Woche sogar 96 Prozent.
Je früher ein Baby zur Welt kommt, desto wichtiger ist eine geburtshilfliche Klinik mit einer angegliederten Kinderklinik, die eine Frühgeborenenintensivstation besitzt, um seine Chancen für ein gesundes Leben zu erhöhen. Das sind häufig die großen Kliniken, die sich auch Perinatalzentren nennen. Wenn bei Ihnen eine Frühgeburt droht, sollten Sie gleich so ein Zentrum ansteuern, um sich und Ihrem Baby alle weiteren Transporte zu ersparen. In der geburtshilflichen Klinik wird man versuchen, die Geburt noch etwas aufzuhalten, um eine lungenreifefördernde Behandlung für Ihr Baby abzuschließen. Dazu bekommen Sie im Abstand von 24 Stunden zweimal ein Glukokortikoid gespritzt, damit die Lungenbläschen Ihres Babys schneller reifen.
Eine Frühgeburt kündigt sich mit vorzeitigen Wehen und einer Verkürzung des Gebärmutterhalses an, die Sie manchmal deutlich, manchmal kaum merken. Sie müssen sofort in ein Perinatalzentrum, wenn vor der 33. Schwangerschaftswoche die Fruchtblase platzt, eine Blutung eintritt oder Sie Wehen entwickeln, die den Muttermund öffnen.
Als Risikofaktoren, die Frühgeburten begünstigen, werden folgende Gründe angesehen:

- Infektionen in der Schwangerschaft
- Mehrlingsschwangerschaften
- Rauchen und regelmäßiger Alkoholkonsum
- Untergewicht (Body-Mass-Index unter 18)
- bestehende Erkrankungen, wie zum Beispiel Diabetes, Asthma bronchiale, Nierenerkrankungen, hoher Blutdruck, Über oder Unterfunktion der Schilddrüse
- im Lauf der Schwangerschaft entstehende Krankheiten, wie Präeklampsie und HELLP-Syndrom
- Vermehrte Fruchtwassermenge (Polyhydramnion), das heißt mehr als 1,5 bis 2 Liter
- Verminderte Fruchtwassermenge (Oligohydramnion)
- Teenagerschwangerschaften
- Schwangerschaften bei Frauen über 38 Jahren
- vorausgegangene Fehl- oder Frühgeburten
- Lageanomalien des Babys
- Vitaminmangel
- Vorzeitige Wehentätigkeit oder ein nicht haltender Gebärmutterhals
- Erhöhte Stressfaktoren in der Schwangerschaft, wie starke körperliche Arbeit, Überlastung im Beruf und Probleme in der Partnerschaft
- vorzeitiger Blasensprung

Die Zeit nach der sehr frühen Geburt eines Babys wird immer extrem fordernd für alle Beteiligten sein. Denken Sie daran, dass Ihr Kind jetzt besonders viel Zuwendung in Form von Hautkontakt und tröstenden Worten benötigt (siehe Känguru-Methode Seite 204). Holen Sie sich von Familie, Freunden und Fachpersonal so viel Hilfe, wie es nur geht, um diese Phase gut zu überstehen.

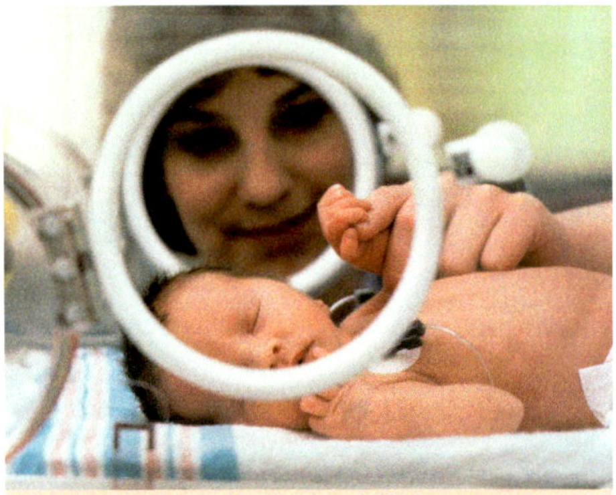

Ein frühgeborenes Baby wird all Ihre Kraft und Liebe brauchen, damit es sich gesund entwickeln kann.

Totgeborene Babys

Wenn Eltern ihr Baby verlieren, weil es im Mutterleib oder während der Geburt gestorben ist, spricht man von einer Totgeburt, wenn es 500 Gramm oder mehr wiegt. Das Baby bekommt eine Sterbeurkunde und wird beerdigt. In Deutschland werden jedes Jahr fünf von tausend Babys tot geboren. Oft gibt es dafür mehrere Gründe. Manchmal kann jedoch keine Ursache ermittelt werden. Die am häufigsten gefundenen Auslöser für den Tod eines ungeborenen Kindes sind:

- Infektionen sind der Hauptgrund für den Tod von Babys zwischen der 24. bis 27. Schwangerschaftswoche.
- Probleme mit der Plazenta: Sie treten hauptsächlich um die 35. Schwangerschaftswoche herum auf.
- Bedeutende Probleme mit der Gesundheit der Schwangeren selbst.
- Angeborene Fehlbildungen.
- Nabelschnurkomplikationen.

Der Tod unseres Babys ist wohl mit das Traurigste, was wir überhaupt erleben können. Er ist schwer zu akzeptieren, schockiert uns und lässt uns hoffnungslos zurück. Nach all den Wünschen, Gedanken und Vorstellungen zum Leben mit dem Baby und den freudigen Vorbereitungen ist dieser Verlust ein Schmerz, der uns lange begleiten wird.

Meistens spüren die Schwangeren, dass etwas nicht stimmt. Die Bewegungen des Babys sind nicht mehr wahrzunehmen, die Spannung in den Brüsten lässt nach. Bei einer Ultraschalluntersuchung wird nach der Ursache gesucht. Wenn dann festgestellt wird, dass das Baby gestorben ist, haben die Frauen die schwere Aufgabe vor sich, das Baby auf vaginalem Weg zur Welt zu bringen, mit dem Wissen, dass es nicht leben wird.

Es ist wichtig, sich zu verabschieden! Alle Rituale, die unsere Gesellschaft für Trauer eingerichtet hat, sind wichtig. Sie sollten nicht darauf verzichten, nur weil es sich um einen noch sehr kleinen Menschen handelt. Es ist gut, das Baby beerdigen zu lassen und den Platz zu kennen, wo Sie es besuchen können. Nehmen Sie Ihre Gefühle der nächsten Wochen und Monate ernst und akzeptieren Sie sie. Dazu gehören Grübeln, Depressionen und Gefühle von Lähmung, Schuld, Verzweiflung, Wut und Eifersucht. Das alles gehört zum Trauern und trägt zur Heilung bei.

Trauer tut allen weh, wie eine körperliche Wunde, die Zeit, Ruhe und Pflege braucht, um zu heilen. Die Trauerzeit umfasst in vielen Kulturen, auch in der christlichen, ein volles Jahr. Lassen Sie sich ruhig etwas Zeit mit der Planung einer neuen Schwangerschaft. Jedes Baby ist einzigartig und unersetzbar. Ein neues Baby kann die Trauer nicht abkürzen oder verhindern.

A-Z der Geburt

Analgetika
Medikamente, die zur Aufhebung der Schmerzempfindlichkeit eingesetzt werden.

Beckenboden
Muskulatur, die den Abschluss des kleinen Beckens bildet. Diese Muskulatur wird in der Schwangerschaft weicher und durch die Geburt gedehnt. Die deutlich verminderte Spannung muss nach der Geburt durch Rückbildungsgymnastik wieder aufgebaut werden.

Bilirubin
Gallenfarbstoff, der vor allem beim Abbau des roten Blutfarbstoffs (Hämoglobin) entsteht. In hohen Konzentrationen Auslöser für die Neugeborenengelbsucht.

Dammschnitt (Episiotomie)
Durchtrennung des Dammgewebes. Dadurch soll die Geburt beschleunigt beziehungsweise erleichtert werden.

Dopton
kleines, handliches Gerät, mit dessen Hilfe Hebammen die kindlichen Herztöne kontrollieren können. Kommt vor allem bei außerklinischen Geburten zum Einsatz.

Epiduralraum
die im Wirbelkanal gelegene äußere Hülle des Rückenmarks.

Fontanelle
Knochenlücken im Schädel des Babys. Sie ermöglichen, dass sich die Schädelknochen während der Geburt übereinander schieben und der Kopfumfang sich dadurch verkleinert.

Forceps
Geburtszange. Instrument, mit dessen Hilfe Geburten beschleunigt beendet werden können.

Gebärmutterhals (Zervix)
unterer Teil der Gebärmutter, der in die Vagina hineinragt.

Geburtseinleitung
medikamentöse Einleitung der Geburt vor dem natürlichen Wehenbeginn.

Geburtskanal
der Weg, den das Baby während der Geburt nimmt: das knöcherne Becken und der untere Teil der Gebärmutter mit Gebärmutterhals, Vagina und Beckenbodenmuskulatur.

Harn- und Stuhlinkontinenz
Unfähigkeit, Harn und Stuhl zu halten.

Intubationsnarkose
Inhalationsnarkose, bei der das Narkosegas über einen Schlauch verabreicht wird – auch Vollnarkose genannt.

Kontraktion
anderes Wort für Wehen. Wörtliche Bedeutung: Zusammenziehung.

Leitungsanästhesie
Schmerzausschaltung, bei der ein Nerv betäubt wird. Häufigste Form ist die PDA.

Mekonium
auch Kindspech. Erster, dunkelgrüner Stuhl von Babys.

Mikroblutuntersuchung
(MBU) Blutentnahme aus der Kopfhaut des Babys während der Geburt zur pH-Messung, um Erkenntnisse über seine Sauerstoffversorgung zu gewinnen.

Muttermund
Öffnung des Gebärmutterhalses, der sich in der Eröffnungsphase der Geburt durch Wehen schmerzhaft aufdehnt.

Nachgeburt
besteht aus Plazenta, Eihäuten und Nabelschnur und wird nach der Geburt des Babys ausgestoßen. Erst dann ist die Geburt beendet und das Wochenbett beginnt.

Oligohydramnion
Verminderung der Fruchtwassermenge.

Oxytocin
ein Hormon, das im Gehirn gebildet wird. Es löst Wehen aus und spielt bei der Rückbildung der Gebärmutter sowie bei der Milchbildung eine wichtige Rolle.

Periduralanästhesie
PDA, auch Epiduralanästhesie genannt, ist eine Leitungsanästhesie, in der ein Lokalbetäubungsmedikament in den Periduralraum gespritzt wird, um den unteren Beckenbereich schmerzunempfindlich zu machen.

Perinatalmedizin
ein Teilgebiet der Medizin, das sich mit Mutter und Kind während und nach der Geburt beschäftigt.

pH-Wert
Maß für die Konzentration von Wasserstoffionen in wässriger Lösung. Damit wird nach der Geburt des Babys bestimmt, ob es ausreichend mit Sauerstoff versorgt ist, indem Blut aus der Nabelschnur entnommen wird.

Polyhydramnion
eine übermäßige Fruchtwassermenge von über 1,5 bis 2 Litern am Termin.

Pudendusblock
ist eine Leitungsanästhesie, die den Beckenboden, den Dammbereich, die Schamlippen und das untere Vaginaldrittel ohne negative Beeinflussung von Wehenschmerz und Pressdrang betäubt.

Sectio caesarea
auch Kaiserschnitt. Das Baby wird mittels eines operativen Eingriffs entbunden. Dabei werden Bauchraum und Gebärmutter geöffnet.

Spasmolytika
krampflösende Medikamente.

Spinalanästhesie
Leitungsanästhesie, in der ein Lokalbetäubungsmittel in den Spinalraum gespritzt wird und in der Geburtshilfe zur Betäubung des unteren Beckenbereichs führt.

Thrombose
Blutpfropfbildung in Arterien oder Venen.

Vakuumextraktion (VE)
Entbindung mithilfe einer Saugglocke.

Wunschkaiserschnitt
Kaiserschnitt, der ohne medizinischen Grund auf Wunsch der Frau durchgeführt wird.

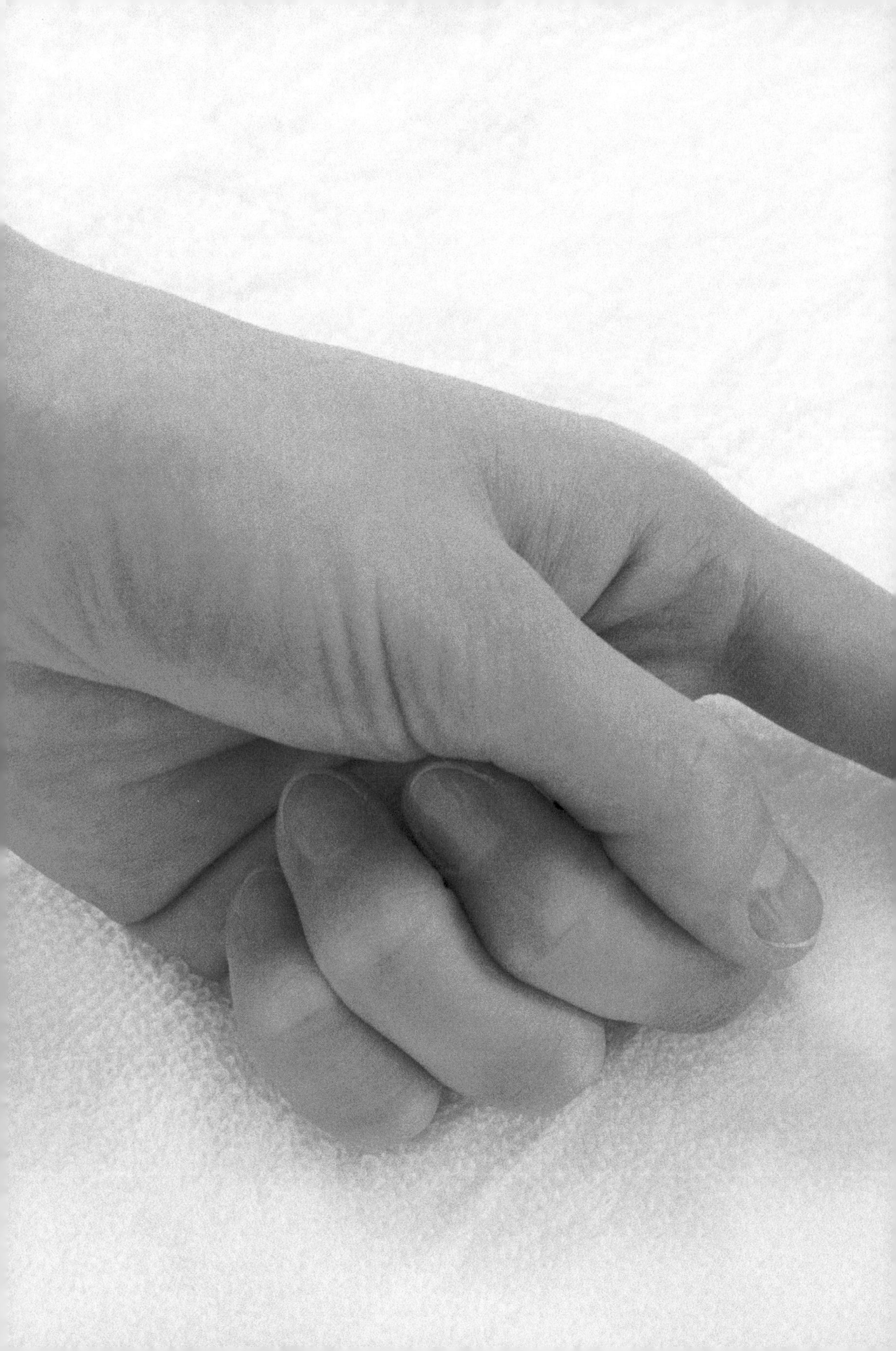

KAPITEL 3

Wochenbett & Stillen

Herzlichen Glückwunsch, Sie haben es geschafft! Der kleine Mensch in Ihren Armen übertrifft mit Sicherheit all Ihre Vorstellungen. Nach der anstrengenden Geburt können Sie sich nun auf die „Flitterwochen“ mit Ihrem Baby freuen.

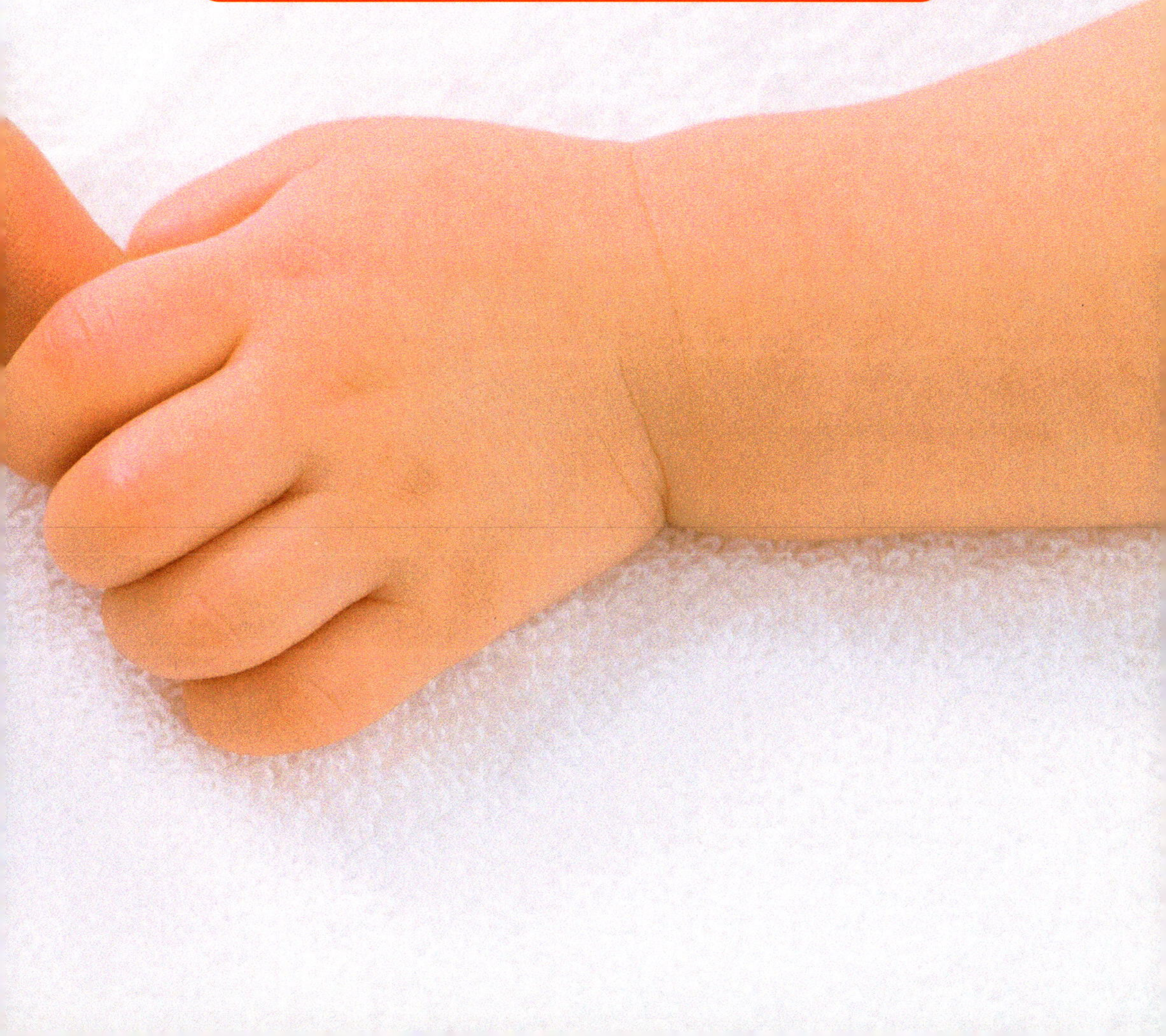

„Flitterwochen“ mit dem Baby

Genießen Sie Ihr Wochenbett von Herzen. Diese Zeit gehört nur Ihnen und Ihrer neuen Familie. Sie werden merken, dass auch Ihr Körper für diese Pause dankbar ist.

Die Zeit des Wochenbetts wird ein ganz außergewöhnlicher Abschnitt in Ihrem Leben sein. Wir Hebammen nennen diese Zeit daher oft „Flitterwochen“ mit dem Baby. Lernen Sie Ihr Kind langsam kennen. Versuchen Sie seine Körpersprache zu verstehen, verlieben Sie sich in seine unverwechselbaren Eigenheiten. Schließlich werden Sie von nun an Ihr Leben mit diesem kleinen Menschen teilen. Die erste Zeit mit Ihrem Baby ist wie der Beginn einer Liebesbeziehung gleichermaßen schön, aufwühlend und berührend.

Erschrecken Sie also nicht, wenn Ihre Gefühlslage auch widersprüchlich ist. Freude und Stolz können gepaart sein mit Sorge und Angst und einem manchmal erdrückenden Verantwortungsgefühl. Die besondere Atmosphäre, die Ihr Baby mitbringt, lässt Sie in einem Augenblick fast euphorisch und voller Glück und im nächsten vollkommen am Boden zerstört und traurig sein. Vielleicht dauert es auch ein Weilchen, bis Sie sich in Ihr Baby verlieben, weil Sie von einer anstrengenden Geburt noch vollkommen erschöpft sind. All dies ist überhaupt nicht ungewöhnlich. Sie haben etwas Großes geleistet und brauchen nun Ruhe, Zeit und viel Unterstützung, um sich, Ihrem Partner und dem Baby einen guten Start ins Familienleben zu ermöglichen.

Die nächsten sechs bis acht Wochen gehören daher nur Ihnen und Ihrer kleinen Familie. Damit Sie wirklich ungestört sind, ist es auch gesetzlich geregelt, dass Sie die ersten acht Wochen nach der Geburt nicht beschäftigt werden dürfen. Bei sehr kleinen Frühgeborenen, die weniger als 2500 Gramm wiegen, und bei Mehrlingen verlängert sich diese Frist auf zwölf Wochen. Das Einhalten einer gewissen Schonzeit ist auch aus medizinischer Sicht sinnvoll.

Es wird unterschieden zwischen dem Frühwochenbett, das die ersten zehn Tage nach der Geburt des Babys umfasst, und dem Spätwochenbett, das vom zehnten Tag bis zum Ende der sechsten beziehungsweise achten Woche gerechnet wird.

Gönnen Sie sich diese Pause, schließlich hat Ihr Körper in den letzten Monaten hart gearbeitet. Er braucht nun Erholung, um allmählich in seine alte Form zurückzufinden.

Bis sich alle Veränderungen durch Schwangerschaft und Geburt zurückgebildet haben, wird es allerdings noch ein wenig dauern. Eine alte Hebammenweisheit sagt: „So lange wie die Schwangerschaft dauert auch die Rückbildung!“ Lassen Sie sich daher Zeit und erwarten Sie nicht gleich zu viel. Dass die körperliche Umstellung nicht von heute auf morgen über die Bühne geht, können Sie auch daran erkennen, dass Sie frühestens sechs bis acht Wochen nach der Geburt die erste Regelblutung bekommen. Bei 10 bis 15 Prozent aller stillenden Frauen kann es sogar vorkommen, dass sich ihr Zyklus nach einem halben Jahr noch nicht wieder eingestellt hat.

Denken Sie schon während der Schwangerschaft daran, ein möglichst ruhiges Wochenbett vorzubereiten. Besonders bei einer ambulanten Geburt brauchen Sie Hilfe im Haushalt.

Körperliche und seelische Veränderung

In vielen so genannten Entwicklungsländern gilt nach der Geburt für Mutter und Kind eine Schutzzeit von 40 Tagen. Verwandte Frauen übernehmen für diesen Zeitraum die Versorgung der Familie und unterstützen die junge Mutter im Umgang mit dem Neugeborenen. Erst am 41. Tag verlassen die Wöchnerinnen zum ersten Mal das Haus und stellen ihr Baby der Öffentlichkeit vor. Danach gehen sie wieder an ihre Aufgaben. Wenn sie in der Landwirtschaft arbeiten, werden sie bis zum Ende der Stillzeit weiterhin entlastet.

Bei uns sieht die Realität oft ganz anders aus. Die meisten Frauen verlassen ausgerechnet am dritten bis vierten Tag die Klinik. Die körperliche und seelische Umstellung befindet sich da gerade auf dem Höhepunkt. Das bedeutet für die Frauen: Brüste, die sich fremd anfühlen, Geburtsverletzungen, die noch nicht verheilt sind, eine Tränenflut hinter den Augen, die nur darauf wartet, dass die Dämme brechen. Das geschieht meist dann, wenn Familie und Freunde einfallen, um das neue Familienmitglied zu bestaunen. Denn eigentlich wollen Sie nur schlafen, weil das in den letzten Tagen in der Klinik nicht geklappt hat. Die Bettnachbarin hatte quietschlebendige Zwillinge, die sich in ihren recht lauten Lebensäußerungen mit Ihrem Baby abgewechselt haben. Und dann meckern auch noch die Gäste, weil sie den Namen, den Sie für Ihr Baby ausgesucht haben, nicht toll finden.

Wir haben die Erfahrung gemacht, dass all die Tipps, die wir in der Schwangerschaft zur Vorbereitung des Wochenbetts gegeben haben, interessiert und höflich angehört, beim ersten Baby aber in den seltensten Fällen umgesetzt wurden. Bei weiteren Kindern wurden diese Tipps dann immer mehr beherzigt! Also tun Sie sich selbst und Ihrer kleinen Familie den Gefallen und lassen Sie die erste gemeinsame Zeit gemächlich angehen. Sie werden sehen, dass Sie genügend damit zu tun haben, sich an die neue Situation zu gewöhnen.

HEBAMMENTIPP

› Viele Frauen fühlen sich erst einmal noch nicht so wohl in ihrem Körper. Das ist völlig normal. Schließlich haben Sie sich in den letzten Monaten gut an Ihre runden Formen gewöhnt. Es ist daher nicht verwunderlich, wenn der leere Bauch und die neue Situation sich körperlich und auch seelisch fremd anfühlen. Unser Rat: Ruhen Sie sich aus und lassen Sie Ihrem Körper viel Zeit für seine Regeneration.

BESCHWERDEN UND BEGLEITERSCHEINUNGEN

Manche Frauen werden von den körperlichen Nachwirkungen der Geburt regelrecht in einen Schockzustand versetzt: Nachwehen, starke Blutungen, ein eventuell schmerzender Damm, geschwollene Schamlippen und steinharte Brüste, und das alles nach einer mit den Anstrengungen eines Marathons vergleichbaren Geburt. Auch wenn der Bauch jetzt wieder deutlich kleiner ist, sind Muskeln und Haut doch noch sehr weich und locker, und es kann der Eindruck entstehen, dass dieses Gewebe nie wieder straff und fest werden wird. Stimmungsschwankungen, die auch vom plötzlichen Absinken der Schwangerschaftshormone verursacht werden, sind bei vielen Frauen an der Tagesordnung. Dazu kommt die extreme Müdigkeit bei einem immer hungrigen Baby, das Tag und Nacht nicht kennt und permanent trinken möchte. Suchen Sie sich außer einer Hebamme auch noch andere Menschen, mit denen Sie über alles reden können. Besonders gut geeignet sind Frauen und Paare, die Ihnen vielleicht schon vorgelebt haben, dass man diesen Zustand glücklich überleben kann.

• Nachwehen

Nach der Geburt Ihres Kindes werden Sie immer wieder ziehende Schmerzen im Unterleib spüren, die sich ähnlich anfühlen wie Regelschmerzen. Hauptverursacher für diese Nachwehen ist das Hormon Oxytocin, das freigesetzt wird, wenn Sie Ihr Kind an die Brust legen und stillen. Seine wehenfördernde Wirkung hilft der Gebärmutter dabei, sich zurückzubilden. Die Wundfläche der abgelösten Plazenta wird kleiner und führt dazu, dass die Blutung allmählich versiegt. Frauen, die mehrere Kinder geboren haben, berichten, dass die Nachwehen von Kind zu Kind spürbarer und schmerzhafter geworden seien.

Bei stillenden Frauen geht die Rückbildung rasch vonstatten, weil Oxytocin dann vermehrt ausgeschüttet wird. Eine Woche nach der Geburt hat die Gebärmutter sich bereits auf halbe Höhe zwischen Nabel und Schambein zurückgezogen. Nach Ende der zweiten Woche ist sie von außen oft überhaupt nicht mehr zu tasten. Die Rückbildung bei Mehrlingen, besonders großen Kindern oder nach einem Kaiserschnitt kann etwas länger dauern. Es ist

HEBAMMENTIPP

- Denken Sie daran, regelmäßig alle drei bis vier Stunden Ihre Blase zu entleeren; eine volle Blase schiebt die Gebärmutter hoch und verschlimmert die **Nachwehen**.
- Legen Sie sich in den ersten Tagen nach der Geburt öfter auf den Bauch. Am besten zweimal täglich für 30 Minuten. Wenn Ihre Brüste empfindlich sind, können Sie ein Kissen unterlegen.
- Versuchen Sie, die ersten sechs bis acht Tage wirklich auszuruhen. Das heißt tatsächlich, dass Sie überwiegend im Bett liegen und möglichst nichts anderes tun, als sich selbst und Ihr Baby zu pflegen.
- Wahrscheinlich tut Ihnen Wärme gut, zum Beispiel in Form einer Wärmflasche am Kreuzbein oder eines Schals, den Sie um den Bauch wickeln. Bitte die Wärmflasche nicht auf den schmerzenden Bauch legen, da sonst die Blutung stärker werden kann. Auch ein warmes Vollbad bei 37 Grad für 15 Minuten kann helfen.
- Atmen Sie bewusst tief in den Bauch.
- Vielleicht hilft Ihnen ein feuchtwarmer Bauchwickel mit Kamillentee. Lassen Sie ihn auf 37 Grad abkühlen, legen Sie ihn für 20 Minuten auf den Unterbauch und wickeln Sie sich in ein großes Badetuch.

auf jeden Fall eine enorme Leistung, in einer so kurzen Zeit von einer Größe, die Baby, Fruchtwasser und Plazenta umfasst, wieder zu einem faustgroßen Organ zu schrumpfen. Auch wenn die Gebärmutter etwas größer bleibt als vor der Schwangerschaft. Aber wenn Ihre Bauchmuskeln wieder fest sind, wird das für niemanden mehr zu sehen sein. Die Unterbauchschmerzen, die durch die Nachwehen entstehen, sollten von Tag zu Tag nachlassen. Meistens sind sie nach drei Tagen kaum noch spürbar und spätestens nach einer Woche Stillen verschwunden.

Wenn die Schmerzen für Sie unerträglich sind, können Sie bis zu viermal täglich 500 Milligramm Paracetamol® einnehmen. Der Wirkstoff geht zwar in geringen Konzentrationen in die Muttermilch über, soll aber für die Babys nicht schädlich sein.

• Wochenfluss

Nach der Geburt werden Sie einen Ausfluss haben, der aus Blut, Schleim und Geweberesten besteht. Der so genannte Wochenfluss, auch Lochien genannt, begleitet das Abheilen von Plazentahaftstelle und Gebärmutterinnenwand. Er wird durch die Nachwehen allmählich nach außen befördert.

In den ersten zwei bis drei Tagen wird er Beimengungen von Schleim und Blutgerinnseln enthalten, also hellrot sein. Danach verringert sich die Menge, und die Farbe wechselt von dunkelrot über wässrig-rosa bis zu bräunlich gegen Ende der ersten Woche. Nach etwa 14 Tagen wird der Wochenfluss entweder weiter rot-bräunlich oder gelblich sein und deutlich weniger werden. Am Ende der dritten Woche wird es ein leichter Ausfluss von weißlicher bis klarer Farbe sein. Zwischen der vierten bis sechsten Woche versiegt der Wochenfluss ganz.

In den ersten Tagen kann manchmal ein geklumptes Blutgerinnsel abgehen. Es sieht aus wie ein Stück frische Leber, ist aber unbedenklich. Auch eine hellrote Blutbeimengung ist in den ersten zwei Wochen normal, besonders wenn Sie sich körperlich angestrengt haben. Nur wenn der Wochenfluss innerhalb der ersten zehn Tage über mehr als zwölf Stunden versiegt, ist das ein Alarmsignal. (Ausnahme: Kaiserschnitt, hier ist die Blutung insgesamt geringer und kann früher aufhören.) Kommen Kopfschmerzen in der Stirngegend hinzu und nimmt Ihr Ausfluss einen üblen Geruch an, sollten Sie sich unbedingt von Ihrer Hebamme oder Ärztin untersuchen lassen. Wahrschein-

HEBAMMENTIPP

- Für den **Wochenfluss** benutzen Sie große, möglichst unparfümierte Binden, die Sie mindestens alle drei bis vier Stunden wechseln. So können Sie sich einigermaßen sauber halten und gleichzeitig die Blutmenge kontrollieren.
- Vergessen Sie nicht, sich vor und nach dem Wechseln der Binden die Hände gründlich zu waschen.
- Für die Entsorgung der Binden eignet sich am besten ein verschließbarer Eimer oder eine verschließbare Plastiktüte.
- Bitte verwenden Sie keine Tampons! Die Lochien sollen ungehindert abfließen, damit sich vor dem Muttermund keine Erreger sammeln können. Gegen Ende des Wochenbetts ist es sicherlich möglich, wenn es Ihnen wichtig ist, hin und wieder Tampons zu verwenden. Dann aber nie länger als maximal drei Stunden im Körper lassen!

lich ist ein Lochialstau die Ursache, der auf jeden Fall behandelt werden muss.
Bei einer plötzlichen hellroten Blutung, die nach dem sechsten Wochenbetttag auftritt und die Menge einer Regelblutung übersteigt, ist es wichtig, dass Sie die Ursache dafür in einer Klinik rasch abklären lassen. In sehr seltenen Fällen kann ein unbemerkt in der Gebärmutter verbliebener Plazentarest der Grund für eine so starke Blutung sein.

• Extremes Schwitzen

Während des Wochenbetts werden Sie sich manchmal fragen, wo eigentlich die ganze Flüssigkeit herkommt, die Ihr Körper ausschwitzt. Die Depots dafür sind vor allem die Wassereinlagerungen im Gewebe, die Sie in der Schwangerschaft vielleicht manchmal behindert haben (Seite 56). Diese Reserven werden jetzt langsam abgebaut, und eventuelle Ödeme klingen allmählich ab.
Wahrscheinlich werden Sie besonders stark schwitzen, wenn Sie Ihr Baby anlegen, da das Saugen den Stoffwechsel ankurbelt. Denken Sie daran, genügend zu trinken, am besten Wasser. Tragen Sie atmungsaktive Kleidung aus Baumwolle oder Wolle. Falls Sie sich aber über das Ausmaß Ihrer Schwitzattacken Sorgen machen oder sich krank fühlen, kontrollieren Sie, ob Sie Fieber haben. Wenn Sie in diesem Fall unter der Achsel Temperaturen über 37 Grad messen, sollten Sie mit Ihrer Hebamme oder Ihrem Arzt darüber sprechen. Infektionen können so ausgeschlossen werden.

• Gewichtsabnahme

Nach der Geburt Ihres Babys werden Sie durchschnittlich fünf Kilo leichter sein als zuvor. Das ist natürlich großartig. Trotzdem kann es sein, dass Ihnen nicht gefällt, was Sie im Spiegel sehen. Sie finden Ihre Brüste vielleicht zu groß, Ihren Magen aufgebläht und die Haut am Bauch zu schlaff. Trösten Sie sich: Erstens geht dieser Zustand ja wieder vorbei, und zweitens soll eine Frau kurz nach der Geburt genau so aussehen. Ihre Brüste bereiten sich auf die Milchproduktion vor, um Ihr Baby zu ernähren. Ihr Magen muss den erhöhten Flüssigkeitsabbau durchleiten. Und was Ihren Bauch betrifft: Sobald die Gebärmutter sich zurückgebildet hat, alle Organe an ihren angestammten Platz gerutscht und die Bauchmuskulatur wieder gekräftigt ist, wird das Gewebe wieder fest und die Haut strafft sich. Nur die Taille kann etwas mehr Umfang haben.
Zu einem späteren Zeitpunkt können Ihnen ausgewählte Gymnastik-Übungen (Seite 230) und eine gesunde Ernährung dabei helfen, in Ihre alte Form zurückzufinden. Lassen Sie bis zum Ende der Stillzeit aber bitte die Finger von Schlankheitskuren! Es ist zwar in Ordnung, wenn Sie Ihr Ausgangsgewicht vor der Schwangerschaft langsam wieder erreichen. Sie sollten dann aber unbedingt vermeiden, noch mehr Gewicht zu verlieren. Beim Abbau von Fettzellen können Schadstoffe freigesetzt werden, die über die Muttermilch zu Ihrem Baby gelangen und ihm schaden können. Also warten Sie bitte mit dem Kauf von Etuikleidern bis nach dem Abstillen.
Nachdem Sie bei der Geburt schon fünf bis sechs Kilo verloren haben, die sich auf Baby, Fruchtwasser, Blut und Flüssigkeit verteilen, reduziert sich Ihr Gewicht langsam weiter. Im frühen Wochenbett bildet sich die Gebärmutter zurück, das Blutvolumen wird geringer, die Wassereinlagerungen werden allmählich ausgeschieden, und Sie verlieren weitere drei bis vier Kilo. Bis zum Ende der Stillzeit kommen noch bis zu zehn Kilo dazu. Verantwortlich dafür sind vor allem der erhöhte Energiebedarf beim Stillen und der damit verbundene Abbau der in der Schwangerschaft angelagerten Fettdepots. Es gilt die Regel: Je mehr Sie zugenommen haben, desto länger wird es dauern, bis Sie Ihr Ausgangsgewicht wieder erreicht haben.

Baby-Blues

Wundern Sie sich nicht, wenn Ihnen ein paar Tage nach der Geburt einfach nur noch zum Heulen zumute ist. Der plötzliche Abfall des Hormonspiegels nach der Geburt der Plazenta, die völlig ungewohnte neue Situation, schlaflose Nächte und körperliche Beschwerden produzieren einen Gefühlscocktail, der allgemein als Baby-Blues bekannt ist.

Immerhin die Hälfte aller Frauen leiden daran. Er kann wenige Stunden, aber auch 10 bis 14 Tage andauern und vergeht in den meisten Fällen von allein. Typische Anzeichen für diese empfindlichen Tage sind:

- starke Stimmungsschwankungen
- Weinen und Verletzlichkeit
- Ängstlichkeit und Reizbarkeit bei Kleinigkeiten
- mangelndes Selbstvertrauen
- Vergesslichkeit und Konzentrationsschwäche
- Schlaflosigkeit

Was Sie nun brauchen, ist eine liebevolle Umgebung, die Ihr „Anderssein" in diesen Tagen annimmt und respektiert. Unterdrücken Sie die Tränen nicht! Ihr Leben hat sich von Grund auf verändert! Starke Gefühle sind also erlaubt. Geben Sie sich einfach etwas Zeit, Vertrauen in Ihre elterlichen Fähigkeiten zu gewinnen. Akzeptieren Sie, dass Unsicherheit und Sorge zu diesem Prozess dazu gehören. Wenn Sie allerdings eine schwerwiegende seelische Krise erleben und Ihre Stimmung anhaltend niedergeschlagen und düster ist, ist vielleicht eine behandlungsbedürftige Wochenbettdepression die Ursache (Seite 240).

Schwierigkeiten beim Wasserlassen

Manchmal können in den ersten 24 Stunden nach der Geburt, und in seltenen Fällen auch darüber hinaus, Probleme beim Wasserlassen auftreten. Das kann sich darin äußern, dass Sie entweder überhaupt keinen Harndrang spüren oder aber permanent das Gefühl haben, zur Toilette gehen zu müssen. Oft können Sie dann nur einige Tropfen Urin abgeben.

Nach der Geburt kommt es zu einer erhöhten Harnproduktion, damit das im Gewebe eingelagerte Wasser über die Blase ausgeschieden werden kann. Die Blase füllt sich rascher als sonst. Sie empfinden den Füllungszustand aber unverändert, weil kein Baby mehr drückt oder durch die Geburt Harnröhre und Blase so gequetscht wurden, dass sich alles taub anfühlt. Besonders nach einer langen Austreibungsphase, Saugglockenentbindung oder bei einem sehr großen Kind kann die Harnröhre und der untere Teil der Harnblase tatsächlich beschädigt und geschwollen sein. Im Extremfall kön-

HEBAMMENTIPP

- **Schwierigkeiten beim Wasserlassen:** Trinken Sie viel und versuchen Sie alle zwei bis drei Stunden Wasser zu lassen, auch ohne Harndrang verspüren.
- Eine Wärmflasche im Rücken oder eine warme Auflage in Blasenhöhe können helfen, diese Region zu entspannen.
- Ein alter Trick: Pusten Sie in einen Flaschenhals und spannen Sie dabei die Bauchdecke etwas an.
- Vielleicht hilft Ihnen ein Tee aus je einem Drittel Zinnkraut, Birkenblättern und Goldrutenkraut. Trinken Sie davon dreimal täglich eine Tasse.
- Lassen Sie eine Hand im warmen Wasser plätschern.

nen Sie dann vorübergehend kein Wasser lassen. Wiederholtes Katheterisieren und Medikamente mit abschwellender Wirkung helfen dabei, diese Zeit zu überstehen.
Sie sollten sich auf jeden Fall melden, wenn Sie Ihre Blase auch sechs Stunden nach der Geburt nicht entleeren konnten. Sonst erhöht sich das Risiko für stärkere Nachblutungen und Harnwegsinfekte. Auch eine Überdehnung der Blase sollte vermieden werden, da dies den Blasenschließmuskel schwächen könnte.
Auch wenn dieser Rat beherzigt wird, leiden manche Frauen unter unwillkürlichem Harnabgang (Harninkontinenz), der im Verlauf des Wochenbetts oder auch beim Sex auftreten und hartnäckig anhalten kann. Von dieser Beschwerde werden bis zu 15 Prozent aller Frauen vorübergehend geplagt. Das Problem wird oft verdrängt, als peinlich empfunden und als Geheimnis bewahrt. Sollten Sie betroffen sein, überwinden Sie sich! Fragen Sie Ihre Hebamme nach sanften Beckenbodenübungen, die Sie bereits im Wochenbett durchführen können. Versuchen Sie, nichts Schwereres als Ihr Baby zu tragen, und sprechen Sie bei anhaltenden Beschwerden mit Ihrem Frauenarzt (zum Beispiel bei der empfohlenen Routineuntersuchung sechs bis acht Wochen nach der Geburt).

• Brustdrüsenschwellung

Wenn nach der Geburt der Hormonspiegel absinkt, ist das für die Hypophyse das Startsignal. Nun wird das Milchbildungshormon Prolaktin produziert. Die Brustdrüsen werden dadurch stärker durchblutet und beginnen mit der Milchbildung. Das Ergebnis bekommen Sie zwischen dem zweiten und fünften Tag nach der Geburt zu spüren: Die Brustdrüsen schwellen an und Ihre Brüste fühlen sich voll, schwer und warm an. Nur ein Drittel dieser Vergrößerung ist der erhöhten Milchproduktion zuzurechnen. Der Rest entsteht durch die starke Durchblutung.
Viele Frauen stehen an diesem Tag vor dem Spiegel und betrachten die für sie vollkommen fremden Brüste mit einer gehörigen Portion Misstrauen. Zumal dieser Zustand sich für viele recht unangenehm anfühlt. Wenn Sie Ihr Baby oft an die Brust legen und in den 24 bis 48 Stunden der starken Schwellung einen gut sitzenden BH tragen, wird diese Sensation aber bald vorbei sein (Seite 192).

• Darmträgheit und erster Stuhlgang

Möglicherweise leiden Sie in den ersten Tagen nach der Geburt Ihres Babys unter Verstopfung. Das ist gar nicht so selten: Die veränderte Hormonlage kann eine gewisse Darmträgheit zur Folge haben. Die stark überdehnten Bauchmuskeln erlauben erst langsam wieder zu pressen. Zusätzlich haben der Darm und die anderen Verdauungsorgane, die während der Schwangerschaft erheblich zur Seite und nach oben gedrängt worden waren, ihren alten Platz noch nicht wieder gefunden.
Es ist daher nicht schlimm, wenn Sie die ersten drei bis vier Tage des Wochenbetts keinen Stuhlgang haben. Andererseits sollten Sie aber auch nicht sehr viel länger abwarten, weil eingedickter, harter Stuhl sehr unangenehm ist. Achten Sie daher bereits vom ersten Tag an auf eine ballaststoffreiche Ernährung aus frischem Obst, Gemüse, Vollmilch- und Sauermilchprodukten, Müsli, Vollkornerzeugnissen, Nüssen und Leinsamen. Trinken Sie dazu täglich zwei bis drei Liter Wasser oder ungesüßten Kräutertee (worauf Sie sonst noch achten können, finden Sie auf Seite 57).
Wenn die Verstopfung hartnäckig anhält, können Sie es auch mit einer medikamentösen Behandlung versuchen. Es werden zwei Medikamente empfohlen, die auch beim Stillen ohne Probleme eingenommen werden können. In Frage kommt Lactulose, als Pulver (zum Beispiel Bifiteral®) oder Sirup (zum Beispiel Laevilac S®). Dieses Mittel wirkt leicht ab-

HEBAMMENTIPP

Das kann Ihnen helfen, wenn die **Brustdrüsenschwellung** Ihnen in den ersten Tagen starke Beschwerden bereitet:

- Behandeln Sie Ihre Brüste jedes Mal bevor Sie Ihr Baby stillen mit feuchter Wärme. Dazu legen Sie für fünf Minuten entweder warme feuchte Umschläge auf die Brüste oder nehmen eine warme Dusche.

- Legen Sie für fünf Minuten ein warmes Tuch auf Ihre Brust. Versuchen Sie danach einen dreimal drei Zentimeter breiten Bereich um den Warzenhof durch massierende Bewegungen zu entleeren. Ihrem Baby fällt es dann leichter, anzudocken und zu trinken. Wenn die Brust danach immer noch geschwollen ist, liegt das daran, dass Ihre Brüste momentan stärker durchblutet sind und mehr Gewebeflüssigkeit enthalten.

- Versuchen Sie es mit der „Milchshake-Behandlung“ um die Muskeln zu entspannen: Nehmen Sie dazu Ihre Brust in die Hand und schütteln Sie sie für 30 bis 60 Sekunden. Dies aber bitte sanft. Nach dieser Behandlung werden die Brüste oft deutlich weicher.

- Legen Sie Ihr Baby in mehreren Positionen an (Seite 216), damit alle Bereiche der Brust richtig entleert werden.

- Wecken Sie Ihr Baby ruhig auf, wenn es länger als drei Stunden schläft und Ihre Brust zu spannen beginnt. Das hat den zusätzlichen Vorteil, dass die Milchproduktion vermehrt angeregt wird.

- Kühlen Sie Ihre Brüste nach dem Stillen. Das hilft die eingelagerten Gewebeflüssigkeiten und die Schwellung zu reduzieren. Dazu eignen sich zum Beispiel Quarkwickel: Versehen Sie pro Brust zwei Blätter Haushaltsrolle mit einem Loch in der Mitte für Ihre Brustwarzen. (Sie können auch zwei dünne Tücher, wie Stoffwindeln, verwenden. Wickeln Sie sie so um Ihre Brust, dass der Bereich der Brustwarze frei bleibt.) Bestreichen Sie das erste Blatt oder die erste Stofflage mit kühlem 20-prozentigem Quark in Größe der Brust. Legen Sie das zweite Blatt oder Tuch darauf und drücken Sie leicht an. Legen Sie diese Auflage für 20 Minuten auf. Ruhen Sie sich dabei aus und versuchen Sie zu entspannen.

- Eine andere Möglichkeit ist das Kühlen mit Weißkohlblättern: Entfernen Sie die oberen Blätter des im Kühlschrank gelagerten Kohls. Nehmen Sie einige Blätter der zweiten Lage und schneiden Sie die harten Mittelstücke etwas flacher. Rollen Sie diese Blätter mithilfe eines Nudelholzes oder einer Flasche. Bedecken Sie Ihre Brüste mit den so vorbereiteten Blättern. Sparen Sie den Bereich der Brustwarzen dabei aus. Diesen Umschlag können Sie auch in einem BH für längere Zeit tragen. Er hat nur leider den Nachteil, dass beim Warmwerden ein kohltypischer Geruch um Sie herumschwebt.

führend und bindet erhebliche Mengen Wasser im Darm. Der Stuhl wird dadurch weicher, und der Darm wird angeregt, den Inhalt rascher auszuscheiden. Sie sollten daher mindestens zwei Liter dazutrinken. Nicht selten kann die Einnahme als Nebenwirkung unangenehme Blähungen haben.

Ebenso unbedenklich ist Natriumpicosulfat (zum Beispiel Laxoberal®-Tropfen). Die abführende Wirkung ist dabei stärker: Das Mittel reizt die Darmwand und führt dazu, dass die Darmbewegungen zunehmen und der Stuhl schneller befördert wird. Eine Wirkung tritt meist nach etwa zehn Stunden ein. Wenn Sie allerdings Durchfall oder Bauchkrämpfe bekommen, ist das ein Zeichen dafür, dass die Tropfenzahl für Sie zu hoch war.

• Hämorrhoiden

Auch wenn Sie in der Schwangerschaft davon verschont geblieben sind, können nach einer langen, anstrengenden Pressphase Hämorrhoiden entstehen. Hämorrhoiden sind Erweiterungen des Mastdarmschwellkörpers und sehen so ähnlich aus wie Krampfadern. Wenn Sie zu Bindegewebsschwäche neigen, können sich diese Erweiterungen bilden, wenn gegen Ende der Schwangerschaft die große Gebärmutter auf den Darm drückt. Hämorrhoiden können nach der Geburt mitunter äußerst unangenehm sein und erhebliche Schmerzen verursachen. Harter Stuhlgang verstärkt die Beschwerden. Zum Glück bilden sich Hämorrhoiden im Wochenbett oft vollständig zurück. Das kann mitunter aber einige Wochen dauern. Mithilfe einiger Hausmittel können Sie versuchen, die Beschwerden zu lindern (Seite 44). Falls das nichts hilft, können Sie die Hämorrhoiden frühestens drei Monate nach der Geburt entfernen lassen.

Als medikamentöse Therapie können Hämorrhoidensalben und Zäpfchen verwendet werden. Sie enthalten oft mehrere Wirkstoffe wie verschiedene Lokalbetäubungsmittel, Cortison mit einer abschwellenden Wirkung oder Heparin zur Blutgerinnselauflösung. Diese Medikamente sind zum Teil verschreibungspflichtig. Seien Sie aber vorsichtig und fragen Sie genau nach, da manche dieser Kombinationen Wirkstoffe enthalten, die während der Stillzeit nicht zugelassen sind und Ihrem Baby schaden könnten. Lindernd wirken zum Beispiel auch fetthaltige Cremes, die eventuell mit pflanzlichen Zusätzen wie Hamamelis versetzt sind.

• Krampfadern

Viele Frauen, die zum Beispiel durch eine anlagebedingte Bindegewebsschwäche oder nach der Geburt mehrerer Kinder schon in der Schwangerschaft mit Krampfadern Probleme hatten, können nun häufig aufatmen. Die große Gebärmutter mit dem Baby drückt nicht länger auf die Beckenvene, und die veränderte hormonelle Lage bewirkt, dass sich die Blutgefäße wieder enger stellen. Auch wenn die Krampfadern nicht mehr ganz verschwinden, lässt die Schwere in den Beinen doch deutlich nach, und die blauen Adern sind kaum mehr zu sehen. Leider ist es aber sehr wahrscheinlich, dass Sie bei einer nächsten Schwangerschaft wieder mit diesem Problem konfrontiert werden. Ein Blutgefäß, das einmal überdehnt worden ist und sich erweitert hat, wird bei neuen Belastungen wieder anschwellen. Eventuelle Beschwerden können Sie gut mit Hausmitteln behandeln (Seite 47).

• Dammverletzungen

Der gesamte Genitalbereich wird sich unmittelbar nach der Geburt leicht geschwollen, gedehnt und wund anfühlen. Nach einer langen, vielleicht schwierigen Geburt machen Ihnen Rissverletzungen oder Dammschnitte zusätzliche Beschwerden. Wenn nichts genäht werden musste, fühlen sich Vagina und Dammbereich zwei bis drei Tage nach der Geburt wieder vertrauter an. Auch Hautabschürfungen und kleinere Platzwunden in der Nähe der Harnröhre oder an den kleinen Schamlippen heilen in den nächsten drei bis vier Tagen ab. Inzwischen können diese Verletzungen beim Wasserlassen etwas brennen. Sie können Abhilfe schaffen, indem Sie einen mit lauwarmem Wasser gefüllten Messbecher beim Wasserlassen angefangen beim Schambein langsam über Schamlippen und Damm laufen lassen.

Sie können die Heilung zusätzlich unterstützen, wenn Sie einem Liter Wasser entweder einen gestrichenen Teelöffel Meersalz oder

HEBAMMENTIPP

Dammverletzungen können vor allem in den ersten Tagen recht unangenehm sein. So können Sie die Beschwerden lindern:

- Trinken Sie viel, am besten stilles natriumarmes Mineralwasser. Dadurch wird der Urin verdünnt und brennt an der Nahtstelle nicht so stark. Gleichzeitig wird die Blase regelmäßig entleert.
- Kühlen Sie in den ersten 24 Stunden die Naht alle vier bis sechs Stunden für fünf Minuten. Wichtig ist, dass Sie gleich im Kreißsaal damit anfangen. In der Klinik stehen meistens Coolpacks zur Verfügung. Zu Hause können Sie ein wassergefülltes Kondom verwenden, das Sie bereits im Tiefkühlfach vorbereitet haben. Umwickeln Sie das Eiskondom mit einem Stofftaschentuch oder einem weichen Waschlappen, bevor Sie es auf die Haut auflegen. Die Auflage wirkt betäubend und abschwellend.
- Versuchen Sie für drei Tage so wenig wie möglich zu sitzen, damit der Dammbereich entlastet wird. Falls Ihnen in der Klinik noch ein Sitzring angeboten wird, benutzen Sie ihn möglichst nicht, da damit ein unnötiger Zug auf den Wundbereich erfolgt.
- Tauchen Sie eine Binde oder ein Tuch in eine lauwarme Lösung aus einem Teelöffel Hamamelisextrakt (aus der Apotheke) und 100 Milliliter Wasser und legen Sie sie in den ersten Tagen dreimal täglich für je 20 Minuten auf. Die Auflage wirkt kühlend und verhindert ein Verkleben der Schamhaare.
- Gegen Ende der ersten Woche können Sie damit beginnen, zweimal täglich für zehn Minuten ein Sitzbad zu nehmen. Verwenden Sie dafür einen Schwarztee-Aufguss: Überbrühen Sie zwei gehäufte Esslöffel Tee mit einem Liter kochendem Wasser und lassen Sie den Sud für sieben bis zehn Minuten ziehen. Den gesiebten Tee fügen Sie dem Sitzbad hinzu. Es sind auch Zusätze aus Eichenrinde, Tannolact®, Kamille oder Meersalz möglich.
- Ab dem dritten Tag nach der Geburt können leichte Beckenbodenübungen dazu beitragen, dass das Gewebe besser durchblutet wird und schneller heilt.

einen Esslöffel Calendula-Essenz aus der Apotheke zusetzen.
Gerade in den ersten Tagen kann es angenehmer sein, im Stehen, zum Beispiel in der Badewanne oder Dusche, Wasser zu lassen. Halten Sie den Duschkopf auf den Genitalbereich. Das lindert das Brennen. Reinigen Sie den Dammbereich nach dem Stuhlgang immer von vorn nach hinten. Andernfalls könnten Darmbakterien zu den Verletzungen oder der Harnröhre gelangen und dort Infektionen hervorrufen.
Schnitte und Risse im Dammbereich werden meist in mehreren Schichten genäht. Dazu wird ein selbstauflösender Faden verwendet, der nicht gezogen werden muss. Nach 10 bis 14 Tagen können Sie meist keine Fäden mehr entdecken. Manchmal löst sich auch ein einzelner Knoten, und das ganze Fädchen liegt in Ihrer Binde. Das ist nicht weiter schlimm und kein Grund zur Beunruhigung. Bis Ihr Körper auch die tiefer liegenden Fäden vollständig abgebaut hat, können aber 40 Tage und mehr vergehen. Möglicherweise spüren Sie nach einer Woche, dass eine Stelle der Naht zwickt oder zieht. Bitten Sie Ihre Hebamme dann, den störenden Faden zu entfernen oder gehen Sie zu Ihrer Ärztin.

• Blutergüsse (Hämatome)

Blutergüsse können nach einem Dammschnitt oder einer Rissverletzung, aber auch im Bereich der Kaiserschnittwunde auftreten. Dabei sammelt sich Blut im Gewebe oder einem Hohlraum und verursacht ab einer bestimmten Größe Beschwerden. Im Wund- beziehungsweise Nahtbereich entsteht eine schmerzhafte Schwellung, die sich anfangs rötlichblau verfärbt und später – wie Sie es bei einem blauen Fleck schon oft erlebt haben – allmählich braun, grün und gelb wird und dann ganz verschwindet. Typisch ist, dass die Schmerzen hier nicht besser, sondern eher schlimmer werden. Auch die Heilung der genähten Verletzung dauert wahrscheinlich etwas länger. Aber mit etwas Unterstützung schafft Ihr Körper es in den meisten Fällen selbst, den Bluterguss aufzulösen. Die Rückbildung eines Blutergusses kann abhängig von seiner Größe 4 bis 14 Tage dauern.
Manchmal kommt es vor, dass ein Hämatom tief in der Vagina entsteht. Die Folge ist ein anhaltendes Druckgefühl. Wenn Sie solche Symptome verspüren, sollten Sie unbedingt mit Ihrer Hebamme darüber sprechen. Ihre Hebamme oder Ihr Arzt wird Sie dann zur weiteren Abklärung vorsichtig untersuchen, und vielleicht folgt dann sogar eine operative Eröffnung und Entleerung des Hämatoms.
Sie können die Rückbildung eines Hämatoms auch medikamentös mit entzündungshemmenden Cremes, Tabletten und Zäpfchen aus der Apotheke unterstützen.

HEBAMMENTIPP

- **Blutergüsse** kühlen Sie in den ersten 24 Stunden mit einem in Stoff gewickelten Eiskondom oder einem Coolpack.
- Beherzigen Sie im Falle eines Hämatoms ganz besonders die Empfehlung, drei Tage möglichst nicht zu sitzen.
- Aus der anthroposophischen Medizin hat sich die Auflage von Wundtüchern mit Arnicaessenz bewährt. In Apotheken auch als Arnica-Wundtuch® erhältlich. Legen Sie die Kompresse zwei bis drei Stunden auf die schmerzende Stelle.

Beckenboden

Die Muskeln der Bauchdecke und des Beckenbodens sind durch Schwangerschaft und Geburt gedehnt und weicher geworden. Das kann sich beim Aufstehen so anfühlen, als würde gleich die Gebärmutter herausfallen.

Die Beckenbodenmuskulatur besteht aus drei verschiedenen Schichten. Diese sind mit dem Bindegewebe des Beckens verbunden und stützen die Organe des kleinen Beckens und Bauchraums nach unten ab. Der Beckenboden ist für Öffnen und Verschließen, für Zurückhalten und Hergeben zuständig. Er umschließt Vagina sowie Blasen- und Darmausgang.

All diese Muskeln werden bei der Geburt des Babys zur Seite gedrängt und nach unten aufgedehnt. Dabei entstehen winzige Verletzungen, und die sonst übliche Spannung nimmt ab. Normalerweise heilt das Gewebe innerhalb von ein paar Tagen. Riss- oder Schnittverletzungen können den Prozess aber verzögern.

Ab dem dritten Wochenbetttag können Sie Ihren Beckenboden mit ganz leichten Übungen trainieren, vorausgesetzt, dass sich Ihre Beschwerden nicht verschlimmern. Lassen Sie sich von Ihrer Hebamme passende Übungen zeigen (Seite 230). Rückbildungskurse in einer Gruppe werden allerdings erst nach einem Ablauf von vier bis sechs Wochen empfohlen.

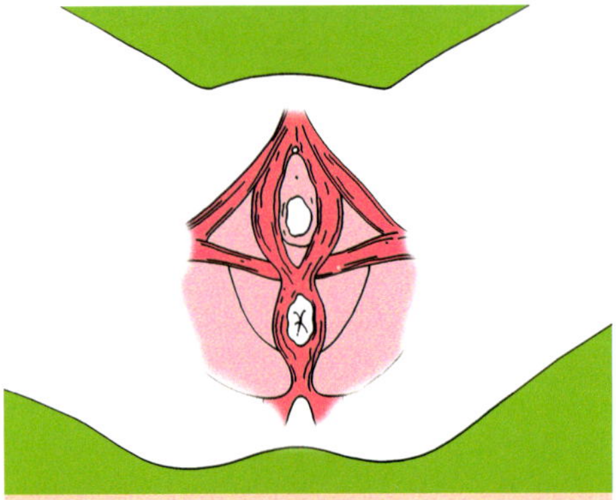

Der Beckenboden besteht aus drei verschiedenen Muskelschichten, die die Harnröhre die Vagina und den After umgeben.

Bauchmuskulatur

Sie können selbst tasten, wie weit die geraden Bauchmuskeln zur Seite rücken mussten, um Platz für das Baby zu machen. Wenn Sie in Rückenlage Ihre Bauchdecke anspannen und Ihren Oberkörper etwas anheben, können Sie über dem Nabel eine Lücke fühlen, die durch das Auseinanderweichen der Muskulatur entstanden ist (Rektusdiastase). Ein ein bis zwei Finger breiter Spalt im Frühwochenbett ist normal und wird von selbst langsam schmaler werden. Sie unterstützen die Rückbildung, wenn Sie sich vom Liegen nur über die Seite gerollt aufrichten und aufstehen.

Nach den anfänglichen Übungen zur Festigung des Beckenbodens können Übungen für die schrägen Bauchmuskeln trainiert werden (Seite 234). Die gerade Bauchmuskulatur darf erst gefordert werden, nachdem die Lücke sich ganz geschlossen hat (Seite 234).

Wenn die Bauchmuskeln allerdings anhaltend weit (handbreit) auseinander klaffen, brauchen Sie gezielte krankengymnastische Behandlung. Sonst können dauerhafte Rückenschmerzen und diverse Haltungsprobleme die Folge sein.

Rückenschmerzen

Rückenschmerzen treten nach der Geburt recht häufig auf. Leider handelt es sich dabei oft um eine langwierige Belastung, die manchmal erst nach Monaten verschwindet. Während der Schwangerschaft hat Ihr Rücken das Gewicht Ihres wachsenden Babys getragen und musste zusätzlich die schwächer werdenden Bauchmuskeln ausgleichen. Die Produktion des Hormons Relaxin hatte die Bänder und Gelenke gelockert. Ihr Körpermittelpunkt war durch das Gewicht des großen Bauches verschoben. Die meisten Schwangeren nehmen zum Ende der Schwangerschaft ein leichtes Hohlkreuz ein. Wenn dann eine lange und anstrengende Geburt den Rücken zusätzlich belastet, ist es verständlich, dass es zu Beschwerden kommt. Das häufige Hochnehmen und Ablegen Ihres Babys und ein anfangs verspanntes, oft stundenlanges Sitzen beim Stillen tragen nicht gerade dazu bei, die Situation entscheidend zu verbessern.

HEBAMMENTIPP

- Sorgen Sie für Entlastung bei **Rückenschmerzen**! Stillen Sie im Liegen oder in einer unterstützten sitzenden Position. Polstern Sie vor allem den unteren Rücken mit vielen Kissen aus.
- Führen Sie immer Ihr Baby zur Brust und nicht die Brust zum Baby.
- Lassen Sie Ihren Kopf langsam um seine Achse kreisen, um die Spannung aus den Schultern loszuwerden.
- Überprüfen Sie Ihre Haltung auch wenn Sie stehen. Stellen Sie sich dazu vor, dass wie bei einer Marionette ein Band Ihren Kopf in Richtung Decke zieht. Entspannen Sie Ihre Schultern und ziehen Sie den Bauch etwas ein. Das verlängert die Wirbelsäule.
- Besuchen Sie einen Rückbildungskurs und bitten Sie um besonders viele Stärkungs- und Aufbauübungen für Rücken- und Bauchmuskeln.
- Falls Ihre Beschwerden trotzdem nicht deutlich besser werden, sprechen Sie mit Ihrem Arzt über die Verordnung einer unterstützenden Krankengymnastik.

Haut und Haare

Die Veränderung der hormonellen Lage nach der Geburt kann für Ihre Haut recht anstrengend sein. Sie wird oft sehr trocken und reagiert empfindlicher auf äußere Einflüsse. Es können Hautunreinheiten und Pickel auftreten. Die verstärkte Pigmentierung in Gesicht und Genitalbereich lässt ebenso wie die Linea nigra langsam nach. Vermeiden Sie ausgiebige Sonneneinstrahlung oder benutzen Sie eine Sonnencreme mit hohem Lichtschutzfaktor.

Ihre Schwangerschaftsstreifen werden schmaler und verblassen allmählich. Allerdings werden sie nie ganz verschwinden. Nehmen Sie sie also am besten als einen Teil von sich an. Als Erinnerung an die Schwangerschaft und die große Leistung der Geburt, auf die Sie allen Grund haben stolz zu sein. Können Sie sich dennoch nicht damit aussöhnen, heben Sie sich Behandlungen mit Cremes und Laser bitte für die Zeit nach dem Abstillen auf.

Regelmäßige Rückbildungsübungen tragen dazu bei, dass die Streifen schmaler werden (Seite 230). Sie straffen das Bindegewebe und verbessern die Elastizität der oberen Hautschichten. Auch tägliche Bauchmassagen können helfen. Kneten Sie Ihren Bauch zuerst mit einem für Sie angenehm riechenden Öl. Streichen Sie dann in kreisenden Bewegungen (im Uhrzeigersinn) um den Nabel. Geben Sie gelegentlich – wenn Ihnen danach ist – die Ölflasche Ihrem Partner in die Hand und lassen sich von ihm massieren. Das tut Ihnen beiden gut.

Bei vielen Frauen kommt es zwei bis drei Monate nach der Geburt zu einem Haarausfall, der teilweise bedrohlich erscheinen kann. Machen Sie sich deswegen aber keine Sorgen. Die Erscheinung ist vollkommen normal. In der Schwangerschaft verlangsamen die Hormone den normalen Zyklus von Wachsen und Ausfallen. Nach der Geburt sorgt dann die Reduzierung dieser Hormone für einen normalen oder leicht beschleunigten Haarzyklus. Das Resultat davon finden Sie in Ihrer Haarbürste. Es fallen nur die Haare aus, die Sie sonst in einem Normalzyklus in den vergangenen neun Monaten verloren hätten. Nach ungefähr sechs Monaten wird sich wieder alles normalisiert haben – auch ohne Behandlung. Benutzen Sie in der Zwischenzeit am besten milde Shampoos und verwenden Sie keine chemischen Färbemittel oder Lockenzangen. Sie könnten die Haarstruktur schädigen.

• Einsetzen der Regelblutung

Nach der Geburt wird es mindestens ein bis zwei Monate dauern, bis Ihre Periode wieder einsetzt. Frühestens drei Wochen nach der Geburt kann ein Eisprungs zum ersten Mal stattfinden. Mit einer ersten Regelblutung ist dann allerfrühestens nach fünf bis sechs Wochen zu rechnen. Normalerweise setzt die Periode bei Frauen, die nicht stillen, rascher wieder ein als bei stillenden Müttern. Wenn Sie Ihr Baby voll stillen, ist es nicht ungewöhnlich, wenn Sie auch nach acht bis zwölf Monaten noch keine Regelblutung haben. Manche Frauen müssen erst vollständig abgestillt haben, um in eine einen Eisprung ermöglichende Hormonsituation zu gelangen.

Bedenken Sie bitte, dass Sie nie vorher wissen können, wann Ihr erster Eisprung stattfinden wird. Das Ausbleiben der Menstruation ist kein sicherer Empfängnisschutz und kann mitunter auch der Hinweis auf eine bereits wieder eingetretene Schwangerschaft sein. Die wird allerdings in der Stillzeit manchmal recht spät erkannt. Wenn Ihnen das nicht passieren soll, besprechen Sie mögliche Verhütungsmethoden (Seite 199) in der Stillzeit mit Ihrer Hebamme oder mit Ihrer Ärztin bei der Nachuntersuchung.

NACHUNTERSUCHUNGEN

Sechs bis acht Wochen nach der Geburt findet die gynäkologische Nachuntersuchung statt. Nehmen Sie diesen Termin auf jeden Fall wahr – auch wenn Sie keine Beschwerden haben. Ganz davon abgesehen, dass noch einmal kontrolliert wird, ob die Rückbildung zufriedenstellend verlaufen ist, ob Ihre Blutwerte (Hämoglobin) in Ordnung und Sie auch sonst körperlich gesund sind, soll dieser Termin auch dazu dienen, Ihnen Hilfestellungen für Ihr Leben mit dem Baby zu geben.

Zunächst wird alles so verlaufen, wie Sie es von den Vorsorgeuntersuchungen während der Schwangerschaft kennen: Blut- und Urinproben werden entnommen, Blutdruck und Gewicht gemessen und alle Ergebnisse im Mutterpass dokumentiert. Dann werden Sie vaginal untersucht, um festzustellen, ob sich alle an der Schwangerschaft und Geburt beteiligten Organe und Gewebe zurückgebildet haben. Dabei wird auch kontrolliert, ob etwaige Dammverletzungen gut verheilen. Störende Fäden können entfernt werden. Ein Abstrich zur Krebsvorsorge ist möglich, wenn der letzte schon mehr als ein Jahr zurückliegt. Wenn Sie während der Schwangerschaft keine ausreichende Rötelnimmunität hatten, kann nun die Impfung nachgeholt werden (Seite 73).

An diese Untersuchungen schließt sich ein persönliches Gespräch über die Geburt Ihres Babys, den Verlauf des Wochenbettes, Ihren körperlichen und seelischen Zustand, die Form der Ernährung des Babys und über Empfängnisverhütung an. Schreiben Sie sich alle offenen Fragen vorher auf und denken Sie schon mal darüber nach, wie Sie in den nächsten Monaten verhüten möchten. Nützen Sie diese Gelegenheit, um über Ihr momentanes Lebensgefühl zu sprechen. Gerade, wenn Sie sich alles anders vorgestellt hatten, oft müde und traurig sind und auch nicht mehr essen mögen, kann ein solches Gespräch helfen. Ihr Gynäkologe wird Sie mit Sicherheit zu Ihren Sorgen beraten können oder Ihnen entsprechende Unterstützungsmöglichkeiten empfehlen. Machen Sie für sich das Beste aus diesem Besuch. Er ist dafür vorgesehen, die Weichen für Ihr weiteres Wohlbefinden im Leben mit Ihrem Baby und Ihrem Partner zu stellen.

WIE VERHÜTEN?

Es gibt keine Regeln dazu, ab wann Sie Ihr Liebesleben wieder aufnehmen können. Die Frage ist eher: Wann macht die Liebe wieder Spaß? Dies kann sich durchaus ein wenig verzögern, wenn Geburtsverletzungen aufgetreten sind. Wenn Sie aber schon kurz nach der Geburt wieder Lust auf Ihren Partner haben, ist dagegen auch nichts einzuwenden. Solange der Wochenfluss noch nicht versiegt ist, sollten Sie allerdings ein Kondom benutzen.

Nach der Geburt Ihres Kindes werden Sie sich grundsätzlich die Frage nach einer geeigneten Verhütungsmethode stellen. Dabei gibt es mehrere Gesichtspunkte zu beachten: Die gewählte Methode sollte möglichst sicher und einfach zu handhaben sein und keinen Einfluss auf Milchmenge und -qualität haben.

Die Weltgesundheitsorganisation empfiehlt daher, dass die verwendeten Verhütungsmethoden während der Stillzeit möglichst hormonfrei sein sollten. Besser geeignet sind daher alle Barrieremethoden, wie Portiokappen, LEA®, Diaphragma und Kondome. Sie haben keinen Einfluss auf Milchbildung und -qualität. Wenn sie zusammen mit einem Spermien abtötenden Gel oder Schaum verwendet werden, sind sie mit 94 bis 98 Prozent ziemlich zuverlässig.

Spiralen bieten eine Sicherheit von 95 bis 99,7 Prozent. Bei Antibabypillen besteht eine Sicherheit von 97 Prozent bei der Minipille und über 99 Prozent bei einem Kombinationspräparat. Während der Stillzeit sind letztere nicht empfehlenswert, weil die Hormone sich negativ auf die Milchbildung auswirken.

Wenn Sie über eine der so genannten alternativen Verhütungsmethoden beziehungsweise Barrieremethoden näher informiert werden wollen, fragen Sie Ihren Frauenarzt. Unter Umständen kann es auch sinnvoll sein, zu einer Beratungsstelle eines Frauengesundheitszentrums oder zu Pro Familia zu gehen. Das gilt insbesondere, wenn Sie ein Diaphragma, eine Portiokappe oder das LEA®-Verhütungssystem wünschen und dies angepasst werden muss.

Das nächste Kind

Das Thema „Abstand zwischen Geschwisterkindern“ wurde wissenschaftlich untersucht. Bei Kindern mit einem Alter unter 18 Monaten löst ein neues Geschwisterchen wenig Eifersucht aus, weil sie die Folgen noch nicht vollständig erfassen können. Wenn die Kinder ungefähr zwei Jahre auseinander sind, kann mit extremen Rivalitäten und Eifersucht gerechnet werden. Ihr erstes Kind begreift dann das Ausmaß der Veränderung bei der Ankunft von einem Geschwisterkind. Es wird sich unsicher fühlen und sich selbst fragen, welchen Platz es noch in der Familie hat. Aber auch wenn dieser Abstand zwischen den Kindern anstrengender sein mag, ist es für Körper und die Energie der Mutter gesünder. Mit einem Abstand von drei oder mehr Jahren wird Eifersucht für die „Großen“ nicht mehr so ein dominantes Thema sein. Sie hatten viel individuelle Zuwendung und sind oft sogar stolz auf ihr kleines Geschwisterchen.

Das Wochenbett in der Klinik und zu Hause

Nach einer Klinikgeburt verbringen die Frauen meist noch drei bis fünf Tage auf der Wochenstation. Glücklicherweise ist es heute in den allermeisten deutschen Kliniken üblich, dass Mutter und Baby gemeinsam in einem Zimmer untergebracht werden, so genanntes „Rooming-in" also möglich ist. In einigen Geburtskliniken wird schon ein weiterer Schritt zur Förderung der Familie unternommen, indem Familienzimmer angeboten werden. Sie können dort mit Ihrem Partner und manchmal auch mit Ihren älteren Kindern gemeinsam mit dem Baby bleiben, bis Sie nach drei bis fünf Tagen nach Hause gehen. So können Sie sich schon von Anfang an als Familie fühlen und Ihr Kind zusammen kennen lernen.

Nach einer komplikationslosen Geburt entscheidet sich fast jede zehnte Frau für eine ambulante Entbindung. Das heißt, sie geht vier Stunden nachdem ihr Baby geboren worden ist nach Hause. Die weitere medizinische Betreuung des Wochenbetts übernimmt eine Hebamme. Um den Haushalt und die übrigen Pflichten müssen sich in dieser Zeit Partner, Familie, Freundinnen oder eigens dafür engagierte Haushaltshilfen kümmern. Denn Sie selbst müssen sich wirklich ausruhen. Die kinderärztliche Untersuchung zwischen dem dritten bis fünften Tag wird der Kinderarzt, der das Baby weiterhin begleitet, manchmal auch als Hausbesuch vornehmen können.

Egal wo Sie die erste Zeit Ihres Wochenbetts verbringen, wichtig ist eine ruhige, entspannte Atmosphäre, weil Sie sich nur so ganz auf Ihr Baby und seine Bedürfnisse konzentrieren können. Und – genauso wichtig – ein wenig erholen und zur Ruhe kommen.

WOCHENBETT IN DER KLINIK

Nach der Geburt Ihres Babys werden Sie nach zwei Stunden auf ein Zimmer der Wochenstation begleitet. Erkundigen Sie sich schon in der Schwangerschaft, wie viele Frauen üblicherweise in einem Raum untergebracht werden. In Ein- bis Zweibettzimmern werden Sie immer mehr Ruhe finden als bei einer Belegung mit drei bis vier Frauen und Babys. Auch wenn Sie gesetzlich versichert sind, können Sie jederzeit ein Einzelzimmer bekommen, wenn Sie die dafür fällige Zuzahlung von 40 bis 100 Euro pro Tag in Kauf nehmen.

Insbesondere wenn Sie eine schwierige Geburt erlebt haben, am Damm verletzt sind, ein Kaiserschnitt nötig wurde oder Ihr Baby während der Geburt Stress hatte, werden Sie die medizinischen Betreuungsmöglichkeiten in der Klinik zu schätzen wissen. Die tägliche Kontrolle Ihres Zustands und die Überwachung Ihres Babys können Ihnen ein sicheres Gefühl geben und Ihnen dabei helfen, sich mit der neuen Situation zurechtzufinden.

Neben der medizinischen Betreuung können Sie auch Beratungs- und Hilfsangebote zum Umgang mit Ihrem Baby in Anspruch nehmen. Lassen Sie sich zeigen, in welchen Positionen (Seite 216) Sie Ihr Baby anlegen können, wie Sie Ihre Brust pflegen und eventuell auch, wie man eine elektrische Milchpumpe bedient. Die Säuglingsschwester oder Ihre Hebamme erklärt Ihnen alle praktischen Handgriffe im Umgang mit Ihrem Baby. Angefangen beim Wickeln und Anziehen bis hin zu Nabelpflege, Temperaturmessen, Baden, Hochnehmen, Halten und Ablegen (Seite

280). Sie bekommen praktische Hinweise zur Gymnastik im Frühwochenbett, zur Ernährung in der Stillzeit und zur Versorgung eventueller Verletzungen. So können Sie mit der Unterstützung von kompetentem Fachpersonal Sicherheit im Umgang mit Ihrem Baby gewinnen.

Andererseits kann es sein, dass der festgelegte Tagesablauf in der Klinik Ihren eigenen Lebensgewohnheiten nicht ganz entspricht. Der leider an vielen Kliniken noch bestehende Routinebeginn um sieben Uhr mit dem Bettenmachen und einer schier endlos erscheinenden Abfolge von fremden Menschen, die den Boden putzen, die Fenster reinigen, Staub wischen, Müll entleeren, Essen bringen und abräumen, fehlende Windeln und Binden auffüllen, kann Ihnen entsetzlich auf die Nerven gehen. Dazu kommen die Krankenschwestern, die Säuglingsschwester, die Physiotherapeutin, eventuell ein Standesbeamter, die Ärztevisite und natürlich auch Ihre Familienangehörigen und Freunde. Dieser Massenansturm ist nach unserer Erfahrung nicht gerade das, was eine Wöchnerin sich unter einem ruhigen, entspannten Tag vorstellt.

Lassen Sie sich davon aber nicht entmutigen! Sprechen Sie mit den Schwestern und Ärzten, wenn Sie von bestimmten Routinemaßnahmen entnervt sind. Im Gegensatz zu den meisten anderen Patienten in einer Klinik sind Sie nicht krank und können Ihr Bett auch selbst machen, wenn Sie dafür länger schlafen dürfen.

Vielleicht haben Sie aber auch das große Glück, eine Klinik in Ihrer Nähe zu haben, die ihre Wochenstation schon umstrukturiert hat. Sie können sich dann auf eine familienfreundliche, integrative Wochenstation mit Teambetreuung, Büfettsystem und weitestgehendem Verzicht auf Routineabläufe, wie frühes Wecken etcetera freuen. Diese Stationen sind momentan noch ebenso selten wie beliebt. Es bleibt zu hoffen, dass sie bald die Regel sein werden.

Jede Frau hat Anspruch auf Hebammenhilfe

- Auch wenn Sie sich für eine Klinikgeburt entscheiden, können Sie zu Hause die Hilfe einer Hebamme in Anspruch nehmen. Bei einer begründeten Notwendigkeit bezahlen die gesetzlichen Krankenkassen nach den ersten zehn Tagen bis zur achten Woche nach der Geburt weitere 16 Beratungen – telefonisch oder bei Ihnen zu Hause. Bei einer privaten Krankenversicherung ist das Überprüfen Ihres Vertrages sinnvoll, weil es in einigen Fällen Einschränkungen für ambulante Leistungen gibt. Scheuen Sie sich also nicht, von diesem Angebot Gebrauch zu machen. In der ersten Zeit mit Ihrem Baby können Sie alle Unterstützung gebrauchen! Bemühen Sie sich aber mindestens ab der 18. Schwangerschaftswoche darum, Kontakt zu einer Nachsorgehebamme herzustellen. Schließlich ist es wichtig, die Person zu kennen, die Ihnen in dieser besonderen Zeit zur Seite steht.
- Übrigens können Sie Ihre Hebamme auch noch nach Ablauf des Wochenbetts kontaktieren, wenn Stillprobleme auftauchen. Die Krankenkassen bezahlen zwei weitere Telefonate oder Hausbesuche.

WOCHENBETT DAHEIM

Wenn Sie sich für eine ambulante Geburt entscheiden, bedeutet es Ihnen wahrscheinlich sehr viel, diese wichtige erste Station auf dem Weg zur Familie mit allen gemeinsam zu erleben. Der Partner, größere Kinder und alle anderen Familienmitglieder werden Sie unterstützen und das Baby so selbstverständlich

Ein guter Start ins Familienleben: Beim häuslichen Wochenbett haben Sie von Anfang an viel Intimität und Ruhe.

mit in die neue Familienstruktur integrieren. Während viele Frauen bei ersten Babys eine klinische Frühwochenbettzeit wählen, weil sie Angst haben, den neuen Anforderungen mit dem Baby und dem Haushalt nicht gerecht zu werden, entscheiden sich dieselben Frauen beim nächsten Kind für eine ambulante Geburt. Aber auch bei einem ersten Kind können sich ungestört von Krankenhausroutinen ein für Sie stimmiger Tagesablauf und eine größere Sicherheit Ihrem Baby gegenüber entwickeln. Haben Sie keine Angst! Sie sind nicht allein mit Ihren Fragen, auch wenn Sie sich für eine ambulante Geburt entscheiden. Zu dieser Form des Wochenbetts gehören immer eine intensive Hebammenbetreuung und eine Untersuchung beim Kinderarzt.

Bis zum zehnten Tag nach der Geburt Ihres Babys sind tägliche Hebammen-Besuche vorgesehen. Bei Bedarf wird Ihre Hebamme in den ersten Tagen aber auch zweimal kommen. Die Untersuchungsinhalte und Beratungsthemen und auch die praktischen Anleitungen entsprechen denen der Klinik. Der Vorteil jedoch ist: Sie werden von einer einzigen Person betreut, die in all Ihren Fragen Ihr Ansprechpartner ist. Sie müssen sich nicht auf unterschiedliche Meinungen und Menschen einstellen. Notwendige Untersuchungen können entsprechend der momentanen Bedürfnisse Ihres Tagesablaufs durchgeführt werden. Wenn Ihr Baby gerade schläft, wenn Ihre Hebamme kommt, sind eben Sie die Erste, die untersucht wird und deren Fragen beantwortet werden. Wenn es beim nächsten Mal gerade wach ist und schreit, wird es zuerst darum gehen, ihm zu helfen und es zu beruhigen. Dabei werden wichtige Fragen zu Pflege, Umgang und Ernährung geklärt. Selbst wenn Sie nach einem vormittäglichen Besuch am Abend noch weitere dringende Fragen haben, können Sie diese am Telefon mit der Ihnen vertrauten Betreuungshebamme besprechen. In manchen Fällen können Sie Ihre Hebamme auch nachts erreichen. Sollte das einmal nicht der Fall sein, können Sie sich aber immer noch an Ihre Geburtsklinik wenden. Bei außerklinischen Geburten im Geburtshaus oder einer ärztlichen Praxis und auch nach einer Hausgeburt sind die Hebammen aber meistens permanent erreichbar.

Bei der häuslichen Hebammenbetreuung gehört es mit zu den obersten Zielen, Ihnen keine starren Regeln und Vorgaben zu vermitteln, sondern Sie auf Ihrem persönlichen Weg zu Ihrer neuen Rolle als Mutter zu begleiten.

ABLAUF DES WOCHENBETTS NACH EINEM KAISERSCHNITT

Ein Kaiserschnitt ist eine größere Bauchoperation. Es ist daher unvermeidlich, dass Sie nach diesem Eingriff Schmerzen haben. Auch die Narbe und die Nachwehen werden sich anders anfühlen als nach einer vaginalen Geburt. Die Pflege und das Wochenbett unterscheiden sich daher vom normalen Verlauf.

Der wichtigste Unterschied besteht darin, dass Sie am Anfang Hilfe bei der Pflege Ihres Babys benötigen. Sie werden meist noch am gleichen Tag das erste Mal in Begleitung aufstehen. Aus dem Bett herauszukommen, erscheint erst einmal als Problem. Aber es geht – am besten, Sie lassen sich zeigen, wie. Achten Sie dabei besonders auf eine langsame und bewusste Atmung und nehmen Sie sich für alle Bewegungen Zeit und Ruhe. Wenn Ihnen schlecht ist, können Sie Infusionen und Medikamente bekommen. In manchen Kliniken gehört die Gabe von Wehenmitteln und Antibiotika zum Standard. Auch eine Spritze in den Oberschenkel zur Thromboseprophylaxe ist bis zur Entlassung aus der Klinik üblich. Sie werden am ersten Tag wahrscheinlich ein Schmerzmittel benötigen. Wenn Ihnen ein PDA-Katheter gelegt worden ist, wird es in den ersten 24 Stunden und länger darüber verabreicht. Sie können aber auch ein Schmerzmittel verlangen, das bei kurzfristiger Anwendung auch bei stillenden Frauen als sicher angesehen wird.

Am Tag nach der Operation wird ein eventuell liegender Blasenkatheter entfernt. Falls, was selten geschieht, ein Drainageschlauch neben der Operationswunde gelegt wurde, wird auch dieser meist weggenommen. Eine Blutabnahme zur Bestimmung des Hb-Wertes erfolgt. Bei der Visite werden Ihr Bauch und Ihre Gebärmutter vorsichtig abgetastet, der Verband begutachtet und Ihre Blutung kontrolliert. Der Wochenfluss fällt nach einem Kaiserschnitt oft geringer aus, weil während der Operation Blut und Schleimhaut mitentfernt wurden.

Am zweiten Tag können Sie wahrscheinlich schon ein bisschen aufrechter stehen – auch wenn es immer noch weh tut. Wenn Sie nicht in einem Familienzimmer liegen, sorgen Sie tagsüber auf jeden Fall dafür, dass Ihr Partner oder eine Ihnen vertraute Person Sie im Umgang mit dem Baby unterstützt. Um mit Ihrem Baby ausreichend kuscheln und schmusen zu können, brauchen Sie noch Hilfe. Die Seitenlage ist bis zum vierten Tag nach der Operation häufig sehr schmerzhaft. Deshalb sind auch die ersten Anlege- und Stillerfahrungen für Sie beide nur mit Unterstützung möglich. Viele Kissen sind wichtig, damit Sie sich bequem betten können und Ihr Baby auf die richtige Andockhöhe bringen. Eine halb aufgerichtete Stillposition können die meisten Frauen erst am dritten und vierten Tag aufnehmen. Vorher ist ein Stillen in Rückenlage üblich.

Ein aufgeblähter Bauch, der nach 36 bis 48 Stunden bei fast allen Frauen auftritt, kann durch Kümmeltee, warme Auflagen auf dem Oberbauch und gute Ernährung behandelt werden. Nach dem ersten Abführen gibt sich das Phänomen in der Regel. Auch regelmäßige Bewegung hilft bei vielen Beschwerden.

Ab dem vierten Tag nach dem Kaiserschnitt gleicht das Wochenbett dem einer vaginalen Geburt. Nach spätestens sieben Tagen können Sie nach Hause. Wenn die Narbe gut heilt und die häusliche Versorgung durch Ihren Partner, Verwandte oder eine Haushaltshilfe organisiert ist, können Sie auch nach fünf Tagen schon entlassen werden. Eine Hebamme kann Sie auch dann bis zum zehnten Tag nach der Geburt besuchen und Fäden oder Klammern bei Ihnen zu Hause ziehen beziehungsweise lösen.

ABLAUF DES WOCHENBETTS BEI FRÜHGEBORENEN BABYS

Wenn Ihr Baby es eilig hat und vor der 37. Woche geboren wird, kommt es als Frühgeborenes zur Welt. Meist braucht es dann besondere Pflege. Abhängig von seinem Befinden und seiner Reife wird es bei Ihnen im Zimmer, in einem Wärmebettchen oder in einem Brutkasten in einer Kinderklinik betreut werden.

Wenn ein Baby viel früher geboren wurde und noch sehr klein ist, kommt auf die Eltern häufig eine extrem fordernde und anstrengende Zeit zu. Sie müssen mitansehen, welches Maß an technischer Unterstützung ihr kleines Kind zum Überleben braucht. Es muss beatmet und künstlich ernährt werden. Über Schläuche und Kanülen in Arm, Bein oder Kopf werden Medikamente und Infusionen verabreicht. Manchmal sind die Kinder in ihren Brutkästen unter all den Kabeln, Pflastern, Schläuchen, Überwachungssonden und Decken kaum noch zu finden. Denken Sie aber immer daran: Ihr Baby braucht Sie für sein Überleben jetzt ganz besonders. Die vertrauten Stimmen, Hautkontakt, Liebe und Zuneigung helfen ihm sehr dabei, seinen Zustand zu stabilisieren.

Die erste Nahrung der ganz kleinen Babys sollte Ihre abgepumpte Muttermilch sein, die anfangs über Sonden, später über Flaschen und ab der 32. bis 34. Woche auch direkt über die Brust gegeben werden kann. In den ersten Tagen und Wochen müssen Sie sechs bis acht Mal täglich beide Brüste für 15 Minuten mit einer elektrischen Milchpumpe stimulieren, um die Produktion anzuregen – so lange bis Ihr Baby selbst saugen und seinen Bedarf regulieren kann. In Ihrer Milch sind für ein frühgeborenes Baby überlebenswichtige Abwehrstoffe enthalten – es braucht sie dringend. Auch wenn der Nährwert für sehr kleine Babys noch mit Eiweißen, Mineralien und Vitaminen angereichert werden sollte, gibt es für Ihr Baby nichts Besseres als Ihre Muttermilch.

Die meisten frühgeborenen Babys können nicht vor dem für sie ursprünglich errechneten Geburtstermin aus der Kinderklinik entlassen werden. Das bedeutet, dass ein in der 26. Schwangerschaftswoche geborenes Baby 14 Wochen auf einer Frühgeborenenstation bleiben muss. Dies ist eine sehr belastende Zeit für die ganze Familie. Sie und Ihr Partner sind in die aufreibende und kräftezehrende Betreuung Ihres Babys im Krankenhaus eingebunden. Für Ihre größeren Kinder brauchen Sie, weil sie nicht dabei sein können, eine Beaufsichtigung. Alle machen sich Sorgen, ob sich das Baby auch normal weiterentwickeln kann oder Beeinträchtigungen für sein zukünftiges Leben davontragen wird. Denken Sie daran, dass auch bei einem schwierigen Start zwei Drittel der frühgeborenen Babys sich entweder ganz gesund entwickeln oder nur leichte Probleme zurückbehalten!

Gut für Frühchen: Geborgen wie im Kängurubeutel

- Wenn Ihr Baby mit seiner Atmung schon etwas stabiler geworden ist, dürfen Sie es direkt auf Ihrer warmen, nackten Haut unter einem Tuch halten. Diese als Kängurutechnik bekannt gewordene Methode gilt als sehr förderlich für seine Entwicklung. Ursprünglich stammt sie aus Kolumbien, wo es permanent an Geld für teure Brutkästen und Überwachungsmaschinen mangelt. Die kleinen Frühgeborenen werden ihren Müttern nackt zwischen die Brüste gelegt. Der vertraute Herzschlag und die Körperwärme der Mutter tragen dazu bei, dass die Kinder sich geborgen und gehalten fühlen. Nachdem Untersuchungen den Erfolg und die guten Überlebensraten von kleinen Babys mit dieser Methode nachweisen konnten, wird sie inzwischen überall auf der Welt eingesetzt.

ABLAUF DES WOCHENBETTS BEI MEHRLINGEN

Die Zeit des Wochenbetts wird für Sie mit zwei oder drei Kindern eine besonders intensive und mit Sicherheit auch anstrengende Erfahrung sein. Bereiten Sie sich möglichst gelassen

auf einen etwas unordentlichen Haushalt und turbulente Tagesabläufe vor. Geben Sie sich ein paar Monate Zeit, bis alles eingespielt ist.
Sie werden eine regelmäßige Unterstützung brauchen, besonders wenn Sie schon Kinder zu Hause haben. Ihre Familie oder auch Freunde können vielleicht ab und zu einmal zur Verfügung stehen, aber keine für Sie verlässliche, regelmäßige Entlastung organisieren. Haushaltshilfen können maximal bis zu einem halben Jahr ärztlich verordnet werden, wenn Sie gesetzlich versichert sind. Bei Ihrem Jugendamt oder auch bei Ihrer gesetzlichen Krankenkasse können Sie danach Unterstützung durch eine Familienpflegerin beantragen.
Eine freiberufliche Hebamme wird Sie bei der Pflege der Babys und dem Stillen zu Hause beraten. Bei Babys mit Startschwierigkeiten kann Ihnen eine vom ambulanten Pflegedienst kommende Kinderkrankenschwester zur Seite stehen. Das erste Lebensjahr mit den Kindern wird Ihre ganze Aufmerksamkeit und Kraft benötigen. Sie werden Ihre Babys früher als andere Eltern an feste Essenszeiten und einen überwiegend regelmäßigen Tag- und Nachtrhythmus gewöhnen müssen. Wichtig sind diese Regelmäßigkeiten für Sie und Ihre Babys, damit irgendwann auch planbare Ruhepausen eintreten können. Bis dies meist nach vier bis sechs Monaten wirklich gut funktioniert, ist ein Schlafmangel bei Ihnen vorprogrammiert.
Die Ernährung der Babys und ihre Gewichtszunahme werden in den ersten zwei bis drei Monaten ein zentrales Thema sein. Sie können aber selbstverständlich auch Ihre Zwillinge ausschließlich stillen (Seite 219).
Die Pflege ist die Zeit des individuellen intensiven Hautkontakts und Schmusens mit den einzelnen Babys. Gestalten Sie diese Pflegezeit in Ruhe, reden Sie dabei viel mit Ihrem Kind und lassen Sie es spüren, dass nur es allein in dieser Zeit Ihre Zuwendung bekommt. Es fällt ihm so leichter zu lernen, dass Brüderchen oder Schwesterchen auch einmal mit seiner Schmuseeinheit dran ist und man selbst dabei für kurze Zeit abgelegt wird.
Die Babys müssen nicht häufiger als einmal in der Woche gebadet werden. Aber dieses Bad, ebenso wie die anschließende wohltuende Massage, sollte jedes Baby für sich allein bekommen. Ihre anderen Babys oder größeren Kinder können an anderen Tagen baden, damit es für Sie nicht zu viel Stress wird. Gewöhnen Sie Ihre Babys früh an regelmäßige „Lüftungszeiten“ am offenen Fenster, auf dem Balkon oder auf der Terrasse. Wenn Sie dann mit dem Kinderwagenhandling zurechtkommen, sind diese regelmäßigen Luftzeiten schon eingeübt und Sie können dann Besorgungen erledigen oder einfach nur stolz mit Ihren Babys flanieren. Bei ganz unglücklichen Babys mit Bauchweh oder dem Bedürfnis nach viel Hautkontakt ist eine Tragehilfe praktisch (Seite 265).
Ansonsten verläuft das Wochenbett ähnlich wie zuvor beschrieben. Lediglich für nicht stillende Mütter ist eine Unterstützung der Gebärmutterrückbildung mit Tees, Homöopathika, Akupunktur, physikalischen Maßnahmen oder wehenfördernden Medikamenten häufiger notwendig.

In den ersten vier Monaten können Ihre Zwillinge noch in einem Bettchen schlafen.

Die erste Zeit als neue Eltern

Zum Beginn eines neuen Lebensabschnitts läuft nicht immer alles nach Plan, und so kann Ihre Elternschaft durchaus mit einer „Gewöhnungsphase“ von einem Jahr verbunden sein. Ein Jahr, in dem Sie immer wieder neue Erfahrungen machen werden und auch immer wieder vor wichtigen Entscheidungen stehen. Vor allem müssen Sie sich daran gewöhnen, andauernd flexibel reagieren zu können. Die Bedürfnisse Ihres Babys dulden oft keinen Aufschub. Bei einem zweiten oder weiteren Baby wird schon einiges vertraut sein. Anderes wie Temperament und Ausdruck Ihres Kindes ist aber wieder völlig neu.

In den ersten Wochen und Monaten wird Ihr gewohnter Alltag durch folgende Gefühle und Situationen bereichert werden:

› Sofort nach der Geburt werden Sie ein neues Gefühl von Verantwortung spüren. Sie sehen Ihr kleines Baby und begreifen, dass es total auf Sie angewiesen ist und Sie für all seine Bedürfnisse verantwortlich sind.

› Bis ein wenig Routine eingekehrt ist, werden Sie beide das Gefühl haben, nur noch zwischen Windelnwechseln, Stillen, Trösten, Wäschewaschen und Wieder-von-vorn-beginnen hin und her zu springen. Lassen Sie sich bei allem Zeit, dann werden Sie auch wieder etwas Raum für sich und Ihre Beziehung finden. In der Zwischenzeit versuchen Sie einfach, Ihr momentanes Chaos als Zwischenschritt zu akzeptieren.

› Ihr Lebensstil wird sich automatisch verändern. Vielleicht hatten Sie beide eine Vollzeitbeschäftigung und konnten nach Feierabend ohne vorherige Planung und finanzielle Überlegungen spontan etwas unternehmen. Nun ist da noch ein kleiner Mensch, der in alle Vorhaben einbezogen werden muss.

› Sie werden Ihre Energien neu einteilen. Sich um ein neugeborenes Baby zu kümmern ist extrem fordernd, sowohl körperlich als auch seelisch. Alle Eltern berichten, dass die erste Zeit mit einem Neugeborenen und Säugling mit einem ziemlichen Schlafmangel und großen Anstrengungen verbunden ist. Die meisten Paare fühlen sich monatelang gestresst und streiten viel.

› Sie werden Ihr Leben an das Leben mit dem Baby anpassen. Wie alle Eltern wollen Sie richtig gute Eltern sein und nur das Beste für Ihr Baby. Lassen Sie sich von kleinen Schwierigkeiten und Unzulänglichkeiten in Ihrem Glauben an Ihre elterlichen Fähigkeiten nicht verunsichern. Ihr Baby wird Ihnen viel Freude bringen, auch wenn die Windel mal nicht richtig sitzt. Seien Sie geduldig mit sich selbst. In ein paar Wochen werden Sie sich bereits etwas an die neue Situation gewöhnt haben und sich gar nicht mehr erinnern können, was Sie früher mit Ihrer Zeit angefangen haben.

Die Realität des Elternseins wird nicht immer Ihren Erwartungen entsprechen können. Viele beschreiben sie als fordernder, als sie es sich ausgemalt hatten. Das dauernd zur Verfügung stehen wollen und müssen, egal ob es darum geht, Windeln zu wechseln, zu stillen oder zu trösten und egal wie sie sich gerade fühlen, lässt einige Eltern mit der Sorge zurück, die Kontrolle über ihr Leben zu verlieren. Um diese Kontrolle zu behalten, ist es gut, auf die eigenen Ideen und Gefühle zu vertrauen. Das heißt nicht, dass Zweifel oder Fehler im Umgang mit dem Baby nicht auftreten kön-

Lassen Sie sich in Erziehungsfragen nicht von anderen verunsichern!

Alle anderen wissen genau, wo's langgeht – nur Sie nicht? Lassen Sie sich nicht beirren. Sie werden Ihren persönlichen Weg schon finden.

- Es gibt mehr als einen „richtigen" Weg, um mit einem Kind zu leben! Das Einzige, was alle Kinder für ihre gesunde seelische Entwicklung brauchen, sind Eltern, die sie lieben. Ansonsten gibt es recht viele unterschiedliche Bedürfnisse im Zusammenleben. Manchen Eltern ist es wichtig, dass ihr Baby durch einen regelmäßigen Tagesablauf schon früh zu einem Rhythmus findet, zum Beispiel beim Stillen oder Schlafen. Andere Eltern mögen solche Strukturen auch für ihr eigenes Leben nicht und haben sich darauf eingestellt, sich in den ersten drei bis sechs Monaten nach den Bedürfnissen des Babys zu richten.

- Kindererziehung unterliegt immer wieder unterschiedlichen Moden. Das gilt auch fürs Stillen! Unsere Mütter stillten entsprechend der Regeln der fünfziger Jahre alle vier Stunden jede Brust für 15 Minuten und wogen uns vor und nach dem Stillen. Wenn wir unser Pensum in dieser Zeit nicht absolviert hatten, wurde eine Kunstmilch zugefüttert, und wir hatten dann wieder genau vier Stunden später unsere Fütterungszeit. In der Zwischenzeit sollten wir viel schlafen. Wenn wir anfangs noch zu unglücklich waren und schrien, gab es die Ratschläge, uns ins Bad zu stellen und die Tür zu schließen, damit unsere Mütter nicht zu sehr unter dem Weinen leiden mussten. Wir wissen heute, dass mit dieser Vorgehensweise die niedrigen Stillraten in dieser Zeit zu erklären sind. Solche Empfehlungen gibt es zum Glück für unsere Babys nicht mehr. Hören Sie sich also die Tipps der Mütter und Schwiegermütter höflich an. Fassen Sie sie nicht als Kritik an Ihrer Vorgehensweise auf! Bedanken Sie sich dafür, und wenn Sie möchten, können Sie dann erklären, warum diese Methode nicht die richtige für Sie ist.

- Es gibt keinen Grund Ratschläge zu befolgen, die Sie als falsch empfinden. Um beim obigen Beispiel zu bleiben: Wenn Ihnen jemand rät, dass Sie Ihr Baby nicht nach seinem Hungerbedarf, sondern nach festen Zeiten anlegen sollten, können die meisten Eltern spüren, dass dies für sie und ihr Kind nicht stimmt. Achten Sie also auf Ihre Instinkte und entfernen Sie sich nicht von sich selbst und Ihrem Baby durch irgendwelche, oft überholte Theorien und Regeln. Dasselbe gilt übrigens für Ratschläge aus Büchern und Zeitschriften.

- Was anderen Babys hilft, kann für Ihr Baby ganz falsch sein. Hören Sie sich wiederum höflich an, dass das Baby Ihrer besten Freundin am schnellsten einschläft, wenn es eine halbe Stunde im Auto um den Block gefahren wird … und versuchen Sie herauszufinden was für Ihr Baby stimmt.

nen. Solche Augenblicke erleben alle Eltern, genauso wie den Wunsch etwas anders oder besser gemacht zu haben.
Lassen Sie sich davon aber nicht Ihr Selbstvertrauen nehmen. Reden Sie mit anderen. Alle haben diese Zweifel ab und zu. Ein Gespräch mit erfahrenen Eltern kann die eigenen Gedanken oft klarer machen. Manche Hinweise können Ihnen vielleicht bei Problemen weiterhelfen. Wichtig ist, sich bei allem klarzumachen, dass diese Zeit, so anstrengend sie auch ist, in ihrer Intensität auch etwas Einzigartiges hat und vor allem gar nicht so lange dauert, wie Sie denken. Irgendwann schläft Ihr Kind durch und Sie auch wieder. Die Jahre mit einem kleinen Kind – das empfinden viele – vergehen außerordentlich schnell.
Wenn Sie also mal wieder am Rande der Erschöpfung angelangt sind, halten Sie einen Moment inne. Stellen Sie sich vor, Sie seien eine alte Frau und schauen auf Ihr Leben zurück. Vielleicht spüren Sie sie dann, jene Wehmut und Sehnsucht …?! Ja, es ist paradox: Sie durchleben und durchleiden jetzt genau diese Jahre, nach denen Sie sich später einmal ganz besonders zurücksehnen werden.
Sie werden sie am besten überstehen, wenn Sie die Lasten gleichmäßig auf Ihren Schultern verteilen. Vertrauen Sie sich gegenseitig und tauschen Sie sich unbedingt aus, wenn Sie in der Vorgehensweise unterschiedlicher Meinung sind. Ihr Baby wird glücklich sein, dass zwei Menschen sich um es kümmern wollen. Es wird auch lernen können, dass diese beiden manche Dinge etwas verschieden handhaben. Versuchen Sie sich die Aufgaben in der Pflege und im Umgang mit dem Baby aufzuteilen. Schreiben Sie einfach eine Liste mit all den Dingen, die in Ihrem Haushalt zu erledigen sind, und verteilen Sie die Aufgaben für alle zufriedenstellend. Auch wenn einer von Ihnen zu Hause bleibt und der andere arbeiten geht, ist es sehr wichtig, darüber nachzudenken, wie der Alltag entlastet werden kann. Ein kleiner Mensch benötigt so viel Aufmerksamkeit, dass sich selbst viele zu Hause Gebliebene mit dem Handling aller Aufgaben überfordert fühlen. Auch eine Haushaltshilfe sollte ein Thema sein, wenn Sie sich so etwas leisten können.

JETZT SIND SIE MUTTER!

Das einmalige Erlebnis, Ihr Baby zur Welt gebracht zu haben, wird eines der wichtigsten Ereignisse in Ihrem Leben sein. Sie freuen sich nach der langen Wartezeit der Schwangerschaft auf Ihr Baby, dem Sie all Ihre Liebe und Zärtlichkeit geben wollen. Viele Mütter fühlen sich nach einer Geburt mit dem Leben verbunden und meinen einen für sie neuen Sinn im Dasein gefunden zu haben. Die aufregenden Zeiten, die auf Sie zukommen werden, sind für die meisten von Ihnen aber auch ab und an mit zwiespältigen Gefühlen verbunden. Fühlen Sie sich daher nicht schuldig oder falsch gepolt, wenn Sie manche der Veränderungen zeitweise furchtbar finden.
Muttersein wird auch immer damit verbunden sein, auf früher selbstverständliche Freiräume und Selbstverwirklichungs-Wünsche zu verzichten. Ihren Lebensgefährten, der vor der Geburt Ihr aufregender Geliebter war, sehen Sie nun in der Vaterrolle und erinnern sich dabei an Ihre eigenen Eltern. Ihre vorher teils geliebten Gewohnheiten werden aus der Bahn geraten müssen, um für das Baby Platz zu machen. Da Sie wahrscheinlich diejenige sein werden, die die Elternzeit mit dem Baby verbringt, werden Ihre sozialen Kontakte momentan unterbrochen. Meistens kommt dann noch die Hauptverantwortung für den Haushalt dazu und die ach so niedrige Bewertung für all diese Aufgaben in unserer Gesellschaft.
Genügend Gründe also für Zweifel oder schlechte Laune. Aber trotz all dieser für Sie so

gravierenden Änderungen im Leben wird es bei den meisten von Ihnen (in der Regel drei bis vier Monate nach der Geburt) wieder eine Zeit geben, in der auch Ihre eigenen Bedürfnisse eine Rolle spielen dürfen. Gestalten Sie die Elternzeit so, dass auch Erholungs- und Pflegezeiten für Sie selbst bleiben. „Ein leerer Brunnen kann kein Wasser geben" – dieses Sprichwort trifft auch auf Ihre Situation zu. Vertrauen Sie Ihr Baby Ihrem Partner oder einer Freundin an und lassen Sie sich ein paar Stunden verwöhnen. Unternehmen Sie etwas mit einer Freundin, um Energie zu tanken.

In späteren Zeiten, wenn Ihr Baby schon größer geworden ist, sollten Sie sich auch Zeit mit Ihrem Partner nehmen, um sich in Ihrer Beziehung nicht zu sehr voneinander zu entfernen und Ihr soziales Leben mit Freunden nicht zu vernachlässigen. Machen Sie für sich und Ihr Baby das Beste aus dieser so wichtigen Anfangszeit. Unternehmen Sie Dinge, für die Sie früher nie Zeit hatten. Museen und Kunstausstellungen, Zoos und Parks sind immer leerer und angenehmer, wenn Sie diese mit Ihrem Baby am Vormittag besuchen.

LIEBE UND PARTNERSCHAFT

Das bewegte Leben als Eltern eines Babys darf Sie nicht vergessen lassen, dass auch Ihre Beziehung Zeit braucht, genauso wie Ihre emotionalen und körperlichen Bedürfnisse. Wenn einer von Ihnen zu Hause bleibt und der andere arbeiten geht, sind Ihre Tagesabläufe und -inhalte recht unterschiedlich. Sie können dadurch manchmal richtige Barrieren zwischen sich und Ihrem Partner spüren.

Eine ehrliche und offene Kommunikation ist der erste wichtige Schritt, um in dieser veränderten Situation eine starke Beziehung zu halten, die auch in einer wachsenden Familie Bestand haben kann. Es kann Gift für Ihre Beziehung sein, wenn Sie so tun, als ob alles in Ordnung wäre, auch wenn Sie Zweifel und Sorgen haben oder eifersüchtig aufeinander sind. Das Teilen von Glück und Leid ist die wichtigste Voraussetzung, um auf allen Ebenen zueinander stehen zu können und sich gegenseitig zu unterstützen.

In der Anfangszeit mit Ihrem Baby kann Sex ein wichtiges Thema sein. Es gibt keine haltbare Theorie, die Ihnen davon abraten kann, nach der Geburt Sex zu haben, sobald Sie es beide schön finden. Solange der Wochenfluss noch blutig ist, wird aber die Benutzung von Kondomen empfohlen, damit Keime des Partners nicht in die Plazentawunde gelangen. Die rhythmischen Kontraktionen der Gebärmutter beim Orgasmus und eine Kräftigung der Beckenbodenmuskulatur könnten ein gewünschter positiver Nebeneffekt Ihrer Begegnung sein. Erschrecken Sie aber nicht, wenn einigen von Ihnen beim Schmusen und Streicheln kleine Milchfontänen aus den Brüsten spritzen. Vor allen Dingen beim Orgasmus werden Hormone ins Blut ausgeschüttet, die nicht nur dafür sorgen, dass sich die Gebärmuttermuskulatur zusammenzieht, sondern auch die Milchgänge kontrahieren. Bei vielen Frauen führt die veränderte hormonelle Lage dazu, dass die Vagina sich während der gesamten Stillzeit trocken anfühlt. In diesem Fall kann ein Gleitgel auf Wasserbasis bei Ihrem Liebesspiel hilfreich sein. Solche Gele können Sie in Apotheken, Drogeriemärkten, Warenhäusern und in Sexshops bekommen.

Wenn Sie sich beide so weit fühlen, versuchen Sie Ihr eigenes bekömmliches Tempo herauszufinden. Wählen Sie Positionen, in denen Sie als Frau die Tiefe des Eindringens kontrollieren können. Dies werden für Sie als Frau aktivere Stellungen sein, etwa auf Ihrem Partner sitzend oder liegend oder auch hintereinander liegend. Wenn sich etwas unangenehm anfühlt, können Sie leichter die Position ändern.

Glückliche Stillbeziehung

Die Natur hat es so eingerichtet, dass Sie Ihr Baby ganz allein ernähren können. Lassen Sie sich daher nicht verunsichern. Bei der Geburt ist alles bestens vorbereitet. Ihr Körper hat sich bereits während der Schwangerschaft auf die Ernährung Ihres Babys eingestellt. Es besteht kein Zweifel daran, dass Muttermilch die beste Nahrung für Ihr Kind ist.

Ideal wäre es natürlich, wenn Ihre Stillbeziehung am Strand einer Südseeinsel beginnen würde: Alle störenden Hindernisse zwischen Ihnen und Ihrem Baby wie Kleidung, Decken und Windeln wären entbehrlich. Sie beide könnten von Anfang an den Hautkontakt genießen. Wenn Ihr Baby weinen würde, könnten Sie es sofort mit Ihrer Brust beruhigen. Sie würden es dabei sehr eng am Körper halten, weil Sie ja beide nackt sind. Ihre Bewegungen und der permanente Hautkontakt würden den Rhythmus Ihres Babys bestimmen. Es würde häufig wach und nach Nahrung verlangen. Dadurch wäre für eine optimale Milchproduktion gesorgt. Wenn Ihre Brüste unangenehm voll wären, würden Sie Ihr Baby wecken und anlegen, damit es Ihnen hilft. Sie und Ihr Baby würden Ihre Stillbeziehung so aufbauen, dass es für Sie beide stimmt, und das wäre die Garantie für eine glückliche Stillzeit.

Nun aber zu unserer Realität. Damit Sie einen gelungenen Start haben, sollte Ihr gesundes, reifgeborenes Baby nach der Geburt auf Ihrer nackten Haut liegen dürfen, bis der erste Suchreflex auftaucht. Das ist in der Regel innerhalb der ersten Stunde der Fall. Erlauben Sie ihm, in Ruhe nach der Brustwarze zu suchen und zu saugen, so lange es möchte. Sie können dadurch die Wahrscheinlichkeit, dass gravierende Stillprobleme auftreten, deutlich senken.

Stärkung des Bondings durch körperliche Nähe

- Der ununterbrochene Hautkontakt von Mutter und Kind ist in der ersten Lebensstunde besonders wichtig. Fragen Sie an Ihrem Entbindungsort nach, ob die Möglichkeit besteht, dass Ihr gesundes Kind die ganze Zeit bei Ihnen bleibt. Studien konnten nachweisen, dass eine Trennung in dieser wichtigen Phase sich nachteilig auf eine glückliche Stillbeziehung auswirkt. Die Babys haben dann deutliche Schwierigkeiten, eine Bindung zur Mutter aufzubauen, die Brust korrekt zu ergreifen und daran zu saugen.

Hilfestellungen werden beim ersten Anlegen nur empfohlen, wenn Ihr Baby nach einer Stunde, spätestens aber nach zwei Stunden noch keinen Suchreflex gezeigt hat. Er zeigt sich durch Hin- und Herbewegen des Köpfchens, das Öffnen des Mundes und Vorschieben der Zunge und durch Schmatzen.

Die Klinikatmosphäre ist für Ihren Beziehungsaufbau und das erste Anlegen Ihres Babys häufig nicht angemessen, manchmal sogar kontraproduktiv. Nach der Geburt wird Ihr Kind routinemäßig untersucht und vermessen (Seite 252). Sie selbst werden gesäubert und versorgt, und der Entbindungsraum wird schon wieder für die nächste Geburt vorbereitet. Bei all diesen Tätigkeiten bleibt oft nicht genügend Raum, Ihr Baby in Ruhe das erste Mal anlegen und stillen zu können.

Wenn die Geburt schwierig verlaufen ist und vielleicht sogar operative Eingriffe nötig geworden sind, ist das erste Anlegen oft innerhalb der ersten ein bis zwei Stunden nicht möglich. Die Kontaktaufnahme muss dann so bald wie möglich für Sie beide nachgeholt werden, damit Sie einen guten Start haben.

DAS ERSTE ANLEGEN

In den ersten ein bis zwei Stunden nach der Geburt wird Ihr Baby in der Regel ohne Hilfe die Brustwarze suchen und finden. Lassen Sie es ruhig ein bisschen suchen und sein Köpfchen hin- und herbewegen, bevor es die Brustwarze in den Mund nimmt. Wenn seine Lippen Ihre Brustwarzen berühren, wird es sein Köpfchen immer stärker hin- und herbewegen und seinen Mund dabei immer weiter aufmachen. Nur wenn der Mund richtig weit geöffnet ist, ziehen Sie Ihr Baby nah an Ihren Körper heran. So können Sie erreichen, dass es seinen Mund mit Brustwarze und Teilen des Warzenhofes gefüllt hat und nicht nur den Nippel im Mund behält, um daran zu saugen. Das kann nämlich dazu führen, dass die Brustwarze wund wird und aufreißt. Der Milchfluss ist stärker, wenn Ihr Baby viel Gewebe des Warzenhofs im Mund hat. Seine ersten Züge an einer geschwollenen Brust können leicht schmerzhaft sein. Das lässt aber rasch nach, wenn die Milch zu fließen beginnt. Denken Sie daran, tief ein- und auszuatmen.

Das erste Stillen wird höchstwahrscheinlich in liegender Position und seltener im Sitzen (Seite 217) stattfinden. Bei beiden Positionen ist es gut, wenn Sie Ihre Haltung immer wieder überprüfen und gegebenenfalls korrigieren. Das beugt Verspannung vor. Spüren Sie in Richtung der Schultern und Arme und lassen Sie diese entspannt hängen. Polstern Sie Ihren Rücken auch mit Kissen, wenn Sie zwischen den Schulterblättern oder im Rücken verspannen. Bieten Sie die Brust immer an, wenn Ihr Baby Interesse daran zeigt. Im Bauch war es kontinuierlich mit Nahrung versorgt und muss sich erst einmal daran gewöhnen und lernen, dass es auch Pausen gibt zwischen den Mahlzeiten. Muttermilch ist leicht verdaulich und passiert Magen und Darm recht rasch. Sie müssen also aus Rücksicht auf die Verdauung Ihres Babys keine zeitlichen Mindestabstände zwischen dem Anlegen einhalten.

In vertretbaren Grenzen ist es das Beste, Ihr Baby so lange trinken zu lassen, wie es das möchte. Auch bevor die Brust viel Milch produziert, also in den ersten zwei bis drei Tagen, ist es sehr wichtig, dass Ihr Baby lange saugen darf. Das gibt Ihrem Körper das starke Signal, dass da ein hungriges Neugeborenes ist, das dringend Nahrung braucht. Damit die Milch gebildet wird und fließt, muss Ihr Baby eine gewisse Zeit an der Brust saugen. Nur dann wird die Hirnanhangsdrüse ausreichend dazu angeregt, verstärkt zwei Hormone auszuschütten: Oxytocin und Prolaktin.

Durch das Oxytocin, das Milchflusshormon, werden die vielen kleinen Muskeln um die Milchkanäle und -seen herum kontrahiert und damit die Milch herausgedrückt. Nach einer gewissen Zeit wird Ihre Milch dann tropfen oder sogar herausspritzen, wenn der Milchflussreflex ausgelöst wurde. Manche Frauen – aber nicht alle – beobachten diesen Reflex in späteren Wochen, wenn sie an ihr Baby denken oder es im Nebenraum zu hören ist.

Prolaktin ist das Schlüsselhormon für die Milchbildung. Es wird bereits während der Schwangerschaft gebildet, aber bis zur Geburt der Plazenta hormonell blockiert. Über den Blutweg erreicht Prolaktin die Brustdrüse und regt hier die Milchbildung an. Durch den Saugreiz des Babys erhält die Hirnanhangsdrüse das Signal Milch zu produzieren und bildet mehr Prolaktin. Die früher gängigen Stilltipps, die vorsahen, dass ein Baby in den ersten Tagen nicht länger als fünf bis zehn Minuten angelegt werden sollte, führten zu tragisch geringen Milchmengen. Gerade wenn der Milchflussreflex ausgelöst war, wurden die Babys von der Brust genommen, und auch die Menge des Prolaktins erreichte lediglich ein Bruchteil des Niveaus, das bei einer halbstündigen Saugzeit erreicht worden wäre. Das Motto für eine ausreichende Milchproduktion lautet ganz simpel: Je mehr Milch Sie geben, desto mehr wird nachproduziert!

Wenn Sie einige wenige Hinweise (siehe Kasten rechts) beherzigen, werden beim Stillen höchstwahrscheinlich keine großen Probleme auftauchen. Suchen Sie gegebenenfalls die Unterstützung Ihrer Hebamme. Nehmen Sie in Kauf, dass es eine gewisse Zeit dauern kann, bis Sie und Ihr Baby gut zusammenarbeiten.

Stillen wird immer wieder mit Sex verglichen. Wenn beide Partner unerfahren sind, ist es nicht verwunderlich, wenn sie sich noch etwas ungeschickt anstellen. Falls einer der beiden schon Erfahrung besitzt, geht das Liebesspiel schon viel besser. Und wenn beide gelernt haben, worum es geht, funktioniert alles bestens und beide haben Spaß daran. Beim Stillen ist das ähnlich.

MUTTERMILCH – DIE BESTE NAHRUNG FÜR IHR BABY

Wenn es eine Erfinderin gäbe, die eine neue Sorte Babynahrung entwickelte, die sich automatisch den wechselnden Bedürfnissen Ihres Babys für sein Wachstum und seine Entwicklung anpasst, dann wäre sie eine gemachte und reiche Frau. Allerdings würde diese Idee tausende Jahre zu spät kommen, da dieses Produkt bereits existiert. Und zwar in Ihrer Brust.

Alle Säugetiere produzieren die für ihren Nachwuchs richtige Milch. Daher ist natürlich auch die Muttermilch die beste Nahrung für Ihr Baby. Die Veränderungen im Eiweiß-, Kohlenhydrat- und Fettgehalt sind auf die sich wandelnden Bedürfnisse des Neugeborenen eingestellt. Es ändern sich aber nicht nur die Grundbausteine der Nahrung immer wieder, sondern auch ihr Gehalt an Vitaminen, Mineral- und Abwehrstoffen.

Fette

Die meisten Organe sind zum Zeitpunkt der Geburt Ihres Babys gut ausgebildet und wachsen nur in der Größe weiter. Lediglich das Gehirn ist noch nicht vollständig entwickelt. Es braucht eine Menge Fett, um weiterhin Nervenzellen und Zellwände bilden zu können. Dieses Fett ist in langkettigen Fettsäuren wunderbar in Ihrer Milch enthalten.

Natürlich hat sich die Forschung darum bemüht, ähnlich langkettige Fettsäuren künstlich herzustellen. Aber das gestaltet sich nicht so einfach und ist außerdem teuer. Zudem sind die künstlichen Fettsäuren mit den menschlichen Fettsäuren nicht identisch und haben wahrscheinlich auch nicht den gleichen Effekt für die Babys. Die künstlichen Nahrungen, die mit diesen Fettsäuren auf dem Markt kamen, hatten dann auch das Problem, dass die Produkte Konservierungsstoffe enthielten, damit die Fette nicht ranzig wurden.

Im Durchschnitt wird der Energiebedarf bei Babys bis zu 50 Prozent durch Fett gedeckt. Im Kolostrum ist eine Fettkonzentration von 2 Prozent zu finden, während sie nach 14 Tagen in der reifen Muttermilch vier bis 4,5 Prozent beträgt. Fett ist der Bestandteil, der sich bei Brustmahlzeiten am meisten unterscheiden kann. Er variiert von Frau zu Frau, im Tagesverlauf und vor allem während der Mahlzeit.

Zucker und andere Kohlenhydrate

Wenn Ihr Baby sich noch nicht völlig daran gewöhnt hat, dass es zwischen den Mahlzeiten

HEBAMMENTIPP

Tipps für stllende Mütter

Viele Frauen machen sich Sorgen, dass ihre Milch nicht reicht oder das Baby nicht genügend trinkt. Wenn Sie folgende Tipps beachten, klappt es mit dem Stillen:

- Lassen Sie Ihr Baby an der Brust riechen, sie durch Hin- und Herbewegung des Köpfchens suchen, den Mund weit öffnen und die Brustwarze mitsamt großen Teilen des Warzenhofs in den Mund nehmen.
- Bieten Sie Ihre Brust im „C-Griff" an. Dazu legen Sie Ihre Finger mindestens drei Zentimeter von der Brustwarze entfernt flach unter die Brust und Ihren Daumen lose auf die Brust.
- Vergewissern Sie sich, dass es Brustwarze UND Warzenhof im Mund hat.
- Schauen Sie nach, ob Ihr Baby seine Unterlippe ausgestülpt hat.
- Gehen Sie sicher, dass das Kinn Ihres Babys nah an Ihrer Brust ist.
- Drücken Sie bei harten Brüsten etwas Milch aus Ihrer Brust, wenn Ihr Baby Schwierigkeiten hat anzudocken.
- Halten Sie Ihr Baby nah an Ihrem Körper zu Ihnen gewandt.
- Liegen oder sitzen Sie bequem und entspannt, eventuell mit Unterstützung von Kissen oder einer Stillwurst.
- Lassen Sie Ihr Baby häufig an der Brust trinken. Acht bis zwölf Mahlzeiten sind am Anfang normal und empfehlenswert.
- Erlauben Sie Ihrem Baby zu trinken, solange es möchte. Am besten, bis es von allein satt „abfällt". Mindestens aber 15 Minuten pro Brust, damit Ihr Baby genügend von der fetthaltigen, sättigenden Hintermilch bekommt.
- Wecken Sie Ihr Baby, wenn es tagsüber zwischen den Mahlzeiten zu lange schläft und nicht genügend zunimmt.

auch Pausen gibt, kann es vorkommen, dass sein Blutzuckerspiegel vorübergehend etwas abfällt. Ihr Baby kann sich dann ganz schwach fühlen und Angst haben, verhungern zu müssen. Lassen Sie es daher nicht warten, wenn es nach Nahrung verlangt. Ihre Milch hebt seinen Zuckerspiegel rasch wieder an. Es fühlt sich dann nach den ersten Schlucken schon kräftiger und saugt weiter, um alles zu bekommen, was die Milch zu bieten hat.

Ihre Milch enthält viele verschiedene Zucker und Kohlenhydrate. Der wichtigste ist der Milchzucker (Laktose), der unter anderem die Aufnahme von Kalzium und Eisen fördert. Aber auch andere Zucker haben unterstützende Eigenschaften. Sie helfen dem Darm bei der Besiedelung von Darmbakterien (Bifidusbakterien). Die wiederum unterstützen die Verdauung, sorgen für den recht angenehmen Geruch des Muttermilchstuhls und verhindern, dass sich krankheitserregende Bakterien und Pilze im Darm ausbreiten.

Die Zusammensetzung der Milch verändert sich im Laufe der Zeit und passt sich den Bedürfnissen des Kindes an.

Vormilch (Kolostrum), Tag der Geburt bis 3. Lebenstag	Übergangsmilch, 3. bis 14. Lebenstag	reife Frauenmilch, ab 14. Lebenstag bis zum Ende der Stillzeit
› enthält viel Eiweiß, Vitamin A und K, Mineral- und Abwehrstoffe	› enthält prozentual weniger Eiweiß, Abwehr- und Mineralstoffe	› enthält prozentual noch weniger Eiweiß (ideal für kindliche Nieren)
› enthält wenig Fett und Kohlenhydrate	› enthält prozentual mehr Fett und Kohlenhydrate	› enthält prozentual noch mehr Fett und Kohlenhydrate
› ist eine leicht verdauliche und kalorienarme erste Nahrung	› 100 Milliliter haben einen Nährwert von etwa 62 Kalorien	› 100 Milliliter Muttermilch haben einen Nährwert von etwa 66 Kalorien (bis 120 Kalorien möglich)
› 100 Milliliter Kolostrum haben einen Nährwert von etwa 54 Kalorien	› Die Tagestrinkmenge steigt kontinuierlich an; ab der zweiten Lebenswoche trinkt das Baby täglich ein Sechstel seines Körpergewichtes	› Trinkmenge 500 bis 1000 Milliliter täglich
› Trinkmenge bis zu 100 Milliliter täglich		

Eisen, andere Mineralien und Spurenelemente

Muttermilch enthält alle Spurenelemente und Mineralstoffe, die Ihr Kind braucht. Da Eisen in allen Milcharten in eher kleinen Mengen vorhanden ist, dachte man lange, dass dieses Mineral zusätzlich gegeben werden muss. Heute ist klar, dass Eisen in der Muttermilch eine hohe Bioverfügbarkeit hat. Während aus der Kuhmilch nur 10 Prozent aufgenommen werden können, kann der Körper Eisen aus der Muttermilch bis zu 70 Prozent verwerten. Der Eisenvorrat in der Leber reicht bei gestillten Babys sechs bis acht Monate. Wenn ein Baby sehr früh künstliche Nahrung bekommt oder zusätzlich Eisen (außer bei Frühgeborenen) erhält, kann das Wachstum krankheitserregender Keime im Darm gefördert werden.

Vitamine

Auch Vitamine sind in der Regel ausreichend in Ihrer Milch enthalten. Die einzigen Ausnahmen gelten in unseren Regionen für die Vitamine D und K. Vitamin D braucht jeder Mensch, um Kalzium für seine Knochen aufnehmen zu können. Sonnenlicht bewirkt die Produktion dieses Vitamins im Körper. Wenn Teile der Haut mehrmals pro Woche von der Sonne beschienen werden, kann genügend Vitamin D gebildet werden.

In unseren zeitweise etwas sonnenarmen Regionen wird empfohlen, Ihrem Kind im ersten Lebensjahr und im zweiten Lebenswinter täglich eine zusätzliche Dosis Vitamin D zu geben, damit es ausreichend versorgt ist (Seite 289).
Genauso verhält es sich mit der Gabe von Vitamin K, das für die Blutgerinnung gebraucht wird. Es ist in hohen Konzentrationen in Vor- und Übergangsmilch enthalten. Da in der reifen Frauenmilch die Menge des Vitamins nachlässt, wird empfohlen einem Mangel vorzubeugen, indem das Vitamin dreimal hochdosiert verabreicht wird (Seite 253). Nur bei Veganerinnen – Frauen die sich ohne tierische Produkte wie Milch, Milchprodukte, Fleisch, Eier und Fisch ernähren –, ist eine Gabe von Vitamin B 12 empfehlenswert.

Abwehrstoffe

Die Muttermilch ist wahrlich ein Produkt von hoher biologischer Komplexität. Sie schützt vor Allergien und Erkrankungen und fördert die für Ihr Baby so wichtige Entwicklung des eigenen Immunsystems. Im Körper einer stillenden Mutter befindet sich eine „Schaltung", die dafür sorgt, dass jeder krank machende Erreger, der die Mutter befällt, die Produktion spezifischer Antikörper anregt. Die Antikörper gehen in die Muttermilch über und spiegeln das Spektrum der mütterlichen Abwehrerfahrungen. Ein gestilltes Baby erhält daher mit der Milch auch die Antikörper seiner Mutter, die Krankheiten bekämpfen und dabei helfen, Allergien zu verhindern.

DIE ERSTEN WOCHEN

Die erste Zeit nach der Geburt des ersten Babys bleibt vielen Frauen als Zeit der Überforderung und Unsicherheit in Erinnerung. Dieses Gefühl ist wirklich vollkommen normal und wird nach den Anfangswochen vergehen. Wenn Sie merken, dass Sie die Signale Ihres Babys immer besser verstehen und erleben, wie es wächst und gedeiht, wird das große Glücksgefühle in Ihnen auslösen, die Sie für alle Strapazen entschädigen. Ihr Baby wird mit kleinen Anzeichen zeigen, wann es trinken möchte. Reagieren Sie darauf möglichst rasch! Die ersten Signale machen sich oft schon im Schlaf bemerkbar:

- es wird unruhiger – selbst im Schlaf
- Ärmchen und Beinchen beginnen unkontrolliert zu zappeln
- die Augenlider flattern
- es macht erste Schmatz- und Sauggeräusche

Der anschließende Suchreflex äußert sich dann mit folgenden Signalen:

- das Köpfchen bewegt sich hin und her
- der Mund öffnet sich und die Zunge tritt heraus
- Ihr Baby macht Fäustchen und steckt sie in den Mund
- es schmatzt und saugt daran

Bei diesen Signalen ist frühes Reagieren für Sie beide gut. Ihr Baby spürt, dass Sie auf seine Bedürfnisse eingehen. Es schließt seinen Mund

Ein gesundes Neugeborenes braucht kein „Zufüttern"

- Die Schutzwirkung der Muttermilch wird durch Gaben von Tee, Zuckerlösungen, Wasser und besonders künstlicher Milch deutlich abgeschwächt oder sogar verhindert. Ganz davon abgesehen, dass Ihr Baby keine zusätzliche Flüssigkeit braucht. Es gibt bei einem reifen, gesunden Baby, das um den errechneten Termin herum geboren wurde, keine Berechtigung zuzufüttern. (Ausnahme: zu niedriger Blutzucker, zum Beispiel bei Diabetes der Mutter).

dann entspannter um Brustwarze und Teile des Warzenhofs, als wenn es schon lange verzweifelt schreien musste, um in seinem Hunger verstanden zu werden, und nun wie ein verdurstender Barrakuda zuschnappen muss. In den ersten Tagen empfiehlt es sich, bei jeder Mahlzeit an beiden Brüsten anzulegen, um die Milchproduktion richtig in Gang zu bringen. Die Milchmenge richtet sich nach dem angemeldeten Bedarf. Also danach, wie viel Ihr Baby tatsächlich trinkt.

In den ersten beiden Lebenstagen bekommt Ihr Baby, abhängig davon wie lange und wie kräftig es saugt, pro Mahlzeit 7 bis 14 Milliliter des hochkonzentrierten Kolostrums. Ihr Baby wird ausreichend Milch bekommen, wenn es zwischen acht- und zwölfmal in 24 Stunden gestillt wird. Zwischen den Stillmahl-zeiten sollten allerdings kein längerer Abstand als vier Stunden liegen. Gerechnet wird dabei vom Beginn einer Brustmahlzeit bis zum Beginn der nächsten.

HEBAMMENTIPP

Muttermilch pflegt strapazierte Brüste

› Um Ihre Brüste zu pflegen, können Sie nach jeder Brustmahlzeit noch etwas Milch aus der Brust drücken und damit die Warze und den Warzenhof einreiben (wie mit einer Creme). Lassen Sie diese selbst produzierte Creme an der Luft antrocknen. Das hilft, die gereizte Haut nach ein paar Tagen unempfindlicher zu machen. Sie können damit das anfangs etwas strapazierte Gewebe, das diesen so kräftigen Zug noch nicht kannte, am besten pflegen.

STILLPOSITIONEN

Nach sechs bis sieben Tagen ist es oft sinnvoll, pro Mahlzeit erst mal nur an einer Seite anzulegen, damit die Brust gut entleert wird. Wenn Ihr Baby nach 15 bis 30 Minuten von allein loslässt und zufrieden ist, hat es genug getrunken. Wenn es weiter sucht, bieten Sie auch noch die zweite Seite an. Bei der nächsten Mahlzeit beginnen Sie dann mit der noch nicht gestillten beziehungsweise mit der zweiten Seite. Es wird bei den ersten Zügen recht schnell und konzentriert saugen und dann nach ein paar Minuten langsamer mit kleinen Pausen weiter trinken. Dies ist ganz normal, weil es für die fetthaltigere Milch, die nach 10 bis 15 Minuten zur Verfügung steht, einfach etwas mehr Zeit zum Trinken braucht.

Ihr Baby hat seinen eigenen Rhythmus. Stillen Sie es daher nach seinem Bedarf – auch in der Nacht. Zwischen drei und fünf Uhr nachts ist die Ausschüttung des Hormons, das die Milchmenge mitreguliert, am höchsten. Entscheidend für einen Erfolg beim Stillen sind Ihre entspannte Haltung und korrekte Stillpositionen. Ihr Baby sollte innerhalb von 24 Stunden an jeder Brust in drei Positionen getrunken haben, um alle Bereiche der Brust gut zu entleeren.

Stillen im Liegen

Stillen im Liegen ist vor allem nachts ideal und immer dann, wenn Sie sich ausruhen und vielleicht sogar ein bisschen schlafen wollen. Legen Sie sich entspannt auf eine Seite. Polstern Sie Ihren Kopf dabei so, dass Sie Ihr Baby sehen können, ohne den Nacken anzuspannen oder sich mit dem Arm abzustützen. Es kann angenehm sein, wenn Sie sich auch im Rücken von Kissen oder einer zusammengerollten Decke gehalten fühlen. Legen Sie sich Bauch an Bauch mit Ihrem Baby, so dass sich sein Mund auf Höhe Ihrer Brustwarze befindet. Ihr unterer Arm liegt um Kopf und Rücken des Babys und mit der oberen Hand halten Sie die Brust im „C-Griff“ (Seite 213). Wenn Sie seine Unterlippe mit der Brustwarze sanft berühren, wird sich sein Mund weit öffnen. Ziehen Sie Ihr Baby nah zu sich heran und warten Sie, bis es kräftig saugt. Dann können Sie den unteren Arm vorsichtig lockern. Ein zu einer Rolle gedrehtes kleines Handtuch kann verhindern, dass das Baby zurückrollt. Wenn Sie Ihr Baby zum Trinken an der anderen Brust nicht herumhieven wollen, legen Sie einfach ein dickes Kissen unter Ihr Baby und drehen Ihre obere Schulter weiter in seine Richtung. Dann kann es auch diese Brustwarze erreichen.

Klassische Stillhaltung: der Wiegegriff.

Stillen im Sitzen

Wiegegriff

Stillen im Sitzen ist vor allem tagsüber praktisch und natürlich wenn Sie unterwegs sind. Nehmen Sie dazu Ihr Baby so in den Arm, dass es Ihnen mit Gesicht, Bauch und Beinen zugewandt ist. Es soll sich auf keinen Fall verdrehen, um zu Ihrer Brust zu gelangen. Der Kopf liegt in Ihrer Armbeuge, und der untere Arm Ihres Babys liegt in Richtung Ihrer Taille. Es bildet eine gleich hohe Linie vom Ohr über die Schultern bis zur Hüfte. Das kann mit Kissen oder einer Stillwurst unter Ihrem Unterarm unterstützt werden. Ihr Unterarm stützt den Rücken Ihres Babys, und Ihre Hand hält je nach Größe seinen Po oder den Rücken. Es liegt ganz nah Ihnen zugewandt. Bieten Sie Ihrem Baby die Brust im „C-Griff“ (Seite 213) an. Streichen Sie mit der Brustwarze dazu sanft über seine Unterlippe. Sobald das Mündchen weit geöffnet ist, führen Sie es mit einer raschen Bewegung zu Ihrer Brust und achten darauf, dass Warze und Teile des Warzenhofes im Mund sind. Versuchen Sie wirklich bequem zu sitzen und alle Bereiche, die sich verkrampfen könnten, mit Kissen zu polstern. Denken Sie daran, die Schultern zu entspannen!

Vor allem nachts ideal: im Liegen stillen.

Bei vollen Brüsten: Stillen im Rückengriff.

Stillen im Rückengriff

Mit dem Rückengriff „klemmen" Sie sich Ihr Baby unter den Arm. Ihr Baby liegt gestützt von Ihrem Unterarm an Ihrer Seite. Die Füße zeigen nach hinten in Richtung Rücken. Legen Sie Ihren Unterarm auf zwei bis drei Kissen, oder eine Stillwurst, damit Ihr Baby hoch genug liegt. Mit Ihrer Hand umfassen Sie den Kopf Ihres Babys. Mit der zweiten Hand halten Sie Ihre Brust im „C-Griff" (Seite 213) und streichen Ihrem Baby mit der Brustwarze über die Unterlippe, so lange bis es den Mund weit öffnet. Dann geht's weiter wie oben.

WACHSTUMSSCHÜBE

Wenn Sie über Monate hinweg stillen, werden Sie immer wieder erleben, wie Ihr Baby plötzlich einen Wachstumsschub macht. Sie erkennen ihn daran, dass Ihr Baby über zwei oder drei Tage hinweg ständig trinken will und scheinbar gar nicht satt zu kriegen ist. Wenn Ihr Körper sich auf den erhöhten Bedarf Ihres Kindes eingestellt hat und mehr Milch produziert, ist meist alles wieder beim Alten, und die Abstände zwischen den Stillmahlzeiten werden wieder länger. Die Wachstumstage werden für Sie sehr anstrengend sein, weil sich in den letzten Tagen und Wochen schon so etwas wie eine Routine in Ihrer Stillbeziehung eingespielt hatte und nun wieder alles auf dem Kopf steht. Ihr Baby macht vielleicht den Eindruck, als wollte es seine „Nabelschnurpipeline" wiederhaben. Es möchte in halbstündigen Abständen trinken oder legt Marathonmahlzeiten von zwei bis drei Stunden ein. Aber verzweifeln Sie nicht: In ein paar Tagen ist die stressige Phase vorüber und die Routine stellt sich wieder ein.

WIE LANGE WIRD GESTILLT?

Die Weltgesundheitsorganisation empfiehlt, in den ersten sechs Lebensmonaten ausschließlich zu stillen. Danach ist es allmählich möglich, Beikost (Seite 292) einzuführen. Optimal wäre es, wenn Sie bis weit ins zweite Lebensjahr hinein zusätzlich zur festen Kost weiter stillen. Und natürlich darüber hinaus, wenn Sie beide Freude daran haben. Diese Empfehlung wird auch von der Nationalen Stillkommission in Deutschland unterstützt. In der Regel zeigen Babys mit ihrem Verhalten und ihrem Interesse, wann sie bereit sind, neue Nahrungsmittel auszuprobieren. Lassen Sie sich bei der Einführung der ersten Breimahlzeiten nicht von den Plänen der Babykostindustrie, sondern von Ihren eigenen Bedürfnissen und denen Ihres Babys leiten.

Selbst wenn Sie nach einigen Monaten wieder das allzu verständliche Bedürfnis nach ein wenig Unabhängigkeit haben und allein mit Ihrem Partner etwas unternehmen wollen, müssen Sie dazu nicht abstillen. Abgepumpte Muttermilch wird Ihrem Baby auch in der Flasche schmecken. Dazu können Sie zum Beispiel eine Kolbenhandmilchpumpe verwenden. Wenn Sie häufiger außer Haus sind und jemand anders Ihr Baby füttern soll, ist es vielleicht einfacher, wenn Sie sich eine elektrische Milchpumpe aus der Apotheke ausleihen.

Am besten pumpen Sie zwei Stunden nach dem Stillen eine Brust ab und beginnen mit dem Sammeln. Leichter fällt das Abpumpen allerdings, wenn Sie an einer Seite stillen und an der anderen Seite pumpen, weil der Milchflussreflex so schon ausgelöst ist. Im Kühlschrank können Sie Ihre Milch bei vier bis sechs Grad für bis zu 72 Stunden aufbewahren und sie im Wasserbad langsam auf 37 Grad erwärmen, um sie zu verfüttern. Die Milch darf nur einmal erwärmt werden! Bei längerer Lagerung frieren Sie die Milch in möglichst kleinen Portionen ein. Sie ist bei minus 18 Grad bis zu sechs Monate haltbar.

Selbst wenn Sie wieder zur Arbeit gehen, muss dies nicht das Ende der Stillzeit bedeuten. Eine Variante besteht darin, dass Sie während der Arbeit Milch abpumpen. Wenn Sie die abgepumpte Milch aufbewahren wollen, brauchen Sie allerdings eine Kühlmöglichkeit. Sie haben übrigens laut Mutterschutzgesetz das Recht, pro Arbeitstag entweder zweimal für 30 Minuten oder einmal für eine Stunde eine Stillpause einzulegen. Besprechen Sie Ihre Vorstellungen dazu am besten frühzeitig mit Ihrem Arbeitgeber. Bei Problemen kann Ihnen der Personal- oder Betriebsrat zur Seite stehen.

MEHRLINGE STILLEN

Auch wenn Sie mehr als ein Baby geboren haben, brauchen Ihre Kinder nicht auf die Vorzüge der Muttermilch zu verzichten. Es ist sehr gut möglich, auch Zwillinge oder Drillinge zu stillen. Sie können dabei die Hinweise zum Aufbau einer guten Stillbeziehung eins zu eins übernehmen (Seite 213). Machen Sie sich keine Sorgen darüber, dass Ihre Babys nicht satt werden könnten: Wenn sie gesund und reifgeboren sind, werden sie von allein für eine ausreichen-

Entwicklung in großen Schritten

Wachstumsschübe fallen oft mit Entwicklungsschritten zusammen: Ihr Baby wird nicht nur größer, sondern auch ein bisschen schlauer. Diese Entwicklungssprünge vollziehen sich bei den meisten Säuglingen ungefähr im gleichen Alter.

- Der erste Wachstumsschub findet zwischen dem 10. und 14. Lebenstag statt. Gleichzeitig verändert sich die optische Wahrnehmung Ihres Babys: Die Bilder stellen sich vom Kopf auf die Füße. Denn nach der Geburt sehen Babys erst einmal alles „verkehrt herum".
- Auch der zweite Wachstumsschub zwischen der vierten und sechsten Lebenswoche hat etwas mit der Wahrnehmung zu tun. Die Babys beginnen allmählich Farben zu unterscheiden. Das geht erst mal aber nur, wenn die Muster groß und hell sind.
- Der nächste Sprung vollzieht sich zwischen dem dritten und vierten Lebensmonat. Oft „begreifen" die Kleinen dann zum ersten Mal. Sie können beobachten, wie Ihr Baby Gegenstände mit seinem Blick zunächst fixiert, um dann mit einer zielgerichteten Bewegung danach zu greifen.
- Mit etwa sechs Monaten kommt häufig der vierte Wachstumsschub. Sie werden bemerken, dass damit auch die Ausdrucksfähigkeit Ihres Babys deutlich differenzierter wird. Es ist nun in der Lage, den Gesichtsaudruck einer Person zu imitieren, und antwortet mit einem Lächeln auf ein fröhliches Gesicht.

de Milchmenge sorgen – vorausgesetzt Sie legen die Kinder oft genug an! Bei frühgeborenen Babys hilft anfangs eine elektrische Milchpumpe. Innerhalb kürzester Zeit kann Ihr Körper dann eine Menge von ein bis zwei Litern zur Verfügung stellen. Das ist auf jeden Fall ausreichend für die Kinder.

Bei Mehrlingen spart Stillen Zeit, Geld und Nerven

- Bei frühgeborenen Mehrlingen geben Sie mit Ihrer Milch die vor Krankheit schützenden Antikörper an Ihre kleinen Babys weiter. Außerdem bekommen die Babys viel direkten Körperkontakt, der ihnen bei ihrer Entwicklung hilft (Seite 203). Zusätzlicher Vorteil: Sie können zu allen Babys eine ähnlich liebevolle Beziehung aufbauen.
- Ihre Milch ist jederzeit sofort verfügbar und Sie müssen kein langes Schreien aushalten, bis die Flaschen mit Kunstnahrung zubereitet sind. Das ist vor allem nachts ein unschätzbarer Vorteil.
- Mit dem Stillen können Sie jeden Tag ein bis zwei Stunden Zeit sparen, weil Sie sich nicht ums Reinigen, Sterilisieren und Zubereiten der vielen Flaschen kümmern müssen. Sie haben dann mehr Zeit zum Spielen.
- Sie sparen Geld, das Sie vielleicht besser für Haushaltshilfen oder eine Babybetreuung ausgeben können. Im Durchschnitt kostet die künstliche Nahrung für zwei Babys im ersten halben Jahr 1000 Euro, für Drillinge entsprechend mehr.

Zum Anlegen der Kinder sollten Sie versuchen, Ihre Bedürfnisse und den Schlaf-Wachrhythmus der Babys in Einklang zu bringen. Das gleichzeitige Stillen (Tandem-Stillen) von zwei Babys hat für Sie viele Vorteile, auch wenn Sie anfänglich dafür noch Unterstützung brauchen werden. Wenn zwei hungrige Babys an Ihren Brüsten saugen, wird die Milchmenge rasch steigen, und die Versorgung ist gesichert. Es spart eine Menge Zeit, und wenn beide hungrig sind, braucht keines zu warten. Vielleicht müssen Sie ein Baby manchmal wecken, aber das Interesse von Ihrer Seite an möglichst „regelmäßigen“ Stillzeiten ist nur allzu verständlich. Stellen Sie sich nur darauf ein, dass es nicht immer klappen kann und dass Schlafmangel für Mehrlingseltern mindestens in den ersten sechs Monaten einfach dazugehört.

Tandem-Stillen

Es gibt verschiedene Positionen, die es ermöglichen, beide Kinder gleichzeitig zu stillen. Denken Sie aber daran, dass Sie die Babys abwechselnd links und rechts anlegen.

- Liegende Position: Sie ist besonders nachts geeignet oder wenn Sie sich ausruhen möchten. Packen Sie dazu rechts und links in Brusthöhe einige Kissen und legen Sie Ihre Kinder erhöht neben sich. Nacheinander ziehen Sie dann jedes auf Ihren Oberarm, so dass sie in Seitenlage auf einer Höhe mit der Brustwarze liegen und gut andocken können.
- Sitzend, im doppelten Rückengriff: Dazu legen Sie eine große Stillwurst oder eine gefaltete Decke von hinten um Ihren Rücken und lassen die beiden Enden geöffnet nach vorn schauen. Dann legen Sie links und rechts ein Baby auf diese Wurst, so dass beide in Seitenlage mit ihren Köpfchen vor der Brustwarze liegen. Natürlich funktioniert das auch mit vielen Kissen.
- Sitzend, ein Baby im Rückengriff und ein Baby im Wiegengriff. Das fällt vielen Frauen

am leichtesten, wenn sie eine Stillwurst oder gefaltete Decke vor sich auf den Schoß legen, auf die sie die Babys betten können.

Manchmal kann es aber auch der bessere Weg sein, jedes Baby einzeln zu stillen. Das ist besonders dann der Fall, wenn anfangs keine Unterstützung verfügbar ist. Denn ohne Hilfe wird es Ihnen schwer fallen, die Kinder gleichzeitig anzulegen. Wenn Sie in Seitenlage stillen, können Sie auch selbst dabei ruhen. Zusätzlich können Sie auf die unterschiedlichen Rhythmen der Babys eingehen.

Falls Ihre Milch nicht ganz reicht, weil Sie möglicherweise unter Überlastung und ewigem Schlafmangel leiden, können Sie vorübergehend künstliche Nahrung zufüttern oder auch dauerhaft einsetzen, um sich zu entlasten. Verteilen Sie aber die noch vorhandene Muttermilch möglichst gleichmäßig auf Ihre Kinder, damit alle von den krankheitsabwehrenden Inhalten profitieren können.

Bei frühgeborenen Babys werden Sie zunächst die elektrische Milchpumpe brauchen. Zumindest so lange, bis Ihre Babys an der Brust trinken können. Lassen Sie sich dazu eine elektrische Intervallmilchpumpe mit Doppelpumpset für erst einmal vier Wochen geben. Sie können Ihren Babys dann auch nach der Entlassung aus der Kinderklinik abgepumpte Milch geben und sie so entspannt an die Brust gewöhnen. Bitten Sie Ihre Ärztin, Ihnen für das Ausleihen einer elektrischen Milchpumpe beziehungsweise für die Anschaffung einer Handpumpe ein Rezept auszustellen. Die Kosten dafür werden von der Krankenkasse in der Regel übernommen.

Bei allen Problemen, die beim Stillen auftauchen, haben Sie für acht Wochen nach der Entbindung Anspruch auf Hebammenhilfe. Mit einer ärztlichen Verordnung kann diese Zeit – falls notwendig – verlängert werden, zum Beispiel wenn Ihre Babys länger in der Klinik bleiben mussten.

Entspannung für Mutter und Kinder: Stillen im Liegen.

Tandem-Stillen: Beim doppelten Rückengriff hilft das Stillkissen beim Anlegen.

HÄUFIGE BESCHWERDEN

Es können während der gesamten Stillzeit leider immer wieder Beschwerden auftreten, die aber mit der richtigen Unterstützung und Behandlung rasch behoben werden können. Wenn die Beschwerden nicht so stark sind, können Sie auch hier zunächst versuchen, sie mit sanften Mitteln zu behandeln. Bei Fieber und anhaltenden Schmerzen sollten Sie sich aber ärztlich untersuchen lassen.

• Wunde Brustwarzen

Trotz richtiger Anlegetechnik und häufigem Positionswechsel beim Stillen fühlen sich in den ersten Tagen nach der Geburt bei vielen Frauen die Brustwarzen wund an. Vielen hilft das permanente „Belüften" der Brustwarzen. Wirksam sind auch ein paar Tropfen Muttermilch (Seite 216). Die Brustwarzen können aber dennoch bis zu vier Wochen etwas empfindlicher sein. Auch Ekzeme oder allergische Reaktionen nach der Verwendung von Salben oder für Sie neuen Kosmetikprodukten können die Ursache für wunde Brustwarzen sein. In Berichten und Untersuchungen finden sich keinerlei Beweise für eine mögliche Wirksamkeit von Salben. Es werden hingegen unerwünschte Effekte wie ein Aufweichen des Gewebes und Veränderungen der gesunden Hautflora beschrieben. Ihre fettreiche Hintermilch am Ende der Mahlzeit ist entzündungshemmend, pflegend und kostenlos!

HEBAMMENTIPP

Bei schmerzenden Brustwarzen:

- Halten Sie Ihre Brust in der gesamten Stillzeit mit Wollunterhemden oder wärmenden Tüchern im BH warm.
- Massieren Sie die Brust vor dem Anlegen für fünf Minuten und drücken Sie etwas Milch aus, bevor Ihr Baby andockt.
- Trinken Sie vor dem Anlegen eine große Tasse Schwarztee. Die kleinen Blutgefäße erweitern sich dadurch. Kaffee hingegen verschlimmert die Krämpfe eher.
- Probieren Sie aus, was Ihnen mehr hilft: das Anwärmen der Brust mit einer Wärmflasche vor dem Anlegen, oder das Kühlen des Nippels mit einem kalten Lappen oder sogar Eis. Beides soll in Einzelfällen geholfen haben.

• Ziehender Schmerz in den Brustwarzen

Bei einigen Frauen kann sich die Farbe des Nippels von Rot in Weiß verändern. Das liegt daran, dass sich die kleinsten Blutgefäße in der Brustwarze krampfartig zusammenziehen. Dies kann mit einem extremen Schmerz verbunden sein. Häufig tritt diese Beschwerde bei einer Stimulation der Brustwarze oder bei Berührung auf. In der Stillzeit ist dies natürlich besonders unangenehm.

• Milchstau

Ein Milchstau kann zu jedem Zeitpunkt in Ihrer Stillperiode auftreten. Die häufigsten Ursachen dafür sind:

- eine unzureichende Entleerung der Brust
- eine zu seltene Entleerung der Brust (vielleicht bei den ersten Durchschlafversuchen Ihres Babys)
- ein Druck auf Bereiche des Drüsengewebes (meist ist ein zu enger BH die Ursache)
- Stillen mit Stillhütchen
- ein durch starke körperliche oder seelische Belastungen eingeschränkt funktionierender Milchspendereflex

HEBAMMENTIPP

Wunde Brustwarzen beruhigen sich nach ein paar Tagen häufig von selbst. Falls aber der Schmerz auch nach den Anfangszügen bleibt, die Brustwarze aufgebrochen und das Gewebe verletzt und wund aussieht, haben sich folgende Behandlungen bewährt:

- Kontrollieren Sie die Anlegetechnik. (Seite 211). Wenn Ihr Baby nicht richtig angedockt hat, nehmen Sie es wieder von der Brust und legen es neu an. Wenn Sie einen Finger in den Mundwinkel des Babys stecken, lösen Sie das Vakuum und können Ihr Baby dazu bewegen, die Brustwarze loszulassen.
- Überprüfen Sie, ob Ihr Baby eventuell an Soor leidet. Das ist eine Pilzerkrankung, die an weißen Belägen in den Wangentaschen oder an der Mundschleimhaut erkennbar ist und ärztlicher Behandlung bedarf (Seite 270).
- Hat Ihr Baby vielleicht ein verkürztes Zungenbändchen? Das ist der Fall, wenn es die Zunge nicht über die Zahnleiste strecken kann.
- Lassen Sie permanent Luft an die Warzen und tragen Sie eventuell Brustwarzenschoner. Die gibt es als fertiges Produkt in Apotheken zu kaufen. Sie können aber auch „Marke Eigenbau" verwenden. Dazu nehmen Sie Teesiebe aus Plastik und entfernen den Griff. Diese Hilfen verhindern, dass der BH oder andere Kleidungsstücke am schmerzenden Gewebe scheuern.
- Tragen Sie Stilleinlagen wenn überhaupt nur aus atmungsaktiven Materialien wie Baumwolle, Seide und Wolle. Tauschen Sie sie immer sofort aus, wenn sie feucht werden.
- Wärmen Sie vor dem Anlegen die Brust, damit die Milch leichter fließt und Ihr Baby nicht so stark saugen muss, um sie zu entleeren.
- Legen Sie häufig und in unterschiedlichen Stillpositionen an, damit Ihr Baby die schmerzende Stelle nicht immer in gleicher Weise in den Mund nimmt. Eine Einschränkung der Stillhäufigkeit und Stilldauer hat sich in Studien weder als Präventionsmaßnahme noch als effektive Behandlung bei wunden Brustwarzen bewährt.
- Nur wenn die Schmerzen so stark sind, dass Sie Ihr Baby gar nicht mehr anlegen können, ist eine Stillpause von zwei bis drei Tagen zu empfehlen. Leeren Sie Ihre Brust dann entweder von Hand oder pumpen Sie vorsichtig mit einer mechanischen oder elektrischen Milchpumpe ab, damit die Milch nicht zurückgeht.
- Vielleicht empfinden Sie eine der zahlreich angebotenen Brustwarzencremes, wie etwa Salben aus Wollfett, als angenehm. Verwenden Sie diese nur nach dem Stillen und sehr sparsam.

Der Milchstau ist immer verbunden mit einem Abflussproblem der gebildeten Milch. Dabei können die Milchdrüsen so stark überdehnt werden, dass sie aufreißen und Milch in umliegendes Gewebe drücken. Bei folgenden Symptomen leiden Sie an einem Milchstau:

- Ihre kranke Brust fühlt sich hart und knotig an. Sie schmerzt an der gestauten Stelle und ist viel wärmer als das umgebende Gewebe.
- Bestimmte Bereiche der Brust oder die ganze Brust bereiten Schmerzen (in der Regel ist nur eine Brust betroffen).
- Über dem Staubereich ist die Brust geschwollen und gerötet.
- Sie leiden an Kopf- und Gliederschmerzen.
- Sie haben Schüttelfrost und sich schnell entwickelndes Fieber bis 40 Grad.
- Sie fühlen sich allgemein unwohl und haben Kopf- und Gliederschmerzen. Ihnen ist übel.

Die beste und effektivste Methode, einen Milchstau zu vermeiden, besteht in der richtigen Anlegetechnik (Seite 211). Lassen Sie Ihr Baby immer trinken, wenn es Bedarf anmeldet. Bleiben Sie geduldig, wenn die Mahlzeiten anfangs lange dauern. Ihr Baby sollte wirklich so lange an einer Brust saugen, bis sie gänzlich entleert ist. Das kann schon mal eine halbe Stunde dauern – manchmal auch länger. Seien Sie geduldig. Studien haben herausgefunden, dass deutlich seltener ein Milchstau entsteht, wenn das Kind an einer Seite lange trinkt, bevor Sie ihm die zweite Seite anbieten.

• Brustdrüsenentzündung, Mastitis

Wenn nach 24-stündiger Behandlung keine deutliche Besserung Ihres Befindens eintritt,

HEBAMMENTIPP

Die Behandlung des **Milchstaus** besteht hauptsächlich darin, seine Ursache herauszufinden und effektiv zu beheben.

- Legen Sie zwei bis drei Ruhetage mit möglichst viel Bettruhe ein, um die Heilungsbemühungen Ihres Körpers zu unterstützen und möglichst viel zu entspannen.
- Sie können den gestauten Bereich entleeren, indem Sie Ihr Baby so anlegen, dass es mit seinem Unterkiefer in Richtung des gestauten Bereichs trinkt. Die Zunge kann dann besonders gut beim Ausmelken der Stelle helfen. Eine sanfte Massage vom gestauten Bereich hin zur Brustwarze wird häufig als wohltuend empfunden und lindert die Beschwerden.
- Behandeln Sie den gestauten Bereich vor dem Anlegen Ihres Babys mit einem warmen Waschlappen für fünf Minuten.
- Legen Sie die betroffene Stelle immer zuerst an. Stillen Sie häufiger.
- Wenn das Brustgewebe so gespannt ist, dass Ihr Baby nicht andocken kann, oder wenn es zu lange schläft, entleeren Sie die Brust vor dem Anlegen um die Warze herum mit der Hand oder bei zu langen Pausen auch ganz mit einer Pumpe. Das verhindert, dass die Milch zurückgeht.
- Lindernd sind Quarkauflagen oder Auflagen mit gekühlten Weißkohlblättern (Seite 192) für jeweils 20 Minuten.

besteht die Möglichkeit, dass Sie eine Mastitis oder eine Brustdrüsenentzündung entwickeln. Dabei handelt es sich um eine Erkrankung, die Sie auf jeden Fall ernst nehmen müssen. Ihre Hebamme wird Sie dann auf jeden Fall zu einem Arzt oder ins Krankenhaus schicken, damit Sie dort mit Medikamenten weiterbehandelt werden. Meistens werden Antibiotika eingesetzt. Es gibt Präparate, die stillverträglich sind, damit Sie Ihr Baby weiter stillen können.
Zusätzlich zu allen beim Milchstau beschriebenen Maßnahmen können Fieber- und Schmerzmittel (wie zum Beispiel Paracetamol®) eingesetzt werden. Sie werden wahrscheinlich 10 bis 14 Tage krank sein. Eine Hilfe für den Haushalt und möglicherweise für die Betreuung Ihrer größeren Kinder muss organisiert werden. Ihr Arzt kann Sie Ihnen verordnen. Ihre Hebamme wird Sie weiterhin bei Hausbesuchen mit Tipps unterstützen und den Fortschritt Ihrer Genesung begleiten.

Schlupf-, Flach- und Hohlwarzen

Etwa sieben bis zehn Prozent aller Frauen haben solche Warzenformen. Sie stellen wirklich kein Hindernis für das erfolgreiche Stillen dar. Ihr Baby wird nämlich an Ihrer Brust und nicht an der Warze trinken. Natürlich kann es dem Baby leichter fallen, den Saugreflex mit einer vorstehenden Brustwarze im Gaumen ausgelöst zu bekommen, aber die kleinen Menschen sind ja auf Ihre wunderbare Milch angewiesen. So werden Sie beide miteinander lernen, mit Ihrer Brustwarzenform umzugehen. Ihre Hebamme hilft bestimmt.
Wichtig wird es nur sein, dass Sie nicht mit Saugern, Schnullern und Ihrem ins Mündchen gesteckten Finger experimentieren, da sonst bei Ihrem Baby eine Saugverwirrung auftreten kann. Wenn es gleich von Anfang an lernen darf, mit einer flachen oder eingestülpten Warze zu trinken, wird es von Mal zu Mal besser funktionieren. Sie werden keine von den Hilfen brauchen, die auf dem Markt als Unterstützung angeboten werden. Brustwarzenformer oder gar Stillhütchen wirken sich nicht vorteilhaft auf die Stilldauer aus – das haben Studien inzwischen erwiesen. Das Gegenteil scheint der Fall zu sein: Stillhütchen sorgen sogar häufig dafür, dass die Milch zurückgeht, und sind die Ursache für Milchstaus.

HEBAMMENTIPP

Besonders geformte Brustwarzen sind kein Hindernis für eine glückliche Stillbeziehung. Mit einigen Tricks können Sie Ihrem Baby das Andocken erleichtern:

- Drücken Sie vor dem Anlegen einige Tropfen Muttermilch aus Ihrer Brust. Der Geruch des „Futters“ kann Ihrem Baby den richtigen Motivationsschub für längere Andockversuche geben.
- Wenn Ihr Baby zuerst mit künstlicher Milchnahrung ernährt werden musste, weil es zu früh geboren wurde oder krank war, können Sie Ihr Baby trotzdem mit viel Liebe an die Brust gewöhnen.
- Wenn Sie flache Brustwarzen haben, können Sie mit zwei Fingern und einer drehenden Bewegung einen sanften Druck auf den Warzenhof ausüben. Ihre Brustwarze tritt dann leicht geformt hervor.
- Mit einer Handpumpe können Sie bei Schlupf- oder Hohlwarzen Ihre Warze sanft hervorziehen, bevor Sie Ihr Baby anlegen.

ERNÄHRUNG IN DER STILLZEIT

Vergessen Sie bei aller Sorge um das Baby sich selbst nicht. In der Stillzeit ist genau wie während der Schwangerschaft eine ausgewogene Ernährung besonders wichtig, damit Sie fit und gesund bleiben. Für die Zeit, in der Sie Ihr Baby stillen, gelten daher die gleichen Empfehlungen wie in der Schwangerschaft (Seite 64). Eine abwechslungsreiche Ernährung mit frischem Obst und Gemüse, Vollkornprodukten, Milch, Fleisch und gutem Pflanzenöl sind Grundlagen für Ihre Stillkost.

Vorsichtsmaßnahmen mit Rohmilchprodukten, rohem Fleisch und Fisch sind aber nicht mehr notwendig. Falls Sie auf Kaffee oder schwarzen Tee nicht verzichten möchten, sind bis zu drei Tassen am Tag möglich, am besten immer jeweils nach dem Stillen. Für Ihr Baby ist es ein großer Vorteil, wenn Sie auch noch die paar Monate bis zum Abstillen keinen Alkohol trinken.

Ihr täglicher Kalorienbedarf steigt um 300 bis 500 Kalorien und liegt damit bei bei 2200 bis 2700 Kalorien. Denken Sie weiterhin an häufigere, kleine Mahlzeiten, die Sie in Ruhe zu sich nehmen können. Es ist wichtig, sich selbst gut zu versorgen, wenn man andere Menschen versorgt. Das gilt gerade für die Stillzeit. Vielleicht verteilen Sie an Ihren Lieblingsstillplätzen einfach etwas „Hamsterfutter“. Dazu eignet sich besonders gut frisches oder getrocknetes Obst, Kekse, Vollkornkräcker und Studentenfutter. Halten Sie an Ihrem Lieblingsplatz auch eine Kanne mit Kräutertee oder eine Flasche Mineralwasser für Ihren erhöhten Flüssigkeitsbedarf in der Stillzeit bereit. Für die meisten Frauen ist eine Trinkmenge von zwei bis drei Litern ausreichend. Übertreiben Sie nicht: Trinken Sie so viel, dass Ihr Durst gelöscht ist. Wählen Sie Wasser, Kräutertee und verdünnte Säfte als Haupttrinkquellen. Eine überhöhte Flüssigkeitsaufnahme über den Durst hinaus beeinflusst die Menge der produzierten Milch nicht positiv. Sie kann sich sogar kontraproduktiv auf die Milchabgabe auswirken.

Die Zusammensetzung Ihrer Milch hängt nicht oder nur wenig mit Ihrer momentanen Ernährung, sondern eher mit Ihren langfristigen Essgewohnheiten zusammen. Bei einem Mangel an abwechslungsreicher Kost können Sie sich dann in der Stillzeit schneller ausgelaugt und kraftlos fühlen, weil Ihre Reserven für die Milchproduktion angezapft werden.

Der Grund für das Bauchweh Ihres Babys, liegt nicht in Ihrem Speiseplan, sondern in der durchaus gesunden Darmunreife, die mit spätestens 12 bis 16 Lebenswochen behoben ist.

Nur in seltenen Fällen können allergieauslösende Stoffe aus der Nahrung der Mutter über die Muttermilch zum Baby übergehen. Wenn Sie so etwas vermuten, streichen Sie das

Trinken nicht vergessen!

Wenn Sie folgende Symptome beobachten, trinken Sie zu wenig:

- Kopfschmerzen
- extrem trockene Haut
- konzentrierter, dunkler Urin
- Verstopfung
- beißend riechender Atem

Wenn Sie diese Zeichen an sich bemerken, sollten Sie Ihre Trinkmenge sofort deutlich erhöhen!

Essen Sie, was Ihnen schmeckt

- Die früher verbreitete Annahme, dass Ihr Baby durch Ihre Nahrungsaufnahme vermehrt zu Koliken, Blähungen und wundem Po neigen könnte, ist in vielen wissenschaftlichen Studien nicht bestätigt worden. Orangensaft und Linseneintopf sind also in Ordnung.

verdächtige Nahrungsmittel für zwei Wochen aus Ihrem Speiseplan. Beobachten Sie, ob es Ihrem Baby jetzt besser geht. Wenn der Zustand Ihres Babys sich verschlechtert, sobald Sie dieses Nahrungsmittel wieder auf den Speiseplan setzen, müssen Sie bis zum Ende der Stillzeit darauf verzichten.

Wenn in Ihrer Familie Allergien besonders häufig vorkommen, sollten Sie möglicherweise Lebensmittel meiden, die als besonders allergieauslösend eingestuft werden. Dazu gehören unter anderem Fisch, Eier, Nüsse (besonders Erdnüsse) und frische Milch. Dann ist allerdings eine ausführliche Ernährungsberatung notwendig, damit Sie auch weiterhin gesund und ausgewogen essen können.

MEDIKAMENTE UND SCHADSTOFFE IN DER STILLZEIT

Für Medikamente in der Stillzeit gilt das Gleiche wie in der Schwangerschaft: Sie müssen für stillende Mütter zugelassen, das heißt in ihrer Wirkung auf das Baby untersucht und als ausreichend sicher eingestuft sein. Bei jeder freiverkäuflichen Medizin aus der Apotheke ist es daher wichtig, dass Sie darauf hinweisen, dass Sie stillen. Der Apotheker kann dann die Zulassungshinweise für stillende Frauen prüfen und wird Ihnen dasjenige Medikament aussuchen, das am wenigsten in die Muttermilch übergeht und Ihr Baby so gering wie möglich belastet. Bei bestehenden Erkrankungen, die eine medikamentöse Therapie erfordern, ist diese Problematik bei Ihnen wahrscheinlich schon geklärt. Wenn Sie aber akut erkranken, sind folgende Informationen vielleicht hilfreich:

Medikamente für Schmerzen und Fieber werden als unbedenklich eingestuft, wenn sie den Wirkstoff Paracetamol enthalten. Der sehr häufig außerhalb der Schwangerschaft eingesetzte Wirkstoff Acetylsalicylsäure, zum Beispiel in Aspirin® enthalten, wird nicht empfohlen, weil er mit dem Reye-Sydrom, einer seltenen Erkrankung von Babys, in Zusammenhang gebracht wurde. Nach Anästhesien wie dem Kaiserschnitt oder auch nach örtlichen Betäubungen bei Ihrem Zahnarzt kann normal weiter gestillt werden. Und selbst bei kurzzeitigen Verordnungen von Mitteln, die nicht mit dem Stillen vereinbar sind, können Sie durch zeitlich beschränktes Abpumpen Ihre Milchproduktion aufrechterhalten und nach Absetzen des Medikaments weiter stillen. Die belastete abgepumpte Milch müssen Sie dann leider wegschütten.

Nun zu einer guten Nachricht: Die schädlichen Rückstände in der Muttermilch gingen in Messungen immer weiter zurück. Die in den letzten Jahrzehnten thematisierten Risiken von Schadstoffen in der Muttermilch sind zumindest in Westeuropa inzwischen nur noch gering. Solche Schadstoffe nahmen Sie in den Jahren vor dem Stillen auf und lagerten sie besonders in Ihrem Fettgewebe ein. Bei einem Abbau dieser Fettdepots gelangen sie in die Muttermilch. Nehmen Sie daher in Ihrer Stillzeit auf keinen Fall so viel ab, dass Sie Ihr Ausgangsgewicht vor der Schwangerschaft unterschreiten.

Flaschenernährung

Es kann viele Gründe geben, sich gegen das Stillen zu entscheiden. Vielleicht hatten Sie mit dem Stillen begonnen und es gab Schwierigkeiten. Vielleicht sind Sie krank geworden und müssen starke Medikamente nehmen, die Ihrem Baby schaden könnten. Vielleicht hatten Sie eine Brustverkleinerung und können nicht genug Milch produzieren. Aber Sie brauchen auch keinen dieser Gründe für Ihre Entscheidung anzugeben, wenn Sie von vorneherein wissen, dass Sie nicht stillen wollen. Lassen Sie sich dann bloß von anderen Menschen kein Schuldgefühl einreden oder sich zu einer „Mutter zweiter Klasse" degradieren. Sie werden Ihre Gründe haben und Sie werden eine genauso gute Mutter sein wie alle anderen!

Versuchen Sie Ihrem Kind beim Fläschchengeben, einige von den Erfahrungen zu ermöglichen die auch gestillte Babys machen dürfen. Es ist sehr wichtig, dass Ihr Baby sich wohl fühlt. Geben Sie ihm Wärme und Anregung. Sprechen Sie mit ihm, halten Sie Augen- und Körperkontakt und sorgen Sie dafür, dass es ganz nah an Ihrem Körper ist, damit es Ihren Geruch wahrnimmt.

Bei der Auswahl der künstlichen Milchnahrung sollten Sie darauf achten, dass sie der Muttermilch so ähnlich wie möglich ist. Das ist der Fall bei industriell gefertigter künstlicher Fertigmilch. Sie enthält zwar nicht die entzündungshemmenden, wachstumsfördernden und antiallergischen Eigenschaften der natürlichen Muttermilch, ist aber immer noch besser als selbst hergestellte Flaschenmilch.

Falls mindestens ein Geschwister- oder Elternteil an einer allergischen Erkrankung leidet, wird empfohlen, bei nicht oder nicht voll gestillten Babys eine so genannte HA-Nahrung zu füttern. HA steht für hypoallergen (hypo heißt unterhalb des Normalen). Diese Nahrung enthält nur aufgespaltene Proteine, die der kindliche Körper nicht als fremdes Eiweiß erkennt. Dadurch sollen allergische Reaktionen verringert werden. Eine Garantie gibt es allerdings nicht. Die häufig gehörte Behauptung, dass HA-Nahrung eine ähnlich allergievorbeugende Wirkung wie Muttermilch habe, ist nicht nachgewiesen, sondern bisher erst einmal eine Werbebotschaft.

DIE ZUBEREITUNG

Es ist wichtig, dass Sie bei der Zubereitung der künstlichen Nahrung für Ihr Baby bestimmte

Nicht verwenden: die Milch von Tiermüttern!

- Die oft als allergievorbeugend empfohlene Milch von anderen Tiermüttern ist nicht geeignet. Die Gabe von Ziegenmilch beispielsweise bewirkt einen Mangel an Folsäure. Stutenmilch enthält zu wenig Fett. Schafsmilch hat zu viel Fett, Eiweiß und Mineralstoffe. Milch auf pflanzlicher Basis wie Soja-, Getreide-, Mandel- und Reismilch ist in ihrer Zusammensetzung ungünstig. In industriell hergestellter künstlicher Milch auf Sojabasis wird ein Mangel an Nährstoffen zwar ausgeglichen. Sie ist aber nicht zur Vorbeugung von Allergien geeignet.

Regeln einhalten. Achten Sie penibel auf Sauberkeit und Hygiene! Sonst können Krankheitserreger in die Milch gelangen und Ihrem Baby schaden. Spülen Sie die Flaschen, die Verschlusskappen und die Sauger unter heißem Wasser mit etwas Spülmittel. Nehmen Sie für die Bodenränder eine Flaschenbürste, die Sie nur zu diesem Zweck verwenden. Alle Milchreste müssen gründlich entfernt werden. Nach dem Waschen müssen Sie Fläschchen und Sauger sterilisieren. Bei einem Dampfsterilisator gehen Sie zum Sterilisieren nach Anleitung vor. Beim Auskochen im Topf alles Trinkzubehör zehn Minuten in sprudelndem Wasser kochen. Dann stellen Sie die Flaschen, Verschlusskappen und Sauger auf ein sauberes, gebügeltes Geschirrtuch und decken alles mit einem zweiten ebenso sauberen, gebügelten Tuch ab. Falls die Sauger kleine Risse haben oder Sie bemerken, dass sie weicher werden, sollten sie erneuert werden. Tauschen Sie aber auch ohne diese eindeutigen Verschleißzeichen alle vier bis fünf Wochen die Sauger aus, da sie durch das Auskochen immer weicher werden und nicht mehr so leicht keimfrei gehalten werden können.

Halten Sie die Herstellerangaben zur Pulver- und Wassermenge genau ein! Es sind immer gestrichene und nicht gehäufte Messlöffel gemeint. Wenn das Fläschchen ungefähr auf Körpertemperatur abgekühlt ist, können Sie es verfüttern. Halten Sie die Flasche an Ihren Hals oder spritzen Sie ein paar Tropfen Milch auf die Innenseite Ihres Unterarms, um sicherzugehen, dass sie nicht mehr zu heiß ist. Halten Sie Ihr Baby in einer entspannten Haltung. Der Oberkörper ist dabei leicht erhöht. Wenn es nach 10 bis 15 Minuten nicht mehr trinken mag, versuchen Sie bitte nicht, den eventuell vorhandenen Rest auch noch zu verfüttern. Legen Sie bei einem „Spuckbaby" kleine Pausen im Verlauf der Mahlzeit ein. Babys, die nicht spucken, werden erst nach dem Ende der Flaschenmahlzeit zum Bäuerchen hochgenommen.

Bereiten Sie die künstliche Nahrung immer erst frisch vor dem Verzehr zu. Wenn Sie eine Mahlzeit für die Nacht oder für einen Ausflug am Tag vorbereiten möchten, ist die Anschaffung einer neuen Thermosflasche sinnvoll, in die Sie abgekochtes Wasser einfüllen können. Sie sind dann deutlich schneller mit der Zubereitung der Flasche. Wärmen Sie niemals halb entleerte Flaschen zur nächsten Mahlzeit auf! Schädliche Bakterien finden die künstliche Nahrung mit dem Speichel Ihres Babys sehr nahrhaft und vermehren sich in einem atemberaubenden Tempo.

Als Anfangsnahrung kommen in Frage:

Pre-Nahrung

- Pre-Nahrung können Sie Ihrem Baby im ganzen ersten Lebensjahr füttern.
- Das einzige zugelassene Kohlenhydrat in dieser Nahrung ist Milchzucker (Laktose).
- Sie enthält gesättigte und ungesättigte Fettsäuren im Verhältnis eins zu eins.
- Sie können Sie nach Bedarf wie Muttermilch füttern.

1-Nahrung

- Diese Nahrung darf zusätzlich Stärke und zusätzliche (überflüssige) Zucker wie Maltodextrin und Saccharose enthalten.
- Zubereitung nur nach Herstellerangabe!

Folgenahrung ist nicht notwendig zur Ernährung Ihres Babys und darf nicht vor dem fünften (Folgenahrung 2) beziehungsweise achten (Folgenahrung 3) Monat gegeben werden.

Rückbildungsgymnastik

Nach Schwangerschaft und Geburt braucht Ihr Körper Zeit und Ruhe, um sich zu erholen. Mit gezielten Übungen können Sie die Rückbildung unterstützen. Wenn Sie Lust dazu haben, können Sie schon ab dem dritten Wochenbetttag mit ganz leichten Beckenbodenübungen beginnen. Immer vorausgesetzt etwaige Beschwerden verschlimmern sich dadurch nicht. Ansonsten können Sie auch zu einem späteren Zeitpunkt Ihre Hebamme bitten, Ihnen einige Übungen zu erklären. Richtige Rückbildungskurse werden allerdings erst nach einem Ablauf von sechs bis acht Wochen nach der Geburt empfohlen. Falls Sie gesetzlich versichert sind, trägt Ihre Krankenkasse zehn Stunden einer von Hebammen geleiteten Gruppe zur Rückbildungsgymnastik. Diesen Kurs müssen Sie innerhalb von vier Monaten nach der Geburt begonnen haben, um die Kostenübernahme zu bekommen. Bei privat versicherten Frauen hängt es immer von der Art des abgeschlossenen Vertrags ab, ob der Kurs bezahlt wird.

ÜBUNGEN FÜRS WOCHENBETT

Wenn Sie schon zu Hause ein wenig üben wollen, können Sie ab dem dritten bis fünften Tag mit Bauchmassagen, Übungen zur Stoffwechselanregung, Venenübungen und leichten

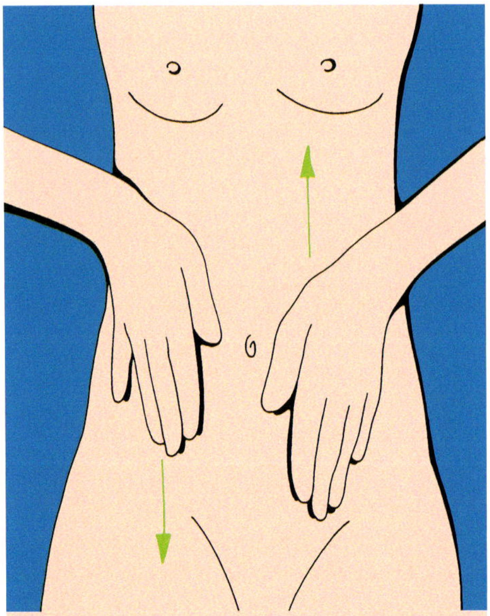

Massieren Sie Ihren Bauch erst von oben nach unten ...

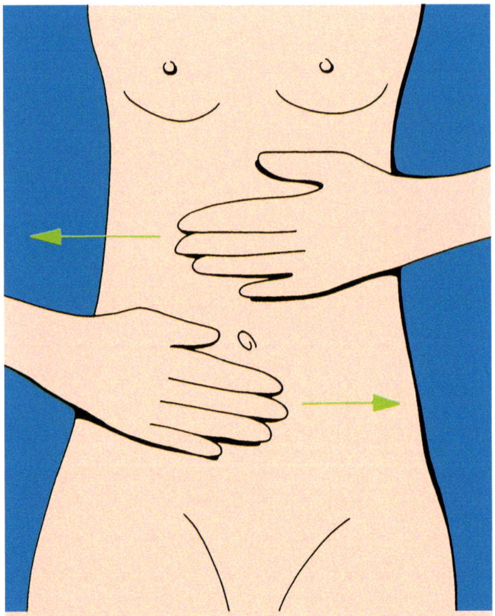

... und dann quer.

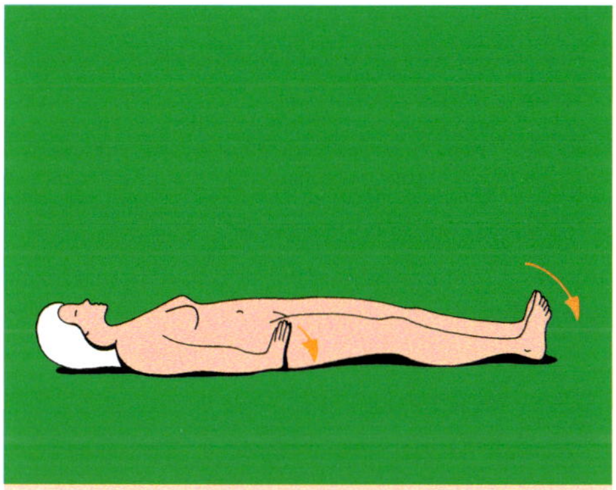

Einatmen: Hände und Füße aufstellen.

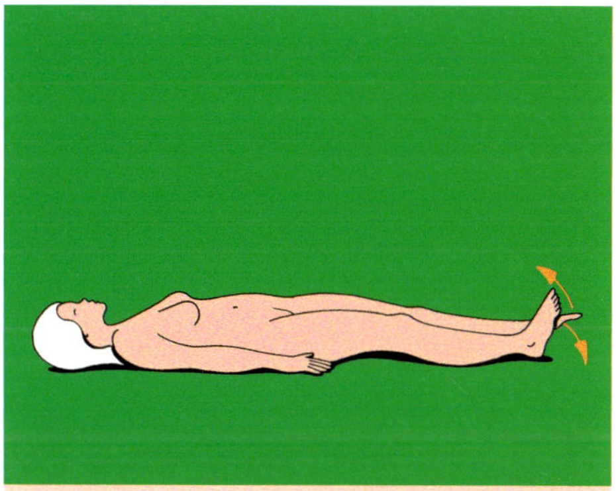

Füße abwechselnd hoch und runter.

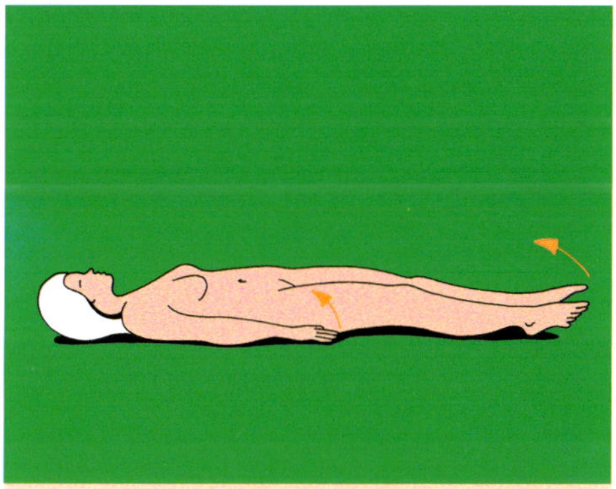

Ausatmen: Hände und Füße entspannen.

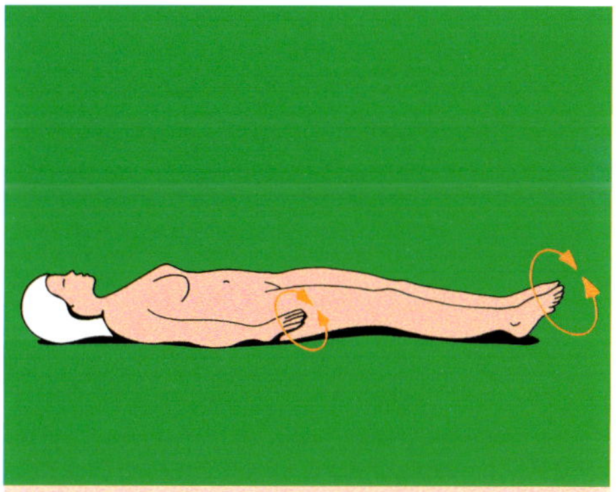

Füße und Hände kreisen lassen.

Beckenbodenübungen beginnen. Aber bitte alles recht sanft und ohne zu forcieren!

Bauchmassagen

Wählen Sie für diese Massage ein für Sie angenehmes Massageöl und erwärmen Sie es leicht in den Händen. Beginnen Sie damit, die Bauchdecke von Rippenrand bis Schambein mit gegenläufigen, anschließend auch quer verlaufenden Bewegungen zu kneten. Vermeiden Sie es dabei, in die obere Hautschicht zu kneifen. Versuchen Sie beim Kneten eher, zusammen mit der Bauchdeckenfalte auch Unterhautfettgewebe sanft zu greifen. Nach fünf Minuten legen Sie Ihre Hände auf den Bauch und atmen ruhig und tief ein und aus.

Übungen zur Stärkung des Kreislaufs

Diese Übungen helfen Ihnen besonders vor dem Aufstehen aus dem Liegen. Sie kurbeln Ihren Kreislauf an, wenn Ihr Blutdruck niedrig und noch etwas instabil ist.

› Legen Sie sich lang ausgestreckt auf den Rücken. Die Arme liegen gerade neben dem Körper. Atmen Sie ruhig aus und ein.

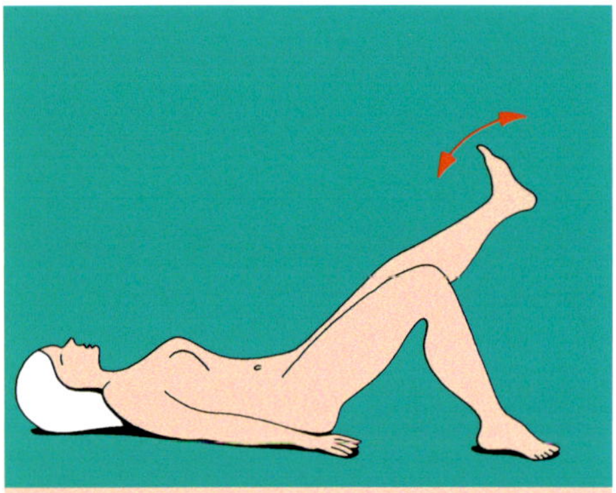

Gut für die Venen: Ein Bein nach oben, …

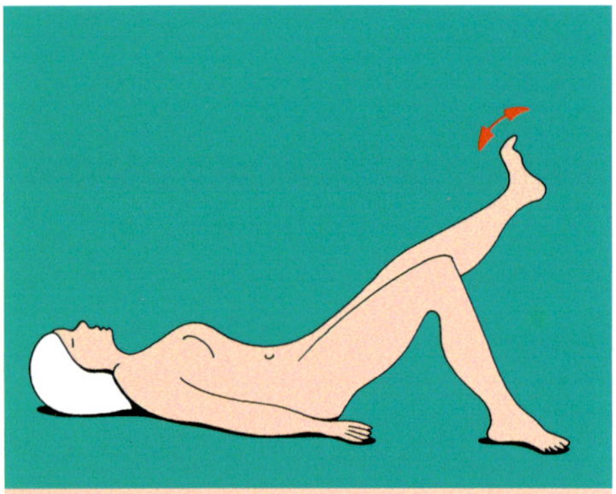

… die Zehen anziehen und strecken …

… und den Fuß sacht kreisen lassen.

Fühlen Sie dabei Ihren Körper auf dem Boden liegen. Spannen Sie nun die Muskeln an und richten Sie Hände und Füße auf in Richtung Decke. Halten Sie diese Position kurz und lassen Sie sich dann wieder auf die Unterlage sinken. Atmen Sie.

› Nach einer kleinen Ruhepause ziehen Sie bei der nächsten Übung im raschen Wechsel einen Fuß hoch und drücken gleichzeitig den anderen zum Boden.
› Nach einer weiteren kleinen Pause lassen Sie Ihre Hände und Füße zuerst nach rechts und dann nach links für ein bis zwei Minuten kreisen.

Nach diesen Übungen wird Ihnen beim Aufstehen nicht mehr schwindelig sein.

Venenübungen

› Diese Übungen ähneln im Prinzip den vorherigen. Stellen Sie aber diesmal in Rückenlage die Beine auf die Unterlage. Dann strecken Sie ein Bein in die Luft und lassen das andere angewinkelt stehen. Achten Sie darauf, dass beide Oberschenkel parallel sind. Bewegen Sie den Fuß mindestens zehnmal kräftig aus dem Fußgelenk heraus auf und ab. Wechseln Sie dann das Bein.
› Nach einer kleinen Pause malen Sie mit dem nach vorn und oben ausgestreckten Fuß Kreise in Richtung Zimmerdecke. Danach wechseln.
› Stellen Sie sich vor eine Wand und stützen Sie sich in Schulterhöhe mit den Händen ab. Gehen Sie auf die Zehenspitzen. Rollen Sie dann mit hochgezogenen Zehen auf den Hakenstand ab.

Leichte Beckenbodenübungen

› Diese Übungen können Sie anfangs liegend, später auch sitzend oder stehend ausführen. Spannen Sie Ihre Schließmuskeln von After, Vagina und Harnröhre schnell und kräftig an. Ziehen Sie die Muskeln nach oben und nach innen. Beginnen Sie mit 20-mal und steigern Sie auf 200-mal möglichst zwei- bis dreimal täglich.

› Eine weitere, etwas sanftere Übung wird in Rückenlage mit angestellten Beinen ausgeführt. Mit Ihrer Atmung können Sie die Muskulatur zusätzlich stützen. Legen Sie Ihre Hände auf den Bauch und spüren Sie, wie sich beim Einatmen der Bauch weitet. Dann lassen Sie mit einem „ffff"-Ton die Luft wieder entweichen. Atmen Sie ein und entspannen Sie. Beim Ausatmen mit „ffff"-Ton drücken Sie Ihr Kreuzbein und Ihre Lendenwirbelsäule in die Unterlage und ziehen Ihr Schambein in Richtung Nabel.
› Gleichzeitig mit dieser Abrollbewegung spannen Sie Ihren Beckenboden in Richtung Bauchraum an. Beim erneuten Einatmen lockern Sie Ihren Beckenboden langsam und lassen Ihre Wirbelsäule in die ursprüngliche Lage zurückgleiten.

Nach rund einer Woche können Sie dann Ihr Übungsprogramm mit Beckenschaukeln und Stärkungsübungen für die Gebärmutterbänder erweitern. Hören Sie dabei immer auf Ihren Körper und überfordern Sie sich nicht. Nach ein bis zwei weiteren Wochen können Sie damit beginnen, auch Bauch- und Brustmuskulatur sanft zu trainieren.

Beckenschaukel

› Legen Sie sich auf den Rücken. Strecken Sie die Arme zur Seite aus und ziehen Sie Ihre Beine so weit an, dass die Oberschenkel einen 90-Grad-Winkel zum Boden bilden und die Füße in der Luft hängen. Lassen Sie Ihre Beine in einer möglichst fließenden Bewegung sacht zu einer Seite fallen. Schwenken Sie sie nach einer sehr kurzen Pause zur anderen Seite. Diese Übung anfangs fünf Minuten ausführen. Nach einer weiteren Woche auf zehn Minuten steigern.

Beckenschaukel: Lassen Sie Ihre Beine …

… in einer fließenden Bewegung nach rechts …

… und links fallen. Wiederholen!

Stärkt die schrägen Bauchmuskeln:

Ellbogen und Knie berühren sich.

Versuchen Sie Ihre Füße zu fassen.

Übungen für die Bauchmuskulatur

Solange Sie über dem Nabel zwischen den beiden Bauchmuskelhälften noch einen Spalt tasten können (Seite 196), ist es wichtig, vor allem die schräge Bauchmuskulatur zu trainieren. Bis die Lücke sich geschlossen hat, sollten Sie die geraden Bauchmuskeln so wenig wie möglich zusätzlich belasten. Rollen Sie beim Aufstehen immer über die Seite. Das schont die Bauchmuskulatur und den Rücken.

Übungen für die schrägen Bauchmuskeln

- Stellen Sie in Rückenlage die Beine auf, so dass die Fußsohlen auf dem Boden stehen. Winkeln Sie die Arme an und legen Sie die Hände unter den Kopf. In dieser Position bewegen Sie ein Knie und die gegenüber liegende Schulter durch Abrollen der oberen Wirbelsäule diagonal aufeinander zu und gehen wieder zurück in die Ausgangsposition. Nach einer kleinen Pause wiederholen Sie diese Übung mit der anderen Seite. Achten Sie darauf, Ihren Blick zur Zimmerdecke zu richten, damit Ihr Nacken sich nicht verspannt.
- Stellen Sie in Rückenlage die Beine auf und legen Sie die Arme gerade neben den Körper. Bewegen Sie ohne den Oberkörper anzuheben die rechte Hand zur rechten Ferse. Nach einer kurzen Pause die gleiche Bewegung auf der anderen Seite wiederholen.

Übungen für die geraden Bauchmuskeln

Diese Übungen aber wirklich erst nach frühestens sechs bis acht Wochen ausführen, wenn sich die Rektusdiastase zurückgebildet hat (Seite 196)!

- Legen Sie sich mit angewinkelten Beinen und leicht geöffneter Füßen auf den Rücken. Ihr Kopf liegt auf einem Kissen.

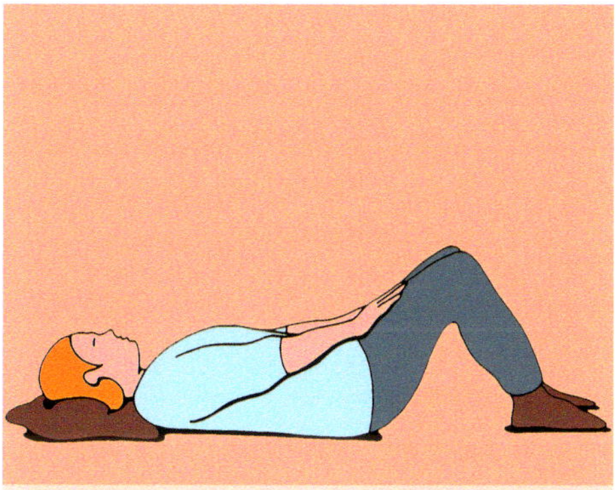

Die Hände ruhen auf den Oberschenkeln.

Hände zu den Knien: Das stärkt den Bauch.

Ihr Baby als „Super-Hantel"...

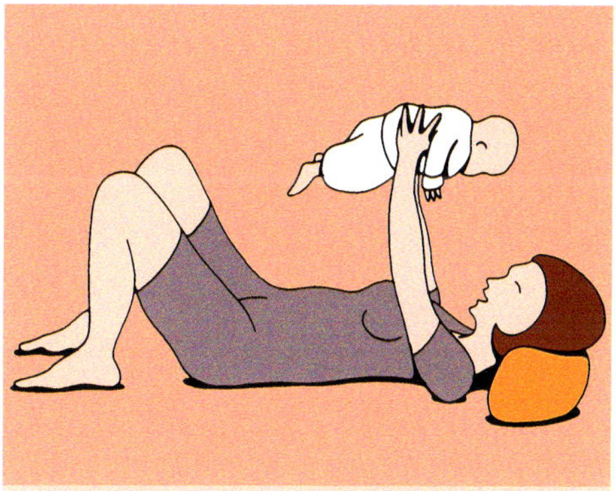

... aber natürlich ganz vorsichtig!

Beim Einatmen strecken Sie die Arme aus und versuchen mit Ihren Händen die Knie zu erreichen. Beim Ausatmen ziehen Sie Ihre Bauchmuskeln an und heben dabei Ihren Kopf. Halten Sie diese Position einige Sekunden. Lassen Sie sich dann langsam wieder zurückrollen und ruhen Sie sich aus.

Bei der nächsten Übung können Sie Ihr Baby als „Superhantel" einsetzen. Erzählen Sie ihm aber bitte, was Sie mit ihm vorhaben, damit es Ihr Pusten lustig finden kann. Wenn Sie ein Spuckbaby haben, ist diese Zusammenarbeit direkt nach einer Mahlzeit nicht zu empfehlen.

› Legen Sie sich mit angewinkelten Beinen und aufgestellten Fußsohlen auf den Rücken. Ihr Baby liegt in Bauchlage auf Ihnen. Beim Einatmen umfassen Sie seinen Oberkörper. Beim Ausatmen spannen Sie Beckenboden-, Bauch- und Pomuskeln an und stemmen Ihr Baby nach oben. Versuchen Sie dabei, Ihr Baby anzulächeln. (Wenn Ihnen das nicht gelingt, ist die Übung noch zu anstrengend.) Beim erneuten Einatmen legen Sie Ihr Baby auf Ihren Körper und entspannen kurz. Fünf- bis zehnmal wiederholen.

Beim Ausatmen: Hände und Unterarme aneinander drücken.

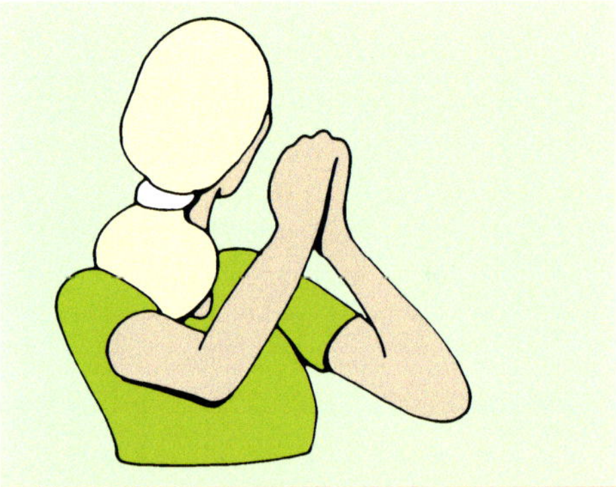

Drücken Sie fest mit den Händen und halten Sie die Spannung.

Schieben Sie die aneinander gelegten Arme nach vorn.

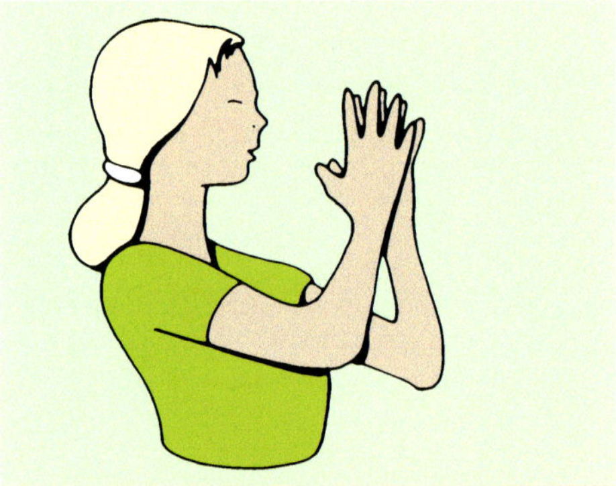

Drücken Sie Ihre Hände mit gespreizten Fingern aneinander.

Übungen für die Brustmuskulatur

Ihre Brustmuskulatur wird sich über diese Übungen besonders freuen. Schließlich wird sie beim Stillen mit den vollen Brüsten momentan arg gefordert.

› Stellen oder setzen Sie sich hin. Halten Sie dabei den Rücken gerade. Winkeln Sie die Arme in Schulterhöhe an und legen Sie die Handflächen aneinander. Atmen Sie ruhig ein und drücken Sie beim Ausatmen die Handflächen gegeneinander.

› Winkeln Sie Ihre Arme in Schulterhöhe an. Verschränken Sie die Finger ineinander, atmen Sie aus und pressen Sie dabei die Hände zusammen. Halten Sie die Spannung für eine Weile. Atmen Sie ein und entspannen Sie sich.

› Winkeln Sie die Arme vor der Brust leicht an und pressen Sie die Handflächen mit nach vorn gerichteten Fingern aneinander. Drücken Sie beim Einatmen die Handflächen gegeneinander und schieben

Sie die Arme nach vorn, als wollten Sie gegen einen Widerstand schieben. Beim Ausatmen wieder entspannen.
- Winkeln Sie Ihre Arme vor der Brust leicht an und drücken Sie die Hände mit gespreizten Fingern gegeneinander. Pressen Sie die Hände beim Ausatmen zusammen. Lassen Sie beim Einatmen wieder locker.

Wiederholen Sie diese Übungen mindestens fünf- bis zehnmal oder auch öfter, wenn es Ihnen Spaß macht.

Stärkungsübungen für die Gebärmutterbänder

- Diese Übung wird in Rückenlage mit aufgestellten Beinen oder auf einen Stuhl gelegten Unterschenkeln ausgeführt. Sie rollen Ihr Becken und die Wirbelsäule nach oben und heben sie dabei an, so dass Körper und Oberschenkel eine Linie bilden. Bleiben Sie für kurze Zeit in dieser Haltung und versuchen Sie dabei, Ihr Gesicht, Arme und Hände möglichst entspannt zu halten. Rollen Sie dann ganz langsam Wirbel für Wirbel von oben nach unten ab, bis Sie wieder entspannt auf dem Boden liegen. Als leichte Steigerung dieser Übung können Sie, nachdem Sie Ihr Becken wieder nach oben in die Schräge gerollt haben, abwechselnd das linke und rechte Bein nach vorn ausstrecken.
- Legen Sie sich auf die Seite und winkeln Sie die Knie ab. Der oben liegende Arm liegt ausgestreckt auf Ihrem Körper. Der untere Arm ist so aufgestützt, dass er vom Ellbogen bis zur Hand flach auf dem Boden liegt. Nun heben Sie Ihr Becken an, indem Sie etwas nach vorn rollen, sich auf Unterschenkel und Unterarm abstützen und so hoch kommen, dass Körper und Oberschenkel eine Linie bilden. Diese Übung zwei- bis dreimal wiederholen, dann die Seite wechseln. Sie macht zusätzlich Ihre Taille schlank.

HEBAMMENTIPP

Fünf Tipps zum richtigen Üben

Die vorgeschlagenen Übungen helfen Ihrem Körper dabei, sich nach Schwangerschaft und Geburt wieder auf „normal" umzustellen.

- 1. Probieren Sie alle Übungen einmal aus. Stellen Sie sich dann aus Ihren Favoriten ein kleines Programm zusammen. Das können Sie dann zwei-, dreimal die Woche absolvieren. Reservieren Sie sich dafür einen festen Zeitpunkt. Vielleicht übernimmt der Partner inzwischen das Baby?
- 2. Achten Sie bei allen Übungen auf Ihre Atmung. Ihr Atem soll ohne Anstrengung fließen. Wenn Sie die Luft anhalten müssen oder außer Puste geraten, sollten Sie einen Gang zurückschalten – Sie überanstrengen sich sonst.
- 3. Steigern Sie allmählich Frequenz und Dauer Ihrer Trainingseinheiten. Nach sechs Wochen – wenn die Bauchmuskelübungen dazukommen – können Sie schon 30 bis 45 Minuten üben.
- 4. Achten Sie auf Ihre Nackenmuskulatur: Fühlt sie sich verspannt an? Das ist ein Zeichen dafür, dass Sie Ihrem Körper zu viel abverlangen. Machen Sie eine kurze Pause und entspannen Sie den Nacken.
- 5. Beenden Sie Ihr Programm mit einer Entspannungsübung (Seite 100). Strecken Sie sich dazu lang auf dem Boden aus. Lassen Sie alle Muskeln locker. Das stärkt Sie für den ganzen Tag.

Komplikationen und Erkrankungen im Wochenbett

Nach der Geburt eines Babys gibt es viele Frauen, die wegen Dammschnitten und -rissen mit Beschwerden kämpfen oder unter einer schmerzhaften Brustdrüsenschwellung („Milcheinschuss") leiden. Größere Komplikationen und Erkrankungen sind im Wochenbett glücklicherweise recht selten.

Die am häufigsten auftretenden Krankheiten im Wochenbett sind in dieser Zeit mit 10 bis 15 Prozent depressive Störungen, mit 1 bis 2 Prozent Gebärmutter- und Harnwegsinfektionen und die mit einer Häufigkeit von etwa 1 Prozent vorkommenden Symphysenlockerungen. Auf alle weiteren Komplikationen, die deutlich im unteren Promillebereich liegen, also sehr selten sind, werden wir hier nicht eingehen.

Bei Fieber im Wochenbett sofort zum Arzt

› Wenn Sie innerhalb der ersten sechs bis acht Wochen nach der Geburt Ihres Babys Fieber bekommen, müssen Sie immer sofort einen Arzt aufsuchen, damit geburtsbedingte Erkrankungen ausgeschlossen werden können. Wenn das Fieber in Zusammenhang mit Beschwerden der Brust steht (Seite 222), kann auch Ihre Hebamme die richtige Ansprechpartnerin sein. Falls aber Schmerzen im Bauch, stärkere Blutungen, übel riechender Wochenfluss oder ein allgemeines Krankheitsgefühl bei Ihnen auftreten, sind Ihr Gynäkologe oder am Wochenende Ihre Geburtsklinik die richtigen Betreuer.

Die Infektion der Gebärmutter

Bei dieser Infektion entzündet sich zunächst die Gebärmutterschleimhaut. Besonders gefährdet ist der Bereich der Plazentahaftstelle. Unbehandelt kann sich die Entzündung auf den Gebärmuttermuskel ausdehnen. Das allzu bekannte lebensbedrohliche Wochenbettfieber als Folge einer Gebärmutterentzündung kommt heute in Deutschland nur noch extrem selten vor. Ein erhöhtes Risiko besteht nach folgenden Situationen:

- Bei mehr als 48 Stunden zurückliegendem vorzeitigen Blasensprung, dem eventuell während der Geburt Fieber und erhöhte Entzündungswerte folgen.
- Bei einem verzögerten Geburtsverlauf mit häufigen vaginalen Untersuchungen.
- Bei vaginal operativen Entbindungen, wie Saugglocken- und Zangengeburten.
- Bei Kaiserschnittgeburten und manueller Plazentalösung.
- Bei verzögerter Gebärmutterrückbildung.
- Bei hohem Blutverlust nach der Geburt.
- Bei Diabetes der Mutter.

Die Behandlung einer Gebärmutterentzündung muss in der Klinik erfolgen. Es wird gleich mit einer hochdosierten Antibiotikatherapie begonnen. Zusätzlich werden oft Kontraktionsmittel gegeben. Um die Erreger innerhalb der nächsten Tage herauszufinden, werden Blutproben und Abstriche entnommen. Diese Erkrankung muss immer medikamentös behandelt werden.

Die Anzeichen einer Gebärmutterinfektion sind:

- Temperaturen bis knapp 38 Grad über mehrere Tage oder gleich einsetzendes Fieber deutlich über 38 Grad mit abendlichen Temperaturspitzen
- schmerzempfindliche Gebärmutter, manchmal mit Reizungen des Bauchfells
- die Gebärmutter ist für die Zeit nach der Geburt zu groß und zu weich zu tasten
- Sie fühlen sich insgesamt schlecht und haben Stirnkopfschmerzen
- nachdem der Wochenfluss nachgelassen hat, treten erneut rote Blutungen auf
- übel riechender Wochenfluss, manchmal stark nachlassend

• Harnwegsinfektionen

Unter diesem Begriff werden alle Entzündungen im Bereich der ableitenden Harnwege, nämlich des Nierenbeckens, Harnleiters, der Harnblasen und Harnröhre zusammengefasst. Ein erhöhtes Risiko für Infektionen in diesem Bereich besteht:

- nach einer Kaiserschnittgeburt
- bei Frauen, die diese Erkrankungen schon einmal in dieser Schwangerschaft hatten
- wenn Sie mehrfach während oder nach der Geburt katheterisiert wurden oder ein Dauerkatheter lag

Die Anzeichen von Infektionen in diesem Bereich sind bei Blasenentzündungen:

- erhöhte Temperaturen oft unter 38 Grad
- häufiges, schmerzhaftes Wasserlassen
- ständiger Harndrang, obwohl nichts oder nur ein paar Tropfen kommen
- Schmerzen über dem Schambein in Höhe der Harnblase

Wenn Sie an einer Entzündung im Nierenbeckenbereich erkrankt sind, haben Sie folgende Symptome:

- Fieber über 38 Grad oft mit Schüttelfrost
- Übelkeit und häufig auch Erbrechen
- einseitige oder beidseitige Schmerzen in der Nierengegend
- ständiger Harndrang, obwohl nichts oder nur ein paar Tropfen kommen

Bei einer Blasenentzündung sind anders als bei einer Nierenbeckenentzündung nicht immer sofort Antibiotika nötig. Das wird aber die behandelnde Ärztin entscheiden und ist abhängig von Laborergebnissen, von Höhe und Dauer des Fiebers. Bei Unklarheit wird es eventuell notwendig, den Urin mit einem Katheter zu gewinnen. Der so genannte Mittelstrahlurin ist im Wochenbett nicht so aussagekräftig, da er sich leicht mit dem Wochenfluss mischt.

HEBAMMENTIPP

Die **Gebärmutterkontraktion** kann durch Stillen und Tees unterstützt werden. Gut bewährt haben sich Wundheilungstees die begleitend zur antibiotischen Behandlung empfohlen werden:

- Trinken Sie zwei- bis dreimal täglich eine Tasse Tee aus 60 Gramm Frauenmantelblättern und 40 Gramm Ringelblumenblüten. Pro Tasse brauchen Sie einen Teelöffel des Gemisches. Fünf Minuten zudedeckt ziehen lassen.

HEBAMMENTIPP

So können Sie die Behandlung unterstützen, wenn Sie an einer **Harnwegsinfektion** erkrankt sind.

- Trinken Sie viel – mindestens zwei bis drei Liter, um die Erreger auszuspülen
- Trinken Sie täglich drei Tassen Tee aus Zinnkraut oder Schafgarbe.
- Legen Sie sich ins Bett.
- Halten Sie den Blasen- und Nierenbereich mit Wollschals oder Tüchern warm.
- Bevorzugen Sie saure Speisen und Getränke. Sie senken den pH-Wert im Urin. Das mögen die Erreger gar nicht.

• Beckenring- oder Symphysenlockerung

Bei den meisten Frauen wird diese Problematik schon im letzten Trimester der Schwangerschaft deutlich. Sie macht sich durch eine über das gesunde Maß hinausgehende, hormonell bedingte Auflockerung der Schambeinfuge oder des Kreuzbein-Darmbein-Gelenks bemerkbar. Eine weitere Ursache kann eine schwangerschaftbedingte Stoffwechselstörung im Kalzium- oder Vitamin-D-Bereich sein. Die Geburt als Ursache wurde in ihrer Bedeutung lange überschätzt. Sie ist sehr selten der Grund.

Bettruhe, körperliche Schonung und das Vermeiden einseitiger körperlicher Belastung wird bei leichter Symphysenlockerung empfohlen. Sie brauchen also auf jeden Fall Unterstützung beim Stillen und im Haushalt. Wenn Sie gesetzlich versichert sind, kann Ihre Ärztin Ihnen eine Haushaltshilfe verordnen. Vor allem in den ersten Tagen ist es ratsam, ein Schmerzmittel zu nehmen. Außerdem werden Gaben von Kalzium und Vitamin D empfohlen. Bei stärkeren Beschwerden ist ein spezieller Beckengurt sehr hilfreich, um den Beckenring zu stabilisieren. Sie können ihn sich verschreiben lassen und im Sanitätsfachhandel beziehen. Wichtig wird auch eine physiotherapeutische Begleitung sein, damit Sie nach Ihrer Ruhezeit wieder schmerzfrei laufen können.

• Wochenbettdepressionen

Die meisten Frauen erleben nach der Geburt ihres Babys eine emotional sehr intensive Zeit, in der sich Niedergeschlagenheit und Glück in schneller Folge abwechseln können. Diese Baby-Blues-Tage sind vollkommen normal (Seite 190). Was Sie bei der Geburt Ihres Babys erlebt haben und woran Sie sich nun im Zusammenleben mit dem kleinen Menschen gewöhnen

Diese Symptome deuten auf eine Symphysenlockerung

- Sie haben ausgeprägte Schmerzen in der Schambeingegend und/oder im Bereich der Kreuzbein-Darmbein-Fugen.
- Die Schmerzen sind besonders stark beim Gehen. Zur Schonung fallen Sie in den Watschelgang.
- Das Liegen auf der Seite und auch das Umdrehen im Bett sind sehr schmerzhaft.
- Das Stehen auf einem Bein ist nahezu unmöglich, und auch das Treppensteigen ist sehr schmerzhaft.

HEBAMMENTIPP

Wenn Sie an einer **Wochenbettdepression** leiden, hilft es vielleicht zu wissen, dass es Auswege aus dieser Lebenskrise gibt. Die folgenden Hinweise sind wichtig:

- Nehmen Sie auf jeden Fall Hilfe und Unterstützung an. Lassen Sie sich durch Ihren Partner, Ihre Angehörigen und auch durch Ihre Freundinnen entlasten.
- Versuchen Sie, gut zu sich zu sein. Sorgen Sie auch für Phasen der Entspannung.
- Bleiben Sie nicht für sich mit Ihrem Problem. Sprechen Sie sobald es geht mit einer vertrauten Betreuungsperson, Ihrer Hebamme, Ihrer Ärztin oder anonym mit dem örtlichen Krisendienst.
- Suchen Sie auf jeden Fall medizinische Hilfe, weil bei schweren depressiven Erkrankungen Medikamente helfen können. Manchmal ist auch ein Klinikaufenthalt entlastend. In einigen Kliniken können Sie Ihr Baby mitnehmen.
- Treffen Sie Frauen, die Ähnliches erlebt haben. Es gibt Selbsthilfegruppen, die sowohl in der akuten Krise als auch nach dieser Zeit sehr hilfreich sein können.

müssen, erfordert sehr viel Sensibilität. Da ist eine gewisse Labilität eine gesunde Reaktion. Wenn Sie aber aus diesen Stimmungsschwankungen oder einem Stimmungstief nach zwei Wochen immer noch nicht herausfinden oder solche Stimmungen nach Wochen oder auch Monaten nach der Geburt Ihres Babys auftreten, kann eine depressive Störung vorliegen. Sie wird als Erkrankung angesehen, wenn Sie in Ihrem Allgemeinbefinden so weit beeinträchtigt sind, dass Sie Ihren Alltag nur noch mit Mühe und Not erfüllen können.

Das Entstehen dieser Erkrankung kann viele Ursachen haben. Als „Mitverursacher" gelten:

- eine Überforderung mit der neuen Situation
- ein nicht erlernter Umgang mit Stress
- die hormonellen Umstellungen
- der Schlafmangel
- verschiedene Erkrankungen wie Unter- und Überfunktion der Schilddrüse, sehr niedriger Blutdruck, Anämie
- Infektionen wie zum Beispiel Toxoplasmose
- Medikamente, wie Abstillmedikamente, Antirheumamittel und einige Herzmedikamente (Betablocker)
- Psychische Erkrankungen in Ihrer Vorgeschichte
- Traumatische Erfahrungen

Wenn Sie folgende Symptome an sich beobachten, kann es sich um Anzeichen für eine depressive Erkrankung handeln:

- starke Schlafstörungen und Unruhe
- ständige Erschöpfung oder Überdrehtsein
- allgemeine Verstimmung
- innere Leere und Hoffnungslosigkeit
- Angst- und Schuldgefühle
- ambivalente Gefühle dem Baby gegenüber
- Gedanken darüber, sich selbst oder dem Baby etwas anzutun

Anschriften und Internetadressen für Selbsthilfegruppen finden Sie im Anhang.

A-Z Wochenbett und Stillen

ambulante Entbindung
Form der Geburt, bei der Mutter und Baby zwei bis vier Stunden nach der Geburt nach Hause können.

andocken
Wenn das Baby mit seinem Mund die Brust erfasst, um zu trinken.

ausschließliches Stillen
Ernährung mit Muttermilch ohne Zugabe anderer Flüssigkeiten wie Wasser, Tee, Zuckerlösung oder künstlich hergestellter Milchersatznahrung.

Beckenboden
Muskulatur, die aus drei verschiedenen Schichten besteht. Sie umschließt Vagina sowie Blasen- und Darmausgang.

Bonding
Phase kurz nach der Geburt, in der sich Mutter und Baby kennen lernen und die einen entscheidenden Einfluss auf die weitere Mutter-Kind-Bindung hat.

Brustdrüsenschwellung
Früher als Milcheinschuss bekannt. Hormonell bedingte vermehrte Durchblutung der Brustdrüsen.

Hämatom
Bluterguss, der durch Verletzungen, in der Geburtshilfe oft durch Dammschnitte entsteht. Dabei läuft Blut aus einer nicht gestillten Wunde ins Gewebe oder in einen Hohlraum und verursacht Druckschmerzen an dieser Stelle.

Hämorrhoiden
Krampfaderähnliche Erweiterungen des Mastdarmschwellkörpers im Enddarm, nicht immer von außen sichtbar.

Infektion der Gebärmutter
Eine Erkrankung bei der die Erreger erst die Gebärmutterschleimhaut befallen und dann auf die Gebärmuttermuskulatur übergehen können. Häufigste Ursache für Fieber im Wochenbett.

Kolostrum
Vormilch. Wird schon während der Schwangerschaft gebildet und steht Ihrem Baby unmittelbar nach der Geburt zur Verfügung.

Lactose
Milchzucker

Laktation
Milchbildung und Sekretion durch die Brustdrüse.

Mastitis
Brustdrüsenentzündung

Milchstau
Ungenügende Entleerung einzelner Gebiete in der Brust. Führt zu harten, druckempfindlichen Stellen. Oft begleitet von erhöhter Temperatur oder Fieber, Gliederschmerzen und Kopfweh.

Mutterschutzgesetz
Gesetz, das die Rechte von Frauen während und nach der Geburt regelt und unter anderem Kündigungsschutz, Beschäftigungsverbot, Schutzzeiten vor und nach der Geburt und Stillpausen in der Arbeitszeit umfasst.

Nachwehen
Wehen, die in den ersten zwei bis drei Tagen nach der Geburt die Rückbildung der Gebärmutter bewirken, spürbar bis schmerzhaft sind und durchs Stillen verstärkt werden. Auch Wochenbettwehen oder Stillwehen genannt.

Prolaktin
Schlüsselhormon für die Milchbildung. Es wird bereits während der Schwangerschaft gebildet. Bis zur Geburt der Plazenta wird es aber hormonell blockiert. Über den Blutweg erreicht Prolaktin die Brustdrüse und regt hier die Milchbildung an.

Rektusdiastase
Spalte zwischen den beiden großen geraden Bauchmuskeln. Sie entsteht durch das Auseinanderweichen der Muskulatur in der Schwangerschaft und bildet sich innerhalb von sechs bis acht Wochen nach der Entbindung zurück.

Rückbildungsgymnastik
Gymnastik, die mit unterstützenden und stärkenden Übungen die Rückbildung der körperlichen Veränderungen von Schwangerschaft und Geburt begünstigt.

Soor
Pilzerkrankung, die an weißlichen Belägen im Mundraum, auf der Brustwarze mit rot-wundem Ausschlag und auch als weißlich krümeliger Ausfluss aus der Vagina auftreten kann. Behandlungsbedürftig.

Symphysenlockerung
Lockerung des Beckenrings am Schambein.

Syndrom
Bezeichnung für eine Gruppe von Krankheitszeichen, die für eine bestimmte Erkrankung charakteristisch ist.

Tandem-Stillen
Gleichzeitiges Stillen von zwei Babys.

Wochenbett
Das Wochenbett beginnt nach der Geburt der Plazenta und endet nach medizinischer Definition sechs Wochen nach der Geburt, aus Sicht des Mutterschutzgesetzes acht Wochen nach der Geburt.

Wochenbettbetreuung
Die Betreuung von Mutter und Kind im oben beschriebenen Zeitraum. Die Überwachung des Wochenbettverlaufs ist nach Paragraf 4 des Hebammengesetzes von 1985 eine vorbehaltene Tätigkeit von Hebammen und Ärzten.

Wochenbettdepression
Depressive Störung, die in einem Zeitraum von einigen Tagen bis mehreren Monaten nach der Geburt eines Babys auftreten kann.

Wochenfluss (Lochien)
Ausfluss nach der Geburt. Dauert vier bis sechs Wochen und begleitet das Abheilen der Plazentahaftstelle an der Gebärmutterinnenwand.

Zungenbändchen, verkürztes
Ihr Baby kann die Zunge nicht über die Zahnleiste strecken. Das kann Probleme beim Stillen verursachen und ein Grund für anhaltend wunde und gereizte Brustwarzen sein.

KAPITEL 4

Das Baby

Wenn Sie Ihr Baby zum ersten Mal auf dem Arm halten, sind Sie vermutlich der glücklichste Mensch der Welt. Aber sofort kommen die Fragen. Nur keine Sorge: Bald beherrschen Sie alle Handgriffe aus dem Effeff.

Jedem Anfang wohnt ein Zauber inne

Nun halten Sie Ihr Baby endlich im Arm.
Die kommende Zeit wird gleichermaßen anstrengend und wunderbar sein.
Wahrscheinlich werden Sie weniger schlafen als gewohnt.

Die ersten Augenblicke mit Ihrem Baby werden Sie wahrscheinlich nie mehr vergessen. Alle Anstrengungen der Geburt fallen für einen kurzen Moment von Ihnen ab, und Sie werden von einer Welle an Gefühlen überrollt. Vielleicht sind Sie sogar selbst erstaunt über die Intensität der Emotionen, die in Ihnen hochsteigen. Genießen Sie dieses erste Kennenlernen und bitten Sie auch Ihre medizinischen Begleiter, Ihnen kurz Zeit dafür zu lassen, bevor sie in ihrer Routine fortfahren.

Sicher wollen Sie Ihr Baby gern auf Ihre eigene Weise begrüßen. Deshalb sollten Sie bereits während der Schwangerschaft mit Ihrer Hebamme und den medizinischen Begleitern an Ihrem Geburtsort über Ihre Vorstellungen sprechen. Damit Ihr Baby einen möglichst angenehmen Start erlebt, sollten folgende Voraussetzungen stimmen:

› Nach der Geburt Ihres gesunden Babys warten die Helfer ab, bis Sie selbst es aufnehmen können.
› Ihre Helfer schaffen eine ruhige und entspannte Atmosphäre, in der sie in den Hintergrund treten.
› Wenn es Ihnen viel bedeutet, wird eine Spätabnabelung in Ihren Armen ermöglicht.
› Sie und Ihr Baby halten ununterbrochenen Hautkontakt, bis es von allein die Brust sucht und zumindest an einer Seite trinken konnte, solange es will.
› Routineuntersuchungen und prophylaktische Maßnahmen werden erst nach dem ersten Anlegen durchgeführt.

Wenn Sie diese wenigen Schritte beachten, haben Sie die so genannte Bonding-Phase (Seite 210) kurz nach der Geburt optimal genutzt. Sie und Ihr Baby haben damit die besten Voraussetzungen für den erfolgreichen Aufbau einer stabilen Mutter-Kind-Beziehung. Auch wenn es keine Garantie für den weiteren Verlauf Ihrer Bindung geben kann, bietet dieser Anfang doch alle Chancen für einen positiven weiteren Weg.

DAS AUSSERGEWÖHNLICHE AUSSEHEN IHRES NEUGEBORENEN

Während der Schwangerschaft haben Sie sich sicherlich oft ausgemalt, wie Ihr Baby wohl aussehen wird. Wird es viele Haare haben? Werden sie hell oder dunkel sein? Wem wird es ähnlich sehen? Jetzt halten Sie es endlich im Arm und können es bewundern. Auch wenn Sie im ersten Lebensjahr wahrscheinlich die gesamte Verwandtschaft in Ihrem Baby entdecken werden, ist das erste Betrachten Ihres wundervollen Babys oft auch mit Fragen und Verwunderung verbunden.

Manche Neugeborenen haben mit dem kleinen Engel in Ihrer Vorstellung überhaupt nichts gemein. Das erste Aussehen Ihres Babys hängt nämlich nicht nur von seinen genetischen Anlagen ab. Eine große Rolle spielt auch seine Lage in der Gebärmutter während der letzten Wochen der Schwangerschaft sowie Art und Dauer der Geburt. Babys, die nach einem

Von Anfang an entscheidend: Viel Zuwendung und Hautkontakt.

geplanten Kaiserschnitt zur Welt kommen, haben sich nicht durch den Geburtskanal arbeiten müssen und sind oft weniger „verdrückt“. Nach einer vaginalen Entbindung können Gesicht und Köpfchen von der harten Arbeit etwas verformt und geschwollen sein. Das gibt sich aber in den ersten Tagen.

Es ist nicht ungewöhnlich, dass Sie direkt nach der Geburt ein wenig enttäuscht über das Aussehen Ihres Babys sind. Falls dies der Fall sein sollte, machen Sie sich bitte deshalb keine Sorgen. In sehr kurzer Zeit wird sich das Aussehen Ihres Neugeborenen verändern, und auch Sie werden das für Sie schönste Kind der Welt haben – wie alle anderen Eltern auch. In der Zwischenzeit werden Ihnen einige Merkmale bei Ihrem Baby auffallen können, die alle ganz normal sind.

Das Köpfchen

Nach einer etwas längeren Geburt wird oft eine lang gezogene Kopfform zu bestaunen sein, die an Abbildungen ägyptischer Pharaonen erinnert. Das Köpfchen hat sich dann dem Geburtsweg angepasst.

Typisch ist auch eine so genannte Geburtsgeschwulst. Das ist ein wässrig angestauter Bereich, der oft wie ein kleines Hütchen auf dem Kopf sitzt. Eine Ursache kann sein, dass der Kopf gegen die sich öffnenden, vielleicht festen Gewebeschichten des Muttermundes gepresst wurde. Oder die Wehen haben das Köpfchen immer wieder vor den Beckenknochen geschoben. Wenn die Geburt mithilfe einer Saugglocke unterstützt wurde, wird dieses „Hütchen“ für einige Tage bestehen bleiben. In selteneren Fällen (bei 0,5 Prozent aller Geburten) können leichte Einblutungen zwischen Schädelknochen und Kopfhaut zu einer kleinen bis mittelgroßen Beule führen. Das ist zwar nicht gefährlich, die Beule wird aber 8 bis 16 Wochen zu sehen sein, bevor sie sich allmählich zurückbildet.

Die Fontanellen

Die Fontanellen sind die Bereiche, an denen die Schädelknochen Ihres Babys noch nicht zusammengewachsen sind. Sie ermöglichen das schnelle Wachstum des kindlichen Kopfes im ersten Lebensjahr und dienen gleichzeitig als Polster zum Schutz vor Kopfverletzungen. Die hintere, kleine Fontanelle ist nach der Geburt oft als knöcherner Winkel am Hinterhaupt zu fühlen und wächst mit drei Monaten zusammen. Die vordere, große Fontanelle ist ein pulsierender, weicher Bereich auf dem Vorderhaupt und leicht zu erkennen. Sie ist mit gut haltenden Bindegewebsschichten bedeckt und nicht so verletzlich, wie sie aussieht. Kämmen und Bürsten ist auch in diesem Bereich kein Problem. Die Öffnung der großen Fontanelle nimmt in den ersten Lebenswochen noch zu und bleibt dann oft über Monate unverändert, bis sie sich allmählich verkleinert und im Laufe des zweiten Lebensjahres innerhalb von wenigen Wochen schließt.

Das kleine Gesicht

Oft werden Sie auch dem Gesichtchen Ihres Neugeborenen die erlebten Anstrengungen ansehen können. Es sieht leicht geschwollen und ein bisschen zerknautscht aus. Wenn Sie Ihr Baby gerade von vorn anschauen, kann die Nase etwas platt gedrückt oder sogar zur Seite geschoben sein. Manchmal sind nach der Geburt auch die Atemwege geschwollen. Die Atmung Ihres Babys hört sich dann an, als hätte es Schnupfen. Vielleicht entdecken Sie auf der Nase und seltener auch am Kinn Ihres Kindes weiß-gelbliche Punkte. Dabei handelt es sich um vergrößerte Talgdrüsen (Milien), die nach ein paar Wochen von allein verschwinden.

Auch Augen und Augenlider können geschwollen sein. Manche Babys haben sogar Schwierigkeiten, ihre Augen überhaupt zu öffnen. Nach ein paar Tagen wird davon aber nichts mehr zu sehen sein, und Ihr Baby schaut munter in die Welt. Während der Austreibungsphase kann der Druck auf das Köpfchen so groß werden, dass kleine Äderchen im Augapfel platzen und als rote Pünktchen oder Flecke erscheinen. Nach zwei bis drei Wochen ist aber auch hier wieder alles in Ordnung.

Die meisten Babys werden mit dunklen blaugrauen Augen geboren. Bei der Geburt ist das natürliche körpereigene Pigment, das Melanin, noch nicht in der Iris des Auges vorhanden. Die Augenfarbe wird sich daher in den nächsten Monaten immer weiter verändern, je mehr die Pigmentierung zunimmt. Sie steht erst fest, wenn dieser Prozess mit etwa zwölf Monaten abgeschlossen ist.

Einige Babys entwickeln eine Augenreizung kurz nach der Geburt. Oder sie werden bereits mit einem leicht verklebten Auge, das ein gelbliches Sekret absondert, geboren. Mögliche Ursachen sind Zugluft, Verunreinigung oder manchmal auch die Gabe von desinfizierenden Augentropfen (Seite 255). Bisweilen ist auch die Verlegung des Tränen-Nasen-Kanals der Grund für anhaltende Sekretbildung auf einem oder beiden Augen. Die Tränenflüssigkeit kann dann nicht gut abfließen. Auch diese Erscheinung ist harmlos und bildet sich meistens innerhalb der ersten drei Wochen von selbst zurück.

Käseschmiere und Lanugobehaarung

Wenn der Körper Ihres Babys noch mit einer fettigen Substanz, der so genannten Käseschmiere oder Vernix, bedeckt ist, ist das ein Zeichen dafür, dass es etwas zu früh dran war. Bei den meisten reifgeborenen Babys findet sich die Käseschmiere nur noch an wenigen Teilen

HEBAMMENTIPP

Blanke Äuglein

- Um Ihrem Baby beim In-die-Welt-Schauen zu helfen, ist die Reinigung des Auges mit abgekochtem Wasser oder Kochsalzlösung (0,9-prozentiges NaCl) aus der Apotheke wichtig. Tränken Sie dazu einen Wattepad oder ein weiches Tuch mit der Lösung. Reinigen Sie das Auge mehrmals am Tag von außen nach innen. Verwenden Sie immer für jedes Auge ein eigenes Wattepad oder Tuch! Wenn sich die Symptome nach drei Tagen nicht bessern, ist eine Untersuchung und eventuelle Behandlung durch einen Kinderarzt notwendig. Möglicherweise ist dann eine Bindehautentzündung (übertragen bei der Geburt durch Keime aus der Vagina) die Ursache.

des Körpers, vor allem in den Körperfalten. Die Käseschmiere entwickelt sich im letzten Drittel der Schwangerschaft und schützt die Haut Ihres Babys davor, im Fruchtwasser schrumplig zu werden. Nach der Geburt zieht sie in die Haut ein und muss nicht abgewaschen werden.

Manchmal entdecken Sie im Schulterbereich, am Rücken und auf dem oberen Rand der Ohrmuschel noch Reste der feinen Lanugobehaarung. Niemand weiß genau, warum dieses kleine Fellchen da ist. Es wird angenommen, dass die Lanugobehaarung als Schutz der Haut dient und hilft, die Körpertemperatur des Babys zu regulieren. Wie auch immer: Ihr Baby wird dieses Fellchen in den ersten Lebensmonaten komplett verlieren.

Hände und Füße

Viele Neugeborene haben in den ersten Lebenstagen häufig kalte Hände und Füße, die manchmal sogar ein bisschen blau werden können. Das kommt daher, dass der Kreislauf Ihres Babys sich noch nicht perfekt an die neuen Umweltbedingungen gewöhnt hat. Nach einigen Tagen ist die Umstellung aber geschafft. Solange der restliche Körper rosig aussieht und sich warm anfühlt, gibt es keinen Grund zur Beunruhigung.

Besonders wenn Ihr Baby nach dem Termin geboren wurde, können die Nägel schon ganz schön lang sein. Sie brauchen dagegen aber nichts zu unternehmen: Die Nägel sind sehr weich und brechen nach einigen Tagen von allein ab. Verzichten Sie daher darauf, sie zu schneiden. Nagelhaut und Nagel sind noch eng miteinander verwachsen. Bereits kleinste Verletzungen durch die Schere können zu Entzündungen führen. Wenn Ihr Baby sich versehentlich kratzt, können Sie kurzfristig die Ärmel des Hemdchens über die Hände streifen oder die Nägelchen sehr vorsichtig mit der feinen Seite einer Sandfeile glätten. (Kratzspuren heilen allerdings bei Babys extrem schnell!)

Die Geschlechtsorgane

Wenn Sie Ihren ersten Jungen zur Welt gebracht haben, werden Sie sich wahrscheinlich über die Größe des Hodensacks wundern. Im Vergleich zu den sonstigen Proportionen des Körpers wirkt er riesig. Er ist bei vielen Babys geschwollen und mit einer Flüssigkeit gefüllt, die die Hoden umgibt. Häufig geht die Schwellung erst nach Monaten zurück. Bei manchen Jungen, besonders wenn sie etwas zu früh dran waren, sind die Hoden auf einer oder beiden Seiten noch nicht aus dem Körper nach unten in den Hodensack gewandert. Das kann eventuell noch Tage oder Wochen dauern und sollte weiter beobachtet werden.

Auch bei Mädchen können Schwellungen an den Genitalien auftreten. Sie haben dann rote, besonders groß wirkende äußere Schamlippen. Manchmal sondern sie in den ersten Tagen nach der Geburt einen weißlichen oder klaren Ausfluss aus der Vagina ab. Auch eine kleine vaginale Blutung im Alter von einigen Tagen bis zu einigen Wochen ist normal. All diese Erscheinungen werden verschwinden, wenn die letzten Schwangerschaftshormone aus dem Körper Ihres Babys abgebaut sind.

Bei beiden Geschlechtern können bedingt durch die Schwangerschaftshormone die Brustdrüsen leicht anschwellen. Sogar eine weißliche Absonderung, die so genannte Hexenmilch, ist bei einigen Kindern zu beobachten. All dies ist vollkommen normal und verschwindet nach einigen Tagen – auch ohne Behandlung. Lassen Sie die Brustdrüsen einfach in Ruhe und versuchen Sie nicht daran herumzudrücken oder mit Umschlägen zu experimentieren. Der Körper Ihres Babys braucht für diese natürlichen Vorgänge keine Unterstützung.

Zarte Babyhaut

Babys, die deutlich nach dem errechneten Termin zur Welt gekommen sind, haben oft eine besonders trockene, leicht eingerissene

Haut, die sich sogar schälen kann. Das kommt daher, dass die Käseschmiere sich gegen Ende der Schwangerschaft langsam von der Haut löst. Die „späten Babys" liegen dann lange ohne Hautschutz im Fruchtwasser. Andererseits „pellen" sich auch Babys mit anfänglich weicher Haut häufig nach einigen Tagen. Dabei reißt die Haut zuerst in den Hautfalten auf und später auch im Bauch- und Rückenbereich. Auch das ist vollkommen normal und muss nicht behandelt werden. Die Haut darunter wird wundervoll zart, weich und neu sein.

Die trockenen Stellen verschwinden innerhalb der ersten zwei bis drei Wochen nach der Geburt. Unsere Hebammenlehrerin verglich Neugeborene immer mit kleinen Schlangen. Die müssen sich beim Größerwerden auch häuten – bei den Menschenkindern ist das allerdings nur ganz zu Beginn des Lebens der Fall.

Eine weitere typische Hauterscheinung, die Stunden nach der Geburt am ganzen Körper auftreten kann, ist der Neugeborenenhautausschlag. Dabei handelt es sich um hellrote Flecken, die in der Mitte manchmal weiße oder gelbe Pusteln haben. Sie sehen ähnlich aus wie Mückenstiche. Manche dieser Flecken verschwinden nach wenigen Stunden. Andere bleiben einige Tage bestehen, bis auch sie wieder abklingen.

Babypflege bitte ohne Duft- und Konservierungsstoffe!

› Falls Sie die Haut in den Falten ein bisschen fetten wollen, bitte unbedingt bei den Produkten auf parfum- und konservierungsmittelfreie Öle oder Cremes achten. Diese Zusatzstoffe zum eigentlichen Pflegeprodukt können leicht Allergien auslösen.

Die so genannte Neugeborenenakne tritt nicht bei allen Babys auf. Man trifft sie eher bei Kindern an, deren Eltern in der Pubertät verstärkt an Akne gelitten haben. Hauptsächlich betroffen ist das Gesicht, seltener auch andere Körperpartien. Es handelt sich um kleine Eiterpusteln mit einem roten entzündlichen Hof, die nach Tagen bis Wochen von allein heilen. Ursache ist die hormonelle Umstellung nach der Geburt. Versuchen Sie bitte nicht daran herumzudrücken. In ein paar Wochen wird nichts mehr zu sehen sein.

Bei wenigen Babys können kleine Blutschwämmchen am Körper zu finden sein. Es handelt sich dabei um flächige rote Stellen, die sich manchmal im ersten Lebensjahr noch weiter ausbreiten. Hin und wieder können die betroffenen Bereiche leicht erhaben sein. Die Ursache sind gutartige Ansammlungen von Blutgefäßen. Bis zum Alter von neun Jahren verblassen sie normalerweise. An ungünstigen Stellen, zum Beispiel im Gesicht, können diese Hauterscheinungen bereits früher mittels Lasertechnik behandelt werden.

Zu den sehr häufig auftretenden Geburtsmalen gehören der Storchenbiss und die Mongolenflecken. Der Storchenbiss zeigt sich genau an den Stellen, an denen der Storch Ihr Baby in seinem Schnabel zu Ihnen geflogen hat. Im Nackenbereich sind bleibende rote Erweiterungen der kleinen oberflächlichen Hautgefäße zu finden. Sie werden bald von den Haaren überdeckt sein. Der Storchenbiss auf der Stirn, den Augenlidern und unter der Nase, wird innerhalb der ersten beiden Lebensjahre verblassen. Die Mongolenflecken sind bei dunkelhäutigen Babys üblich und sehen ähnlich wie ein flacher Bluterguss in grau-bläulicher Farbe aus. Sie sind auf dem Rücken, den Armen, Schultern und bei den meisten Babys auf dem Po möglich. Es handelt sich um eine Pigmentzellansammlung direkt unter der Haut, die meist während eines Jahres verschwindet.

Die Erstversorgung Ihres Babys nach der Geburt

Nach der Geburt braucht Ihr Baby erst einmal etwas Zeit um sich auf das Leben außerhalb einzustellen. Sehen Sie sich Ihr Baby in Ruhe an. Legen Sie es das erste Mal an die Brust. Lassen Sie sich dabei nicht vom allgemeinen Trubel irritieren. Denn während Sie Ihr Baby bewundern, werden Ihre medizinischen Helfer gleichzeitig dabei sein, seinen Zustand zu beurteilen. Später, nach dem Anlegen, wird die erste Vorsorgeuntersuchung durchgeführt. Diese allgemeine Untersuchung, die so genannte U1, ermittelt den Gesundheitszustand, die körperliche Reife, das Gewicht, die Körperlänge und den Kopfumfang Ihres Babys.

Die Untersuchungen, Zustandsbewertungen und Prophylaxen werden je nach Entbindungsort oder Klinikausstattung von Hebammen, Geburtshelfern oder Kinderärzten durchgeführt. Falls Babys sehr viel früher zur Welt kommen wollen, selten auftretende Anpassungsstörungen haben oder eine Erkrankung festgestellt wird, werden kinderärztliche Notfallteams an den Entbindungsort geholt. Sie übernehmen dann die weitere Versorgung Ihres Babys und verlegen es eventuell in eine Kinderklinik.

Apgar-Test

Unmittelbar nach der Geburt Ihres Babys erfolgt nach einer, fünf und zehn Minuten eine Beurteilung seines allgemeinen Zustands. Mithilfe eines international verwendeten Punktesystems (Apgar-Schema) werden Herzfrequenz, Atmung, Muskeltonus, Hautdurchblutung und Reflexe bewertet. Dieser Test kann durchgeführt werden, während Ihr Baby auf Ihrem Bauch liegt. Im Idealfall sollten Sie Ihr Baby so lange Sie es wünschen bewundern und kennen lernen dürfen, bevor weitere Untersuchungen stattfinden. Diese „erste Bewertung" Ihres Babys wird in den Mutterpass und in das Kinderuntersuchungsheft eingetragen.

Der Apgar-Test bewertet fünf verschiedene Aspekte und vergibt dabei unterschiedliche Punktezahlen:

Bei	ist Ihr Baby
9 – 10 Punkten	optimal lebensfrisch
7 – 8 Punkten	normal lebensfrisch
5 – 6 Punkten	im leichten Depressionszustand
3 – 4 Punkten	im mittelgradigen Depressionszustand
0 – 2 Punkten	im schweren Depressionszustand

Babys mit Werten unter fünf Punkten benötigen wahrscheinlich lebensunterstützende Maßnahmen.

Der pH-Wert

Um noch präziser beurteilen zu können, in welchem Zustand sich Ihr Baby befindet, wird zusätzlich der pH-Wert bestimmt. Er gibt Auskunft über den Säure-Basen-Haushalt. Dafür werden nach dem Abnabeln und möglichst vor der Geburt der Plazenta aus der Nabelschnur zwei Blutproben genommen: aus der Vene und aus einer der beiden Arterien. Falls ein Baby durch eine Sauerstoffunterversorgung unter der Geburt Stress hatte, zeigt sich eine Übersäuerung. Der pH-Wert ist dann er-

Wie geht es Ihrem Baby? Das bewertet der Agpar-Test.

Zeichen:	0	1	2
Aussehen (Hautfarbe)	blass, blau	Körper rosig, Extremitäten blau	rosig
Herzschlag	keiner	weniger als 100 Schläge pro Minute	über 100 Schläge pro Minute
Muskeltonus	schlaff	etwas Tonus	aktive Bewegungen
Reflexe und Reaktionen auf äußereReize	keine	geringe Reaktion, Grimassieren	niest, hustet oder schreit
Atmung	keine	unregelmäßig	regelmäßig

niedrigt (Seite 254). Diese Untersuchung gehört heute in praktisch allen Kliniken zur Routine. Sie ist für Ihr Baby vollkommen schmerzfrei, da in der Nabelschnur keine Nerven liegen.

Die erste Vorsorge-Untersuchung

Die Erstuntersuchung U1 wird nach der ersten ausgiebigen Brustmahlzeit durchgeführt. Die Ergebnisse werden in das gelbe Kinderuntersuchungsheft eingetragen. Vielleicht interessieren Sie sich dafür und schauen zu, lassen sich alles erklären und zeigen. Sie können dann auch die typischen Fragen von Freunden und Verwandten nach Geschlecht, Länge und Gewicht Ihres Babys sicher beantworten!

PROPHYLAKTISCHE MASSNAHMEN

Den Untersuchungen der U1 schließt sich eine Beratung über empfohlene Prophylaxen an. Sie werden über die in unseren Regionen üblichen Prophylaxen (Vitamin-K und Augen-Prophylaxe) informiert. Sollten Sie sich nach einer Beratung dafür entscheiden, können diese vorbeugenden Maßnahmen jetzt erfolgen.

Vitamin K

Vitamin K ist ein fettlösliches Vitamin, das mit der Nahrung und über die Muttermilch aufgenommen werden kann. Es wird aber auch von Bakterien produziert, die im Darm vorkommen. Vitamin K ist in der Leber an der Bildung einiger grundlegender Blutgerinnungsfaktoren beteiligt und daher lebensnotwendig.
Seit 1994 gilt die Empfehlung der Ernährungskommission der Deutschen Gesellschaft für Kinderheilkunde, dass alle Neugeborenen dreimal zwei Milligramm Vitamin K in gelöster Form erhalten sollen. Dadurch soll schweren Blutungen vorgebeugt werden. Die Gabe erfolgt jeweils nach der Geburt bei der U1 sowie bei der zweiten und dritten Vorsorgeuntersuchung.

Der pH-Wert bei Neugeborenen

- Der pH-Wert liegt bei 7,30 oder höher: optimal
- Der pH-Wert liegt zwischen 7,12 bis 7,29: noch normal
- Der pH-Wert liegt unter 7,12: Hinweis auf grenzwertige Übersäuerung
- Der pH-Wert liegt unter 7,00: Hinweis auf kritische Übersäuerung

Bei einem pH-Wert unter 7,00 kommt es gehäuft zu schweren Anpassungsproblemen des Kindes, so dass es nötig ist, den Kinderarzt zu rufen, und es eventuell zur Sicherheit in eine Kinderklinik zu verlegen. Ansonsten sind die Babys in den meisten Fällen dazu in der Lage, den pH-Wert innerhalb von 2 Stunden nach der Geburt durch das Aufnehmen der eigenen Atmung in den Normalbereich zurückzuführen oder dem Normalbereich anzunähern. Auch dieser erste erhobene Blutbefund wird in den Mutterpass und das Kinderuntersuchungsheft eingetragen.

Der Hintergrund für diese Empfehlung ist, dass ein Mangel an Vitamin K zu verstärkten Blutungen bei Säuglingen führen kann. Da der Vitalstoff in der Schwangerschaft nur sparsam dosiert zum Baby gelangt, ist sein Vitamin-K-Speicher nicht sehr groß. Zwar enthält die Vormilch eine größere Menge davon. Aber in der reifen Muttermilch lässt der Gehalt deutlich nach. Gestillte Babys sind erst nach einigen Wochen in der Lage, selbstständig Vitamin K zu bilden. Künstlicher Säuglingsnahrung dagegen ist Vitamin K zugesetzt. Bei Flaschenkindern wird der Darm dann auch rascher von Kolibakterien besiedelt, die Vitamin K erzeugen. Bei einem Mangel an Vitamin K, der bei etwa einem Prozent der Babys vorkommt, besteht eine erhöhte Blutungsbereitschaft zwischen der ersten und zwölften Lebenswoche. Während in der ersten Lebenswoche in der Regel nur leichtere Blutungen im Darm, an der Nabelwunde oder nach einer Blutentnahme auftreten können, sind Blutungen zwischen der dritten und zwölften Lebenswoche weitaus problematischer: Sie können das Gehirn betreffen und dauerhafte Schäden hervorrufen. In sehr seltenen Fällen, insbesondere wenn bereits Grunderkrankungen vorliegen, können Babys an diesen schweren Blutungen sterben. Um das geringe Risiko zu vermeiden, dass Ihr Baby betroffen sein könnte, wird eine prophylaktische Gabe von Vitamin K für alle Babys heute empfohlen.

HEBAMMENTIPP

- Da die verabreichten Tropfen zur **Vitamin-K-Prophylaxe** nicht schmecken, verziehen die Babys meistens das Gesicht und signalisieren so ihren Abscheu. Sie können Ihr Baby vorbereiten, indem Sie es vorher in Ruhe Vormilch trinken lassen. Dies fördert auch die Aufnahme des Vitamins im Körper. Sagen Sie Ihrem Baby, dass das Medikament nicht so gut schmecken wird, es aber nachher noch einmal bei Ihnen trinken darf, damit es wieder einen besseren Geschmack im Mund hat. Lassen Sie es nach der Gabe dann weiternuckeln.

AUGEN-PROPHYLAXE

In vielen Kliniken wird diese Prophylaxe immer noch empfohlen. Es soll dadurch ausgeschlossen werden, dass Ihr Baby an einer Bindehautentzündung erkrankt. Andere Kliniken richten ihre Aufmerksamkeit verstärkt darauf, etwaige Erkrankungen frühzeitig zu erkennen und zu behandeln. Dazu trägt auch eine regelmäßige Schwangerschaftsvorsorge bei. Infektionen der Mutter können so geheilt werden, bevor sich das Baby anstecken kann.

Die Möglichkeit, dass Ihr Baby sich mit Erregern infiziert, die eine Bindehautentzündung hervorrufen können, besteht zum Beispiel auf seinem Weg durch den Geburtskanal. Aber auch durch häufiges vaginales Untersuchen oder andere Eingriffe während der Geburt können Bakterien und Viren, die bei Ihnen keine Krankheitssymptome erzeugt haben, zum Baby gelangen und es krank machen.

Auf seinem Weg in die Welt kommt Ihr Baby zum ersten Mal mit Erregern in Kontakt. Es verfügt noch nicht über ein gut arbeitendes Abwehrsystem gegen Krankheiten. Daher kann es bereits in den ersten Tagen nach der Geburt an einer Bindehautentzündung erkranken. Dabei kommt es zu einer deutlich zunehmenden Rötung und Schwellung der Bindehäute (des Augeninnenlids) und einer Absonderung von Sekreten, die das Auge verkleben.

Eine Bindehautentzündung kann leicht übersehen werden, da allgemeine Reizungen der Augen bei Babys anfangs sehr oft auftreten (Seite 249). Obwohl ein „Triefäuglein" meist vollkommen harmlos ist, sollten Sie Auffälligkeiten an den Augen in den ersten Tagen immer Ihrer Hebamme oder Ihrer Kinderärztin zeigen. Ernstere Erkrankungen können so ausgeschlossen werden.

Der Einsatz der Medikamente zur Augen-Prophylaxe bedarf Ihrer persönlichen Zustimmung. Sie müssen also eine Entscheidung

Die Credé-Prophylaxe gegen Augenentzündungen

Derzeit gibt es zwei Methoden, die verhindern sollen, dass Ihr Baby bereits nach der Geburt krank wird.

- Die auf den Leipziger Geburtshelfer Prof. Karl S. F. Credé (1819-1892) zurückgehende Credé-Prophylaxe gibt es bereits seit 1884. Dabei wird je ein Tropfen einer 1-prozentigen Silbernitratlösung in jedes Auge geträufelt. Mit ihr konnte die Anzahl von Erblindungen nach Augenentzündungen bei Neugeborenen erfolgreich gesenkt werden. Hervorgerufen wurden die meisten Infektionen durch bei der Geburt übertragene Erreger der Geschlechtskrankheit Gonorrhöe („Tripper"). Die so genannte Höllensteinlösung wirkt gegen Viren, Pilze und Bakterien, allerdings nicht gegen Clamydien. Von einer unbehandelten Bindehautentzündung mit Clamydien kann ein Baby eine Infektion der Atemwege und eine Lungenentzündung bekommen. Die Tropfen bereiten dem Baby einen brennenden Schmerz, und oft kann und will es die Augen dann eine Weile nicht mehr richtig öffnen. Vorübergehende Bindehautreizungen sind nicht selten.

- Möglich ist auch die einmalige Verabreichung einer antibiotischen Augensalbe, die gegen Chlamydien und andere Bakterien wirkt. Sie hilft allerdings nicht gegen Pilze und Viren. Diese Salben haben zwar nicht die unangenehmen Nebenwirkungen der Credé-Prophylaxe, dafür ist aber ihre Wirksamkeit fraglich.

treffen. Viele Eltern lehnen die Augen-Prophylaxe ab, weil sie nicht hundertprozentig wirksam ist und unerwünschte Nebenwirkungen möglich sind. Zudem können selbst nach Verabreichung der Medikamente behandlungsbedürftige Bindehautentzündungen auftreten. Und Ihrem Baby bleibt nicht zuletzt eine unangenehme Prozedur in seinen ersten zwei Lebensstunden erspart. Wenn Sie sich gegen diese Maßnahme entscheiden, müssen Sie gemeinsam mit Ihrer Hebamme aber genau auf erste Anzeichen einer Bindehautentzündung achten. Ihr Baby kann dann gegebenenfalls schnell behandelt werden.

SCHWIERIGE ENTSCHEIDUNGEN

Sie merken sicher schon, dass es rasch losgeht mit den schwierigen Entscheidungen!

Egal was Sie letztendlich für richtig halten: Es hilft Ihnen vielleicht zu wissen, dass Sie auch selbst etwas für Ihr Baby tun können. Bei einer Entscheidung für oder gegen Vitamin K ist es wichtig, die häufigsten Risikofaktoren für eine mögliche Vitamin-K-Mangelblutung mit Ihrer Ärztin oder Ihrer Hebamme abzuklären. So können einige Erkrankungen, für die Sie Medikamente einnehmen müssen, die Leberfunktion Ihres Babys einschränken. Auch Stress bei operativen Entbindungen, Quetschungen und Blutergüsse und natürlich eine Frühgeburt oder ein später Stillbeginn mit wenig Nahrungsaufnahme erhöhen das Risiko. Beim Vorliegen solcher Risikofaktoren raten wir auch bei kritischer Haltung immer zu einer Prophylaxe mit Vitamin K.

Bei Ihnen sind Schädigungen der Darmflora nach Durchfällen oder einer Antibiotikatherapie ein möglicher Grund für einen niedrigen Vitamin-K-Speicher. Sie können dann Medikamente zum Aufbau der Darmflora (wie zum Beispiel Lactobacillus-Keime) einnehmen. Wenn Sie Ihr Baby stillen wollen, hilft es, wenn Sie es häufig und ohne zeitliche Beschränkung an beiden Brüsten trinken lassen. So erhält Ihr Baby die Vormilch, die relativ viel Vitamin K und auch viele Abwehrstoffe gegen Infektionen enthält.

Wenn Sie sich bereits in der Schwangerschaft mit dem Thema auseinander setzen und sich gegen die Augen-Prophylaxe entscheiden, ist es sinnvoll, gegen Ende der Schwangerschaft einen Abstrich auf Chlamydien im Gebärmutterhals und anderen Bakterien in der Vagina vornehmen zu lassen. Falls diese Erreger nachgewiesen werden, können Sie noch vor der Geburt behandelt werden.

Nach der Geburt ist es wichtig, dass eine Bindehautentzündung früh erkannt wird. In der Klinik durch Kinderkrankenschwestern, durch die Hebamme im Wochenbett oder eine Kinderärztin – wenn Sie zu Hause sind, achten Sie gemeinsam mit Ihrer Hebamme darauf. Grundsätzlich gilt: Reinigen Sie die gereizten Augen Ihres Kindes immer von außen nach innen. Verwenden Sie dazu ein weiches Tuch oder ein Wattepad, das Sie in Kochsalzlösung getaucht haben.

Ein Behandlungsbeginn bei Infektionen ist spätestens drei Tage nach ersten auffälligen Symptomen empfehlenswert. In einer kinderärztlichen Praxis sollte vor dem Beginn einer Behandlung der spezifische Erreger durch einen Abstrich bestimmt werden. Auch wenn das Ergebnis erst nach Behandlungsbeginn feststeht, kann die Medikamentengabe bestätigt werden oder aber eine speziell auf den Erreger abgestimmte Therapie erfolgen.

Nachdem Sie mit Ihrem Baby all diese Untersuchungen und Entscheidungen überstanden haben, ist es jetzt wirklich an der Zeit, sich auszuruhen und in einer intimeren Umgebung viel zu kuscheln. Genießen Sie etwas Ruhe mit Ihrem Baby und lassen Sie die freudigen Besucher noch ein paar Tage warten.

HEBAMMENTIPP

Schutz vor Infektionen
Folgende Maßnahmen können in den ersten sechs bis acht Wochen dazu beitragen, Ihr Baby vor Infektionen zu schützen:

- Waschen Sie Ihre Hände immer mit Wasser und Seife, bevor Sie sich um die Nabelpflege, die Augenpflege oder das Wickeln kümmern.
- Besucher mit Erkältungen oder sonstigen Infektionserkrankungen sollten erst einmal gesund werden, bevor sie das Baby kennen lernen dürfen.
- Menschen mit Atemwegserkrankungen sollten einen deutlichen Abstand von zwei Metern zum Baby halten.
- Stillen Sie nach Bedarf.
- Wenn ein Geschwisterkind krank wird, sollten Sie mit Ihrem Kinderarzt besprechen, ob ein Infektionsrisiko für das Baby besteht.
- Achten Sie streng auf die hygienische Zubereitung von künstlicher Anfangsnahrung und die Sauberkeit aller benutzten Utensilien.
- Eine Herpesinfektion kann für Ihr Neugeborenes lebensgefährlich sein. Tragen Sie daher einen Mundschutz, wenn Sie an einem Lippenherpes erkrankt sind. Küssen Sie Ihr Baby dann auf keinen Fall. Vom ersten Anzeichen des Herpes bis zum Abfallen der Kruste besteht Ansteckungsgefahr!

Nehmen Sie in den ersten acht Lebenswochen bei folgenden Symptomen sofort **kinderärztliche Hilfe** in Anspruch:

- Das Gesicht und die Mundpartie Ihres Babys sind blass oder bläulich verfärbt.
- Der Körper Ihres Babys ist schlaff oder extrem gespannt.
- Die große Fontanelle ist gespannt, eingefallen oder tritt hervor.
- Ihr Baby hat Untertemperatur unter 36 Grad, die sich auch durch Warmhalten nicht bessert. Oder aber Fieber über 38 Grad.
- An Körper und insbesondere Oberkörper Ihres Babys treten plötzlich stecknadelkopfgroße rote Einblutungen auf.
- Ihr Baby krampft (dabei streckt das Baby seinen Rücken durch, und Arme und Beine bewegen sich ruckartig).
- Der Nabel ist rot und geschwollen.
- Ihr Baby erbricht schwallartig mehrere Mahlzeiten, es verweigert Brust oder Fläschchen über sechs bis acht Stunden.
- Es hat übel riechenden, schleimig-grünen Durchfall, oder SIe entdecken Blut im Stuhl.
- Es schreit schrill und in höchsten Tönen über eine ungewöhnlich lange Zeit.

Grundausstattung für Ihr Baby

Zu den schönen Dingen in der Schwangerschaft gehört das Einkaufen fürs Baby. Sie werden sehen, dass allerlei „unverzichtbares“ Baby-Zubehör angeboten wird. Aber eigentlich braucht ein Baby gar nicht viel! Die wichtigsten Dinge sind alle kostenlos: Liebe, Muttermilch, Zuwendung und Luft. Dazu kommt, dass ein Baby nicht gern friert. Und es liegt auch nicht gern so lange in schmutzigen Windeln herum, bis die Haut rot und wund wird. Wenn Sie dafür sorgen, dass es immer warm und trocken ist, wird Ihr Baby mit Ihnen zufrieden sein. Besorgen Sie daher nicht so viel im Voraus. Finden Sie erst einmal heraus, was für Sie praktisch ist. Wählen Sie waschmaschinentaugliche, pflegeleichte Kleidung. Bevorzugen Sie Kleider und Matratzen, die keine Tierhaare (wie Wolle und Rosshaar) enthalten, wenn Allergiker in Ihrer Familie leben.

STILLEN

Wenn Sie sich dafür entscheiden, Ihr Baby die ersten Monate voll zu stillen, tragen Sie alles, was Sie dazu brauchen, bereits an Ihrem Körper. Es genügt daher, wenn Sie sich zwei gut sitzende Still-BHs (Seite 99), einige Stilleinlagen und eventuell ein Stillkissen („Stillwurst“) besorgen. Wenn Sie nach einigen Wochen wieder arbeiten gehen und Ihr Baby weiter stillen wollen, brauchen Sie eine mechanische oder elektrische Milchpumpe. Letztere können Sie in einer Apotheke ausleihen.

Stilleinlagen

Bei Stilleinlagen beobachten wir, dass etwa die Hälfte aller Frauen sie die ganze Stillzeit über angenehm finden und auch brauchen, weil die Brust immer wieder etwas Milch absondert. Die andere Hälfte verwendet überhaupt keine Einlagen und kommt damit gut zurecht.
Wenn Sie Stilleinlagen benutzen möchten, empfehlen wir solche, die Sie waschen und wieder verwenden können. Sie sind bei längerem Gebrauch deutlich günstiger als Wegwerfmodelle, lassen die Luft um die Brustwarze gut zirkulieren und beugen einem Wundwerden vor. Achten Sie aber darauf, dass die Stilleinlagen möglichst immer trocken sind, da sonst Ihre Brustwarzen gereizt und wund werden können. Wechseln Sie sie, sobald sie feucht werden.

Stillkissen

Wenn Sie es sich beim Stillen gemütlich machen wollen, kann es sich lohnen, ein Stillkissen zu kaufen. Entscheiden Sie sich für eines der längeren Modelle. Sie sind praktischer, weil sie von hinten um den Rücken geschlagen und zum Beispiel beim Stillen im Rückengriff (Seite 218) als Stütze für das Baby eingesetzt werden können. Wenn Sie nachts im Liegen (Seite 217) stillen, kann es Ihnen zusätzlich Halt geben und Ihren Kopf abstützen.
Das Angebot unterscheidet sich hinsichtlich Geruch, Gewicht und Füllmaterial. Kaufen Sie nur Modelle, die nachweislich schadstofffrei sind. Diese sind meist besonders gekennzeichnet. Probieren Sie aus, was für Sie am praktischsten ist: Kann man den Bezug waschen? Ist er leicht zu wechseln? Beim Kauf eines Stillkissens lohnt sich unserer Erfahrung nach die Investition: Nach der Stillzeit kann es an das Kind „vererbt“ werden und ist meist noch jahrelang ein unverzichtbarer Bestandteil der Kuschelecke im Kinderzimmer.

Milchpumpen

Lassen Sie sich von Ihrer Hebamme zeigen, wie Sie Milch aus der Brust streichen können. Sie können dann ab und zu etwas Milch sammeln, wenn auch Sie mal einen Abend allein und ohne Baby verbringen wollen. Das Ausstreichen ist bei einigen Frauen sehr leicht, bei anderen funktioniert es gar nicht.

Eine alternative Methode, Milch zu sammeln, ist der Einsatz einer mechanischen Milchpumpe. Diese empfehlen wir aber nur für das gelegentliche Sammeln von Milch. Probieren Sie die verschiedenen Modelle aus und schauen Sie, was für Sie gut erscheint. Ihre Hebamme oder Frauenärztin kennt sicher Adressen, wo dies möglich ist.

Beim regelmäßigen Sammeln von Muttermilch haben sich aus unserer Sicht elektrische Milchpumpen am besten bewährt. Es sind aber sehr unterschiedliche Qualitäten auf dem Markt und im Verleih. Sinnvoll sind elektrische Intervallmilchpumpen mit Doppelpumpsets, die die Zeit des Abpumpens verkürzen und in einer Apotheke ausgeliehen werden können. Milchpumpen und Zubehör können auf Rezept verordnet werden. Die Krankenkassen übernehmen die Leihgebühr dann entweder ganz oder leisten eine Zuzahlung.

Ansonsten können Sie noch sechs bis acht waschbare Mullwindeln gebrauchen, um Ihre Kleidung vor eventuellem „Überlauf" beim Bäuerchen zu schützen.

FLASCHENERNÄHRUNG

Wenn Sie Ihr Baby mit künstlicher Milch ernähren möchten – oder ab und zu abgepumpte Milch im Fläschchen geben möchten, brauchen Sie außer der Nahrung (Seite 228) folgendes Zubehör:

- sechs bis acht Flaschen
- sechs bis acht Sauger
- einen Kochtopf oder einen Dampfsterilisator zum Auskochen der Flaschen, Verschlusskappen und Sauger
- eine Flaschenbürste
- vier bis sechs saubere, gebügelte Geschirrtücher
- eine Thermosflasche
- eventuell einen Flaschenwärmer
- eventuell eine kleine Kühltasche
- sechs bis acht Spucktücher (Mullwindeln)

Es gibt Standardflaschen in zwei Größen: 125 und 250 Milliliter. Bei Neugeborenen sind die kleinen Flaschen vielleicht einfacher zu handhaben, weil die Trinkmenge noch gering ist. Sie werden aber bald die größeren Flaschen brauchen! Praktisch sind Fläschchen mit einem etwas weiteren Flaschenhals. Sie sind leichter zu befüllen und einfacher zu säubern, allerdings auch etwas teurer. Bei den Flaschensaugern werden Sie eine große Auswahl vorfinden. Halten Sie sich möglichst an die vom Hersteller empfohlene maximale Benutzungszeit. Auch wenn sie noch „gut aussehen", sollten sie regelmäßig erneuert werden.

Bevor Sie das Zubehör zum ersten Mal verwenden, und nach jeder Mahlzeit, muss alles gründlich gereinigt und anschließend sterilisiert werden. Sie können dazu einfache, verschließbare Töpfe verwenden. Kochen Sie Flaschen, Sauger und Verschlusskappen für zehn Minuten in sprudelndem Wasser, nachdem Sie vorher mit der Flaschenbürste alles gründlich gereinigt haben. Alternativ gibt es Dampfsterilisatoren, auch Vaporisatoren genannt, mit denen Sie alles innerhalb von fünf Minuten sterilisieren können. Danach können Sie die sterilisierten Teile auf saubere Geschirrtücher stellen und bis zum Gebrauch abdecken.

Abgepumpte Milch können Sie entweder im warmen Wasserbad oder im Fläschchenwärmer erwärmen. Eine kleine Kühltasche hält die Milch kühl, wenn Sie sie transportieren wollen.

Sauger ist nicht gleich Sauger

Bei der Auswahl der passenden Fläschchensauger können folgende Aspekte eine Rolle spielen:

- Latexsauger sind weicher und flexibler als Silikonsauger, entwickeln aber feine Risse (damit steigt das Allergisierungsrisiko, also regelmäßig erneuern) und reißen durch ihre starke Beweglichkeit schneller ein. Silikonsauger sind fester und behalten ihre Form länger. Sie sind auch dann besser geeignet, wenn eine Latex-Allergie besteht.
- Sauger sind mit verschiedenen Lochgrößen erhältlich. Je kleiner Ihr Baby ist, desto langsamer soll die Milch durch die Öffnung fließen. Die Saugerlochgröße sollte nicht zu viel Milch herauslassen, damit Ihr Baby sich nicht verschluckt. Aber auch zu kleine Lochgrößen sind ungeeignet, weil Ihr Baby beim Trinken dann rasch ermüdet und nicht genug Nahrung zu sich nimmt.
- „Kieferangepasste" Sauger haben eine flache und eine gewölbte Seite, die der Gaumen- und Kieferform des Babys besser entsprechen sollen. Die abgeflachte Seite liegt dabei auf der Zunge.
- Sauger, die in ihrem Aussehen der Brustform ähneln, sollen den Übergang von der Flasche zur Brust erleichtern. Sie sind dann sinnvoll, wenn Sie diesen Übergang planen. Sie können aber auch eingesetzt werden, wenn Sie ab und zu abgepumpte Milch im Fläschchen füttern wollen.

Verzichten Sie aber darauf, künstliche Milchnahrung vorzubereiten und wieder aufzuwärmen. Auf diese Weise können sich schädliche Bakterien vermehren.
Auch bei Flaschenbabys werden Spucktücher fürs Bäuerchen nach der Mahlzeit gebraucht.

Wichtig: Legen Sie keinen Tummelplatz für Bakterien an!

- Verwenden Sie niemals Nahrung, die Sie länger warm gehalten haben. Stellen Sie die fertige Flasche für die Nacht niemals bereits beim Schlafengehen in den Fläschchenwärmer. Darin können sich gefährliche Bakterien gut vermehren.

KLEIDUNG

Auch wenn es Sie noch so in den Fingern juckt: Versuchen Sie dem Kaufrausch zu widerstehen. Für den Anfang genügen zwei Garnituren in Größe 56. Es sei denn, Sie haben bereits einige Kisten Babykleidung aus dem Freundeskreis oder der Verwandtschaft „geerbt". Achten Sie besonders bei der Erstausstattung auf schadstofffreie Kleidungsstücke, die von zahlreichen Marken heute angeboten werden. Die weiteren vier bis sechs Garnituren sollten schon „auf Zuwachs" angeschafft werden, da Babys sehr schnell wachsen. Waschen Sie immer alles zweimal, wenn Sie Kleidung neu kaufen, und mindestens einmal bei Secondhand-Artikeln, bevor Sie sie Ihrem Baby anziehen. Damit verringern Sie den Gehalt an Imprägnierungen oder Weichspülmitteln in der Kleidung, die der zarten, empfindlichen Babyhaut schaden.
Achten Sie auf gut waschbare und schnell trocknende Babykleidung. Es ist unwahrschein-

Für jedes Wetter das Richtige zum Anziehen

Je nach Saison braucht Ihr Baby folgende Ausrüstung als Grundausstattung. Für die Übergangsjahreszeiten besorgen Sie einen Mix aus den vorgeschlagenen Kleidungsstücken. Neue Kleidung bitte vor dem ersten Tragen immer zweimal waschen. Das schont die Babyhaut. Außer der Babykleidung ist die Anschaffung eines digitalen Fieberthermometers empfehlenswert. Sie können damit unter anderem nach langen Winterspaziergängen die Temperatur Ihres Babys überprüfen.

Sommerbaby

- Sechs Baumwollbodys mit kurzem Arm, die seitlich zu binden und im Schritt zu knöpfen sind. (Sie müssen dann nicht über den Kopf gezogen werden.)
- Falls Sie mit Stoffwindeln wickeln: sechs Hemdchen und entsprechend Ihrem Windelsystem zwei bis sechs Hosen, die das Windelpaket zusammenhalten.
- Sechs Strampler, möglichst mit Füßen, damit die sonst benötigten warmen Socken nicht am Bein einschneiden.
- Sechs Jäckchen oder leicht zu öffnende Pullis mit langem Arm aus Baumwolle oder anderem leichten Material.
- Zwei Paar warme Söckchen (für Babys mit geringem Gewicht und kleine „Frostbeulen“).
- Eine Ausgehjacke aus etwas dickerem Material.
- Eine dünne Baumwollmütze und einen Sonnenhut. Dazu eine dünnere Decke zum Einschlagen, wenn Sie Ihr Baby aus dem Bettchen genommen haben.

Winterbaby

- Sechs Baumwollbodys mit langem Arm, die seitlich zu binden und im Schritt zu knöpfen sind. (Sie müssen dann nicht über den Kopf gezogen werden.)
- Falls Sie mit Stoffwindeln wickeln: sechs Hemdchen und entsprechend Ihrem Windelsystem zwei bis sechs Hosen, die das Windelpaket zusammenhalten.
- Sechs Strampler, möglichst mit Füßen, damit die sonst benötigten warmen Socken nicht am Bein einschneiden.
- Sechs Jäckchen oder leicht zu öffnende Pullis mit langem Arm aus dickerer Baumwolle oder anderem wärmenden Material.
- Zwei Paar warme Söckchen.
- Eine Ausgehjacke aus etwas dickerem Material oder ein Wintersack.
- Zwei dünne Baumwollmützen.
- Eine warme Mütze, ein Schal, ein Paar Fäustlinge, eine dickere Decke zum Einschlagen, wenn Sie Ihr Baby aus dem Bettchen genommen haben.

lich, dass Sie Zeit finden Rüschen zu bügeln, Seidenoberteile mit der Hand zu waschen oder irgendetwas zur Reinigung zu bringen. Babys brauchen keine Schuhe, bis sie laufen lernen. Allerdings können gefütterte aus weichem Leder hergestellte „Pantoffeln" bei Winterbabys die Füße schön warm halten.

WICKELN

Wahrscheinlich hatten Ihre Großmütter noch nicht die Qual der Wahl. Es gab rechteckige Baumwollmullwindeln, die gefaltet um den Po gewickelt wurden, und eine Überhose aus verschiedenen Materialien, die das ganze Paket halten sollte. In den 1950er Jahren eroberten dann die Wegwerfwindeln die Welt, zumindest die Welt unserer reichen Nationen.

Stoffwindeln

Falls Sie Ihr Baby in Stoffwindeln wickeln möchten, schauen Sie sich die verschiedenen Möglichkeiten an und probieren Sie sie aus. Naturbekleidungsläden und Babybekleidungsgeschäfte halten zu diesem Zweck meistens Puppen bereit. Es gibt immer noch die guten alten Mullwindeln. Mittlerweile sind aber auch andere Produkte auf dem Markt. Sie können sich also entscheiden zwischen Bindewindeln, vorgeformten und vorgefalteten Systemen, Modellen mit und ohne Klettverschluss. Zu jedem System gibt es spezielle Überziehhosen. Sie können aber auch auf die Strickanleitung für die Schaffellhose zurückgreifen, die in Allergikerfamilien aber keine wirklich gute Idee ist! Sie werden für die meisten Varianten 20 bis 30 Windeln kaufen müssen. Falls Sie aber noch unsicher sind, was für Sie der richtige Wickelspaß sein wird, kaufen Sie besser erst einmal nur acht bis zwölf Exemplare und probieren sie aus. Besorgen Sie sich für die wieder verwendbaren Windelsysteme einen gut verschließbaren Windeleimer. Sie können die schmutzigen Windeln darin dann mit etwas Wasser und Neutralseife einweichen, bis Sie sie waschen. Kaufen Sie Waschmittel, die parfumfrei sind, und benutzen Sie keine Weichspüler.

Zum Wickeln brauchen Sie folgendes Zubehör:

- Einen Wickeltisch mit gepolsterter, abwaschbarer Auflage.
- Wegwerfwindeln in der Größe für Neugeborene oder 20 bis 30 Stoffwindeln oder Bindewindeln oder Windelsysteme und entsprechende Überhosen aus Wolle oder Microfaser; Plastikhosen sind nicht atmungsaktiv. Wir empfehlen sie daher nicht.
- Einen gut verschließbaren Windeleimer (nicht zu klein!).
- Eine Schüssel, in der Sie warmes Wasser zum Wickelplatz bringen können.
- Sechs bis acht Waschlappen oder weiche waschbare Tücher zum Reinigen und Trocknen des Pos.
- Vier bis sechs Handtücher oder Moltontücher als Auflage auf die Wickelfläche.
- Eventuell ein Pflanzenöl (Sonnenblumen-, Jojoba-, Oliven- oder süßes Mandelöl).
- Eine abdeckende Pocreme (nur bei wunder Haut anwenden).
- Eventuell eine Wärmelampe über dem Wickelplatz.

Wenn die Windeln nach einiger Zeit ein bisschen hart werden, hilft etwas Essig im Spülgang. Vielleicht bügelt Ihr Partner oder Ihre Schwiegermutter gern alle zwei bis drei Monate einmal die Windeln, damit Ihr Baby in weichen Tüchern liegt.

Wegwerfwindeln

Wegwerfwindeln gibt es für verschiedene „Gewichtsklassen". Der Sinn unterschiedlicher Windeln für kleine Jungen und kleine Mädchen hat sich uns allerdings noch nicht erschlossen. Achten Sie beim Kauf auf unparfümierte, atmungsaktive Modelle. In den letzten Jahren haben sich auch „grüne" oder „Öko"-Wegwerfwindeln, die zumindest teilweise leichter zersetzbar sein sollen, im Handel etabliert. Auch für Wegwerfwindeln brauchen Sie einen gut verschließbaren Windeleimer. Hier gibt es vom einfachen, billigen Plastikeimer mit Deckel bis zu raffinierten „De Luxe"-garantiert-geruchsfrei-Modellen einfach alles.

Windelsysteme

Heute wird mit Sorge auf die Müllberge geschaut, die hunderte Jahre zur Verrottung brauchen. Die wiederverwendbaren Windeln oder auch neue Windelsysteme erleben deshalb eine Renaissance. Vor einigen Jahren ergab eine Untersuchung zu Ökobilanzen von wieder verwendbaren Windelsystemen und Wegwerfwindeln keinen Unterschied zwischen beiden Systemen. Sie tun erst wirklich etwas für die Umwelt, wenn Sie auch Ihr zweites und drittes Baby in den gleichen wieder verwendbaren Windeln wickeln.

Echte Unterschiede machen sich allerdings im Preis bemerkbar. Zwei Jahre wickeln mit Wegwerfwindeln kostet pro Kind etwa 1500 Euro. Das ist doppelt so viel, wie die Anschaffung des teuersten Mehrwegwindelsystems ausmacht. Vor allem wenn mehrere Kinder geplant sind, gibt das oft den Ausschlag.

Wickelkommode

Ein Wickeltisch oder eine Wickelkommode ist eine sinnvolle Anschaffung, da Sie Ihr Kind vielleicht bis ins dritte oder vierte Lebensjahr hinein wickeln werden. Er sollte eine gute Arbeitshöhe haben und bei der Neuanschaffung keinesfalls riechen, weder nach Farbe noch nach Lösungsmitteln.

Für ein Winterbaby sollte der Wickelplatz an einem warmen Platz stehen. Falls dies in Ihrer Wohnung nicht möglich ist, lohnt sich die Anschaffung einer Wärmelampe über dem Wickelplatz. Das verhindert, dass Ihr Baby auskühlt. Sie haben dann mehr Zeit zum Schmusen und Spielen. Eine etwas höhere Umrandung wird auch kleine Rollmöpse, die ab der zwölften Lebenswoche das Drehen üben, vorm tiefen Fallen schützen können.

Der Boden vor dem Wickelplatz sollte gut zu reinigen sein. Viele kleine Menschen können gerade mit ihrem Muttermilchstuhlgang unglaubliche Fontänen in Richtung Boden produzieren. Als Auflage auf dem Wickeltisch ist eine gepolsterte, abwaschbare Matte geeignet. Legen Sie für Ihr kleines Baby noch ein weiches Handtuch oder ein Moltontuch darauf. Dann ist es schön kuschelig.

Pflegeprodukte

Für die Reinigung von Babys Po brauchen Sie lauwarmes Wasser und weiche Tücher oder Waschlappen, die Sie auswaschen können und einmal am Tag wechseln sollten. Ein weiteres Tuch hilft beim Trockentupfen, und das war's. Sie brauchen zusätzliche Pflegemittel nur, wenn die Haut gereizt oder wund ist oder wenn Sie Ihr Baby nach dem Waschen oder Baden gern mit Öl massieren (Seite 286). Verwenden Sie bei wundem Po eine abdeckende Creme, die weder Parfum noch Konservierungsstoffe enthält. Als Massageöl eignen sich reine Pflanzenöle ohne Zusätze, wie Sonnenblumen-, Oliven-, Jojoba- oder Mandelöl.

BADESPASS

Das erste Bad ist immer für alle Beteiligten besonders aufregend: Wie wird Ihr Baby auf das ihm vertraute Element reagieren? Fühlt es sich auch außerhalb des Mutterleibes im Wasser wohl und kann entspannen?
Sie müssen Ihr Baby nicht mehr als ein- bis zweimal in der Woche baden, zumal es in den ersten Wochen mehr dem Wohlbefinden Ihres Babys als der Reinigung dient. Oft kann die Hebamme in der Wochenbettzeit das erste Bad unterstützen und Ihnen Tipps und Hinweise geben. Sie zeigt Ihnen, wie Sie praktisch vorgehen (Seite 284) und Ihr Baby sicher durch das Bad begleiten. Babys lieben Rituale. Es ist wunderbar entspannend für sie, wenn immer alles in ähnlicher Reihenfolge abläuft und auch das Reinigungsritual keine besonderen Abwechslungen mit sich bringt.

Zutaten fürs Babybad

Damit das Baden allen Beteiligten Spaß macht, brauchen Sie folgendes Zubehör:

- eine große Schüssel, eine Babybadewanne oder einen Badeeimer,
- ein Badethermometer – das Babybad sollte nicht wärmer als 37 Grad sein,
- zwei große Handtücher, in die Sie Ihr Baby einwickeln können; es gibt spezielle mit eingearbeiter Kapuze,
- eventuell ein Pflanzenöl ohne Zusätze: fürs Badewasser oder die anschließende Massage.

MIT DEM BABY UNTERWEGS

Wahrscheinlich freuen Sie sich schon auf den ersten Ausflug mit Ihrem Baby. Bevor Sie losstarten, müssen Sie aber einige Dinge bedenken.

Babyschale fürs Auto

Wenn Sie mit Ihrem Baby Auto fahren, brauchen Sie vom ersten Tag an einen zugelassenen Autokindersitz. Sie erkennen ihn am Sicherheitsprüfsiegel (GS). Diese Sitze sind in Deutschland für Babys und Kinder im Auto vorgeschrieben. Es gibt sie für alle Altersstufen. Achten Sie darauf, dass Sie für den Beifahrersitz nur nach vorn gerichtete Kindersitze verwenden dürfen, wenn das Auto mit Beifahrerairbag ausgestattet ist. Bei rückwärts gerichteten Kindersitzen besteht Lebensgefahr, wenn sich der Airbag öffnet! Wenn zwei Erwachsene mit dem Baby unterwegs sind, sollte einer von ihnen möglichst hinten neben dem Kindersitz Platz nehmen.
Sie sollten den Sitz vor dem Kauf in Ihrem Auto mit Ihrem Sicherheitsgurt ausprobieren und sich gut beraten lassen und informieren. Es passen nicht alle Modelle in alle Autos! Ihr Sicherheitsgurt sollte den Sitz so stabil halten, dass er fest steht und sich auch seitlich nicht hin und her bewegen kann.
Sobald Sie wieder zu Hause oder an einem anderen Ort angelangt sind, an dem Sie Ihr Baby wieder flach hinlegen können, nehmen Sie es am besten bald aus seinem Autoschalensitz heraus. Die doch recht ungefederte und durch ihre Wölbung festgelegte Haltung ist für die Wirbelsäule und auch die Beinchen und Füße eines Babys ziemlich belastend. Pausieren Sie daher bei längeren Autofahrten am besten alle zwei Stunden. Legen Sie Ihr Baby dann für eine halbe Stunde flach hin.
Obwohl sie das Ruckeln selbst beruhigt und möglicherweise an ihre Zeit im Bauch erinnert, reagieren viele Neugeborene überanstrengt auf

Autofahrten in halb aufrechter Position. Die Gehirnentwicklung ist zu diesem Zeitpunkt noch nicht abgeschlossen. Ihr Baby braucht daher Zeit, um die vielen von außen kommenden Eindrücke verarbeiten zu können. Erst wenn Babys sich von allein aufrichten können, verkraften sie die vielen auf sie einströmenden Reize besser.

Der Kinderwagen

Wenn Sie zu Fuß unterwegs sind, werden Sie meist einen Kinderwagen dabeihaben. Bei der Auswahl spielen die speziellen Lebensumstände Ihrer Familie eine wichtige Rolle – und unbedingt natürlich das Ihnen zur Verfügung stehende Geld! Jede Familie braucht eine individuelle Lösung. Wir können Ihnen daher nur Gedanken und Hinweise bieten:

Wohnen Sie so, dass der Wagen im Treppenflur stehen kann, dann muss es eine herausnehmbare, möglichst leichte Tragetasche zum Hochtragen Ihres Babys geben. Wenn Sie viel spazieren gehen wollen und dabei Ihren Einkauf erledigen können, lohnt sich die Anschaffung eines stabilen Modells mit Ablagefläche oder großen Taschen. Allerdings bieten die wundervollen stabilen Kinderwagen mit den großen, hohen Rädern den Nachteil, dass sie oft untauglich für Regalreihen in Supermärkten und generell auf Rolltreppen schwer zu halten sind, Sie also oft einen Fahrstuhl brauchen. Der öffentliche Nahverkehr ist mit diesen relativ schweren Modellen kaum zu meistern.

Probieren Sie unbedingt aus, ob der Wagen auch in Ihr Auto passt. Wir erlebten sogar schon Autoneukäufe, weil der Kinderwagen zu groß war. Wenn Sie den Kinderwagen häufiger im Auto mitnehmen müssen, bietet sich ein Modell an, das leicht ist und einfach (!) auseinander genommen werden kann. Probieren Sie vor allem das Zerlegen beim Kauf in Ruhe aus. Überlegen Sie, ob Sie für die kurze Nutzungszeit von nur sechs bis acht Monaten nicht nach einem gebrauchten Modell suchen sollten. Die auf dem Markt erhältlichen Kombimodelle, die später zum Sportwagen oder Buggy umfunktioniert werden können und darüber hinaus teilweise weitere Möglichkeiten bieten, sind tatsächlich für die gesamte Kinderwagenzeit von mindestens drei Jahren brauchbar. Allerdings sind sie nahezu nie günstig zu kaufen.

Kinderwagen für Zwillinge, Drillinge oder für zwei Kinder verschiedenen Alters gibt es in verschiedenen Varianten. Manchmal reicht es schon, vorn am Kinderwagen ein kleines Trittbrett anzubringen. Diese stehen bei einigen Modellen sogar als Zubehör zur Verfügung. Das ältere Geschwisterkind kann sich, wenn es müde ist, auf das Brettchen stellen und mitschieben lassen. Das macht Spaß und ist für Sie obendrein noch praktisch.

Viele Eltern beschreiben ihre Erfahrung als besonders positiv mit Kindern verschiedenen Alters, wenn diese in „Tandemkinderwagen" chauffiert werden. Bei dieser Variante sitzen die Kinder hintereinander. Bei Zwillingen bevorzugen Eltern die Modelle mit nebeneinander liegenden Sitzen, da so ein immer wiederkehrender Streit über das Sitzen im vorderen Wagen vermieden wird. Beide Varianten sind aber nicht besonders leicht zu manövrieren und schwer zu tragen. Zwillingskinderwagen machen häufiger Probleme mit der Passform im Kofferraum. Aber wofür sind wohl die großen Familienkutschen auf dem Automarkt?!

Tragehilfen

Da die meisten Babys sehr gerne am Körper getragen werden, manche von ihnen auch am liebsten die ganze Zeit, gibt es den nur zu verständlichen Wunsch nach unterstützenden Tragehilfen (Seite 283). Bei einem kleinen Baby sollten Sie darauf achten, dass es mit angehockten, gespreizten Beinchen und unterstütztem Rücken oder im Liegen getragen wird. Die fertigen Tragesäcke gewährleisten oft das Abspreizen der angehockten Beinchen, können aber durch unzureichende Verstellmöglichkeiten den Rücken nicht physiologisch unterstützen. Er muss gestützt, aber nicht gedrückt, eher leicht gerundet sein. Das Köpfchen braucht einen guten Halt. Probieren Sie alle in Fachläden empfohlenen Modelle auf ihre Praktikabilität aus, um zu sehen, was für Sie passt.

Für die richtige Auswahl einer Tragehilfe, eines Kinderwagens oder der „richtigen" Windel kann es hilfreich sein, sich diesbezügliche Testergebnisse in „Ökotest" oder „Stiftung Warentest" anzuschauen.

Mit Baby unterwegs

Mit dem Baby außer Haus zu gehen, erfordert Planung und einiges Zubehör. Sie brauchen:

- einen Auto-Kindersicherheitssitz, falls Sie Ihr Baby im Auto transportieren wollen,
- einen gut gefederten Kinderwagen, dessen Korb so groß ist, dass Ihr Baby darin schlafen und sicher liegen kann, bis es sich nach 6 bis 7 Monaten von allein hinsetzt,
- im Kinderwagen einen Wintersack für die kalte Jahreszeit oder eine dünne Decke für den Sommer,
- ein Insektenschutzvlies für den Kinderwagen und gegebenenfalls einen kleinen Sonnenschirm,
- eine Tragehilfe, entweder ein Tragesitz oder besser noch ein Tragetuch in der Länge von 4,60 bis 5,20 Metern, je nachdem wie groß Sie sind, und
- eine Tasche mit Wickelausrüstung für unterwegs.

Wickeltasche

Die Wickelausstattung für unterwegs besteht aus zwei bis drei Wegwerfwindeln und einem Handtuch, auf das Sie Ihr Baby legen können. Füllen Sie sich etwas Pflanzenöl in eine kleine Plastikflasche und packen Sie zusätzlich weiches Toilettenpapier oder Papiertaschentücher in die Tasche. Öl- oder Feuchttücher in wiederverschließbaren Packungen erscheinen zwar praktisch, sollten aber wegen der zahlreichen darin enthaltenen Substanzen wie Konservierungsmittel und Parfümstoffe etcetera nur in Ausnahmefällen verwendet werden. Ein Spucktuch und eine Wechselgarnitur sind die Rettung, wenn Ihr Baby „leckt".

SCHLAFENSZEIT

Schlafen ist im Zusammenhang mit Babys ein wichtiges Thema, stellen die Schlafenszeiten am Tag und in der Nacht doch für Sie oft die einzigen Verschnaufpausen dar. Der Schlafplatz sollte so kuschelig wie möglich sein, damit Ihr Baby ihn mag und annimmt.

Gitterbettchen

Als Schlafplatz eignen sich ein Kinderbett oder bewegliche Bettchen wie Wiegen, Stubenwagen oder große Körbe. Wichtig ist, dass an allen Schlafplätzen eine ausreichende Luftzirkulation möglich ist. Das heißt, der Luftaustausch sollte nicht durch „Nestchen" oder „Kopfschutz" beeinträchtigt werden. Während Sie die beweglichen Bettchen in der Anfangszeit immer dahin mitnehmen können, wo Sie sich

gerade aufhalten, steht ein Kinderbett immer an einem festen Ort, möglichst in Ihrem Schlafzimmer.
Ihr Baby wird nicht länger als drei bis vier Monate in einen beweglichen Stubenwagen passen. Die Anschaffung eines Kinderbettes steht also früher oder später sowieso an.
An diesem Bettchen sind überstehende Teile und scharfe, spitze Kanten überflüssig. Der Abstand zwischen den Gitterstäben sollte zwischen 4,5 und 6,5 Zentimeter betragen, damit Ihr Baby weder stecken bleiben noch durchrutschen kann. Achten Sie auch auf einen stabilen Lattenrost. Wenn das Bettchen höhenverstellbar ist, verhindert ein Mindestabstand von 30 Zentimetern zwischen dem Boden des Bettes und der Oberkante des Gitters, dass Ihr Baby unversehens herauspurzelt. Bei der niedrigsten Position sollte dieser Abstand mindestens 60 Zentimeter betragen, damit auch die etwas älteren Klettermaxen nicht darüber steigen können. Die Lackierung des Bettes und der Gitterstäbe sollte auf jeden Fall „speichelfest" (deutsche Spielzeugnorm) sein.

Matratze

Bei der Auswahl der Matratzen gibt es viele Möglichkeiten. Es gilt allerdings ein paar wichtige Sicherheitshinweise zu berücksichtigen. Achten Sie darauf, dass die Matratze schadstofffrei ist. Die Matratze muss fest im Rahmen des Bettchens, Wagens oder der Wiege liegen, damit sie sich nicht verschieben kann. Der Körper Ihres Babys sollte nicht tiefer als zwei Zentimeter in die Matratze einsinken können. Sie sollte daher relativ fest sein.

Schlafsack

Beziehen Sie das Bettchen mit einfachen Laken und legen Sie als Schutz für ein Spuckbaby höchstens eine dünne Mullwindel unter das Köpfchen. Babys brauchen keine Kopfkissen. Als Nachtkleidung reichen Windel, Body oder

Waschbare Bezüge senken das Allergierisiko!

› Um Allergierisiken vorzubeugen, bevorzugen Sie Matratzen, die als hypoallergen bezeichnet werden. Hauptverursacher von Allergien sind Hausstaubmilben und Schimmelpilze. Achten Sie daher auf abnehmbare Matratzenbezüge, die Sie bei mindestens 60 Grad waschen können.

zweiteilige Unterwäsche bei Stoffwindel-Wickelsystemen, ein Schlafanzug – entsprechend der Raumtemperatur – und ein Schlafsack, der als Deckenersatz dient.
Bettdecken werden nicht mehr empfohlen, da sie zu Überwärmung führen können. Außerdem könnte Ihr Baby sich die Decke über den Kopf ziehen. Der Schlafsack muss zur Größe Ihres Babys passen. Die Halsöffnung sollte nicht größer als das Köpfchen sein. Die Öffnung für die Arme sollte nicht so groß sein, dass Ihr Baby hineinrutschen kann. Zur Größenbestimmung des Schlafsackes berechnen Sie die Körperlänge Ihres Babys minus der Kopflänge und zählen zehn Zentimeter hinzu, damit es noch ein bisschen hineinwachsen kann. Besonders praktisch sind Modelle, bei denen der Reißverschluss von unten geöffnet werden kann, damit Sie Ihr Baby beim Wickeln nicht komplett ausziehen müssen.
In einem großen Kinderbett können Sie Ihr kleines Baby so an das Fußende legen, dass die Füßchen Kontakt spüren, der sie an die Zeit in der Gebärmutter erinnert.

Bei den Eltern schlafen

Es wird empfohlen, ein Baby in den ersten ein bis zwei Jahren im Elternschlafzimmer schlafen zu lassen. Ihre Gegenwart und Ihre rhythmischen Schlafgeräusche fördern anscheinend

Bitte kein überflüssiger Schnickschnack im Babybett. Er behindert nur den Luftaustausch am Schlafplatz.

den Schlaf Ihres Babys. Die Schlafforschung weiß zwar noch nicht genau, warum dies so ist. Es wird aber vermutet, dass eine gewisse Geräuschkulisse den Babys aus ihrem Leben im Bauch vertraut sein könnte.
Babys schlafen anders als wir. Sie verbringen bis zu 70 Prozent in einem Traumschlaf. (Bei uns Erwachsenen dagegen macht die Traumphase nur etwa ein Viertel unseres Schlafes aus.) Sie müssen erst einmal lernen, längere Zeiten am Stück zu schlafen. Denn die meisten Babys tauchen immer wieder aus dem Schlaf hoch und verlangen dann nach der Nähe und Sicherheit einer vertrauten Person. In der Stillzeit ist es angenehm, nicht so weit bis zu Ihrem Baby laufen zu müssen. Außerdem ist eine gemeinsame Kuschelzeit in Ihrem Bett beim morgendlichen Wachwerden besonders einfach, wenn Sie nur ins Nachbarbettchen greifen müssen.

Raumtemperatur

Als optimale Raumtemperatur zum Schlafen gelten 16 bis 18 Grad. Lüften Sie den Raum kurz vor dem Schlafenlegen und auch häufiger im Laufe des Tages, um eine ausreichende Luftfeuchtigkeit von 50 bis 70 Prozent zu erhalten. Aufhängen nasser Wäsche im Zimmer, Raumbefeuchter oder Schalen mit Wasser auf den Heizkörpern können im Winter die Feuchtigkeit erhöhen. Überwärmte und zu trockene Schlafräume reizen die Schleimhäute der kleinen Babynasen und führen zu einem erhöhten Erkältungsrisiko.

Zubehör für süße Baby-Träume

Als sinnvolle Besorgungen für diese wertvolle Zeit, die Ihr Baby zum Wachsen braucht, gelten folgende Dinge:

- ein Kinderbett, ein Stubenwagen, ein großer luftdurchlässiger Korb oder eine Wiege – am besten ohne Nestchen, Betthimmel oder Umrandung,
- eine dafür passende Matratze mit abnehmbaren und waschbaren Matratzenbezügen,
- eventuell eine dickere Moltontuchauflage als Matratzenschutz,
- zwei Bettlaken,
- vier Mullwindeln als Unterlage am Kopfende für kleine „Spuckspechte“,
- zwei Babyschlafsäcke ohne Ärmel und Kapuze.

Empfehlungen zur Vorbeugung des plötzlichen Kindstods

Die umfangreichen Untersuchungen zu den Ursachen des plötzlichen Kindstods ermittelten Risikofaktoren, die unbedingt ausgeschlossen werden sollten:

- Rauchen: Durch rauchende Mütter in der Schwangerschaft ist das Risiko drei- bis viermal so hoch. Nach der Geburt ist das Risiko doppelt so hoch, wenn in der Gegenwart Ihres Babys geraucht wird.
- Lagerung: Eine Lagerung auf dem Bauch erhöht das Risiko um das Neunfache und die Seitenlagerung um das Zwei- bis Dreifache.
- Überwärmung: Zu einem Wärmestau kann es bei zu hohen Raumtemperaturen, zu warmer Kleidung sowie beim Schlafen mit Heizdecken, Wärmflaschen, unter Ihrer Bettdecke, unter Daunenkissen und auf Fellen kommen. Die Luftzirkulation kann durch Himmel über dem Schlafplatz, Bettumrandungen und Nestchen eingeschränkt sein.
- Allein im Zimmer schlafen: Sie senken das Risiko auf ein Viertel, wenn Ihr Kind im ersten Lebensjahr in Ihrem Schlafzimmer schlafen darf.
- Sehr frühes Abstillen: Studien beschrieben ein drei- bis sechsfach erhöhtes Risiko beim Abstillen vor der sechsten Lebenswoche des Babys. Die Empfehlung lautet: Nach Möglichkeit bis zum Ende des sechsten Monats ausschließlich stillen.

Aus diesen Forschungsergebnissen können eine Reihe von Maßnahmen abgeleitet werden, die Sie im Umgang mit Ihrem Kind auf jeden Fall berücksichtigen sollten.

- Gewährleisten Sie für Ihr Baby eine rauchfreie Umgebung.
- Lagern Sie Ihr Baby zum Schlafen immer auf dem Rücken.
- Stellen Sie das Kinderbettchen in Ihr Schlafzimmer.
- Falls Ihr Baby in Ihrem Bett schläft, ist eine Lagerung in Rückenlage, ein eigener Kinderschlafsack und ein unbedecktes Köpfchen als Schutz vor Überwärmung wichtig. Nehmen Sie Ihr Baby nie mit unter Ihre Decke, um zu schlafen.
- Stillen Sie Ihr Baby so lange wie möglich.
- Wenn Ihr Baby einen Schnuller braucht, geben Sie ihm diesen auch zu jedem Schlafen.
- Die Raumtemperatur sollte tagsüber etwa 18 bis 20 Grad und nachts 16 bis 18 Grad betragen.
- Lassen Sie Ihr Baby in einem Kinderschlafsack ohne Kapuze schlafen. Wenn Sie es mit einer dünnen Decke zudecken, stecken Sie diese unter die Matratze am Fußende. Legen Ihr Baby so hin, dass es mit seinen Füßen das Fußende spürt.

Das Neugeborene

In den ersten Lebenswochen wird Ihr Baby hauptsächlich damit beschäftigt sein, sich auf das Leben außerhalb der Gebärmutter umzustellen. Sie können es dabei unterstützen, indem Sie seinen Rhythmus annehmen, es trinken lassen, so oft es danach verlangt, und viel Hautkontakt ermöglichen.

ERNÄHRUNG UND VERDAUUNG VON STILLBABYS

Ihr Baby wird seine erste Nahrung schon 30 bis 90 Minuten nach der Geburt verlangen. Die Koordination von Atmen, Saugen und Schlucken ist für Ihr Baby eine durchaus schwere Anfangsaufgabe. Da sich der Magen-Darm-Trakt erst langsam an die Aufnahme von Nahrung gewöhnen muss, bildet Ihr Körper die Vormilch (Seite 214) nur in kleinen Mengen. Bis zum dritten Tag wird sie allerdings immer mehr und wandelt sich zur Übergangsmilch (Seite 214). Ihr Baby kann die größere Menge dann schon gut vertragen. Durch eifriges Saugen sorgt ein ausschließlich gestilltes Baby selbst dafür, dass es genug Nahrung bekommt! Wundern Sie sich daher nicht, wenn Sie nach einigen Tagen ein Bläschen an der Oberlippe bemerken: Es handelt sich dabei um eine echte „Arbeitsblase“, die durch das starke Saugen entsteht und nach ein paar Tagen wieder vergeht.
Die Vormilch enthält wichtige Abwehrstoffe, die im Darm Ihres Babys eine Schutzschicht gegen krank machende Keime aufbauen. Diese geniale Einrichtung der Natur hilft dem Neugeborenen dabei, die nächsten vier bis sechs Wochen zu überstehen, bis es selbst Abwehrstoffe bilden kann. Ebenso werden die Schleimhäute der Atemwege geschützt. Für diese Leistung reichen nur wenige Gramm der aller ersten Vormilch. Ihr Baby ist bereits nach dem ersten Anlegen vor vielen Infektionen geschützt.

Kindspech

Wenn Ihr Baby nach seinem Hungerbedarf gestillt wird, entleert es den während der Schwangerschaft angesammelten Stuhl innerhalb der ersten drei Tage. Dieser erste Stuhlgang, Mekonium oder auch „Kindspech“ genannt, hat eine dunkle schwarzgrüne Farbe und weist noch keine Keimbesiedlung auf. Er

Soor behandeln

› Wenn Sie auf der Mundschleimhaut oder den Lippen Ihres Babys weiße Stippchen entdecken, die sich rasch ausbreiten und nicht wie Milchreste abwischen lassen, handelt es sich um eine Pilzinfektion (Soor). Es ist wahrscheinlich, dass auch Ihre Brustwarzen befallen sind. Sie müssen daher beide (!) medikamentös behandelt werden. Das verhindert ein Hin- und Herwandern der Infektion. Verabreden Sie daher einen Termin bei Ihrem Kinderarzt. Das Antipilzmittel (Nystatin oder Miconazol) gibt es in flüssiger Form. Verabreichen Sie es Ihrem Baby nach Anweisung Ihres Arztes. Sie können es nach dem Stillen in den Mund träufeln oder mit einem Löffel geben.

sieht aus wie ein Auto-Unterbodenschutz und klebt auch ungefähr so fest auf dem Babypo, wenn dieser lange nicht davon befreit wurde. Die meisten Babys haben ihre erste volle Windel schon wenige Stunden nach der Geburt. Das Sichvorwärtsschieben des Kindspechs durch jede Darmwindung wird oft mit Unruhe „kommentiert". Was auch kein Wunder ist, wenn man bedenkt, um was für eine zähe, klebrige Angelegenheit es sich dabei handelt. Je nachdem wie Ihr Baby trinkt, kann schon ab dem zweiten bis dritten Lebenstag die Nahrung Farbe und Konsistenz des Stuhlgangs verändern. Der so genannte Übergangsstuhl hat eine grün-gelbliche oder bräunliche Farbe und ist weicher und leichter nach draußen zu befördern. Bei Babys, die mit wenig oder auch sehr viel Geburtsgewicht geboren werden, gibt es häufig eine ein- bis zweitägige Pause zwischen Mekonium und Übergangsstuhl. Sie behalten die ganze Milchnahrung für sich, um ihren erhöhten Nahrungsbedarf erst einmal zu decken. Nachdem Ihr Baby nach der anfänglichen Brustdrüsenschwellung (Seite 191) zwischen dem dritten bis fünften Wochenbetttag dann Muttermilch erhalten hat, wird es reinen Muttermilchstuhl ausscheiden. Er ist gelborange und hat eine breiige Konsistenz. Er riecht leicht säuerlich. In den ersten zwei Wochen kann der Muttermilchstuhl noch etwas flüssiger sein und hellere Krümel aufweisen. Auch eine schaumige Beschaffenheit mit kleinen Schleimbeimengungen ist in den ersten 14 Tagen zu beobachten und gilt als normal. Uns fiel oft der Vergleich von Curry mit Hüttenkäse ein.

Beim Stillen beginnt bereits die Arbeit im Magen-Darm-Trakt, und eine kleine Pause kann helfen, das Rumpeln im Bauch wieder zu beruhigen. Der Stuhlgang wird manchmal bereits am Ende der Stillmahlzeit herausgedrückt. Wobei das aktive Drücken etwas ist, was Ihr Baby überhaupt erst langsam erlernen muss.

Wenn Ihr Baby ab dem fünften Lebenstag mindestens zwei bis drei volle Stuhlwindeln hat und jede Windel innerhalb von 24 Stunden „schwer" vom Urin ist, dürfen Sie von einer guten Nahrungsversorgung ausgehen. Hungernde gestillte Babys haben sehr selten Stuhlgang. In der gesamten Stillperiode können immer wieder zwei- bis achttägige stuhlfreie Phasen auftreten. Bei einem längeren Intervall sollten Kinder auch ohne Beschwerden untersucht werden, damit die Ursache geklärt werden kann.

ERNÄHRUNG UND VERDAUUNG VON FLASCHENBABYS

Wenn Sie Ihr Baby nicht stillen, sollte es bei den ersten deutlichen Anzeichen von Hunger mit einer Flasche „Pre"-Nahrung gefüttert werden. Sind Sie selbst oder der Vater des Kindes Allergiker oder haben Sie bereits Kinder mit Allergien, verwenden Sie am besten eine hypo-

Hunger oder Bauchweh?

- Es gibt Babys, die trotz guter Gewichtszunahme nur alle drei Tage Stuhlgang haben. Wenn dies bei Ihrem Baby allerdings plötzlich auftritt, nachdem die Windeln sonst immer mehrmals am Tag voll waren, ist vielleicht ein höherer Nahrungsbedarf die Ursache. Legen Sie Ihr Baby dann häufiger an. Sie können Ihrem Baby auch helfen, wenn Sie seinen Bauch sanft im Uhrzeigersinn massieren. Das regt den Darm an und zeigt Ihnen, ob der Bauch Ihres Babys berührungsempfindlich ist. Sollte das der Fall sein, ist ein Besuch beim Kinderarzt angebracht.

allergene Pre-HA-Nahrung. Geben Sie Ihrem Baby am ersten Tag die künstliche Milch entsprechend seinen Bedürfnissen. Fünf bis zehn Milliliter pro Flasche kann es wahrscheinlich gut aufnehmen.

Falls Ihr Baby eine sehr anstrengende Geburt oder grünes Fruchtwasser erlebt hat, kann es sein, dass Ihnen geraten wird, stattdessen eine Zuckerlösung (fünf bis zehn Milliliter pro Flasche) zu füttern. Vielen Babys ist nach stressigen Geburten schlecht und sie müssen sich übergeben. Dabei macht eine Zuckerlösung weniger Probleme als die Milchnahrung. Viele Neugeborene haben anfangs noch Schwierigkeiten, Atmen und Schlucken optimal zu koordinieren. Bei künstlicher Milch besteht die Sorge, dass Flüssigkeit in die Luftröhre gelangen könnte, wenn Ihr Baby sich erbricht.

Im Durchschnitt trinken Babys in den ersten zehn bis zwölf Wochen kleinere Mengen, aber dafür öfter. Viele beginnen zu spucken, wenn die Mahlzeiten mehr als 110 bis 160 Milliliter pro Fläschchen enthalten. Daher müssen Sie in diesen ersten Wochen zwischen fünf und acht Fläschchen füttern, damit Ihr Baby ausreichend versorgt ist. Nach dem dritten Monat vertragen die Kinder pro Mahlzeit auch Trinkmengen zwischen 160 und 200 Milliliter, so dass sich die Anzahl der Mahlzeiten reduziert.

In der Darmflora von nicht gestillten Babys bilden sich Kolibakterien. Diese bieten im Gegensatz zu den Bifidobakterien im Darm gestillter Babys keinen Schutz gegen Krankheiten. Außerhalb des Darms können die „Kolis“ sogar selbst zu Infektionen führen. Nicht zuletzt aus diesem Grund ist ein sehr hygienischer Umgang bei der Nahrungszubereitung und Verfütterung notwendig (Seite 228).

Nachdem Ihr Baby das Kindspech ausgeschieden hat, tritt keine Stuhlpause ein. Täglich sind zwei bis drei volle Windeln zu erwarten. Der Stuhlgang ist deutlich seltener als bei gestillten Babys, weil die künstliche Milch einige schwer zu verdauende Bestandteile enthält. Die Farbe des Stuhls ist lehmbraun bis hellgelb. Seine Beschaffenheit ist pastig bis fest. Im Gegensatz zum Muttermilchstuhl riecht dieser Stuhlgang durch seinen Anteil an Kolibakterien eher so wie bei Erwachsenen.

So viel Nahrung braucht Ihr Flaschenbaby

- Steigern Sie die Trinkmenge bei jedem Fläschchen um fünf bis zehn Milliliter, so lange, bis die tägliche Trinkmenge ein Sechstel seines Körpergewichtes beträgt. Andersherum: Wenn Ihr Baby 3600 Gramm wiegt, sollte es täglich 600 Milliliter Milchnahrung bekommen. Bei sechs Mahlzeiten macht das pro Flasche 100 Milliliter. Wenn Ihr Baby vier Monate alt geworden ist, reicht eine Tagestrinkmenge von einem Siebtel seines Körpergewichts.

BAUCHWEH UND BLÄHUNGEN

Viele Neugeborene leiden in ihren ersten zehn bis zwölf Lebenswochen immer wieder unter Bauchweh und Blähungen. Diese unangenehmen Beschwerden begleiten die ungewohnte Verdauungsarbeit des noch unreifen Darms Ihres Babys. Jedes Neugeborene hat Luft im Darm, die es mit viel Pupsen loswird. Einigen bereitet das kaum Probleme, andere beginnen zwischen der zweiten und dritten Lebenswoche jedoch heftig damit zu kämpfen. Die Blähungen entstehen, wenn beim Trinken oder Schreien verschluckte Luft mit der Milch in kleinen Blubberblasen in den Darm gelangt. Dazu kommen Gase, die durch die Verdauungsvorgänge entstanden sind und

HEBAMMENTIPP

Wenn Ihr Baby weinen muss ...
Wenn Sie das Gefühl haben, dass Ihr Baby unter Bauchweh und Blähungen leidet, können Sie Folgendes ausprobieren:

- Versuchen Sie selbst ruhig zu werden und Ihr Baby in einer vertrauten Umgebung ohne viele äußere Reize und ohne Ablenkung nah bei sich zu halten.
- Lassen Sie Ihr Baby seine Spannung und sein Unwohlsein über Schreien loswerden und stehen Sie ihm dabei mit körperlicher Nähe und beruhigender Stimme bei.
- Versuchen Sie, ob Ihrem Baby Wärme am Bauch oder am Rücken hilft. Als Wärmequelle kann Ihre warme Hand, ein lauwarmes Kirschkernkissen oder eine mit lauwarmem Wasser gefüllte Wärmflasche dienen. Bitte die wärmenden Hilfsquellen immer für eine Minute an Ihrem eigenen Hals oder an der Wange auf ihre Temperatur überprüfen, damit Ihr Baby sich nicht verbrennen kann.
- Ein allabendliches Massageritual hilft Ihrem Baby, sich von Spannung und Stress des Tages zu befreien.
- Probieren Sie, ob Ihrem Baby zwei- bis dreimal am Tag eine Bauchmassage hilft. Dabei folgen Sie dem Verlauf des Dickdarms (ein großes U auf dem Kopf stehend um den Nabel herum) im Uhrzeigersinn. Kleine, kreisende Bewegungen oder leichtes Klopfen mögen Babys am liebsten. Auch das vorsichtige Hochdrücken der Beinchen in eine maximale Hockstellung kann das Pupsen erleichtern. Bei der Massage wirkt ein leicht angewärmtes Pflanzenöl auf dem Bauch noch zusätzlich entspannend.

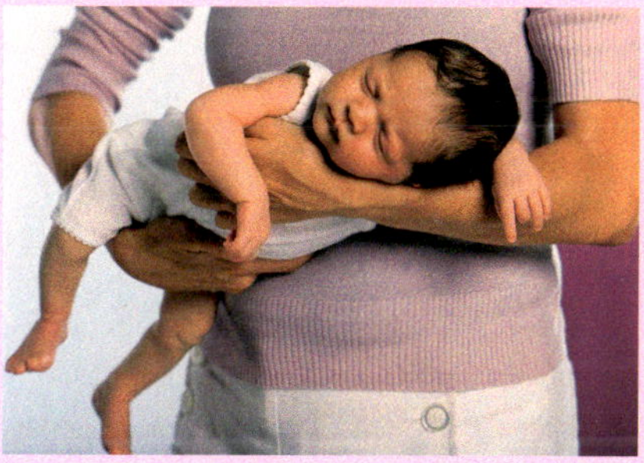

- Viele Babys finden es angenehm, wenn sie in Bauchlage im so genannten Fliegergriff gehalten werden.
- Manchen Babys sollen Antiblähtropfen (zum Beispiel Sab simplex® oder Lefax®) helfen. Der in den Tropfen enthaltene Wirkstoff vermindert die physikalische Stabilität des getrunkenen Milchschaums im Magen. Dadurch soll weniger Luft in den Darm kommen. Wenn nach einer Woche Anwendung keine Besserung eingetreten ist, können Sie davon ausgehen, dass die Tropfen nicht helfen.
- Entwickeln Sie aus lauter Verzweiflung keinen Überaktionismus und meiden Sie möglichst Maßnahmen mit zweifelhafter Wirkung, die sicherlich auch in Ihrem Bekanntenkreis zirkulieren, wie Ihr Kind mit dem Auto durch die Gegend zu fahren. Das sorgt höchstens für mehr Unruhe.

dazu beitragen, einzelne Darmabschnitte schmerzhaft aufzudehnen.
Typisch ist, wenn Ihr Baby ungefähr eine halbe Stunde nach der Mahlzeit unruhig wird und sein Unwohlsein mit lautem Schreien kundtut. Das Bäuchlein fühlt sich hart und aufgetrieben an, und das Baby zieht die Beine heftig zum Bauch. Beim Schreien spannt das Baby unwillkürlich die Bauchmuskeln an. Dabei drückt es automatisch, ohne dies natürlich aktiv steuern zu können. Dem Gebrüll ist dann immerhin etwas Positives abzugewinnen. Wenn Ihr Baby die Pupse dann oft mit etwas schaumigem Stuhlgang herausgedrückt hat, geht es ihm erst einmal besser (und Ihnen auch ...). Der Darm ist ab dem vierten bis fünften Lebensmonat deutlich ausgereifter, und das Baby hat gelernt, wie es drücken muss. Dann verschwinden auch die starken schmerzenden Blähungen bei den meisten Babys.

Vom Schreien und vom Weinen

Das so häufig beschriebene Phänomen der „Dreimonatskoliken" (deren Existenz nicht wirklich bewiesen ist) fällt genau in den Zeitraum der Darmausreifung. In Studien konnte nachgewiesen werden, dass das damit verbundene Schreien nicht die Folge von Blähungen, sondern eher seine Ursache ist. Nach unserer Erfahrung sind es vor allem zwei Dinge, die den meisten Eltern Probleme und Stress bereiten: das Schreien und der Nachtschlaf. Es ist daher gut, wenn Sie sich bereits im Vorfeld darauf einstellen, was in der ersten Zeit mit einem kleinen Kind auf Sie zukommen wird.
Das Schreien ist für Ihr Baby anfangs die einzige Möglichkeit sich auszudrücken. Es möchte Ihnen dadurch mitteilen, dass es ein ungestilltes Bedürfnis hat und jemanden braucht, der sich darum kümmert. In den ersten Tagen und Wochen ist es nicht immer leicht, das Schreien richtig zu deuten. Beobachtung, Geduld und die wachsende Erfahrung werden Ihnen helfen herauszufinden, was Ihr Baby Ihnen sagen will. Alle Babys schreien auf ihre eigene Art. Einige schreien immer wieder für einige Zeit, andere recht selten und wieder andere eine längere Zeit ohne Unterbrechung. Einige lassen sich leicht trösten, andere brauchen Ihren Halt und auch Ihr Zuhören, bis sie mit dem Schreien aufhören können. Übereinstimmung herrscht in der Fachwelt, dass Babys schreien, weil sie etwas brauchen und wollen, dass Sie auf sein Bedürfnis reagieren. Sie werden den Grund nicht immer herausfinden können. Manchmal schreit ein Baby einfach, auch wenn Sie es gerade gestillt haben, es nicht zu warm oder zu kalt eingepackt ist, die Windel sauber ist, Sie es nah bei sich halten und sanft wiegen, Sie ein vertrautes Lied singen und es nicht krank ist. Sie müssen den Grund des Schreiens nicht unbedingt kennen, sondern nur für sich und Ihr Baby akzeptieren, dass es seinen Grund gibt. Setzen Sie sich dann einfach ruhig mit Ihrem Baby hin und hören Sie ihm zu. Vielleicht muss es noch etwas von einer anstrengenden Geburt erzählen, trauert der Zeit in der Gebärmutter nach, muss von der Angst bei einer neuen Erfahrung erzählen, die Anspannung eines besonders hektischen Tages loswerden oder es hat schlecht geträumt. Das Gefühl, dass Sie bei ihm sind, zuhören und trösten hilft Ihrem Baby mehr als hektischer Aktionismus, weil Sie meinen, dass das Schreien abgestellt werden müsste. Bei seelischem Kummer bieten Ablenken und Beruhigen zwar eine Unterbrechung für eine kurze Zeit. Aber das Ausdrückendürfen von dem, was als belastend erlebt wurde, hilft Ihrem Baby deutlich weiter.

URIN

Bei gesunden Babys, die am errechneten Termin geboren wurden, ist eine erste feuchte Windel oft erst nach 24 Stunden zu finden, die meisten

sind jedoch schneller. In der Anfangszeit pullern Babys bis 20-mal am Tag, besonders gern beim Wechseln der Windeln. Bei einer so häufigen Ausscheidung in der ersten Zeit ist das Windelwechseln sechs- bis achtmal täglich gut für die Haut Ihres Babys.
In der ersten Woche kann ein ziegelroter Fleck in einigen Windeln zu finden sein. Hierbei handelt es sich um Salze der Harnsäure, die Ziegelmehl genannt werden. Wenn bei Ihrer Tochter ein rötlichbrauner Fleck in der Windel zu finden ist, handelt es sich um eine menstruationsähnliche Blutung, die durch den Abfall der Schwangerschaftshormone auftreten kann und vollkommen normal ist.

Stillbabys sind etwas leichter als Flaschenkinder

- Die Weltgesundheitsorganisation arbeitet derzeit an einer Wachstumskurve für Babys, die ausschließlich gestillt wurden. Mit dieser Statistik soll erstmalig ohne die Daten der anders ernährten Babys einzubeziehen ein weltweiter Standard der Gewichtszunahme für gestillte Babys ermittelt werden. Die bestehenden Gewichtskurven orientieren sich auch an den künstlich ernährten Babys und stufen voll gestillte Babys ab drei Monaten daher schnell als untergewichtig ein. Übergewicht wird dagegen erst sehr spät dokumentiert. Das verwundert besonders bei den in Europa und den USA bestehenden Problemen mit der Fettleibigkeit bei Kindern. In einer Studie konnte nachgewiesen werden, dass Babys, die mit künstlicher Milch ernährt waren, ein deutlich erhöhtes Risiko trugen bei ihrer Einschulung übergewichtig zu sein. Im Gegensatz hierzu konnte bei gestillten Babys ein deutlich geringeres Risiko für Fettleibigkeit bei der Einschulung ausgemacht werden. Je länger gestillt wurde, desto kleiner war die Wahrscheinlichkeit für Übergewicht.

DER NABELSCHNURREST

Der mit einer Plastikklemme verschlossene Nabelschnurrest trocknet ein und fällt meist zwischen dem 4. und 14. Lebenstag ab. Danach ist ein gelblicher, etwas feuchter Nabelgrund vollkommen normal. Auch wenn ab und zu noch ein paar Tröpfchen Blut abgesondert werden, ist dies kein Grund zur Beunruhigung. Alle Hebammen, Kinderkrankenschwestern und Kinderärzte haben jeweils ihr eigenes „Patentrezept" zur Nabelpflege, und es ist wahrscheinlich, dass sie sich alle unterscheiden. Wir kennen keine wirkliche einzig richtige Empfehlung. Alle Methoden führen zum gleichen Ziel: Der Nabelschnurrest fällt ab.
Wichtig ist, dass Sie sich immer die Hände waschen, bevor Sie den Nabelschnurrest anfassen. Schlagen Sie die Windel so um, dass sie nicht am Nabel reibt oder für einen fortwährend feuchten Bereich sorgt.
Wenn Sie Ihr Kind gebadet haben, trocknen Sie den Nabelschnurrest gut ab. So wird sich die Heilung nicht verzögern. Informieren Sie Ihre Hebamme, wenn der Nabelschnurrest riecht, sehr feucht wirkt oder stark suppt.

GEWICHTSZUNAHME

Wenn die Stillbeziehung gut aufgebaut wurde, wachsen und gedeihen Babys rasch. Die meisten Babys verlieren bis zum vierten Lebenstag sieben bis zehn Prozent ihres Geburtsgewichts. Das ist normal und völlig unbedenklich, wenn

Entwickelt sich Ihr Baby gut?

Sie können auch ohne Waage feststellen, dass Ihr gestilltes Baby ausreichend zunimmt, wenn nach 14 Tagen folgende Punkte zutreffen:

- Es bekommt mindestens sechs Mahlzeiten in 24 Stunden (acht bis zwölf sind normal).
- Ihr Baby trinkt an jeder Brust mindestens für 15 Minuten (nach Bedarf ist die Empfehlung).
- Es produziert mindestens sechs feuchte Windeln in 24 Stunden.
- Ihr Baby hat mindestens eine, besser drei Windeln mit Stuhlgang am Tag.
- Das Bäuchlein ist an den Seiten ausladend.
- An den Fingern bilden sich kleine Fettpolster.

sie danach rasch zunehmen und nach 10 bis 14 Tagen ihr Ausgangsgewicht wieder erreicht haben. Ab diesem Zeitpunkt nimmt ein normalgewichtiges, gesundes Kind bis zu seinem fünften Lebensmonat 115 bis 225 Gramm pro Woche zu und danach immerhin noch ungefähr 100 Gramm. Als Faustregel gilt, dass sich das Geburtsgewicht nach fünf Monaten verdoppelt und nach einem Lebensjahr verdreifacht haben sollte.

Da Muttermilch leicht verdaulich ist und die Nährstoffe schnell vom Körper aufgenommen und verwertet werden, brauchen gestillte Kinder häufig mehr Mahlzeiten als künstlich ernährte Babys. Nach drei Monaten sind ausschließlich gestillte Babys im Durchschnitt etwas schlanker als Babys, die mit künstlicher Nahrung gefüttert wurden.

Sie müssen das Gewicht Ihres Babys aber nicht andauernd kontrollieren. Nur bei Babys, die zu früh oder untergewichtig zur Welt kamen, kann es Sicherheit geben, eine Waage für die ersten Wochen im Haus zu haben. Auf jeden Fall wird es bei allen Vorsorgeuntersuchungen gewogen, und Ihre Hebamme oder Ihre Kinderärztin wird zusätzlich im Alter von 10 bis 14 Tagen kontrollieren, ob Ihr Baby sein Geburtsgewicht bereits wieder erreicht hat.

SPUCKBABYS

Viele Babys sind kleine Spuckspechte, die nach jeder Mahlzeit wieder ein bisschen Milch nach draußen befördern. In den ersten beiden Lebenstagen wird oft noch Fruchtwasser, Schleim oder Blut gespuckt, das Ihr Baby vor oder während der Geburt aufgenommen hat. Der blutige Schleim erscheint dann nicht in roter, sondern brauner bis schwarzbrauner Farbe, wenn er vom Magen wieder hochkommt. Kein Wunder, dass den Babys dann übel sein kann.

Nachdem die Babys die recht dünnflüssige Muttermilch oder künstliche „Pre“-Nahrung trinken, kommt es bei rund der Hälfte zu regelmäßigen Spuckportionen nach dem Trinken. Der Grund dafür ist nicht nur der volle Bauch, der ein gutes Zeichen dafür ist, dass Ihr Baby genügend trinkt. Es kann auch noch eine leichte Muskelschwäche am Übergang von der Speiseröhre zum Magen vorliegen. Denken Sie an das Tragen gut waschbarer Kleidung für sich selbst oder deponieren Sie Spucktücher in Ihrer Wohnung. Beim Hochnehmen zum Bäuerchen legen Sie am besten immer eines der Tücher zum Schutz über Ihre Schulter.

Nur bei schwallartigem Erbrechen im hohen Bogen nach jeder Mahlzeit, was selten und erst drei bis vier Wochen nach der Geburt auftritt, sollten Sie Ihr Baby dem Kinderarzt vorstellen. Mithilfe einer Ultraschalluntersuchung wird überprüft, ob eine Verengung des Magenausgangs die Ursache ist. Dann müssen Elektrolyt- und Wasserhaushalt ab sofort überwacht werden. Eventuell wird auch eine Operation notwendig. Drei von tausend Kindern sind davon betroffen.

DAS REGULIEREN DER KÖRPERTEMPERATUR

Ihr Baby hat viele Monate bei relativ gleich bleibender Temperatur in der Gebärmutter gelebt und musste sich um die Regulierung seiner Körpertemperatur nicht kümmern. Es ist daher auf Ihre Unterstützung angewiesen, bis es selbst dazu in der Lage ist. Die vielen Anpassungsvorgänge funktionieren besser, wenn die Körpertemperatur keinen großen Schwankungen unterworfen ist. Die im Po (rektal) gemessene Temperatur sollte zwischen 36,5 und 37,3 Grad liegen. Temperaturen unter 36,0 und über 37,5 Grad belasten Ihr Baby unnötig.

Nun müssen Sie nicht fortdauernd bei Ihrem Baby die Temperatur messen, sondern einfach beim Wickeln am Körper, den Beinchen und im Nacken prüfen, ob es sich kalt anfühlt. Die Hände sind meistens etwas kühler, aber der Rest des Körpers sollte rosig aussehen und warm sein. Setzen Sie bei einem Baby mit geringem Geburtsgewicht oder wenn Sie sehr unsicher sind ein Fieberthermometer zur Kontrolle ein.

In den ersten drei Lebensmonaten ist nur eine rektal gemessene Temperatur aussagekräftig. Es lohnt sich daher, ein spezielles Baby-Fieberthermometer anzuschaffen:

- Praktisch ist ein digitales Fieberthermometer, auf dem die Temperatur rasch abzulesen ist. Babys liegen nicht so gern ewig still, bis die Messung abgeschlossen ist!
- Wenn die Mess-Spitze beweglich ist, kann die Temperatur auch bei kleinen „Zappelphilipps“, ohne Unterbrechung und ohne Verletzungsgefahr gemessen werden.
- Reiben Sie die Mess-Spitze nicht mit Creme oder Öl ein, da die Temperatur dann nicht korrekt ermittelt wird.

Warm einpacken

Wenn Ihr Baby zu den kleinen Frostbeulen gehört, können Sie mit einigen einfachen Handgriffen seine Körpertemperatur normalisieren. Beginnen Sie mit den Maßnahmen bereits ab einer Temperatur um 36,5 Grad:

- Geben Sie Ihre eigene Körperwärme an Ihr Baby weiter. Kuscheln Sie mit Ihrem Baby im Bett, bis es sich wieder warm anfühlt.
- Erhöhen Sie die Raumtemperatur.
- Wickeln Sie es unter einer Wärmequelle.
- Tragen Sie es in einem Tragetuch nah an Ihrem Körper.
- Schlagen Sie Ihr Baby eng in eine Decke, damit die Wärmespeicherung die Temperatur leichter reguliert.
- Ziehen Sie warme Socken über den Strampler. Ziehen Sie Ihrem Baby auch in der Wohnung eine dünne Baumwollmütze an, damit nicht zu viel Wärme über den Kopf verloren geht. Dies gilt wirklich ausschließlich für Babys mit Untertemperatur!
- Legen Sie ein angewärmtes Kirschkernkissen oder eine mit körperwarmem Wasser gefüllte Wärmflasche ins Bettchen. Bevor Sie Ihr Kind dort hineinlegen, entfernen Sie die Wärmequelle bitte wieder.

Kleine Öfen

Wenn Ihr Baby eine Körpertemperatur von um 37,3 Grad hat, gehört es zu den kleinen Öfen. Damit der Kreislauf nicht unnötig belastet wird, sollten Sie versuchen, Ihr Baby ein wenig abzukühlen:

› Entblättern Sie Ihr Baby. Meistens sind sie zu warm angezogen oder nach langem Schreien „heiß gelaufen".
› Legen Sie Ihr Baby öfter an! Bei nicht gestillten Babys können Sie zusätzlich etwas stilles natriumarmes Mineralwasser füttern. Auch ein Flüssigkeitsmangel kann an besonders warmen Tagen, zu einer erhöhten Temperatur führen.

Bei einer erhöhten Temperatur über 37,5 Grad führen Sie immer erst die oben genannten Maßnahmen durch. Sollte nach einer halben Stunde die Temperatur weiter ansteigen und über 38 Grad hinausgehen, liegt keine normale Temperaturschwankung vor. Wenn Ihr Baby jünger als acht Wochen alt ist, muss dies sehr ernst genommen werden. In einem solchen Fall sollte Ihr Baby zügig von einer Kinderärztin oder in einer Kinderklinik untersucht werden (siehe Kasten Seite 257).

Nach zwei bis drei Lebenswochen, meistens mit dem Erreichen des Geburtsgewichts, kann Ihr Baby seine Körpertemperatur selbst regulieren. Sie können Ihr Baby dann so warm kleiden, wie Sie es auch für sich angenehm finden. Gewöhnen Sie Ihr Baby im Winter an die Außentemperatur, indem Sie es nach der ersten Lebenswoche gut eingepackt für 30 Minuten ans offene Fenster stellen. Bei Temperaturen unter 10 Grad minus und Temperaturen über 35 Grad ist aber noch bis zur achten Woche Vorsicht angesagt. Planen Sie dann keine langen Aufenthalte im Freien ein.

NEUGEBORENENGELBSUCHT

Viele Babys wechseln in den ersten Lebenstagen ihre Hautfarbe von rosig in gelblichbraun. Die Eltern freuen sich über die ihrer Meinung nach besonders gesunde Farbe. „Sieht wie nach dem Urlaub aus", bekommen wir dann mitunter zu hören.

In Wirklichkeit ist aber der Blutfarbstoff Bilirubin für die Verfärbung verantwortlich. Eigentlich handelt es sich dabei um ein Abfallprodukt, das beim Abbau der roten Blutkörperchen entsteht. Das überflüssige Bilirubin wird normalerweise über die Leber ausgeschieden. Da diese aber gerade erst dabei ist, ihre Arbeit aufzunehmen, wird der Blutfarbstoff bis zu seinem Abtransport in Augen und Haut zwischengelagert und sorgt dort für die charakteristische Gelbfärbung. Etwa nach einer Woche ist die Leber voll funktionsfähig und scheidet das Bilirubin aus. Dann lässt auch der Gelbstich langsam nach. Eine krankhafte Neugeborenengelbsucht, bei der die Bilirubinwerte einen gewissen Wert überschreiten, ist nicht allzu häufig.

Öfters kommt sie bei Frühchen vor, aber auch nach langen, anstrengenden Geburten und bei Kindern die Blutergüsse, Infektionen, eine verzögerte Mekoniumausscheidung und einen späten Fütterungsbeginn hatten. Wenn sich Ihr Baby stark verfärbt und immer matter wird, werden Ihre Hebamme oder die Kinderschwester auf der Wochenstation eine Blutentnahme veranlassen, damit der Bilirubinwert bestimmt werden kann. Überschreiten die Bilirubinwerte eine bestimmte Obergrenze, wird Ihr Baby mit der so genannten „Phototherapie" behandelt, die in der Regel innerhalb von ein bis zwei Tagen zum Erfolg führt. Dazu wird Ihr Baby täglich mehrere Stunden unter eine spezielle Blaulichtlampe gelegt.

Bei rund einem von hundert gestillten Babys ist eine besondere Form der Neugeborenengelbsucht, die so genannte „Muttermilchgelbsucht", zu beobachten. Wenn mit einer Blutuntersuchung andere Ursachen ausgeschlossen wurden, muss der oft über Wochen anhaltende Verfärbungszustand nicht weiter behandelt werden.

DAS IMMUNSYSTEM BILDET SICH

Am Anfang seines Lebens besitzt Ihr Baby einen so genannten „Nestschutz", der ihn vor Infektionen schützt. Bereits im letzten Drittel der Schwangerschaft gehen alle Antikörper, die Sie selbst durch Krankheit oder Impfung erworben haben, auf Ihr Kind über. Sie bilden bis zu seinem fünften Lebensmonat die Immunabwehr. Dann beginnt Ihr Baby damit, die geliehenen Abwehrstoffe abzubauen und nach und nach eigene zu bilden. Dadurch erklärt sich, warum Kinder zwischen dem fünften Monat und dem dritten Lebensjahr so häufig krank sind. Andere Abwehrstoffe gegen aktuell in der Familie existierende Krankheitserreger bekommt ein gestilltes Baby mit dem Kolostrum und mit der Muttermilch. Ein weiterer unschätzbarer Vorzug der Muttermilch-Ernährung! Bis Ihr Baby eigene krankheitsabwehrende Mechanismen ausgebildet hat, ist nichtsdestotrotz Vorsicht geboten: So lange besteht eine erhöhte Infektionsgefahr (zur Vorbeugung siehe Kasten Seite 257).

HEBAMMENTIPP

Um Ihrem Baby bei dem Abbau des Bilirubins zu helfen, können Sie auf folgende Dinge achten:

- Legen Sie gestillte Babys oft und lange an, weil die Vormilch die Darmtätigkeit Ihres Babys anregt. Die Bilirubinausscheidung wird dadurch begünstigt.
- Ersetzen Sie die Stillmahlzeiten nicht durch Zuckerlösung oder Teezufütterung. Pumpen Sie besser Ihre Vormilch ab und füttern Sie Ihr Baby mit einem Löffel oder einem Becher, wenn es zu müde ist, häufig zu saugen.
- Füttern Sie bei nicht gestillten Babys vom ersten Lebenstag an eine industriell hergestellte Pre oder Pre HA Nahrung.
- Vermeiden Sie zur Unterstützung des Leberstoffwechsels auf jeden Fall eine Unterkühlung. Da dieser Stoffwechsel am besten bei einer gleich bleibenden Temperatur von 37 Grad funktioniert, baden Sie Ihr Baby in den „gelben Tagen" nicht. Waschen und wickeln Sie es nur in warmer Umgebung.
- Stellen Sie Ihr Baby ans Fenster und achten Sie auf eine freie Stirn und ein unbedecktes Köpfchen. Licht hilft beim natürlichen Umbau in „wasserlösliches Bilirubin", das ausgeschieden werden kann.
- Bei nicht allzu kaltem Wetter ist ein einstündiger Spaziergang bei Tageslicht in einer ruhigen Umgebung empfehlenswert. Diesen Spaziergang kann Ihr Partner oder eine Freundin mit dem Baby allein unternehmen, damit Sie sich in der Zwischenzeit ausruhen können.
- Vermeiden Sie Stress für Ihr Baby, weil sich dadurch der Abbau des Bilirubins verzögern kann.

Das Leben mit dem Baby

DIE PERSÖNLICHKEIT IHRES BABYS

Ihr Baby hat seine eigene individuelle Persönlichkeit. Vielleicht haben Sie das bereits während der Geburtsarbeit festgestellt. Aber spätestens nach der Geburt werden Sie Vorlieben und Abneigungen Ihres Babys und seine sehr eigenen Reaktionen auf Sie und auch auf die Umwelt entdecken können.
Einer der wirklich spannenden Aspekte des Elternseins ist es, die besonderen Verhaltensweisen Ihres Babys zu kennen und auf eine Weise zu reagieren, wie es kein anderer kann. Anfangs verstehen Sie Ihr Baby vielleicht nicht immer. Aber durch Beobachtung und den täglichen Umgang werden Sie seine Persönlichkeit so gut kennen lernen wie niemand sonst. Je mehr Zeit Sie miteinander verbringen, Ihr Baby tragen und mit ihm spielen, desto leichter wird es für Sie sein, Ihr Kind zu verstehen und mit ihm zu kommunizieren.
Einige Babys mögen in den Armen gewiegt, andere wollen eher ruhig gehalten werden. Manche fühlen sich wohl, wenn sie fest in ein Tuch gewickelt werden, andere mögen mit ihren Händen und Füßen immer strampeln können. Einige schimpfen bei einer vollen Windel und fühlen sich erst wohl, wenn diese gewechselt wurde. Anderen macht eine volle Windel gar nichts aus, und sie schimpfen nur, weil sie schon wieder gewickelt werden. Je nach Temperament Ihres Babys wird auch seine Verhaltensweise sein.
In der Anfangszeit kann es Ihnen vielleicht helfen, verschiedene Abläufe im Sorgen um Ihr Baby auszuprobieren, bis Sie wissen, was ihm am besten gefällt. Wenn Ihr Baby viel schreit, kann es sein, dass es sehr sensibel und empfindlich auf Reize reagiert. Sensible Babys haben auch häufig Probleme, einen einigermaßen regelmäßigen Still-, Fütterungs- oder Schlafrhythmus zu finden. Falls Ihr Baby dieses Temperament besitzt, wird es sich wahrscheinlich in entspannter, vertrauter, ruhiger Umgebung wohler fühlen, als in einer fremden und stark stimulierenden Umgebung. Versuchen Sie dann, Ihr Baby nicht zu überfordern und ihm viel Zeit zu lassen, wenn es neue Menschen und Situationen kennen lernen soll.
Ein ruhiges, oft als „leicht im Umgang“ bezeichnetes Baby wird sich schnell an neue Umgebungen und Menschen gewöhnen. Auch Schlaf- und Stillprobleme kommen selten vor. Bei diesen kleinen Menschen besteht aber auch die Gefahr, eben weil sie so „pflegeleicht“ sind, dass eine Überreizung auftritt. Diese Babys werden dann nicht unbedingt viel weinen, sondern sich eher in sich hineinverkriechen und kein Interesse an der neuen Situation zeigen oder nur noch schlafen wollen. Wenn Sie so etwas beobachten, braucht Ihr Baby vielleicht eine Pause in einer ruhigen, vertrauten Umgebung.

SÄUGLINGSPFLEGE

Die Pflege Ihres Babys wird viel Raum und Zeit einnehmen. Sie sollte nicht nur aus Wickeln, Baden, Ankleiden und Füttern bestehen, sondern für Sie alle eine Zeit des Kennenlernens, Beobachtens, Spielens und auch Schmusens sein. Manche Eltern und Babys brauchen dafür etwas Anlaufzeit. Sie müssen den richtigen Ort für Kleidung und Pflegezubehör herausfinden, die richtigen Handgriffe lernen (Seite 282) und etwas Routine bekommen. Manchmal fehlt auch noch das eine oder andere Zubehör. Bei einem sehr schlanken oder früh geborenen Baby besorgen Sie die vor der Geburt noch als überflüssig betrachtete Wärmelampe. Sie müssen vielleicht das anfängliche „Schimpfen" Ihres Babys aushalten, das eventuell alle Pflegemaßnahmen erst einmal überhaupt nicht mag. Sie müssen sich auch noch die Tipps der vielen weisen Ratgeber (Seite 207) anhören, die alle etwas anderes vorschlagen. Unser Rat ist: Vergessen Sie die meisten Theorien.

Geben Sie sich und Ihrem Baby Zeit und Raum sich langsam aufeinander zuzubewegen. Erzählen Sie Ihrem Baby, was Sie vorhaben, und legen Sie nicht einfach ohne Erklärung los. Sie werden sehen, dass es dann viel ruhiger reagiert. Kommentieren Sie ruhig und voller Achtung für Ihr Baby, was Sie für wundervolle Dinge an ihm entdecken. Wundern Sie sich nicht über sich selbst, dass der Inhalt einer Windel für Sie so spannend sein kann. Singen Sie ein Lied für Ihr Baby, das weint, weil der Popo schon wieder gewaschen wird. Das beruhigt Ihr Baby und auch Sie!

Hygiene

Die Empfehlungen zur Hygiene im eigenen Haushalt sind denkbar einfach. Waschen Sie Ihre Hände mit Wasser und Seife. Reinigen Sie Wickelplatz, Badewanne oder Badeeimer mit üblichen Haushaltsreinigern. Bei im Handel erhältlichen Desinfektionsmitteln können bei Ihnen oder Ihrem Baby Unverträglichkeitsreaktionen auftreten. Sie sollten sie daher nicht verwenden. Die Kleidung Ihres Babys und auch die waschbaren Windeln können Sie mit einem Waschprogramm bei 60 Grad zusammen mit Ihrer Wäsche waschen. Benutzen Sie keine Weichspüler. Sie können zu Irritationen auf der Haut Ihres Babys führen. Sie brauchen die Wäsche nicht täglich zu wechseln. Ihr Baby geht noch nicht gleich in die Buddelkiste und liebt das Umkleiden anfangs auch nicht so sehr. Das gilt natürlich nicht, wenn die Wäsche nass oder schmutzig ist. Bei Spuckbabys hilft ein Tuch als Latz oder als Halstuch gegen volle Waschmaschinen.

Wickeln

Zum Wickeln benötigen Sie eine Schüssel mit warmem Wasser, einen Waschlappen, ein Tuch zum Trockentupfen und eine Windel. Wenn die Haut leicht wund ist, können Sie zusätzlich ein Pflanzenöl oder eine Wundcreme verwenden. Fall Sie zum Reinigen Öltücher praktischer finden, füllen Sie ein Pflanzenöl in einen in Drogerien erhältlichen Pumpspender und nehmen ein Stück weiches Toilettenpapier

HEBAMMENTIPP

- Falls Ihr Baby eine empfindliche Haut hat und zum Wundwerden neigt, ist es vor allem wichtig, häufiger zu wickeln. In den meisten Fällen hilft es schon, wenn Sie die Windeln alle zwei bis drei Stunden wechseln und Ihr Baby dabei immer einige Minuten „luftbaden" (nackter Po an der Luft) lassen. Da Feuchtigkeit die Hauptursache für den wunden Po ist, hilft das Eincremen der wunden Haut mit einer entzündungshemmenden Heilsalbe. Wenn diese Maßnahmen nach mehreren Tagen keine Besserung bringen, kann es an der Windelmarke liegen.
  Hilft auch das Wechseln des Produktes nicht, kann das Auftragen einer Zinkpaste eventuell wirken. Lassen Sie sich auch von Ihrer Hebamme oder Ihrem Kinderarzt beraten, wenn das Problem hartnäckig anhält.

oder ein anderes unparfümiertes Papiertuch, um Ihr Öltuch selbst herzustellen. Neben Einsparungen bei der Haushaltskasse erhalten Sie so auch eine Pflege, die alle Empfehlungen zur Allergieprophylaxe berücksichtigt. Wenn Sie gerne eines der auf dem Markt befindlichen Babyöle verwenden möchten, bedenken Sie dabei bitte, dass diese Produkte praktisch alle mehrere Substanzen enthalten, die zur Reinigung nicht unmittelbar notwendig und somit unnötig sind.

Wenn Sie alles zusammenhaben, brauchen Sie nur noch auf den richtigen Zeitpunkt zu warten. Sie werden sehen, das ist eine Wissenschaft für sich. In den ersten Lebenstagen werden manche Babys erst wach genug zum Trinken, wenn sie gewickelt werden. Andererseits wird die Verdauung ja erst bei der Mahlzeit angekurbelt und die Windel ist bei den meisten Babys nach dem Stillen voll. Unter diesem Aspekt betrachtet, ist es vielleicht sinnvoller, zwischen zwei Brüsten (falls Sie beide anlegen) oder danach zu wickeln. Dabei gilt es zu bedenken, dass viele Babys auch gern am Ende der Mahlzeit einschlafen. Sie dann wegen des Wickelns zu wecken, ist auch keine besonders gute Idee. Sie werden also selbst herausfinden müssen, wie und wann Sie das Reinigungsritual am besten begehen. Es gibt für solche Fragen keine besseren Experten als Sie selbst! Wechseln Sie die Windeln tagsüber alle drei bis vier Stunden und nachts alle vier bis fünf Stunden, falls Ihr Baby schon so lange schläft.

Windeldermatitis

Eine Windeldermatitis wird dann diagnostiziert, wenn die genannten Hinweise nicht helfen und die gerötete Haut sich schält und leicht blutet. Ursache sind meist Windelunverträglichkeit oder eine Pilzinfektion (Soor), die besonders gut an defekten Hautarealen gedeiht. Auch eine zu hohe Zufuhr von Ascorbinsäure (Vitamin C) aus Vitamintabletten, Südfrüchten und Fruchtsäften oder sehr scharfen Gewürzen kann bei Babys und Kleinkindern Hauterscheinungen hervorrufen. Eine Windeldermatitis sollte sich normalerweise mit den vorstehenden Maßnahmen bessern. Wenn allerdings eine Soorerkrankung vorliegt, muss diese mit einer Antipilzsalbe behandelt werden. Besprechen Sie dies mit Ihrer Kinderärztin. Der Windelsoor steht oft in Verbindung mit einem Mundsoor (Seite 270).

HOCHNEHMEN UND TRAGEN

Gewöhnen Sie sich im täglichen Umgang mit Ihrem Baby – beim Wickeln, Tragen, Aufnehmen, Baden etcetera – von Anfang an einige spezielle Handgriffe an. Sie können damit die Bewegungsentwicklung Ihres Babys fördern und helfen gleichzeitig falsche Körperhaltungen zu vermeiden. Schauen Sie Ihr Baby an und versuchen Sie den Blickkontakt zu halten. Führen Sie alle Handgriffe langsam aus, damit Ihr Baby lernen kann, alle Abläufe zu unterstützen.

Als Vorbereitung auf eine kommende längere Nachtruhe ist es gut, alle Pflegedinge, wie Baden, Massagen und so weiter zu regelmäßigen Zeiten zu erledigen. In der Nacht wickeln Sie dann ohne viel Licht und Spielen, um Ihr Baby langsam auf Ihren Rhythmus einzustimmen. Wenn Ihr Baby zwei Monate alt ist, reicht es aus, wenn Sie Ihr Baby fünf- bis sechsmal in 24 Stunden wickeln. Der Kopf muss bei kleinen Babys vor dem Nach-hinten-Fallen geschützt werden. Oft hilft dabei aber schon ein Stabilisieren des Halses.

Beim Wechseln der Kleidung ist es für die Babys angenehm, zumindest mit einer Körperhälfte Kontakt zum Wickelplatz zu haben. Beim Ausziehen drehen Sie Ihr Baby daher zur Seite und lösen ein Ärmchen aus dem Pullover oder Body. Dann drehen Sie es auf die andere Seite und ziehen alles aus.

Wickelgriff

Den Po Ihres Babys sollten Sie nur mit dem Wickelgriff anheben. Dazu greifen Sie mit der rechten Hand unter dem linken Beinchen Ihres Babys durch und umfassen den rechten Oberschenkel (und umgekehrt). Der linke Oberschenkel liegt dann auf Ihrem Handrücken und den rechten halten Sie in der Hand. Mit diesem Griff können Sie den Po anheben und gut reinigen, ohne dass ein übermäßiger Zug an den Hüftgelenken entsteht, die noch sehr empfindlich sind. Zudem kann Ihr Baby dann noch mit einem Beinchen strampeln, was es gegenüber der Wickelprozedur gnädiger stimmen wird.

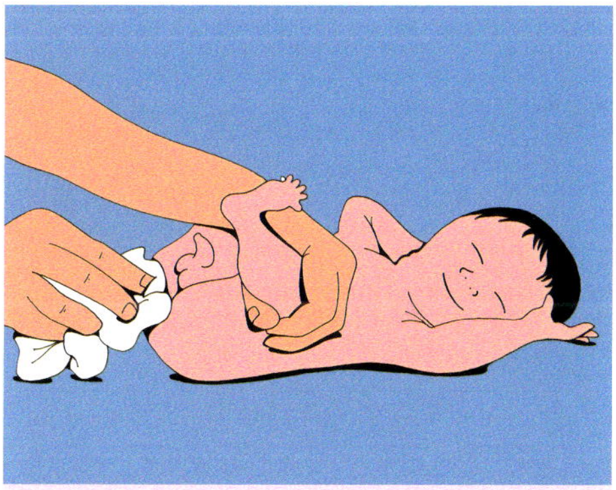

Heben Sie Babys Po nur im Wickelgriff!

Hochnehmen aus der Bauchlage

Wenn Sie Ihr Baby aus der Bauchlage (in der Ihr Baby aber nicht schlafen sollte!) hochnehmen möchten, drehen Sie es zunächst zur Seite. Dazu stabilisieren Sie mit einer Hand Schulter und Rücken Ihres Babys und mit der anderen greifen Sie zwischen den Beinen hindurch an den Bauch. Sagen Sie ihm, was Sie vorhaben. Dann rollen Sie Ihr Baby langsam auf die Seite und nehmen es hoch.

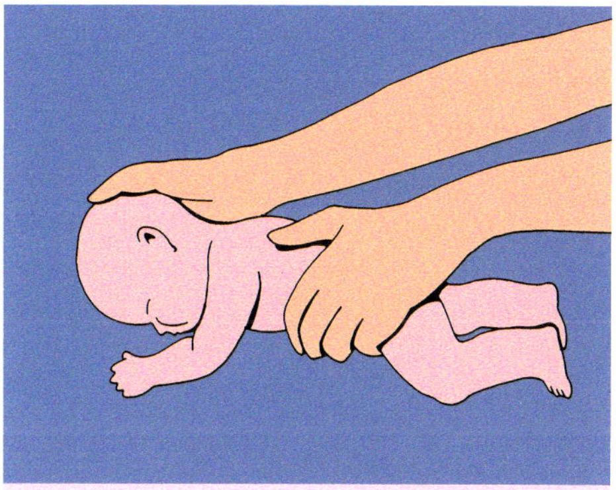

Erst vom Bauch auf die Seite drehen …

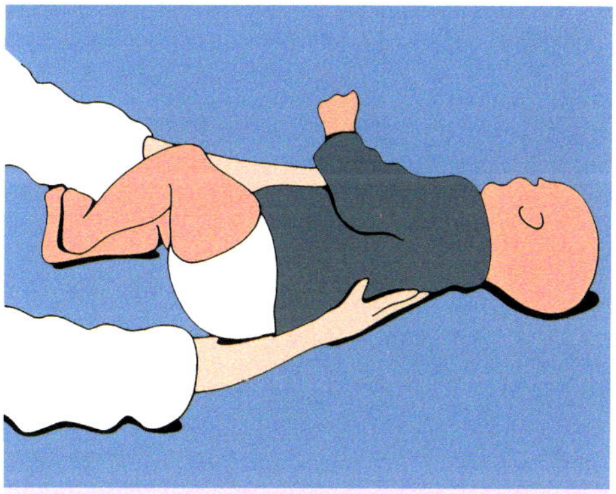

… Schulter und Bauch stabilisieren …

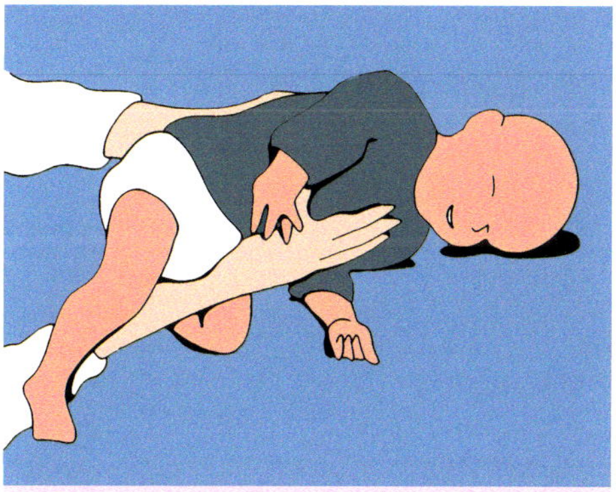

… dann auf Ihre Hand rollen und hochheben.

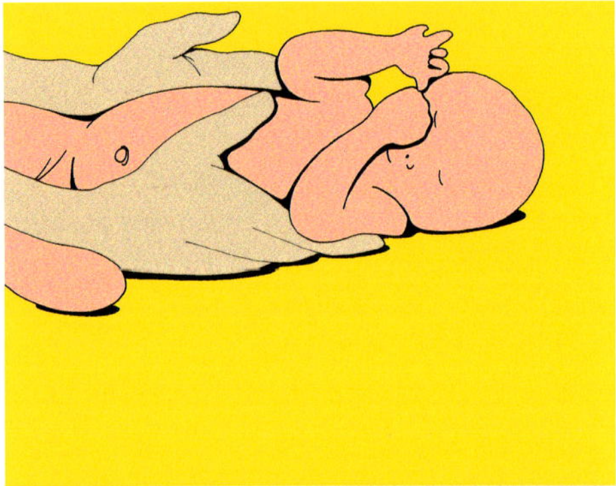

Beim Hochnehmen erst drehen ...

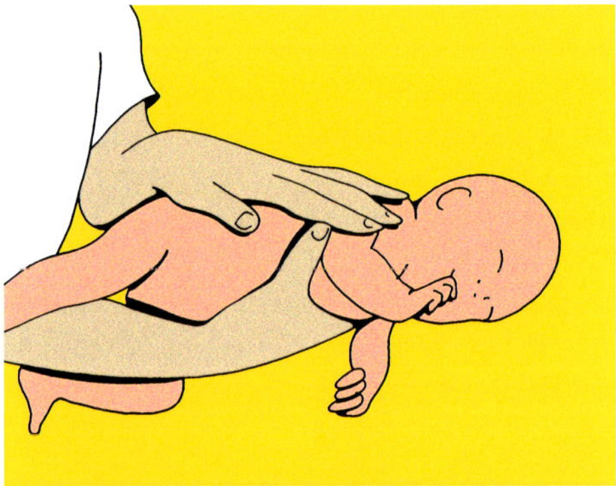

... sanft die Schulter umfassen ...

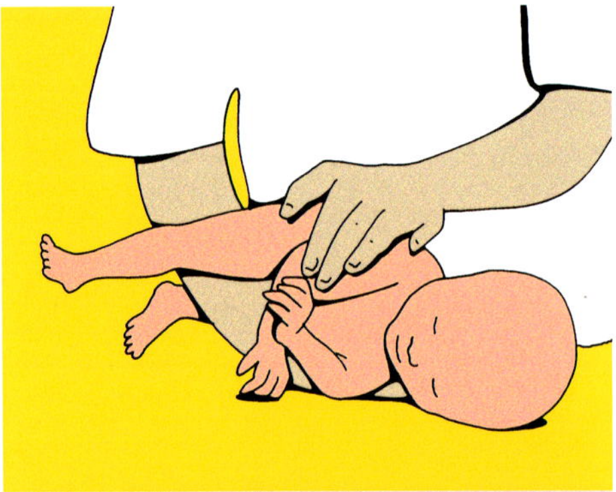

... einen Arm zwischen die Beine schieben ...

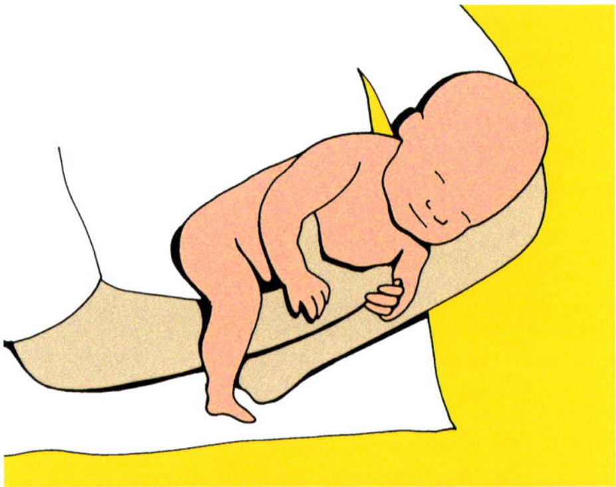

... vorsichtig hochheben ...

Hochnehmen aus der Rückenlage

Wenn Sie Ihr Baby aus der Rückenlage hochnehmen möchten, drehen Sie Ihr Baby erst auf die Seite. Legen Sie dazu einen Arm zwischen die Beine Ihres Baby. Mit der Hand umfassen Sie eine Schulter. Stützen Sie Ihr Baby mit der anderen Hand am Rücken. Nun können Sie es zur Seite drehen, hochheben und sanft in Ihre Armbeuge rollen.

Das Baby drehen

Ähnlich gehen Sie vor, wenn Sie es vom Rücken auf den Bauch drehen. Greifen Sie mit der einen

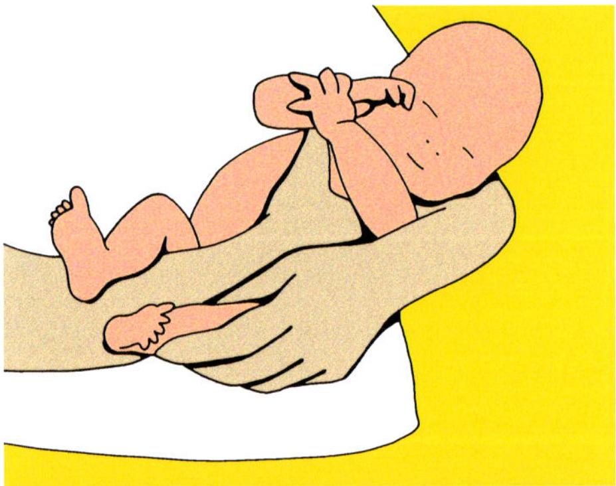

... und in Ihre Armbeuge rollen.

Hand die Schulter Ihres Babys und schieben die andere Hand zwischen den Beinen hindurch an den Bauch. Lassen Sie Ihr Baby über die Seite langsam in die Bauchlage gleiten.

Tragen

Wenn Sie Ihr Baby viel tragen, befriedigen Sie seine Grundbedürfnisse nach Körperkontakt, Kommunikation und Bewegung. Tast- und Gleichgewichtssinn, die bereits sehr früh gut ausgebildet sind, werden durch das Tragen angesprochen und gefördert. Das, so haben Studien herausgefunden, wirkt sich positiv auf die Gehirnentwicklung aus, die wiederum das Zusammenspiel aller Sinne fördert. Ergebnisse der Säuglings- und Bildungsforschung zeigen, dass Babys, deren Grundbedürfnisse von Anfang an befriedigt werden, ein größeres Urvertrauen haben und deutlich früher selbstständig werden. Zu diesen Grundbedürfnissen gehört eben auch der Körperkontakt, der dazu führt, dass Ihr Baby sich selbst und seine Grenzen wahrnimmt. Getragene Babys müssen weniger weinen, weil Körperkontakt und Bewegung beruhigend wirken. Außerdem belegen alle erhobenen Studien zu diesem Thema, dass die Mutter-Kind-Bindung durch das Tragen gefördert wird. Lassen Sie sich also nicht durch Aussagen wohlmeinender Menschen verunsichern (Seite 207), die das viele Tragen Ihres Babys mit einer unangemessenen Verwöhnsituation gleichsetzen. Das Befriedigen von Grundbedürfnissen hat rein gar nichts mit Verwöhnen zu tun!
Damit Sie vom vielen Tragen nicht ganz krumm werden, gibt es zur Unterstützung verschiedene Tragehilfen, wie Tragesäcke, -sitze oder Tragetücher (Seite 265). In einem Tragetuch können Sie Ihr kleines Baby entweder liegend oder aufrecht in einer Känguru-Kreuztrage umhertragen und Ihr größeres Kind später auch auf

Lassen Sie den Kopf Ihres Babys in Ihrer Armbeuge liegen.

Wenn Sie es aufrecht halten, müssen Kopf und Po unterstützt werden.

dem Rücken oder auf der Seite sitzend, unterstützt tragen. Die verschiedenen Bindeanleitungen werden von den Herstellern mitgeliefert. Bestimmt kann sie Ihnen auch Ihre Hebamme bei den Wochenbettbesuchen zeigen.

Baden

Vor Ablauf der ersten zwei bis drei Wochen brauchen Sie Ihr Baby noch nicht zu baden, und bis zur achten Woche sollte sich das Badevergnügen auf einmal die Woche beschränken. Auch das Waschen am ganzen Körper reicht alle drei Tage, wenn Sie jeden Tag die tiefen Hautfalten inspizieren. Die meisten Eltern baden ihr Baby im Alter von zwei Wochen zum ersten Mal. Manche Babys lieben es, und andere finden es schrecklich, ausgezogen zu werden und sich im warmen Wasser entspannen zu müssen. Seien Sie sicher, dass Ihr Baby Ihnen eindeutig mitteilen wird, ob Baden ihm gefällt.

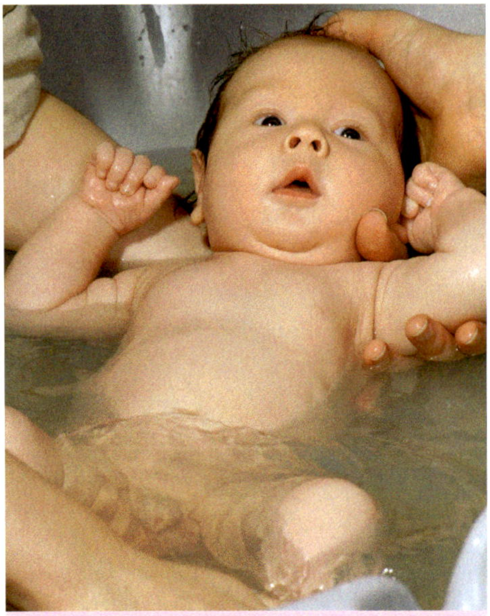

Halten Sie Ihr Baby sanft am Oberarm und unterstützen Sie seinen Nacken.

Unser Ratschlag, dass die Väter gut zusammen mit den Babys baden können, wird recht wenig angenommen. Probieren Sie es doch ruhig aus, vor allem wenn Ihr Baby viel „schimpft".

Praktisches Vorgehen

Bereiten Sie alles für das Bad vor, legen Sie die Kleidung bereit und wärmen Sie ein Badetuch an. Der Raum, in dem Sie Ihr Baby baden wollen, sollte nicht zu kalt sein. Prüfen Sie die Wassertemperatur mit einem Badethermometer. Ein Babybad sollte ungefähr 37 Grad warm sein. Zusätze sind überflüssig. Nur bei Babys mit extrem trockener Haut können einige Tropfen Mandelöl ins Wasser gegeben werden. Um eine Hand fürs Waschen frei zu haben, schieben Sie Ihren linken Unterarm unter den Nacken Ihres Babys und umfassen den linken Oberarm Ihres Babys mit Ihrer Hand. Den Po und Rücken stützen Sie mit Ihrer rechten Hand und lassen es ganz langsam ins Wasser gleiten. Sprechen Sie dabei ruhig mit Ihrem Baby und erzählen Sie ihm alles, was Sie mit ihm vorhaben. Wenn es Kontakt zum Wannen- oder Eimerboden hat, können Sie mit der rechten Hand langsam loslassen und Ihr Baby allein mit der linken halten. Warten Sie nun unbedingt einen Moment, bevor Sie damit beginnen, Ihr Baby zu waschen. Es hat sonst keine Zeit, sich an die neue Situation zu gewöhnen. Waschen Sie es nun vom Oberkörper bis zu den Füßen und vor allem in den Hautfalten. Kopf und Gesicht sind erst zum Schluss dran, damit Ihr Baby nicht zu sehr auskühlt. Bei einem kleinen Baby dauert der Badespaß nicht länger als fünf Minuten.

Trocknen Sie Ihr Baby mit dem vorgewärmten Handtuch gründlich und sanft ab und untersuchen Sie die typischen Stellen, an denen die Haut wund werden kann. Das sind neben dem Po vor allem die Hautfalten hinter den Ohren, am Hals, unter dem Kinn, in den Achselhöhlen und den Leistenbeugen. Wenn Sie einen Belag

Hygiene nicht übertreiben!

- Der Penis wird nur äußerlich gereinigt. Stuhlreste bitte nur mit reichlich Wasser oder Öl entfernen. Da die Vorhaut im ersten Lebensjahr noch mit der Eichel verklebt ist, kann ein Zurückschieben nur Verletzungen und später Vernarbungen hervorrufen, die dann zu Verengungen der Vorhaut führen können.
- Auch die Vagina muss nur äußerlich gereinigt werden, da das Scheidensekret zur natürlichen Reinigung produziert wird. Wenn Sie etwas Stuhl in der Vagina finden, entfernen Sie ihn äußerlich. Säubern Sie immer von vorn nach hinten, um keine Keime in die Vagina zu schieben.

an diesen Stellen oder eine Ansammlung von Hautschüppchen entdecken, reinigen Sie diese mit einem weichen Tuch oder einem Wattepad, das Sie vorher in reines Pflanzenöl getaucht haben. Nase und Ohren putzen und trocknen Sie am besten mit einem weichen Tuch. Um verkrustete Stellen zu lösen, tauchen Sie es vorher in abgekochtes Wasser. Reinigen Sie die Augen mit einem weichen Tuch. Wischen Sie immer von außen nach innen.
Zum Abschluss des Badens können Sie Ihr Baby entweder massieren (siehe Seite 288) oder mit dem Fön trocken pusten. Auch das lieben fast alle Babys. Aber Vorsicht: Denken Sie unbedingt daran, Ihr Baby entweder auf den Bauch zu legen oder in eine Windel einzupacken, damit es nicht in seiner angenehmen Entspannung in den Fön pullert. Und glauben Sie uns, auch Mädchen können einen Urinstrahl im hohen Bogen produzieren.

So bleiben die Milchzähne gesund

Nehmen Sie die Kariesprophylaxe von Anfang an sehr ernst. Wenn Sie folgende Hinwese beachten, ersparen Sie Ihrem Kind eventuell Zahnschmerzen und viele Zahnarztbesuche:
Lassen Sie Ihre Zähne schon in der Schwangerschaft auf Karies untersuchen und gegebenenfalls behandeln, damit Sie Ihrem Baby beim Schmusen diese Bakterien nicht übertragen können.
Vermeiden Sie Nuckelflaschen, die Ihrem Baby und später Ihrem Kleinkind den ganzen Tag und in der Nacht zur Verfügung stehen.
Bieten Sie Ihrem größeren Kind keine gesüßten Getränke als Durstlöscher an. Bevorzugen Sie stattdessen stilles natriumarmes Wasser.
Achten Sie bei der Einführung von Beikost auf eine zuckerarme Ernährung und bei einem größeren Kind auf länger zu kauende, rohkostreiche Nahrung.
Nach dem Durchbruch der ersten Zähnchen ist ein erster Zahnarztbesuch sinnvoll, um die Härte des Zahnschmelzes beurteilen zu lassen. Bei einem weichen Schmelz kann durch lokale Fluoridgaben oder durch die Einnahme von Fluoriden in Tablettenform der Schmelz gestärkt werden.
Beginnen Sie so früh wie möglich mit der Zahnpflege, am besten sobald die ersten Zähne da sind, zunächst mit einem Wattestäbchen und sobald es Ihnen möglich erscheint mit einer Zahnbürste. Spätestens ab dem dritten Lebensjahr sollten Sie zweimal täglich Zähneputzen fest einführen. Lassen Sie Ihr Kind dabei zunächst ruhig selbst die Zahnbürste halten. Nach einer Weile übernehmen dann Sie zur eigentlichen Reinigung. Bleiben Sie dabei konsequent! Haben Sie Geduld, wenn Ihr Kind noch eine ganze Zeitlang Probleme haben wird, den Mund auszuspülen. Bei den üblichen Zahnpasten für Kleinkinder ist das Herunterschlucken einkalkuliert. In regelmäßigen Abständen ist die lokale Anwendung eines fluo-

ridhaltigen Gels sinnvoll. Besprechen Sie dies am besten mit Ihrem Zahnarzt.

BABYMASSAGE

Im Bauch war Ihr Baby es gewöhnt, ständig berührt, gehalten und massiert zu werden. Wenn Sie sich allen ein schönes Geschenk machen wollen, führen Sie eine regelmäßige Massage als Ritual ein. Unter Ritual verstehen wir eine Handlung, die einen klaren, wiedererkennbaren Ablauf hat. Nach dem Bad oder vor dem Schlafengehen kann die Massage Sie und Ihr Baby in ein ruhigeres Tempo bringen. Der Tag findet einen entspannten Abschluss.
Wenn Sie Ihr Baby zu zweit abwechselnd pflegen und wickeln, wird es rasch die Unterschiede der „Berührungssprache" zweier Menschen kennen und lieben lernen. Mit den Anpassungs- und Umstellungsprozessen der ersten Monate wird Ihr Baby immer wieder kleine Krisen haben, bei denen vertraute, angenehme Situationen wie eine Massage Ihnen beiden dabei helfen werden, sie zu meistern.
Eigentlich braucht eine Massage keine Anleitung, wenn Sie und Ihr Baby miteinander so kommunizieren, dass Sie aufmerksam alle Reaktionen aufeinander beobachten. Allerdings erleben wir immer wieder, dass Eltern durch das Erlernen von Techniken Sicherheit, Motivation und Bestätigung für ihr Tun erlangen können. Daher empfehlen wir die Bücher von Margarita Klein und Frédérick Leboyer. Sie können auch einen Babymassagekurs besuchen. Beginnen Sie damit aber nicht vor der sechsten Lebenswoche. Die kleinen Babys sind in größeren Gruppen einfach noch zu unruhig. Andererseits sollte mit ungefähr vier Monaten bereits ein Ende in Sicht sein. In diesem Alter finden Babys in Gruppen schon sehr viele andere Dinge spannender, als bei einer Massage still zu liegen.

SCHNULLER

Zu diesem Thema gibt es zwei unterschiedlich denkende und argumentierende Lager. Es kann hilfreich sein, beide Ansichten zu kennen, ein paar winzige Hinweise zu beachten und dann abzuwarten, was für ein Baby zu Ihnen kommt.

Das Pro-Lager

Babys heißen nicht umsonst Säuglinge. Sie saugen an allem, was ihnen in die Händchen kommt. Anfangs, weil sie damit ihr starkes Saugbedürfnis befriedigen, und später, um damit psychische Spannungszustände loszuwerden. Babys, die sehr unruhig sind oder unter starken Blähungen leiden, können sich durch das Schnullern leichter entspannen. Als Einschlafhilfe entlastet er auch die Eltern. Eine Saugverwirrung kann im Gegensatz zu einem Einsatz von Flaschensaugern nicht auftreten, da keine Nahrung aus dem Schnuller kommt und ausschließlich das Saugbedürfnis befriedigt wird.

Das Kontra-Lager

Babys gewöhnen sich schnell an den Schnuller und brauchen ihn dann für jede Schlafsituation. Je nachdem wie ausgiebig das Baby schnullert, wird das orale Ertasten und Kennenlernen der Finger, Händchen, Füße und anderer Gegenstände erschwert oder verhindert. Dem Baby gehen dadurch wichtige Erfahrungen für seine psychomotorische Entwicklung verloren. Zusätzlich wird dem Baby die Möglichkeit genommen, sich ab der sechsten Lebenswoche durch Lautbildungen oder Unmutsäußerungen mitzuteilen. Zum Beispiel wenn es etwas nicht mag, wie Wickeln oder andere als lästig empfundene Tätigkeiten.

Was Sie zusätzlich bedenken können

Wahrscheinlich ist der Schnuller für einige Kinder zum Schlafen oder zum Loswerden von

Schnullerpflege

- Denken Sie daran, den Schnuller ab und zu in sprudelndem Wasser für zehn Minuten auszukochen. Erneuern Sie die Schnuller regelmäßig. Sie beugen so einem Allergisierungsrisiko vor. Lecken Sie den Schnuller nicht ab, bevor Sie ihn Ihrem Baby in den Mund stecken. In Ihrem Mund befinden sich Bakterien und Viren, auf die Ihr Baby besser verzichten kann. Tauchen Sie den Schnuller nie in Honig oder Ahornsirup. Sie können Erreger (Sporen) enthalten, die im ersten Lebensjahr Ihres Babys zu lebensgefährlichen Infektionen führen können.

Spannungszuständen eine große Hilfe. Die Gefahr ist nur, dass er von Eltern viel zu häufig – und in wichtigen Situationen falsch – eingesetzt wird. Ein Baby muss schimpfen dürfen, wenn ihm etwas nicht passt! Auch das Hinauszögern von Stillmahlzeiten, um die Abstände zwischen den Mahlzeiten zu vergrößern, kann unerwünschte Folgen haben. Babys regulieren ihre benötigte Milchmenge über die Häufigkeit der Stimulation an der Brust. Dazu passt kein regelmäßiger Abstand zwischen den Mahlzeiten. Warten Sie also, bis Ihr Baby sicher an der Brust trinkt, was nach drei bis vier Wochen der Fall sein wird.
Bei der Anschaffung können Sie zwischen Produkten aus Latex und Silikon entscheiden. Benutzen Sie Modelle mit asymmetrischen Schnullerschilden und Saugteilen nur, wenn Ihr Baby den Schnuller im Mund nicht dreht. Manche Babys tun das. Falsch gelutscht schaden die Schnuller möglicherweise der Kieferentwicklung. Greifen Sie zur nächsten Schnullergröße, wenn Ihr Baby ihn vollständig im Mund verschwinden lassen kann.

SCHLAF

Zwischen der Geburt und einem Alter von drei Monaten wird sich das Schlafverhalten Ihres Babys fortwährend verändern und daher auch nicht berechenbar sein. Versuchen Sie gelassen mit der Tatsache umzugehen, dass ein permanenter Schlafmangel in den ersten zwei Lebensjahren mit zu Ihrer neuen Elternrolle gehört. Veränderungen in Schlafbedürfnis und -verhalten gehören zur normalen Entwicklung Ihres Kindes.
Im Alter von drei bis fünf Wochen ist es außerhalb der Fütterungszeit im Durchschnitt nur eine bis zwei Stunden wach, während es im Alter von drei Monaten von 24 Stunden nur noch zirka 14 bis 16 Stunden schläft. Diese Schlafstunden verteilen sich allerdings auf Tages- und Nachtzeiten. Im Alter von sechs Monaten schlafen nur 38 Prozent der Kinder durch. Und selbst mit einem Jahr wachen 48 Prozent der Kinder nachts immer noch auf. Im ersten Lebensjahr eines Babys verlieren Sie als Mutter oder als Eltern, wenn Sie in der Nacht immer gemeinsam wach sind, 400 bis 750 Stunden Schlaf.
Bis zum fünften Lebensmonat verlieren Sie pro Nacht im Durchschnitt zwei Stunden. Dieser Verlust reduziert sich bis zum zweiten Geburtstag allmählich auf eine Stunde.
Wenn Sie zu zweit sind, kann es sehr entlastend sein, wenn Sie sich gegenseitig auch tagsüber ein kurzes Schläfchen gönnen. Nachts kann abwechselndes Wickeln und später Trösten und Streicheln zumindest für einen von Ihnen eine längere Schlafpause ermöglichen. Sie lernen wahrscheinlich, wie die meisten jungen Eltern, in einem Sekundenschlaf rasch Ihre Batterien wieder aufzufüllen.

Weitere Vorsorgeuntersuchungen, Prophylaxen und Impfungen

VORSORGEUNTERSUCHUNGEN

Zwischen der Geburt und dem sechsten Lebensjahr bieten Kinderärzte eine Reihe von Routineuntersuchungen (U1 bis U9) an, die die gesunde und altersgemäße Entwicklung Ihres Kindes sicherstellen sollen. Der jeweilige Zeitraum, in dem die Untersuchungen stattfinden sollen, ist in dem gelben Heft (Kinder-Untersuchungsheft) dokumentiert, das Sie bei der Entlassung aus dem Krankenhaus beziehungsweise von ihrer Hebamme nach der Haus-, Geburtshaus- oder Praxisgeburt erhalten. Hier sind die Ergebnisse der U1 (Seite 253) und eventuell auch schon der U2 dokumentiert. Mit diesen Untersuchungen sollen eventuelle Entwicklungsstörungen zum frühesten möglichen Zeitpunkt erkannt werden, noch bevor Ihnen selbst Krankheitszeichen auffallen. In den ersten Lebensjahren Ihres Kindes sind bei früh einsetzenden Therapien viele Erkrankungen heilbar, die dann später oft nur noch gebessert werden können.

REIHENUNTERSUCHUNGEN

Der Guthrie-Test

Um sicherzustellen, dass Ihr Baby nicht an einer angeborenen Drüsen- oder Stoffwechselerkrankung leidet, wird ihm innerhalb der ersten Tage etwas Blut für den so genannten Guthrie-Test abgenommen. Jedes tausendste Baby leidet an solch einer Erkrankung. Es ist sehr wichtig, sie so früh wie möglich zu erkennen, da die rechtzeitige Behandlung Ihrem Baby zu einer normalen geistigen und körperlichen Entwicklung verhelfen kann. Ihre Hebamme, eine Kinderkrankenschwester oder eine Kinderärztin wird die Blutentnahme durchführen. Das Ergebnis liegt in der Regel zwei bis drei Tage später vor. Wenn Sie nichts mehr hören, ist alles in Ordnung.

• Hüftscreening

Wenn in Ihrer Familie Hüftgelenksfehlbildungen vorgekommen sind, ist es empfehlenswert, dass die Hüfte Ihres Babys bei einer Ultraschalluntersuchung kontrolliert wird. Auch wenn keine Hinweise auf eine Fehlentwicklung der Hüfte vorliegen, wird eine Ultraschalluntersuchung zwischen der vierten bis sechsten Lebenswoche im Rahmen der U3 bei allen Babys empfohlen. Die Anlage zu einer zu flachen Hüftgelenkspfanne besteht bei zwei bis vier Prozent aller Neugeborenen. Sie tritt besonders häufig bei Mädchen auf. Je früher sie entdeckt wird, desto kürzer ist die Behandlungszeit.

• Hörscreening

In manchen Kliniken gehört es bereits zur Routine, eine Reihenuntersuchung auf angeborene Hörstörungen, ein so genanntes Hörscreening, durchzuführen. Fragen Sie bei einer außerklinischen Geburt oder nach einer Frühentlassung bei der U2 nach einer Testmöglichkeit in Ihrer Umgebung. Nur ein bis zwei von tausend Neugeborenen leiden unter einer ausgeprägten, angeborenen Schwerhörigkeit beider Ohren. Wenn frühzeitig mit einer Therapie zur Förderung der Sprachentwicklung begonnen wird, können die Kinder eine nahezu normale Sprachfähigkeit erlangen.

PROPHYLAXEN

Außer der vorher beschriebenen Blutungsprophylaxe mit Vitamin K (Seite 253) werden zusätzlich vorbeugende Therapien gegen Rachitis und Karies empfohlen.

• Vitamin D für starke Knochen

Zur Rachitis-Prophylaxe werden Sie ein Vitamin-D-Präparat bekommen, das Sie Ihrem Baby im ersten Lebensjahr täglich und bei Winterbabys sogar darüber hinaus verabreichen (Seite 215). Sie können die Tablette mit etwas Muttermilch oder Wasser auf einem Teelöffel auflösen und vor dem Stillen oder der Flasche langsam einflößen. Ihr Baby wird sich an eine Löffelfütterung bald gewöhnt haben, und Sie werden bei der Einführung des ersten Breis schon einen Säugling haben, der in dieser Esstechnik erfahren ist.

• Gesunde Zähne

Karies ist eine Erkrankung, bei der die harte Zahnsubstanz durch Säuren zerstört wird, die von Bakterien produziert werden. Der Befall mit Kariesbakterien kann durch vorbeugende Maßnahmen weitgehend verhindert werden.
Da Karies keine Fluoridmangelerkrankung ist, können Kombinationspräparate zur Rachitis-Karies-Prophylaxe vor dem Durchbruch der ersten Zähne nicht empfohlen werden.

IMPFUNGEN

Die nächste schwierige Entscheidung, die auf Sie als junge Eltern zukommt: Die Ständige Impfkommission am Robert-Koch-Institut empfiehlt die erste Impfung ab dem dritten Lebensmonat. Sie werden dann entscheiden müssen, wann und wogegen Ihr Baby geimpft werden soll, da in Deutschland kein Impfzwang mehr besteht. Setzen Sie sich mit den Argumenten dafür und dagegen auseinander und entscheiden Sie in Ruhe. Berücksichtigen Sie auch Ihre zukünftige Lebenssituation und schreiben Sie sich alle offenen Fragen auf. Vor allem bei Überlegungen, die gegen das Impfen sprechen, sollten Sie Ihre familiäre und persönliche Situation einbeziehen:

- Hat Ihr Baby eine Erkrankung, bei der Kinderkrankheiten eine besonders belastende Verstärkung der Probleme oder ein Risiko darstellen könnten?
- Lebt ein ungeimpftes Geschwisterkind im Haushalt, das Kinderkrankheiten sehr früh zum Baby bringen kann?
- Sind Sie, Ihr Partner oder eine andere Person (Tagesmutter, Großeltern) in der Lage, Ihr krankes Kind möglicherweise auch über Wochen zu pflegen?
- Planen Sie Fernreisen oder Arbeitsaufenthalte im Ausland oder bekommen Sie häufiger Besuche aus Ländern, in denen die bei uns oft harmlos verlaufenden Kinderkrankheiten großen Schaden anrichten könnten?
- Wünschen Sie sich einen Auslandsschulaufenthalt für Ihr groß gewordenen Kind?

In der Tat eine weit vor Ihnen liegende Problematik – aber viele dieser begehrten Schulaustauschländer verlangen für ein Schulvisum einen Impfausweis mit dem Nachweis vieler Schutzimpfungen. Selbst wenn Ihr Kind diese Erkrankung bis zur Beantragung eines Visums schon hinter sich gebracht hat, zählt nur der Impfnachweis und kein Antikörpernachweis!
Auch wenn die Impffrage Ihnen sehr kompliziert erscheint: Stellen Sie sie nicht zu sehr in den Mittelpunkt Ihrer Überlegungen. Sichere liebevolle Eltern sind für ein Baby wichtiger, als Bücher verschlingende, internetrecherchierende Eltern, die immer unsicherer werden, weil es letztendlich keine einzig richtige Lösung geben kann. Vergessen Sie nicht, dass sich in unseren Regionen die meisten Kinder prächtig entwickeln, ob sie nun geimpft sind oder nicht!

Einführung von Beikost und langsames Abstillen

So schön und innig das Stillen auch ist, nach einigen Monaten werden Sie neugierig auf den Tag, an dem Ihr Baby seinen ersten Brei bekommt. Empfohlen wird, bei gestillten Babys damit bis zum siebten Lebensmonat zu warten. Mit künstlicher Milch ernährte Babys können schon ab dem fünften Monat Bekanntschaft mit dem ersten Brei machen. Bis zu diesem Zeitpunkt sind Babys noch mit dem Reifungsprozess von Magen, Darm, Galle und Niere beschäftigt, die zur Verstoffwechslung von Beikost gebraucht werden. Mit sieben Monaten sind sie dann in der Lage, sich mit den zusätzlichen Nährstoffen und der zusätzlichen Energie gesund weiterzuentwickeln.

Manche Babys sind an dieser neuen Erfahrung dann schon sehr interessiert, andere wollen sich nur recht ungern von der Brust lösen. Lassen Sie sich einfach gemeinsam etwas Zeit. Bieten Sie Ihrem Baby jeden Tag aufs Neue einen Brei an. Es kommt der Tag, an dem es Gefallen daran findet!

Eine ganz neue Erfahrung: der erste Brei.

Eine Breimahlzeit ersetzt langsam eine Stillmahlzeit, und es wäre optimal, wenn Sie für den Aufbau einer kompletten Breimahlzeit von 200 Gramm drei bis vier Wochen Zeit haben. Diese neue Erfahrung machen einige Babys lieber, wenn sie schon eine gewisse Zeit an der Brust trinken durften und nicht mehr allzu hungrig sind. Bei anderen ist es günstiger, zuerst mit dem Brei zu beginnen und danach die Brust zum Stillen anzubieten. Da es beim Stillen immer daran gewöhnt war, nah an Ihrem Körper zu sein, ist es für den Anfang einfacher, wenn Ihr Baby beim Füttern auf Ihrem Schoß sitzen darf. Es ist oft besser, wenn Ihr Baby für diese Lernerfahrung ausgeschlafen und wach ist. In den meisten Fällen eignet sich dafür der späte Vormittag oder die Zeit nach dem Mittagsschlaf.

Der erste Brei

Bereiten Sie Ihrem Baby zum Einstieg einen einfachen Gemüsebrei zu, der aus einer einzigen gekochten und pürierten Gemüseart besteht. Beginnen Sie mit einigen Löffeln und steigern Sie die Gemüsemenge von Tag zu Tag, bis 100 Gramm erreicht sind. Dann führen Sie wöchentlich ein neues Gemüse ein, eventuell mit ein wenig Butter oder einem Esslöffel Pflanzenöl versetzt (bitte keine kaltgepressten, sondern nur raffinierte Öle verwenden!).

Sie können die erste Stillmahlzeit vollständig durch einen Brei ersetzen, sobald Ihr Baby seinen ersten Gemüse-Kartoffel-Fleisch-Brei bekommt. Zuvor müssen Sie allerdings noch in Ruhe abwarten, bis Sie in den nächsten drei bis vier Wochen auch Obst und Fleisch in die Ernährung Ihres Babys eingeführt haben.

HEBAMMENTIPP

Die erste vollständige Breimahlzeit
Mit dem Gemüse-Kartoffel-Fleisch-Brei können Sie allmählich eine Stillmahlzeit komplett ersetzen. Sie brauchen:

- 90 g Gemüse,
- 50 g Kartoffeln,
- 40 g Obstpüree oder Obstsaft,
- 20 g mageres Fleisch,
- 1 Esslöffel Öl oder 1/2 Teelöffel Butter

Kochen Sie zum Beispiel Rinderhackfleisch in wenig Wasser und pürieren Sie es fein. Schneiden Sie Gemüse und Kartoffeln in feine Stücke und garen Sie sie zusammen mit dem Fleischpüree, bis sie weich sind. Geben Sie das geriebene Obst oder den Saft dazu, pürieren Sie alles noch einmal. Am Schluss können Sie einen Esslöffel raffiniertes Pflanzenöl oder etwas Butter unterrühren.

Für den ersten Gemüsebrei bieten sich folgende Gemüse an: Karotten, Kürbis, Broccoli, Pastinaken, Blumenkohl, Kohlrabi und Zucchini. Als Fleischsorten eignen sich Rind, Kalb und Pute (möglichst aus biologischer Haltung). Banane, gekochter Apfel, Birne, Aprikose, Nektarine, Pfirsich und Blaubeere können als Obst gegeben werden.
Verwenden Sie Rapsöl, Maiskeimöl oder Butter. Butter besitzt einen sehr geringen Eiweißanteil und ist leicht verdaulich. Da Babys in ihrer Säuglingszeit ihren Energiebedarf zu 50 Prozent mit Fetten abdecken müssen, verzichten Sie bitte nicht auf Zusatz von Öl oder Butter bei selbst hergestellten Breien. Erst mit drei Jahren sollte ein Kind seinen Energiebedarf nur noch zu 30 Prozent aus Fetten decken.
Prüfen Sie sorgfältig die Zutaten bei den fertig angebotenen Babybreien. Folgende Bestandteile sollten möglichst nicht enthalten sein:

- mehr als zwei Gemüsesorten (es sei denn, Ihr Baby hat sich bereits an die enthaltenen Gemüse gewöhnt),
- Nudeln, Reis (da Getreide erst später als Nahrungsmittel eingeführt werden sollte),
- Milch oder Milchprodukte, Eipulver (da es sich dabei um fremdes Eiweiß handelt),
- Zucker (ernährungsphysiologisch nicht gut und führt zu unangemessener Süße),
- Honig, Ahornsirup (wegen möglicher Erreger),
- Schokolade, Kakao (weil damit das Verdauungssystem belastet wird),
- Gewürze (da die Haut der Babys schnell reagieren kann),
- Konservierungsmittel oder Bindemittel (da sie nicht notwendig sind).

Eine gute Kontrolle der Schadstoffe und Nitratgehalte ist bei vielen Fertigprodukten zur Ernährung von Babys gegeben. Lediglich der Fettgehalt muss häufig mit einem Teelöffel Öl erhöht werden. Geöffnete Gläschen können Sie gewöhnlich bis zu zwei Tage im Kühlschrank aufbewahren. Wenn sie einmal erwärmt werden, dürfen Sie dem Baby aber nicht mehr angeboten werden. Reste müssen Sie daher wegwerfen – oder selbst essen!
Bieten Sie bei oder nach der Mahlzeit stilles Mineralwasser aus einem Becher oder einer Trinklerntasse an, wenn Sie dazu nicht mehr stillen. Zur guten Verdauung braucht Ihr Baby pro ersetzter Milchmahlzeit jetzt 200 Milliliter zusätzliche Flüssigkeit am Tag.

Der Milch-Getreide-Brei

Die nächste Mahlzeit können Sie einführen, wenn eine ganze Stillmahlzeit ersetzt wurde. Der Milch-Getreide-Brei kommt bei Still-Babys ab dem achten, bei Flaschenkindern schon ab dem sechsten Monat auf den Tisch.

Sie können diesen Brei ganz einfach zubereiten. Sie brauchen dazu etwa 20 Gramm Obstpüree oder Obstsaft, 20 Gramm Reisflocken oder Vollkorngetreideflocken und 200 Milliliter Vollmilch, Muttermilch oder Pre-HA-Nahrung. Kochen Sie die Getreideflocken in der Milch auf und rühren Sie dann das pürierte Obst oder den Saft unter. Wenn Sie Instantflocken verwenden, reicht es aus, sie mit heißer Milch zu verrühren.

Viele Eltern möchten am liebsten mit dem Abendbrei als erste Mahlzeit beginnen, in der Hoffnung, dass ihr Baby dann vielleicht endlich durchschläft. Diese Annahme beruht leider auf einem Irrglauben. Zwei Studien konnten keine Unterschiede im Schlafverhalten von gestillten und mit fester Kost ernährten Babys feststellen.

Der Getreide-Obst-Brei

Als dritte Mahlzeit können Sie Ihrem schon erfahrenen Baby im Alter von neun bis zehn Monaten einen Getreide-Obst-Brei anbieten. Nicht gestillte Babys können diesen Brei ab dem siebten Monat schon mal vorkosten.

Die Zubereitung ist ganz einfach: Kochen Sie 20 Gramm Vollkorngetreideflocken in 90 Milliliter Wasser. Rühren Sie 100 Gramm Obstpüree oder einen Fruchtsaft unter. Am Schluss geben Sie 5 Gramm Öl oder Butter dazu. Fertig.

Essen am Familientisch

Ab dem 10. Lebensmonat können Sie Ihr Kind an Ihren Mahlzeiten teilhaben lassen. Die Nahrung muss jetzt nicht mehr püriert werden. Ihr Baby wird Freude daran haben, kleine Stücke der Nahrung selbst vom Teller zu nehmen und in den Mund zu stecken. Auch ein Löffel wird ein spannendes Forschungsobjekt werden. Jetzt ist das Sitzen in einem eigenen Kinderstuhl und das sinnliche Erfassen von Nahrung ein lustvolles Vergnügen. Von nun an brauchen Sie ein Lätzchen oder Babykleidung, die sich besonders gut waschen lässt. Das Areal um den Essbereich sollte geschützt oder gut zu putzen sein.

Zwischenmahlzeiten in Form von Obst, Gemüse oder einem Vollkornprodukt am Vormittag und am Nachmittag sind hilfreich, um Ihr Kind an eine regelmäßige Energiezufuhr zu gewöhnen. Auch beim Essen gilt: Je beständiger und gleichmäßiger die Mahlzeiten stattfinden, desto zufriedener ist Ihr Baby. Als Getränk ist stilles Mineralwasser auch weiterhin geeignet. Am Morgen und am Abend können Sie aber noch so lange stillen, wie Sie und Ihr Baby daran Freude haben.

Einige Lebensmittel sollten Sie im ersten Lebensjahr allerdings noch meiden:

- rohes Getreide,
- Honig und Ahornsirup,
- kaltgepresstes Öl,
- Nüsse (bei Allergierisiko sogar erst nach dem zweiten Lebensjahr anbieten!),
- Fisch und Hühnerei,
- nicht durchgegartes Fleisch und Geflügel,
- stärker gesalzene Speisen,
- scharf gewürzte Speisen,
- Speisen, in denen Alkohol enthalten ist,
- blähende Lebensmittel, wie Zwiebeln, Knoblauch, Lauch, Kohl und Hülsenfrüchte (zum Beispiel Bohnen, Erbsen oder Linsen).

Ob Ihr Baby die neu eingeführten Nahrungsmittel verträgt, zeigt es mit der Haut, der Atmung und mit der Verdauung an. Wenn Sie auf der Haut rote oder raue, juckende oder pickelige Ausschläge entdecken, Ihr Baby mit Husten, fließendem Schnupfen oder Anschwellen der Nasenschleimhäute reagiert oder an Verstopfung oder Durchfall leidet, überlegen Sie, welches Lebensmittel neu ist. Beobachten Sie und warten Sie ab, ob nach dem Weglassen des Bestandteils eine Normalisierung eintritt.

ALLERGIEPROPHYLAXE BEI BABYS

Da in unseren Regionen jedes dritte Baby mit einem erhöhten Allergierisiko auf die Welt kommt, sind folgende Hinweise in diesem Fall für Sie hilfreich:

- Die Anlage eine Allergie zu bekommen wird vererbt.
- Je mehr Menschen in der Familie an einer Allergie leiden, desto größer ist das Risiko für Ihr Baby.
- Als Vorbeugung wird ausschließliches Stillen bis zum Ende des sechsten Lebensmonats empfohlen.

Falls Sie Ihr Baby aber anders ernähren wollen oder müssen, wird zu einer Pre-HA-Nahrung als Ersatz für Muttermilch, auch bei der Breizubereitung im ersten Lebensjahr, geraten. Nur bei einer Kuhmilchallergie gibt es besondere Ersatznahrungen, zu denen Ihnen Ihr Kinderarzt gegebenenfalls raten wird.

Als weitere Vorbeugungsmaßnahme wird die Vermeidung bekannter allergieauslösender Stoffe und Nahrungsmittel bei der Beikosteinführung angesehen. Die Umgebung Ihres Babys sollte absolut rauchfrei sein.

SANFTES ABSTILLEN

Da stillende Frauen bis zum Abstillen noch Anspruch auf Hebammenhilfe haben, können Sie bei entstehenden Fragen zur Einführung der Beikost oder des Abstillens auch Ihre Hebamme um Rat fragen.

Das Abstillen ist im günstigen Fall ein Prozess, der sich über Monate hinziehen darf. So können Sie sich und auch Ihr Baby auf Ihre persönliche Art davon verabschieden. Mit der Einführung von Beikost wird Ihr Baby vielleicht nicht mehr so häufig die Brust verlangen, und die Milchmenge reduziert sich von allein.

Wenn Sie aber zu einem bestimmten Zeitpunkt abstillen möchten, zum Beispiel weil Sie wieder zur Arbeit gehen, können Ihnen einige Hinweise helfen. Schön wäre es, wenn Ihr Baby Zeit hätte, sich an zwei bis drei Breimahlzeiten zu gewöhnen. Da dies aber nicht immer funktionieren wird, hier ein Weg, der es Ihnen ermöglichen soll, ohne starke Brustschwellung oder andere größere Unannehmlichkeiten zurechtzukommen.

HEBAMMENTIPP

- Lassen Sie zum **Abstillen** alle zwei bis drei Tage eine Stillmahlzeit weg.
- Ersetzen Sie diese Mahlzeit entsprechend dem Alter Ihres Babys durch künstliche Milch oder Beikost und führen Sie das Trinken von Wasser mit einem Becher ein.
- Geben Sie Ihrem Baby möglichst viel zusätzliche Aufmerksamkeit und Zuwendung, um zu vermeiden, dass die neue Situation es verunsichert. Es braucht einen Ersatz für die Nähe beim Stillen.
- Bei stark geschwollenen Brüsten hilft es, so viel Milch auszustreichen, bis sie sich wieder gut anfühlen. Die Verminderung des Spannungsgefühls und das Ausstreichen von etwas Milch wird Ihre Milchproduktion auch reduzieren und beugt einem Milchstau vor.
- Tragen Sie einen gut sitzenden, aber nicht einengenden BH.
- Manchen Frauen tun auch jetzt Quarkwickel gut (Seite 192).

A-Z zum Baby

Allergie
Krankheitsbild, das durch eine Überempfindlichkeit gegen eine bestimmte Substanz ausgelöst wird.

Antikörper
Eiweißkörper, den das körpereigene Abwehrsystem bildet. Er richtet sich gegen ein Antigen. Das ist eine körperfremde Substanz, die eine Abwehrreaktion hervorruft und zur Bildung von spezifischen Antikörpern führt.

Apgar-Test
international verwendetes Punktesystem, mit dem der Vitalzustand Ihres Babys kurz nach der Geburt bewertet wird. Beurteilt werden Herzfrequenz, Atmung, Muskeltonus, Durchblutung und Reflexe.

Beikost
erste Nahrung, die zusätzlich zur Muttermilch oder künstlichen Flaschenmilch eingeführt wird.

Credé-Prophylaxe
vorbeugende Behandlung gegen Gonorrhöe-Erreger („Tripper"). Dem Neugeborenen wird dabei eine Silbernitrat-Lösung in den Bindehautsack des Auges geträufelt.

Fontanelle
Bereiche am Schädel, an denen die Schädeldecke Ihres Babys noch nicht zusammengewachsen ist. Sie ermöglichen das schnelle Wachstum des kindlichen Kopfes im ersten Lebensjahr und dienen gleichzeitig als Polster zum Schutz vor Kopfverletzungen.

Guthrie-Test
am dritten oder vierten Lebenstag durchgeführte Reihenuntersuchung auf Drüsen- oder Stoffwechselerkrankungen. Dazu ist es notwendig, dem Baby etwas Blut abzunehmen.

Hexenmilch
weißliche Absonderung der Brustdrüsen, die bei Neugeborenen beiderlei Geschlechts in den ersten Tagen auftreten kann. Nicht behandlungsbedürftig! Wenn der Hormonspiegel abgesunken ist, verschwindet die Erscheinung von allein.

Hypoglykämie
Absinken des Blutzuckers unter Normalwerte.

Immunität
die Fähigkeit unseres Körpers Fremdstoffe, insbesondere Krankheitserreger, zu erkennen und mit Antikörpern zu bekämpfen.

Impfung
Erzeugung einer Immunität durch Impfstoffe. Zum Beispiel gegen bestimmte Kinderkrankheiten. Eine erste Impfung wird in Deutschland mit drei Monaten empfohlen.

Karies
auch als Zahnfäulnis bekannt. Chronischer Demineralisierungsprozess an der Zahnhartsubstanz, der zur Bildung von kariösen Defekten (Löchern) in den Zähnen führen kann.

Käseschmiere
auch Vernix. Fettige Substanz, die sich im letz-

ten Schwangerschaftsdrittel bildet und die Baby-Haut davor schützt, im Fruchtwasser aufzuweichen und schrumplig zu werden.

kongenital
angeboren, durch genetische Anlagen bedingt.

Konjunktivitis
Entzündung der Augenbindehaut.

Lanugobehaarung
Flaum aus Wollhaaren, der ab der zweiten Schwangerschaftshälfte den Körper Ihres Babys bedeckt. Er bildet sich bis zur Geburt wieder zurück.

Mekonium
auch Kindspech; erster Stuhlgang Ihres Babys.

Mongolenflecken
Pigmentzellansammlung direkt unter der Haut, die aussieht wie ein flacher grau-blauer Bluterguss. Tritt bei dunkelhäutigen Babys an Rücken, Armen, Schultern und häufig auch am Po auf. Verschwindet meist innerhalb des ersten Lebensjahres.

Nabelbruch
angeborener oder erworbener Bauchwandbruch durch den Nabelring.

Neugeborenengelbsucht
Gelbfärbung der Haut, verursacht von einem Bilirubinanstieg im Blut.

Prophylaxe
Vorbeugung einer Krankheit, vorbeugende Behandlung.

Rachitis
Erkrankung, die auf einen Vitamin-D-Mangel zurückgeht, bei dem unter anderem Skelettanomalien auftreten.

Reflex
automatische Reaktion des Körpers auf einen von außen kommenden Reiz.

Screening
ein Suchtest nach Erkrankungen.

Soor
Pilzinfektion, die bei Neugeborenen auf der Mundschleimhaut als weißer Belag und im Windelbereich als rote trockene Bereiche auftreten kann. Behandlungsbedürftig!

Storchenbiss
bleibende rote Erweiterungen der kleinen oberflächlichen Hautgefäße. Treten meist im Nacken auf. Der Storchenbiss auf der Stirn, den Augenlidern und unter der Nase verblasst innerhalb der ersten beiden Lebensjahre.

U1
Erste Vorsorgeuntersuchung der Neugeborenen nach der Geburt.

U2
Zweite Vorsorgeuntersuchung am dritten bis zehnten Lebenstag.

Windeldermatitis
flächige rote Hautentzündung im Windelbereich. Ursache sind meist Windelunverträglichkeit oder eine Pilzinfektion (Soor), die besonders gut an defekten Hautarealen gedeiht.

Ziegelmehl
Salze der Harnsäure, die in der Windel von Neugeborenen rote Flecke hinterlassen können. Erinnern in der Farbe an Ziegelsteine.

WICHTIGE ADRESSEN

Schwangerschaft und Geburt

www.medfuehrer.de (Internetsuchmaschine für Krankenhäuser und niedergelassene Ärzte)
www.hebammensuche.de (Internetsuchmaschine für Hebammen)
www.arzt-auskunft.de (Ärzteverzeichnis Deutschland)
www.arztverzeichnis.at (Ärzteverzeichnis Österreich)
www.doktor.ch (Ärzteverzeichnis Schweiz)
www.hebammen-zentralschweiz.ch (Suchmaschine für freiberuflich arbeitende Hebammen)

Bund Deutscher Hebammen e.V. (BDH)
Gartenstr. 26, 76133 Karlsruhe
Telefon: 0721-981890
www.bdh.de

Bund Freiberuflicher Hebammen Deutschlands e.V.
Kasseler Str. 1a, 60486 Frankfurt a.M.
Telefon: 069-79534971
www.bfhd.de

Österreichisches Hebammen-Gremium
Postfach 438, A-1060 Wien,
Telefon: 01-5971404
www.hebammen.at

Schweizerscher Hebammenverband
Rosenweg 25c, 3000 Bern
Telefon:031-3326340
www.hebamme.ch

Vorgeburtliche Untersuchungen

Arbeitskreis pränatale Diagnostik in Münster
Anna-Krückmann-Haus
Friedensstr. 5
48145 Münster
Telefon 0251-33574
www.praenataldiagnostik-info.de

Cara e.V.
Große Johannisstraße 110
28199 Bremen
Telefon: 0421-591154
www.cara-beratungsstelle.de

www.down-syndrom.at (Informationen zur Pränatal-Diagnostik)
www.praenatal-diagnostik.ch (Verein zur Beratung und Information zu Pränataldiagnostik)
www.prenat.ch (Hilfe nach durchgeführter pränataler Diagnostik)

Netzwerk zur Förderung der Geburtshäuser in Deutschland e.V.
Kasseler Str. 1a, 60486 Frankfurt/M.
Telefon: 069-71034475
www.geburtshaus.de

Geburtshäuser in Europa

www.birthcenter-europe.net
www.geburtshaus.ch

Informationen zu Schwangerschaft und Geburt

www.geburtskanal.de
www.neunmonate.de
www.dge.webplace.at
www.forum-geburt.ch

Informationen zu speziellen Themen

Deutsche Gesellschaft für Ernährung e.V.
Godesberger Allee 18, 53175 Bonn
Telefon:0228-3776600
www.dge.de (Informationen rund um die Ernährung)

Gesellschaft für Geburtsvorbereitung (GfG)
Antwerpener Str.43, 13353 Berlin
Telefon: 030-45026920
www.gfg-bv.de

Psychotherapie-Informations-Dienst (PID)
Oberer Lindweg 2, 53129 Bonn
Telefon: 0228-746699
www.psychotherapiesuche.de

Arbeitsgemeinschaft Gestose-Frauen e.V.
Kapellener Str.67a, 47661 Issum
Telefon: 02835-2628
www.gestose-frauen.de

Informationen zu Schwangerschaftsdiabetes
www.gestations-diabetes.de

Informationen zu starkem Schwangerschaftserbrechen
www.hyperemesis.de

Medikamentenberatung
www.reprotox.com

Giftnotruf Berlin – Abteilung Embryonaltoxikologie
Telefon: rund um die Uhr 030-19240
www.giftnotruf.de

Informationen zu Wassergeburten
www.wasserbabies.de

Informationen für Mehrlings-Eltern
www.mehrlinge.net
www.zwillingsforum.de
www.abc-club.de
www.zwillinge.at
www.zwillinge.ch
www.tripletconnection.org (auf Englisch)

Wochenbett und Leben mit Kindern
La Leche Liga Deutschland e.V.
Dannenkamp 25, 32479 Hille
Telefon: 0571-48946
www.lalecheliga.de
www.lalecheliga.at (Österreich)
www.lalecheliga.ch (Schweiz)

Berufsverband Deutscher Laktationsberaterinnen
Hildesheimer Straße 124E, 30880 Laatzen
Telefon: 0511-87649860
www.bdl-stillen.de

Informationen für Eltern von Frühgeborenen
Bundesverband Das Frühgeborene Kind e.V.
Kurhessenstr. 5, 60431 Frankfurt
Telefon: 01805-875877
www.fruehgeborene.de

Elternkreis Frühgeborene und kranke Neugeborene Mannheim e.V.
Almenplatz 16, 68199 Mannheim
Telefon: 06203-1079086
www.fruehchen.de

AKIK – Aktionskomitee Kind im Krankenhaus Bundesverband e.V.
Nordendstr. 32a, 60318 Frankfurt
Telefon: 0180-5254539
www.akik-bundesverband.de

Trostreich, Interaktives Netzwerk Schreibabys
Jutta Riedel-Henk
Schulstr. 10, 27446 Deinstedt
Telefon: 04284-395

Deutsche Kontinenz Gesellschaft e.V.
Friedrich-Ebert-Str. 124, 34119 Kassel
Telefon: 0561-780604
www.gih.de

Gemeinsame Elterninitiative Plötzlicher Kindstod
Bundesgeschäftstelle, Simone Beardi,
Fallingbosteler Str. 20, 30625 Hannover,
Telefon: 0511-8386202
www.geps.de

Informationen zu Wochenbettdepression
Schatten und Licht – Krise nach der Geburt e.V.,
Obere Weinbergstr. 3
D-86465 Welden
Telefon: 08293-965864
www.schatten-und-licht.de

www.club-d-a.at
www.depression.ch

Informationen zur richtigen Schlafumgebung
www.schlafumgebung.de

Hilfen bei Fehl- und Totgeburten
Initiative Regenbogen –
Glücklose Schwanger-schaft e.V.
Westring 100, 33378 Rheda-Wiedenbrück
www.initiative-regenbogen.de

BÜCHER, DIE WEITERHELFEN

Schwangerschaft und Geburt von Verena Breitenbach, Heyne Verlag, München 2004
S*tillbuch* von Hannah Lothrop, Kösel Verlag, München 2002
Frühgeborene brauchen Liebe -Was Eltern für ihr „Frühchen" tun können, von Kornelia Strobel, Kösel Verlag, München 1998
Zwillinge, Drillinge und noch mehr..., von Elisabeth Bryan, Hans Huber Verlag, Bern 1994
Der kompetente Säugling von Martin Dornes, Fischer Verlag, Frankfurt a.M. 1993
Was geht da drinnen vor? von Lisa Eliot, Berlin Verlag, Berlin 2002
Schmetterling und Katzenpfoten, von Margarita Klein, Oekotopia Verlag, Münster 1999
Sanfte Hände von Frederick Leboyer, Kösel Verlag, München 2004
Leben mit einem Neugeborenen von Barbara Sichtermann, Fischer Verlag, Frankfurt a.M. 2001
S*o schläft Ihr Baby gut* von Katy Holland, Dorling Kindersley Verlag, Starnberg 2004
Kinderkrankheiten natürlich behandeln von Hermann Michael Stellmann, Gräfe und Unzer Verlag, München 2004

STICHWORTVERZEICHNIS

IMPRESSUM

Programmleitung:
Ulrich Ehrlenspiel
Redaktion: Ina Raki
Lektorat: Margarethe Brunner
Covergestaltung und Innenlayout:
independent Medien-Design,
Ngoc Le-Tümmers
Bildredaktion: Henrike Schechter
Satz und Layout: Rita Gerstenbrand
Herstellung: Petra Roth
Litho: Fotolito Longo, Bozen
Druck: Appl, Wemding
Bindung: Oldenbourg
Buchmanufaktur GmbH

ISBN 978-3-7742-7463-1

2. Auflage 2007

Umwelthinweis:
Dieses Buch wurde auf chlorfrei gebleichtem Papier gedruckt.

Bildnachweis
Cover: Corbis
Innenteil: A. Anders: S. 7, 217, 218, 248; avenue images: S. 41; H. Bischof: S. 64; Corbis: S. 202, 205; Getty: S. 18, 21, 77, 182, 183; Ifa: S. 178, 244, 245, 286; Mauritius: S. 33, 37, 90; Medical picture: S. 150; Mother and Baby Library: S. 96, 126; Okapia: S. 25; N. Olonetzky: S. 46, 51, 54; A. Peisl: S. 20, 24, 28, 32, 36, 59, 92; picture press: S. 2, 7, 8, 9, 42, 103, 246, 268, 273, 285; J. Rynio: S. 292; T. Roch: S. 83; Superbild: S. 29; Zefa: S. 4, 10, 48, 86, 101, 124, 125, 184

Illustrationen:
Michael Luz, Stuttgart

Die **GU-Homepage** finden Sie im Internet unter **www.gu-online.de**

DAS ORIGINAL · GU · MIT GARANTIE

Das Original mit Garantie

IHRE MEINUNG IST UNS WICHTIG. Deshalb möchten wir Ihre Kritik, gerne aber auch Ihr Lob erfahren, um als führender Ratgeberverlag für Sie noch besser zu werden. Darum: Schreiben Sie uns! Wir freuen uns auf Ihre Post und wünschen Ihnen viel Spaß mit Ihrem GU-Ratgeber.

UNSERE GARANTIE: Sollte ein GU-Ratgeber einmal einen Fehler enthalten, schicken Sie uns bitte das Buch mit einem kleinen Hinweis und der Quittung innerhalb von sechs Monaten nach dem Kauf zurück. Wir tauschen Ihnen den GU-Ratgeber gegen einen anderen zum gleichen oder einem ähnlichen Thema um.

GRÄFE UND UNZER VERLAG
Redaktion Körper & Seele
Postfach 86 03 25
81630 München
Fax: 089/41981-113
E-Mail: leserservice@graefe-und-unzer.de

WICHTIGER HINWEIS

Alle Methoden und Anregungen in diesem Buch wurden von den Autorinnen sorgfältig recherchiert und mit größtmöglicher Sorgfalt geprüft. Dennoch sind Sie selbst aufgefordert, in eigener Verantwortung zu entscheiden, ob und inwieweit Sie diese Vorschläge umsetzen können und möchten. Lassen Sie sich in allen Zweifelsfällen zuvor durch einen Arzt oder Therapeuten beraten. Weder die Autorinnen noch der Verlag können für eventuelle Nachteile oder Schäden, die aus den im Buch gegebenen Hinweisen resultieren, eine Haftung übernehmen.

GRÄFE UND UNZER

Ein Unternehmen der
GANSKE VERLAGSGRUPPE

100 JAHRE GANSKE VERLAGSGRUPPE